Kapitelende

Zusammenfassung der wichtigsten mathematischen Inhalte des Kapitels

Training durch Aufgaben zur Wiederholung aus dem Kapitel

Vertiefen und Anwenden durch Aufgaben, die auch Unterrichtsstoff anderer Themengebiete aufgreifen und vernetzen und so auch zur Qualitätssicherung beitragen

Testrunde zur Selbstkontrolle zum Beispiel vor Klassenarbeiten, die auch komplexere Aufgaben enthält

Alle **Lösungen** dieser Aufgaben sind im Anhang des Buches enthalten.

durchgängige Elemente

Info mit historischen oder auch die Allgemeinbildung erweiternden Themen

Hinweis/Tipp mit entsprechenden die Lösung von Aufträgen unterstützenden Aussagen

Rückblick mit Aufgaben zur Wiederholung und Festigung anderer zurückliegender Themen zur Qualitätssicherung und -steigerung

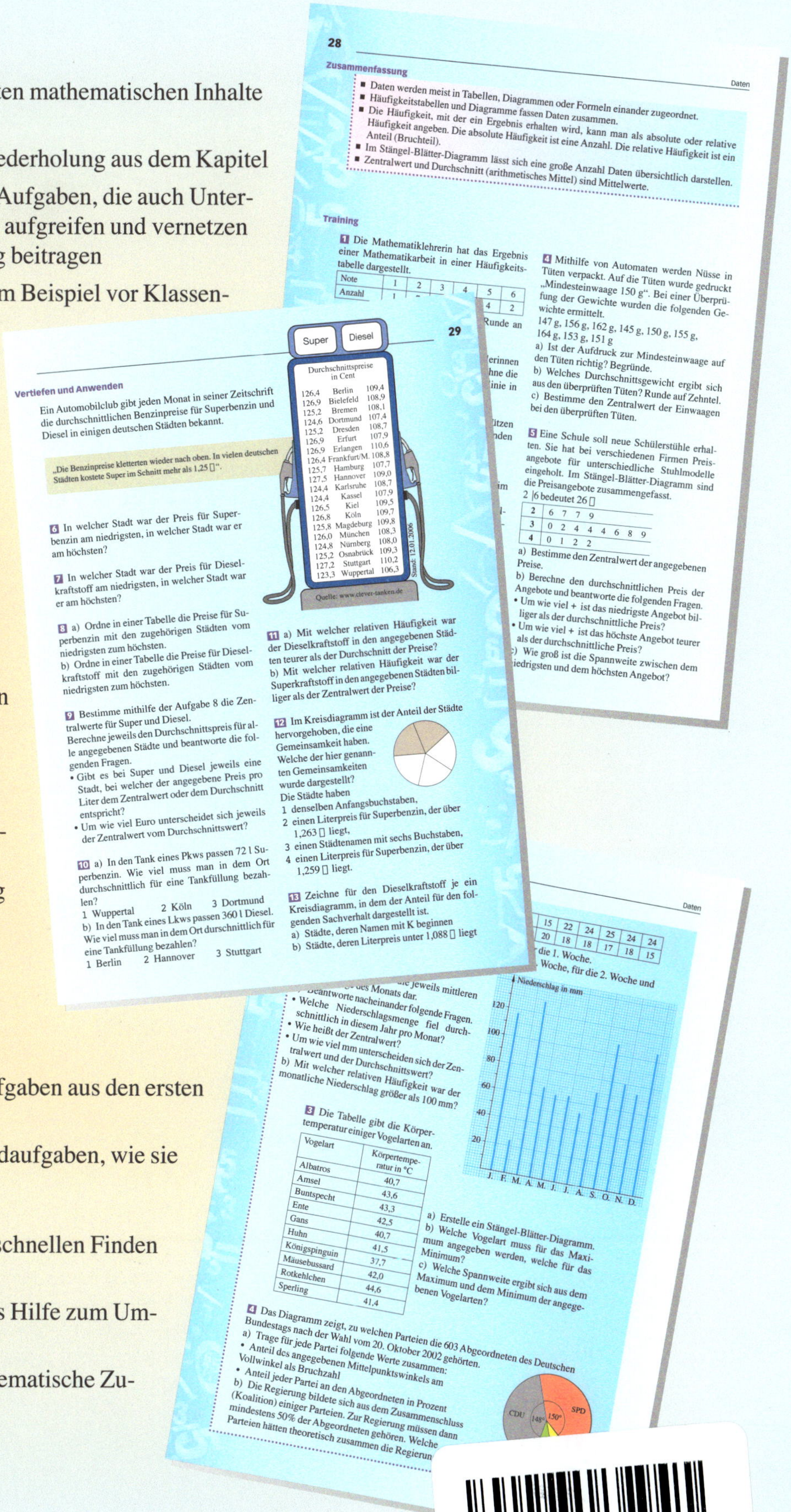

Anhang

Mathematik-Olympiade mit Aufgaben aus den ersten Stufen

Berufseignungstests mit Standardaufgaben, wie sie heute noch abgefordert werden

Stichwortverzeichnis (230) zum schnellen Finden mathematischer Begriffe im Buch

Maße und Maßeinheiten (220) als Hilfe zum Umrechnen von Größen

Formeln (221) für wichtige mathematische Zusammenhänge

W0467299

Mathematik *real* 7

Herausgegeben von Reinhold Koullen

Erarbeitet von Wolfgang Hecht
Reinhold Koullen
Doris Ostrow
Hans-Helmut Paffen
Gabriele Schenk
Willi Schmitz
Herbert Strohmayer

unter Mitarbeit
der Verlagsredaktion

beratend wirkten mit:
Karl-Heinz Barth
Thomas Euler
Reinhard Hintzen
Markus Ridder

Cornelsen

Erarbeitet von Dieter Aits
Ursula Aits
Helga Berkemeier
Wolfgang Hecht
Henning Heske
Reinhold Koullen
Doris Ostrow
Hans-Helmut Paffen
Jutta Schaefer
Gabriele Schenk
Willi Schmitz
Herbert Strohmayer

Inhaltsverzeichnis

Wiederholung

Teilbarkeit

Beim Memoryspiel werden die Kärtchen verdeckt ausgelegt. Dabei sollte man sie in einer Rechteckform anordnen, damit man die Lage einzelner Kärtchen besser behalten kann. Anhand der Anzahl der waagerechten und senkrechten Reihen kann die Gesamtzahl der Kärtchen berechnet werden. Umgekehrt können mit den Kärtchen verschiedene Rechtecke gelegt werden. Die Größe kann aus den Teilern der Gesamtanzahl bestimmt werden.

Winkel

Der Skifahrer legt seinen Körper zur Kurvenfahrt in einen bestimmten Winkel zum Hang. Durch verschiedene Winkel erzielt er verschiedene Kurven, der Trick des „Carvens“. Dabei entstehen weitere Winkel, wie zum Beispiel zwischen Arm und Körper.

Brüche

Fahrräder sind meist mit Gangschaltungen ausgestattet. Mountainbikes verfügen über umfangreiche Schaltmöglichkeiten, sodass die Fahrerin bzw. der Fahrer die verschiedensten Geländebedingungen bewältigen kann. Die Übersetzungsverhältnisse können in Bruchform dargestellt werden. Deren Vergleich ermöglicht Aussagen darüber, ob sie gleich sind oder nicht oder mit welcher Schaltungsfolge eine schrittweise Steigerung der Übersetzungen erreicht wird.

Rechnen mit Brüchen

Die Säulen setzen sich aus mehreren behauenen Einzelsteinen zusammen. Eine einzelne Säule bildet einen Bruchteil der insgesamt behauenen Steine. Verschiedene Anteile sind erkennbar. Rechnungen mit Brüchen können abgeleitet werden.

Symmetrie

Wasserflächen können wie Spiegel wirken. Das bei glatter Wasserfläche entstehende Gesamtbild wirkt wie eine symmetrische Figur.

Körper

In Kanzach im Landkreis Biberach steht eine für das 13. Jahrhundert typische Wohnstatt des Adels. Der Burgturm wurde aus rund 80 Eichen gebaut und wiegt etwa 100 Tonnen. In das Gebäude gelangt man nur über eine Außentreppe, die in das 1. Geschoss führt. Den Grundformen des Turms können geometrische Körper zugeordnet werden. In der Physik sind es Objekte aus Feststoffen. In der Geometrie sind Körper dreidimensionale Objekte, die von Flächen begrenzt sind.

Teilbarkeit

1 Welche der Zahlen sind durch 2 teilbar?
a) 325 d) 600 g) 302 751
b) 428 e) 667 h) 913 576
c) 699 f) 898 i) 856 203

2 Welche der Zahlen sind durch 5 teilbar?
a) 495 d) 7005 g) 758 204
b) 506 e) 5550 h) 3 155 400
c) 990 f) 15 002 i) 8 244 607

3 Welche der Zahlen sind durch 10 teilbar?
a) 695 c) 10 000 e) 366 008
b) 810 d) 4001 f) 20 400 005

4 Welche der Zahlen sind durch 4 teilbar?
a) 342 d) 8748 g) 866 212
b) 1341 e) 905 300 h) 6 103 020
c) 5006 f) 402 034 i) 4 217 046

5 Welche der Zahlen sind durch 25 teilbar?
a) 18 950 d) 4035 g) 18 015
b) 11 000 e) 9225 h) 643 975
c) 27 065 f) 17 345 i) 775 880

6 Welche der Zahlen sind durch 100 teilbar?
a) 400 c) 335 500 e) 354 200
b) 56 004 d) 875 010 f) 6 004 040

7 Ergänze im Heft die Zahlen so, dass sie
a) durch 5 teilbar sind:
21□, 51□, 72□□, 3□2□
b) durch 2 teilbar sind:
796□, □824, 430□, 27□0
c) durch 100 teilbar sind:
420□, 34□□, 87□□0, □23□□□

8 Welche der Zahlen sind durch 8 teilbar?
a) 3722 c) 41 936 e) 847 176
b) 64 024 d) 520 264 f) 1 023 024

9 Welche der Zahlen sind durch 125 teilbar?
a) 91 375 c) 41 936 e) 847 176
b) 51 935 d) 520 264 f) 1 023 024

10 Welche der Zahlen sind durch 1000 teilbar?
a) 45 000 c) 954 300 e) 700 050
b) 27 000 d) 10 002 f) 1 020 000

11 Übertrage die Tabelle ins Heft und kreuze an, wenn die Teilbarkeit erfüllt ist.

ist teilbar durch	2	4	5	8	10	25	100	125	1000
7392									
1250									
64 136									
726									
25 725									
88 000									

12 Übertrage die Tabelle ins Heft. Fülle aus bzw. kreuze an.

Zahl	Quersumme der Zahl	ist teilbar durch 3	ist teilbar durch 9
411			
723			
414			
3293			
8625			

13 Gib die 15 kleinsten Primzahlen an.

14 Ermittle den größten gemeinsamen Teiler.
a) ggT (16; 20) d) ggT (30; 90)
b) ggT (24; 60) e) ggT (38; 66)
c) ggT (25; 90) f) ggT (22; 221)

15 Ermittle den größten gemeinsamen Teiler.
a) ggT (18; 27; 63) c) ggT (12; 144; 186)
b) ggT (13; 29; 57) d) ggT (25; 60; 150)

16 Bestimme das kleinste gemeinsame Vielfache.
a) kgV (3; 5) d) kgV (15; 45)
b) kgV (15; 40) e) kgV (12; 30)
c) kgV (27; 36) f) kgV (60; 85)

17 Zerlege die Zahl so, dass sie sich aus dem Produkt von Primzahlen ergibt.
a) 124 c) 360 e) 498 g) 1140
b) 425 d) 513 f) 936 h) 2312

18 Welche zwei Zahlen haben den größten gemeinsamen Teiler 12 und das kleinste gemeinsame Vielfache 240?

1 Übertrage die Darstellung auf Kästchenpapier genau in dein Heft.

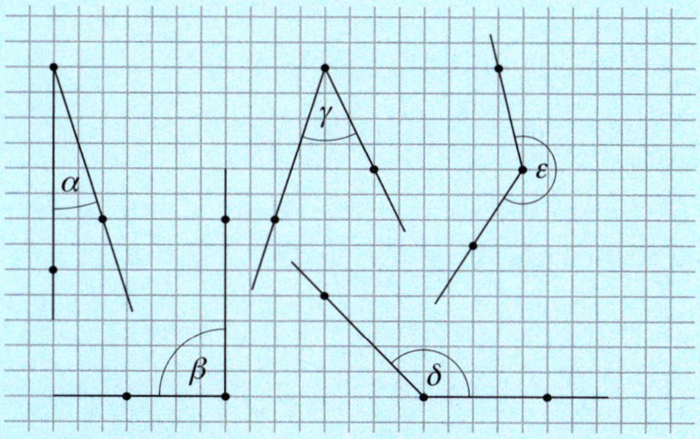

a) Verlängere die Schenkel, wenn nötig und miss die Winkel.
b) Gib von jedem Winkel die entsprechende Winkelart an.

2 Zeichne den Winkel und halbiere ihn.
a) $\alpha = 78°$ b) $\beta = 130°$ c) $\gamma = 56°$

3 Trage die Punkte in ein Koordinatensystem ein. Eine Einheit soll 1 cm betragen. Zeichne von B durch A und durch C je einen Strahl. Miss den kleineren der zwei möglichen Winkel.
a) $A(1|1)$; $B(5|3)$; $C(3|4)$
b) $A(6|6)$; $B(7|2)$; $C(11|0)$
c) $A(10|2)$; $B(0|7)$; $C(4|6)$
d) $A(10|9{,}5)$; $B(6{,}5|10)$; $C(9|6{,}5)$

4 Übertrage und spiegele an der Geraden g.

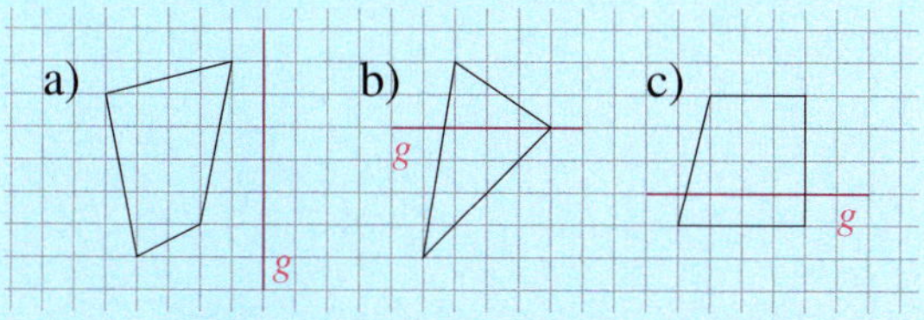

5 Übertrage die Figuren und zeichne wenn möglich die Symmetrieachsen ein.

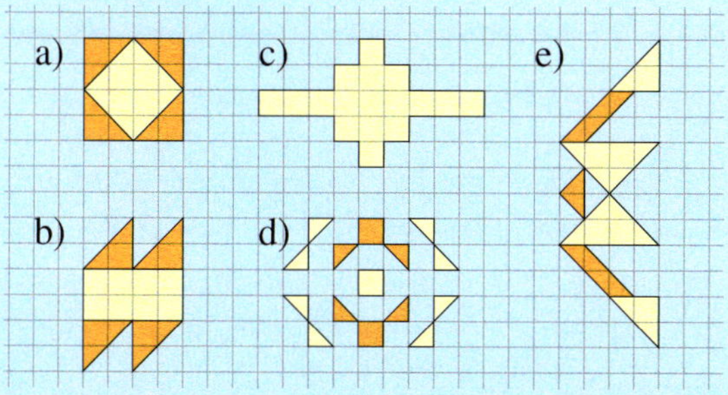

6 Zeichne in ein Koordinatensystem das Dreieck mit den Eckpunkten $A(5|2)$, $B(7|5)$ und $C(3|6)$. Zeichne zum Dreieck ABC jeweils ein symmetrisches Dreieck, bei dem die Dreiecksseite die Symmetrieachse ist.

7 Übertrage das Ornament und finde mögliche Symmetrieachsen.

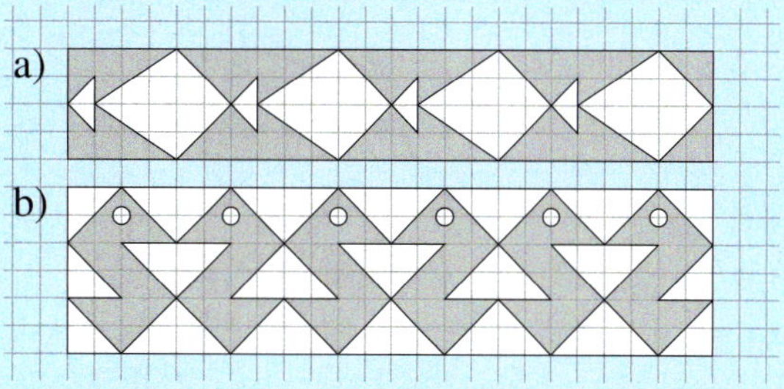

8 Untersuche die Symmetrieeigenschaften dieser Figur.

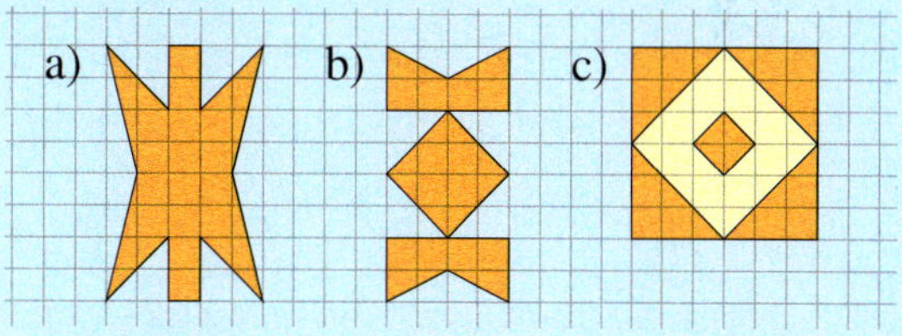

9 Ergänze im Heft zu einer drehsymmetrischen Figur mit dem Drehpunkt M, die nach einer Halbdrehung zur Deckung gebracht werden kann.

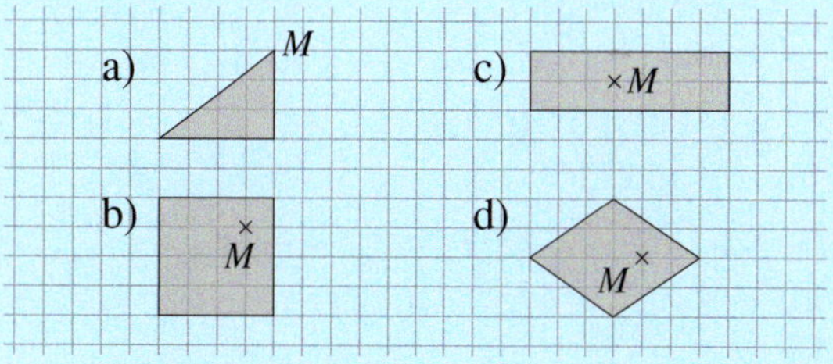

10 Übertrage die Figur in dein Heft und prüfe, ob sie drehsymmetrisch ist. Wenn ja, markiere den Drehpunkt M und gib den Drehwinkel an.

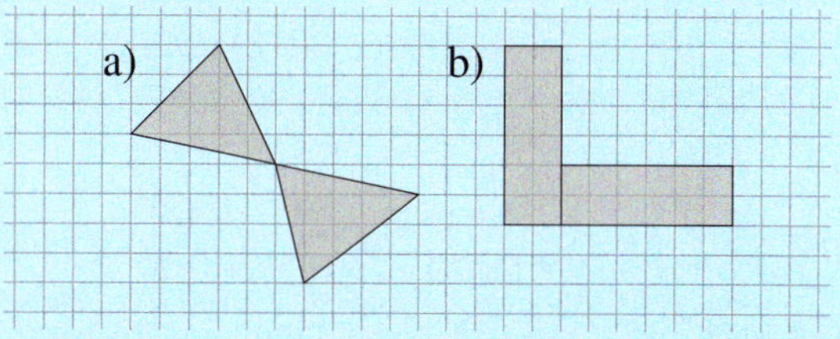

1 Welcher Teil der Gesamtfläche ist rot?

a) 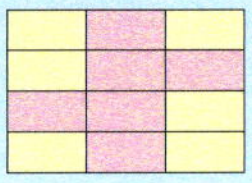 b) 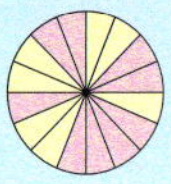 c) 

2 Welcher Teil der Strecke ist rot?

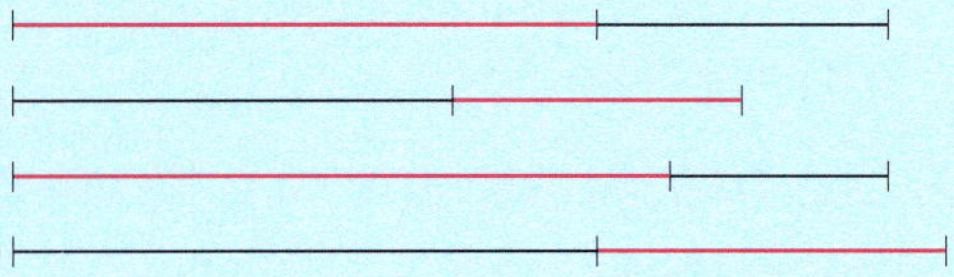

3 Berechne.

a) $\frac{3}{10}$ von 730 kg   d) $\frac{5}{14}$ von 168 l
b) $\frac{4}{5}$ von 625 mm   e) $\frac{9}{10}$ von 4720 m^2
c) $\frac{7}{11}$ von 176 €   f) $\frac{5}{19}$ von 266 ha

4 Schreibe in der nächstkleineren Einheit.

a) $\frac{1}{2}$ kg   d) $\frac{2}{25}$ km   g) $\frac{3}{4}$ cm^2 j) $\frac{5}{12}$ Jahr
b) $\frac{3}{8}$ kg   e) $\frac{7}{10}$ cm   h) $\frac{4}{5}$ m^2 k) $\frac{3}{5}$ min
c) $\frac{4}{5}$ t   f) $\frac{3}{5}$ m   i) $\frac{7}{50}$ ha   l) $\frac{5}{6}$ h

5 Schreibe als gemischte oder natürliche Zahl.

a) $\frac{17}{3}$ c) $\frac{95}{5}$ e) $\frac{43}{8}$ g) $\frac{87}{19}$ i) $\frac{131}{18}$
b) $\frac{25}{4}$ d) $\frac{72}{7}$ f) $\frac{102}{17}$ h) $\frac{128}{23}$ j) $\frac{196}{14}$

6 Bestimme die Zahl, mit der gekürzt bzw. erweitert wurde.

a) $\frac{4}{6} = \frac{4:\square}{6:\square} = \frac{2}{3}$ c) $\frac{8}{12} = \frac{8:\square}{12:\square} = \frac{2}{3}$ e) $\frac{2}{3} = \frac{2\cdot\square}{3\cdot\square} = \frac{8}{12}$
b) $\frac{24}{36} = \frac{24:\square}{36:\square} = \frac{4}{6}$ d) $\frac{2}{3} = \frac{2\cdot\square}{3\cdot\square} = \frac{24}{36}$ f) $\frac{4}{6} = \frac{4\cdot\square}{6\cdot\square} = \frac{24}{36}$

7 Bestimme die fehlende Zahl.

a) $\frac{5}{8} = \frac{\square}{32}$ c) $\frac{35}{\square} = \frac{5}{4}$ e) $\frac{\square}{45} = \frac{1}{3}$ g) $\frac{12}{13} = \frac{156}{\square}$
b) $\frac{7}{9} = \frac{63}{\square}$ d) $\frac{\square}{36} = \frac{4}{9}$ f) $\frac{8}{\square} = \frac{96}{72}$ h) $\frac{\square}{119} = \frac{3}{7}$

8 Schreibe als Bruch mit dem Nenner 36.

a) $\frac{3}{4}$ b) $\frac{5}{6}$ c) $\frac{7}{12}$ d) $\frac{5}{18}$ e) $\frac{1}{3}$ f) $\frac{11}{9}$

9 Überprüfe durch Kürzen oder Erweitern, ob die Brüche den gleichen Wert haben.

a) $\frac{18}{24}; \frac{15}{20}$ d) $\frac{8}{9}; \frac{96}{108}$ g) $\frac{20}{4}; \frac{30}{6}$ j) $\frac{7}{21}; \frac{8}{24}$
b) $\frac{4}{6}; \frac{6}{8}$ e) $\frac{7}{8}; \frac{63}{64}$ h) $\frac{23}{23}; \frac{35}{35}$ k) $\frac{105}{213}; \frac{34}{71}$
c) $\frac{2}{4}; \frac{12}{20}$ f) $\frac{96}{104}; \frac{12}{13}$ i) $\frac{6}{10}; \frac{18}{48}$ l) $\frac{64}{96}; \frac{48}{64}$

10 Schreibe als Dezimalbruch.

a) $\frac{9}{10}$ b) $\frac{17}{100}$ c) $\frac{1}{100}$ d) $\frac{375}{1000}$ e) $\frac{13}{10\,000}$

11 Schreibe als Bruch. Kürze, falls möglich.

a) 0,6   b) 0,50   c) 3,91   d) 0,125   e) 1,084

12 Erweitere so, dass der Nenner eine Stufenzahl wird und schreibe als Dezimalbruch.

a) $\frac{1}{2}$ c) $\frac{5}{4}$ e) $\frac{13}{20}$ g) $\frac{3}{250}$ i) $\frac{73}{200}$ k) $\frac{6}{125}$
b) $\frac{3}{5}$ d) $\frac{4}{25}$ f) $\frac{41}{50}$ h) $\frac{501}{500}$ j) $\frac{7}{40}$ l) $9\frac{7}{8}$

13 Verwandle in einen Bruch mit einer Stufenzahl als Nenner. Schreibe als Dezimalbruch.

Beispiel: $\frac{8}{40} = \frac{1}{5} = \frac{2}{10} = 0{,}2$

a) $\frac{16}{40}$ c) $\frac{40}{50}$ e) $\frac{17}{34}$ g) $\frac{309}{150}$ i) $\frac{21}{24}$ k) $\frac{16}{2000}$
b) $\frac{48}{30}$ d) $\frac{4}{20}$ f) $\frac{75}{150}$ h) $\frac{35}{125}$ j) $\frac{27}{375}$ l) $\frac{5875}{1250}$

14 Schreibe den Bruch als periodischen Dezimalbruch.

a) $\frac{1}{3}$ c) $\frac{1}{9}$ e) $\frac{5}{9}$ g) $\frac{7}{3}$ i) $\frac{7}{27}$ k) $\frac{11}{15}$
b) $\frac{2}{3}$ d) $\frac{4}{9}$ f) $\frac{5}{6}$ h) $\frac{9}{27}$ j) $\frac{8}{15}$ l) $\frac{4}{99}$

15 Ordne der Größe nach. Beginne mit der kleinsten Zahl.

a) 1,304; 1,034; 1,403; 1,043; 1,430
b) $3{,}\overline{24}$; $2{,}0\overline{9}$; 3,420; 4,029; 4,203; $2{,}\overline{098}$

16 Runde an der Zehntelstelle.

Beispiel: $0{,}\overline{4} = 0{,}444\ldots \approx 0{,}4$

a) 0,74   c) 1,55   e) 1,115   g) $1{,}\overline{6}$
b) 0,28   d) 4,05   f) $0{,}\overline{3}$ h) $2{,}\overline{45}$

17 Runde an der angegebenen Stelle.

a) 3,1254 (Hundertstel)   c) $8{,}\overline{4}$ (Hundertstel)
b) 0,9999 (Tausendstel)   d) $0{,}\overline{37}$ (Tausendstel)

18 Schreibe 53% (40%; 4%) als Bruch mit einer Stufenzahl als Nenner.

19 Gib den Anteil in Prozentschreibweise an.

a) 4 g von 8 g   b) 1 l von 5 l   c) 5 cm von 1 m

20 Ordne von der kleinsten zur größten Zahl.

a) $0{,}\overline{5}$; $\frac{1}{2}$; 51%; 0,55   b) $\frac{7}{9}$; 0,7; 7%; $\frac{8}{10}$

Regel: Brüche werden addiert (subtrahiert), indem man
1. sie gleichnamig macht,
2. die Zähler addiert (subtrahiert) und die Nenner beibehält.

Beispiele: $\frac{3}{8} + \frac{5}{16} = \frac{3 \cdot 2}{8 \cdot 2} + \frac{5}{16} = \frac{6}{16} + \frac{5}{16} = \frac{6+5}{16} = \frac{11}{16}$

$\frac{1}{2} - \frac{2}{5} = \frac{1 \cdot 5}{2 \cdot 5} - \frac{2 \cdot 2}{5 \cdot 2} = \frac{5}{10} - \frac{4}{10} = \frac{5-4}{10} = \frac{1}{10}$

1 Addiere und kürze das Ergebnis so, dass Zähler und Nenner teilerfremd sind.

a) $\frac{2}{9} + \frac{4}{9}$ d) $\frac{2}{5} + \frac{7}{10}$ g) $\frac{3}{4} + \frac{5}{7}$ j) $\frac{4}{7} + \frac{7}{12}$
b) $\frac{13}{24} + \frac{5}{24}$ e) $\frac{2}{3} + \frac{3}{5}$ h) $\frac{3}{4} + \frac{1}{5}$ k) $\frac{5}{9} + \frac{1}{12}$
c) $\frac{9}{11} + \frac{2}{11}$ f) $\frac{2}{3} + \frac{3}{7}$ i) $\frac{7}{8} + \frac{7}{9}$ l) $\frac{2}{9} + \frac{9}{10}$

2 Subtrahiere und kürze das Ergebnis so, dass Zähler und Nenner teilerfremd sind.

a) $\frac{1}{4} - \frac{1}{8}$ d) $\frac{2}{5} - \frac{1}{10}$ g) $\frac{7}{15} - \frac{1}{6}$ j) $\frac{13}{8} - \frac{8}{13}$
b) $\frac{4}{9} - \frac{5}{18}$ e) $\frac{2}{9} - \frac{1}{12}$ h) $\frac{6}{11} - \frac{3}{8}$ k) $\frac{17}{18} - \frac{5}{6}$
c) $\frac{11}{15} - \frac{2}{5}$ f) $\frac{5}{4} - \frac{7}{10}$ i) $\frac{7}{6} - \frac{9}{8}$ l) $\frac{7}{8} - \frac{3}{20}$

Regel: Dezimalbrüche werden stellenweise addiert (subtrahiert).

3 Addiere schriftlich.
a) 4,8056 + 2,7215
b) 17,0561 + 0,453
c) 3,4087 + 4,2305 + 1,4977
d) 5,2006 + 3,04921 + 6,4
e) 7,432 + 10,467 + 9,532 + 1,449
f) 0,238 + 1,02 + 0,0093 + 0,4 + 2
g) 27,85 + 0,024 + 3,7 + 8,74 + 113,9
h) 137,1 + 25,27 + 9,2 + 0,104 + 17,23
i) 67,89 + 0,276 + 319,4 + 0,18 + 26
j) 778,3 + 6,455 + 28,36 + 0,058 + 0,003
k) 85,85 + 0,0034 + 0,0183 + 1,115 + 71,5

4 Subtrahiere.
a) 134,07 – 18,56
b) 0,0032 – 0,00091
c) 7,92 – 4,38 – 2,05
d) 3,12 – 0,452 – 1,9
e) 345,25 – 98,92 – 72,46 – 5,75
f) 9,52 – 1,4 – 1,023 – 5,0903 – 1
g) 0,261 – 0,053 – 0,124 – 0,008 – 0,012
h) 13,521 – 10,165 – 0,16 – 0,54 – 2,389

5 Rechne alle möglichen Aufgaben ($a \pm b$).

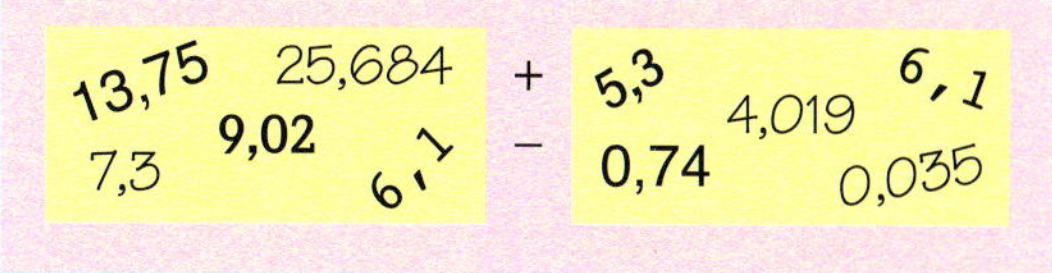

6 Übertrage den Additionsturm in dein Heft und ergänze die fehlenden Bausteine. Die Summe zweier nebeneinander liegender Zahlen ergibt die Zahl im darüber liegenden Feld.

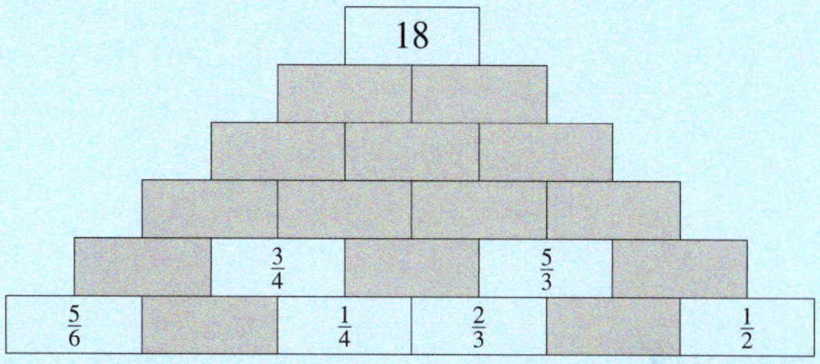

7 Berechne die Summe und die Differenz der zwei Zahlen.
a) $1\frac{3}{5}, 1\frac{5}{10}$ d) $7\frac{3}{6}, 3\frac{1}{6}$ g) $9\frac{3}{8}, 4\frac{2}{3}$
b) $4\frac{2}{5}, 3\frac{3}{6}$ e) $3\frac{1}{7}, 2\frac{3}{4}$ h) $11\frac{9}{12}, 7\frac{6}{18}$
c) $2\frac{2}{3}, 1\frac{3}{4}$ f) $2\frac{1}{12}, 1\frac{1}{9}$ i) $4\frac{5}{6}, 3\frac{6}{15}$

8 Berechne.
a) $5 - \frac{1}{2} + \frac{1}{3}$ d) $\frac{5}{6} - \frac{11}{14} + \frac{3}{7}$ g) $\frac{51}{7} - \frac{46}{9} + \frac{3}{14}$
b) $\frac{3}{5} + \frac{14}{15} + \frac{2}{3}$ e) $\frac{31}{6} - \frac{8}{15} + \frac{5}{12}$ h) $\frac{2}{3} + \frac{3}{10} - \frac{2}{5}$
c) $\frac{5}{24} + \frac{3}{8} - \frac{5}{12}$ f) $\frac{17}{10} - \frac{10}{11} - \frac{1}{5}$ i) $\frac{3}{4} + \frac{7}{16} - \frac{5}{6}$

9 Berechne.
a) (4,8 + 3,6) – 1,25
b) 3,475 – (1,03 – 0,88)
c) (2,576 – 1,2) – (7,5 – 6,992)
d) 14,79 + (5,2 – 0,942) – 12,5
e) 3,72 – 0,856 – (1,09 + 0,56) + 1,337
f) 417,8 + 20,404 – (77,258 + 128,4)
g) 8,404 – (0,02 + 4,005 – 1,3)
h) 58,005 – (65,46 – 38,99) – 18,7

10 Welche Ergebnisse sind gleich?
① 15,059 + 7,88 – 3,857
② 15,059 + (7,88 – 3,857)
③ 7,88 + 15,059 – 3,857
④ 15,059 – 3,857 + 7,88
⑤ 15,059 – 7,88 + 3,857

Regel: Brüche werden multipliziert, indem man Zähler mit Zähler und Nenner mit Nenner multipliziert.

11 Berechne.

a) $\frac{2}{5} \cdot \frac{3}{7}$ c) $\frac{7}{9} \cdot \frac{9}{7}$ e) $\frac{6}{5} \cdot \frac{3}{4}$ g) $\frac{7}{9} \cdot \frac{3}{7}$
b) $\frac{1}{2} \cdot \frac{1}{2}$ d) $\frac{1}{6} \cdot \frac{5}{6}$ f) $\frac{4}{5} \cdot \frac{4}{5}$ h) $\frac{5}{2} \cdot \frac{5}{3}$

12 Bestimme den Bruchteil.

a) $\frac{5}{6}$ von 36 km d) $\frac{4}{9}$ von 81 t
b) $\frac{3}{7}$ von 42 m e) $\frac{4}{5}$ von 55 kg
c) $\frac{2}{3}$ von 21 l f) $\frac{5}{8}$ von 112 €

13 Vervollständige die Tabelle im Heft.

$\cdot$	$\frac{1}{9}$	$\frac{1}{8}$	$\frac{5}{6}$	$\frac{4}{5}$	6	$\frac{12}{10}$	$\frac{12}{4}$
$\frac{3}{4}$							
$\frac{4}{5}$							
$\frac{7}{8}$							

14 Berechne die Produkte.

a) $2\frac{1}{2} \cdot \frac{1}{2}$ d) $\frac{9}{10} \cdot 8\frac{1}{3}$ g) $4\frac{7}{3} \cdot 2\frac{2}{5}$
b) $1\frac{4}{5} \cdot \frac{5}{6}$ e) $1\frac{1}{2} \cdot 2\frac{1}{3}$ h) $7\frac{4}{5} \cdot 3\frac{3}{4}$
c) $\frac{8}{9} \cdot 1\frac{1}{12}$ f) $2\frac{7}{8} \cdot 2\frac{2}{3}$ i) $8\frac{1}{5} \cdot 1\frac{2}{3}$

15 Rechne vorteilhaft.

a) $(\frac{6}{5} + \frac{1}{15}) \cdot \frac{5}{6}$ c) $\frac{3}{4} - \frac{1}{5} \cdot \frac{3}{4}$ e) $\frac{5}{7} \cdot (\frac{7}{5} - \frac{14}{15})$
b) $\frac{9}{11} \cdot (\frac{11}{12} + \frac{11}{3})$ d) $\frac{3}{4} \cdot \frac{2}{3} + \frac{1}{4} \cdot \frac{2}{3}$ f) $\frac{8}{9} + 3 \cdot \frac{8}{9}$

16 Ersetze im Heft die fehlende Zahl.

a) $\frac{1}{5} \cdot \square = \frac{3}{5}$ c) $\square \cdot \frac{1}{8} = 1$ e) $\frac{2}{9} \cdot \square = \frac{16}{9}$
b) $\square \cdot \frac{1}{7} = \frac{5}{7}$ d) $\frac{1}{5} \cdot \square = 1$ f) $\square \cdot \frac{2}{7} = 2$

17 Setze im Heft einen Bruch richtig ein.

a) $\frac{4}{5} \cdot \square = \frac{8}{15}$ c) $\frac{4}{9} \cdot \square = \frac{4}{18}$ e) $\square \cdot \frac{1}{2} = \frac{5}{6}$
b) $\frac{6}{7} \cdot \square = \frac{18}{28}$ d) $\square \cdot \frac{3}{4} = \frac{3}{20}$ f) $\square \cdot \frac{2}{3} = \frac{14}{27}$

18 Schreibe als Dezimalbruch.

a) $\frac{3}{10}$ b) $\frac{17}{100}$ c) $\frac{1}{100}$ d) $\frac{75}{100}$ e) $\frac{500}{1000}$ f) $\frac{375}{1000}$

19 Schreibe als Bruch. Kürze.

a) 0,1 d) 0,37 g) 0,139 j) 0,300
b) 0,3 e) 0,50 h) 0,190 k) 0,060
c) 0,21 f) 0,85 i) 0,250 l) 0,875

Regel: Dezimalbrüche werden wie natürliche Zahlen multipliziert. Das Komma wird im Ergebnis so gesetzt, dass dieser Dezimalbruch genauso viele Dezimalstellen hat, wie die Faktoren zusammen haben.

20 Berechne.

a) $4{,}37 \cdot 100$ d) $3{,}2 \cdot 10$ g) $0{,}34 \cdot 200$
b) $0{,}45 \cdot 100$ e) $0{,}32 \cdot 10$ h) $2{,}32 \cdot 300$
c) $3{,}05 \cdot 100$ f) $0{,}03 \cdot 10$ i) $5{,}25 \cdot 400$

21 Berechne schriftlich.

a) $3{,}84 \cdot 7$ e) $14{,}02 \cdot 36$ i) $0{,}075 \cdot 348$
b) $0{,}82 \cdot 6$ f) $193{,}45 \cdot 72$ j) $74{,}03 \cdot 409$
c) $1{,}948 \cdot 14$ g) $4{,}025 \cdot 57$ k) $112{,}75 \cdot 807$
d) $0{,}037 \cdot 28$ h) $5{,}002 \cdot 192$ l) $9{,}83 \cdot 4040$

22 Berechne schriftlich. Runde das Ergebnis an der Zehntelstelle.

a) $1{,}9 \cdot 0{,}8$ f) $2{,}9 \cdot 16{,}32$ k) $1{,}7538 \cdot 24{,}07$
b) $2{,}3 \cdot 1{,}89$ g) $212{,}5 \cdot 19{,}4$ l) $0{,}789 \cdot 17{,}349$
c) $23{,}05 \cdot 5{,}8$ h) $47{,}75 \cdot 38{,}5$ m) $0{,}0686 \cdot 0{,}467$
d) $153{,}4 \cdot 6{,}3$ i) $65{,}87 \cdot 0{,}94$ n) $0{,}24 \cdot 88{,}99$
e) $3{,}7 \cdot 205{,}4$ j) $277{,}3 \cdot 0{,}12$ o) $675{,}2 \cdot 0{,}043$

23 Berechne.

a) $2{,}5 + 3{,}2 \cdot 2{,}7$ f) $1{,}5 \cdot (3{,}8 - 2{,}5) + 1{,}4$
b) $0{,}38 + 1{,}72 \cdot 1{,}5$ g) $20{,}8 - 6{,}3 \cdot (1{,}7 + 0{,}7)$
c) $8{,}25 - 1{,}05 \cdot 5{,}8$ h) $3{,}6 \cdot 2{,}34 + 4{,}9 \cdot 1{,}45$
d) $4{,}7 \cdot 0{,}5 + 2{,}92 \cdot 1{,}25$ i) $2{,}57 + 8{,}34 \cdot 12{,}05$
e) $6{,}8 \cdot 5{,}2 - 9{,}5 \cdot 3$ j) $9{,}7 \cdot 2{,}9 - (6{,}7 + 9{,}8)$

Regel: Man dividiert durch einen Bruch, indem man mit seinem Kehrwert multipliziert.

24 Berechne.

a) $\frac{2}{3} : 6$ d) $\frac{3}{5} : 7$ g) $\frac{5}{12} : 15$ j) $1\frac{5}{6} : 2$
b) $\frac{1}{4} : 7$ e) $\frac{2}{7} : 4$ h) $\frac{4}{11} : 8$ k) $2\frac{3}{4} : 4$
c) $\frac{3}{8} : 2$ f) $\frac{8}{9} : 3$ i) $\frac{14}{19} : 21$ l) $5\frac{5}{6} : 2$

25 Dividiere.

a) $1 : \frac{1}{4}$ e) $5 : \frac{1}{8}$ i) $16 : \frac{8}{11}$ m) $13 : \frac{4}{5}$
b) $1 : \frac{1}{10}$ f) $8 : \frac{4}{5}$ j) $24 : \frac{6}{13}$ n) $12 : \frac{5}{6}$
c) $2 : \frac{1}{3}$ g) $9 : \frac{3}{8}$ k) $3 : \frac{4}{5}$ o) $14 : \frac{3}{4}$
d) $2 : \frac{1}{2}$ h) $12 : \frac{4}{5}$ l) $5 : \frac{7}{9}$ p) $6 : \frac{7}{8}$

26 Fülle die Tabelle im Heft aus.

:	$\frac{1}{4}$	$\frac{1}{7}$	$\frac{1}{9}$	$\frac{3}{4}$	$\frac{2}{7}$	$\frac{1}{8}$	$\frac{4}{9}$	$\frac{5}{9}$
2	8							
5								
10								
15								
50								
100								
125								

27 Dividiere.

a) $\frac{1}{2} : \frac{1}{3}$ d) $\frac{2}{7} : \frac{1}{6}$ g) $1\frac{1}{4} : \frac{2}{7}$
b) $\frac{1}{4} : \frac{1}{6}$ e) $\frac{3}{5} : \frac{2}{9}$ h) $2\frac{1}{5} : \frac{1}{3}$
c) $\frac{1}{3} : \frac{1}{5}$ f) $\frac{4}{5} : \frac{4}{7}$ i) $3\frac{3}{4} : \frac{2}{9}$

28 Berechne.

a) $\frac{1}{8} : \frac{1}{4}$ d) $\frac{2}{3} : \frac{3}{4}$ g) $1\frac{1}{9} : \frac{2}{5}$
b) $\frac{1}{3} : \frac{1}{6}$ e) $\frac{7}{15} : \frac{14}{39}$ h) $3\frac{3}{4} : 4\frac{1}{2}$
c) $\frac{1}{12} : \frac{3}{4}$ f) $\frac{12}{17} : \frac{8}{51}$ i) $5\frac{1}{2} : 2\frac{2}{5}$

29 Berechne in Bruchform.

a) 0,2 : 6 d) 0,7 : 9 g) 2,5 : 9
b) 0,4 : 3 e) 1,3 : 7 h) 3,4 : 11
c) 0,5 : 15 f) 2,4 : 18 i) 6,4 : 24

30 Berechne. Schreibe das Ergebnis als Dezimalbruch.

a) 0,6 : 2 d) 1,5 : 6 g) $1\frac{1}{5} : 8$
b) 0,8 : 4 e) 2,6 : 5 h) $2\frac{3}{4} : 5$
c) 1,2 : 6 f) 4,9 : 7 i) $3\frac{1}{3} : 15$

31 Es sollen 17 l Apfelsaft abgefüllt werden.
a) Wie viele $\frac{3}{4}$-l-Flaschen lassen sich füllen?
b) Wie viele 0,7-l-Flaschen lassen sich damit füllen?

32 Es sollen 1,5 l Apfelschorle an 6 Kinder gerecht verteilt, werden. Wie viel Liter Apfelschorle erhält jedes Kind?

33 Barbara fährt mit ihrem Fahrrad eine Strecke von 27 km in 2 Stunden. Wie viel Kilometer legte sie durchschnittlich in einer Stunde zurück?

34 Rechne im Kopf.

a) 1,4 : 2 d) 3,6 : 9 g) 0,51 : 3
b) 2,4 : 3 e) 5,4 : 18 h) 0,81 : 9
c) 4,8 : 6 f) 7,2 : 36 i) 0,96 : 12

35 Dividiere im Kopf nacheinander durch 10, 100, 1000, 10 000.

a) 70 c) 1,6 e) 4,92 g) 20,015
b) 15,3 d) 2 f) 1998 h) 173,82

Regel: Dezimalbrüche werden schriftlich dividiert, indem man sie zunächst so mit derselben Stufenzahl multipliziert, dass der Divisor eine natürliche Zahl ist. Dann wird dividiert. Bei der Kommaüberschreitung wird im Ergebnis das Komma gesetzt.

36 Dividiere schriftlich.

a) 7,2 : 9 e) 6,3 : 15 i) 109,6 : 8
b) 9,6 : 12 f) 11,2 : 40 j) 2156 : 88
c) 0,9 : 6 g) 18,2 : 35 k) 1562,2 : 125
d) 0,9 : 15 h) 74,4 : 155 l) 4687,5 : 375

37 Berechne schriftlich.

a) 102 : 1,2 e) 3 : 0,15 i) 1,26 : 1,2
b) 105 : 7,5 f) 3,15 : 1,8 j) 7,62 : 1,5
c) 18 : 0,04 g) 2,96 : 1,6 k) 6,87 : 4,58
d) 0,4 : 1,6 h) 29,64 : 1,52 l) 1,845 : 1,8

38 Für eine 75 m^2 große Wohnung zahlt eine Mieterin 618 € Grundmiete.
- Berechne, wie hoch bei dieser Wohnung der Mietpreis pro Quadratmeter ist.
- Für eine andere Wohnung mit dem gleichen Mietpreis pro Quadratmeter zahlt ein Mieter 700,40 € Grundmiete. Welche Wohnfläche hat diese Wohnung?

39 Berechne.

a) (12,6 – 2,75) · 2,6 – 5,61 : 1,25
b) 18,2 – 3,78 + (2,9 – 1.25) – 0,14 : 2
c) (19 + 28,3) · 2,5 – 73 + 1000 : 125
d) (73 664 – 19 928 – 3736) : 250 000
e) $1,5 + \frac{3}{4} - 1\frac{2}{3} : 5 - \frac{3}{4} + 1000$
f) $\frac{2}{3} - \frac{1}{6} : \frac{1}{4} \cdot 0,45 + 1,85 : \frac{1}{4}$
g) $(1\frac{1}{4} - \frac{2}{3} + \frac{1}{3} \cdot 11 - 3\frac{3}{4}) : 1\frac{1}{4}$

1 Wandle in die nächstkleinere Einheit um.

a) 405 km^2 c) 30 m^2 e) 22 a
b) 42 cm^2 d) 710 dm^2 f) 98 ha

2 Wandle in die nächstgrößere Einheit um.

a) 20 000 mm^2 d) 1 230 000 m^2
b) 300 dm^2 e) 2400 a
c) 405 000 ha f) 3 049 000 cm^2

3 Schreibe in der angegebenen Einheit.

a) 320 m^2 (cm^2) d) 720 000 dm^2 (m^2)
b) 4200 cm^2 (mm^2) e) 80 000 ha (m^2)
c) 66 000 a (ha) f) 990 000 mm^2 (dm^2)

4 Berechne die Oberfläche des Quaders.

a) $a = 3$ cm; $b = 4$ cm; $c = 5$ cm
b) $a = 4{,}5$ cm; $b = 6{,}2$ cm; $c = 7$ cm
c) $a = 74$ mm; $b = 68$ mm; $c = 23$ mm
d) $a = 1{,}2$ m; $b = 17$ dm; $c = 320$ cm
e) $a = 9{,}6$ dm; $b = 130$ cm; $c = 2{,}5$ dm

5 Zeichne ein Netz des Würfels und berechne dessen Oberfläche.

a) $a = 2$ cm c) $a = 0{,}31$ dm e) $a = 25$ mm
b) $a = 12$ mm d) $a = 2{,}4$ cm f) $a = 0{,}018$ m

6 Aus wie vielen Würfeln besteht der Körper?

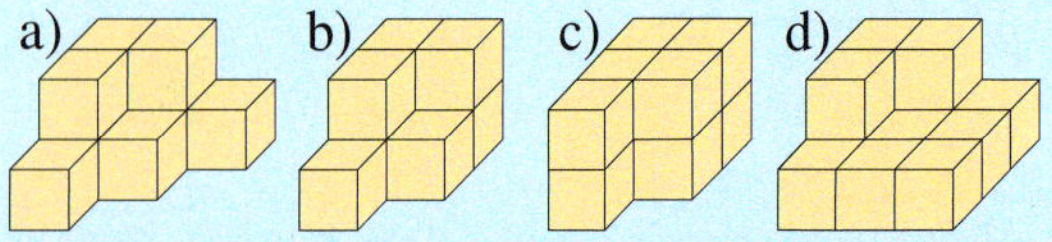

7 Zeichne wie in Aufgabe 6 drei verschiedene Schrägbilder von Körpern, die aus acht gleichartigen Würfeln bestehen.

8 Schreibe in der nächstkleineren Einheit.

a) 9 m^3 e) 0,271 cm^3
b) 12,4 cm^3 f) 3,01 dm^3
c) 9,16 dm^3 g) 23,2 km^3
d) 1,067 m^3 h) 0,4793 m^3

9 Schreibe in der nächstgrößeren Einheit.

a) 41 000 dm^3 e) 248 dm^3
b) 500 000 mm^3 f) 1 216 400 mm^3
c) 7140 cm^3 g) 0,2 cm^3
d) 30 cm^3 h) 16 500 000 cm^3

10 Schreibe in der in Klammern angegebenen Einheit.

a) 5 dm^3 (mm^3) f) 2,15 m^3 (dm^3)
b) 3000 cm^3 (dm^3) g) 0,62 cm^3 (mm^3)
c) 1234 dm^3 (m^3) h) 904,3 dm^3 (m^3)
d) 478 mm^3 (cm^3) i) 8,67 cm^3 (dm^3)
e) 23 980 cm^3 (dm^3) j) 4,035 m^3 (dm^3)

11 Schreibe in der in Klammern angegebenen Einheit.

a) 800 l (hl) d) 800 dm^3 (hl) g) 320 hl (m^3)
b) 17 l (hl) e) 3 hl (dm^3) h) 672 l (m^3)
c) 25 l (cm^3) f) 21 l (ml) i) 85 ml (cm^3)

12 Schreibe in l.

a) 2 hl e) 3 m^3 i) 0,03 m^3
b) 7,3 hl f) 205 dm^3 j) 12,9 cm^3
c) 5,98 hl g) 6,82 m^3 k) 3005 cm^3
d) 0,7 hl h) 10,4 m^3 l) 0,75 dm^3

13 Welches Volumen hat der Quader?

a) $a = 5$ dm; $b = 3$ dm; $c = 2$ dm
b) $a = 49$ cm; $b = 32$ cm; $c = 21$ cm
c) $a = 5{,}7$ cm; $b = 2{,}8$ cm; $c = 1{,}5$ cm
d) $a = 50$ cm; $b = 3{,}4$ dm; $c = 2{,}9$ dm

14 Berechne die Oberfläche und das Volumen des Quaders.

a) $a = 7{,}3$ cm; $b = 20$ mm; $c = 1{,}2$ dm
b) $a = 4$ dm; $b = 0{,}25$ m; $c = 33$ cm
c) $a = 5$ m; $b = 2$ dm; $c = 15$ cm
d) $a = 0{,}74$ m; $b = 9{,}5$ cm; $c = 680$ mm

15 Berechne das Volumen (Maße in cm).

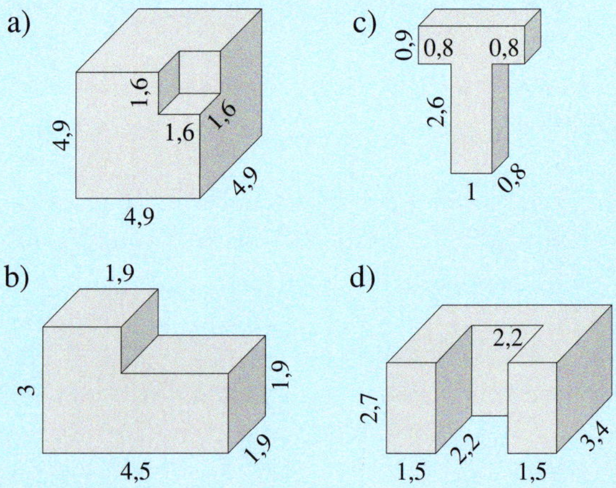

Daten

Große Datenmengen lassen sich mithilfe von Computern schnell verarbeiten.
In der Verteilungsanlage werden Päckchen sortiert.
Ein Lesegerät wandelt die Adresse in einen Code um,
sodass der Computer die Daten (Name, Adresse, …) „verstehen“
und die Verteilungsanlage steuern kann.
In diesem Kapitel bietet es sich an,
mithilfe von Tabellenkalkulationsprogrammen zu arbeiten.

Häufig werden Daten in Tabellen, Skalen, Diagrammen und Formeln benutzt. Dabei werden manchmal Daten einander **zugeordnet**.

Aus der Tabelle ist zu entnehmen, dass der Schuhgröße 40 im deutschen Maß die Größe 6 oder $6\frac{1}{2}$ im englischen Maß entsprechen.

Deutsche Größe	34	35	36	37	38	39	40	41	42	43	44	45	46	47	48	49	50	51
Fußlänge in cm	23	24	25	26	27	28	29	30	31	32	33	34						

Englische Größe	2	$2\frac{1}{2}$	3	$3\frac{1}{2}$	4	$4\frac{1}{2}$	5	$5\frac{1}{2}$	6	$6\frac{1}{2}$	7	$7\frac{1}{2}$	8	$8\frac{1}{2}$	9	$9\frac{1}{2}$	10	$10\frac{1}{2}$	11	$11\frac{1}{2}$	12	$12\frac{1}{2}$	13	$13\frac{1}{2}$	14	$14\frac{1}{2}$

1 Miss deine Fußlänge und gib die Schuhgröße im deutschen und im englischen Maß an.

2 Gib weitere Zuordnungen an.

Ein Beispiel für **Zuordnungen** zwischen den Skalen ist der BMI (body-mass-index). Damit wollen besonders Ärzte feststellen, ob eine Person (älter als 16 Jahre) Übergewicht oder Normal- bzw. Untergewicht hat. Der BMI setzt Körpergröße und Körpergewicht in Beziehung.

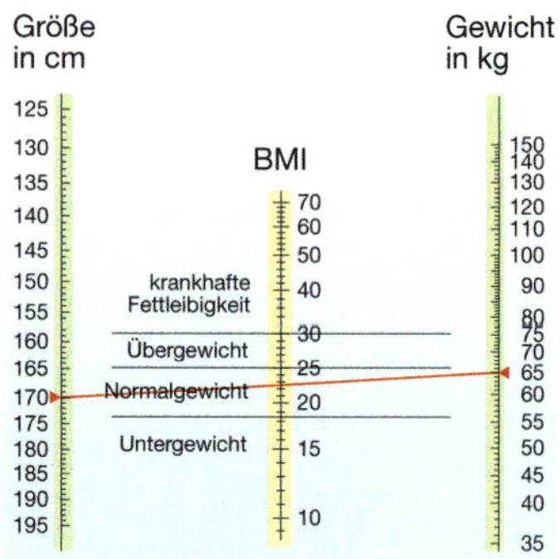

Verbindet man die Körpergröße mit dem zugehörigen Körpergewicht der Person durch eine gerade Linie, schneidet diese die BMI-Skala in einem bestimmten BMI-Wert.
Für 1,70 m Körpergröße und 65 kg Körpergewicht liest man der BMI-Skala ab, dass die Person Normalgewicht hat.

3 Bestimme aus den zugeordneten Werten annähernd den BMI. Hat die Person Über-, Normal- oder Untergewicht?
a) 1,85 m und 90 kg (45 kg und 1,65 m)
b) 1,45 m und 50 kg (65 kg und 1,55 m)

Mithilfe einer Formel kann der BMI genau berechnet werden.

$$\text{BMI} = \frac{\text{Körpergewicht in Kilogramm}}{(\text{Körpergröße in Meter}) \cdot (\text{Körpergröße in Meter})}$$

65 [÷] [(] 1.7 [×] 1.7 [)] [=] 22.49134948

BMI ≈ 22,5

4 Wie schwer darf ein 1,80 m großer Mann sein, um kein Übergewicht zu haben?

Ein Beispiel für eine Zuordnung im Diagramm ist das Wachstum in der Kindheit und Jugend. Es gibt an, um wie viel Zentimeter jeweils Mädchen und Jungen pro Jahr wachsen.
Mädchen sind zum Beispiel im 12. Lebensjahr um ca. 9 cm gewachsen.

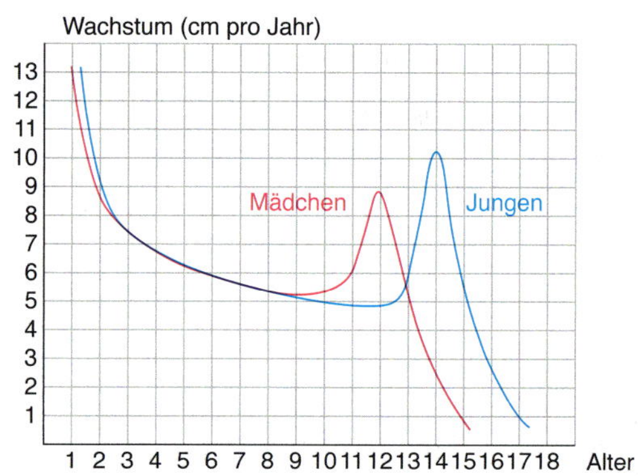

5 Um wie viel Zentimeter wachsen Jungen (Mädchen) laut Diagramm im 6. (11., 13., 15.) Lebensjahr?

Merke

In Zuordnungen werden Daten aus einem ersten Bereich in Beziehung gesetzt zu Daten aus einem zweiten Bereich.
Dies geschieht meist durch Tabellen, Diagramme oder Formeln.

Übungen

6 Fertige zu der Abbildung eine Tabelle an, in der die Länder nach der jeweiligen Fördermenge angeordnet sind.

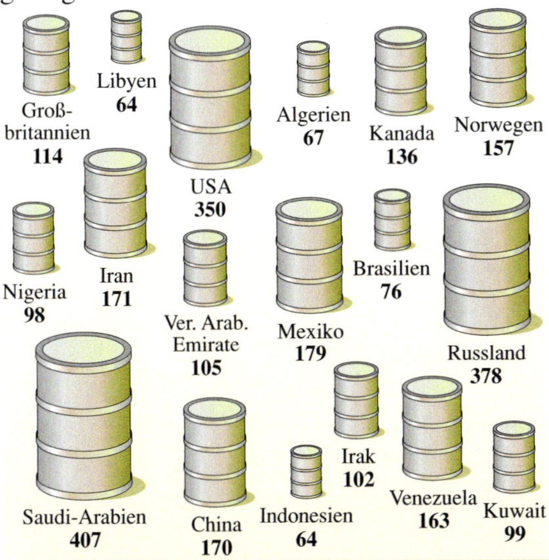

Öl-Förderung 2002 in Mio. Tonnen

7 Im Diagramm ist der Temperaturverlauf eines Tags aufgezeichnet.

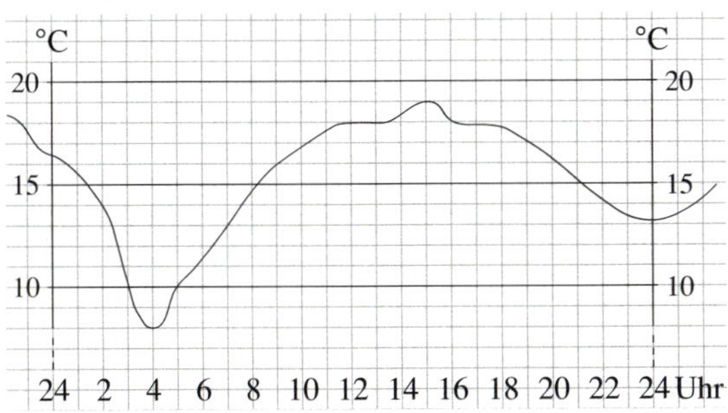

a) Bestimme aus dem Diagramm die Tageshöchsttemperatur.
b) Um wie viel Uhr etwa wurde die Minimaltemperatur des Tags gemessen?
c) Erstelle eine Tabelle, in der zu jeder vollen Stunde die Temperatur angegeben wird.

@ **8** a) Führt folgenden Versuch durch: Messt jeden Tag zur selben Zeit am gleichen Ort eine Woche lang die Temperaturen. Präsentiert das Ergebnis möglichst anschaulich und wertet es entsprechend aus.
b) Findet weitere Datenzuordnungen und stellt sie der Klasse vor.

9 Die Tabelle gibt den durchschnittlichen Benzinverbrauch auf 100 km für verschiedene Fahrzeuge an.

Fahrzeug	Pkw	Bus	Lkw	Traktor	Rennwagen
Verbrauch in l auf 100 km	8	11	18	12	24

Zeichne ein Säulendiagramm, das die Zuordnung zwischen Fahrzeugtyp und Benzinverbrauch auf 100 km zeigt. (1 l entspricht 0,5 cm)

10 Aus der Preistafel des Parkhauses kann man erkennen, dass die Preise nach den angefangenen Stunden gestaffelt sind. Ab der fünften Stunde zählt der Tagessatz, der 24 Stunden gültig ist.

Bestimme den fehlenden Parkpreis für die in der Tabelle angegebenen Parkzeiten,

a)

Parkzeit in min	40	60	80	100	120
Parkpreis in €					

b)

Parkzeit in min	150	200	250	300	350
Parkpreis in €					

11 Viele Tageszeitungen veröffentlichen einmal in der Woche die Heizölpreise. Der Preis hängt dabei von der gekauften Menge ab.

Abnahme in l	Preis je 100 l in €
bis 1000	46,86
von 1001 bis 2000	44,54
von 2001 bis 3000	43,91
von 3001 bis 4000	43,44
von 4001 bis 5000	43,33

(Düsseldorf, Ende Februar 2005)

a) Familie Borgs erhält 2652 Liter, ihre Nachbarn Plischka 1865 Liter. Wie viel muss jede Familie bezahlen?
b) Wie viel Euro hätte jede Familie gespart, wenn sie gemeinsam ihr Heizöl bestellt hätten?

Daten zusammenfassen

Eine Basketballmannschaft besteht aus 15 Mädchen. Der Sportlehrer hat ihre Körpergrößen und Gewichte erfasst.

Aus Gründen der Übersichtlichkeit hat der Trainer im Bereich von 140 cm bis 179 cm **Klassen** gebildet und dabei jeweils Längen gleichmäßig zusammengefasst.

Längenklasse	Anzahl
140 cm bis 149 cm	1
150 cm bis 159 cm	5
160 cm bis 169 cm	8
170 cm bis 179 cm	1

Diese in Klassen zusammengefassten Daten können auch im Diagramm dargestellt werden, zum Beispiel im Kreisdiagramm.

Name	Körpergröße in cm	Körpergewicht in kg
Rebecca	149	35
Elena	153	46
Simone	158	53
Larissa	160	56
Miriam	163	54
Mariana	164	52
Daniela	167	55
Sabine	170	55
Yasmin	151	42
Karina	153	41
Dimitra	162	47
Steffi	162	48
Melanie	165	51
Kerstin	162	53
Margarethe	154	44

1 Zu welcher Längenklasse gehören die meisten Mädchen der Basketballmannschaft?

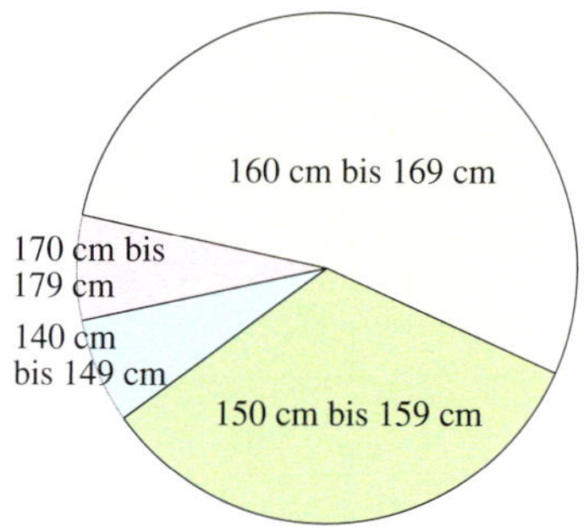

Der Mittelpunktswinkel α für eine Spielerin wird so berechnet:
$\alpha = 360° : 15$
$\alpha = 24°$

Merke

Einzeldaten können in Klassen zusammengefasst werden, die wiederum in Häufigkeitstabellen und in Diagrammen dargestellt werden können.

Übungen

2 Vervollständige anhand der Daten der Basketballmannschaft die Tabelle im Heft.

Gewichtsklasse	Anzahl
35 kg bis 39 kg	
40 kg bis 44 kg	
45 kg bis 49 kg	
50 kg bis 54 kg	
55 kg bis 59 kg	

3 Zeichne mit den Daten der Aufgabe 2 ein Kreisdiagramm

4 Mache eine Umfrage zu Körpergrößen in deiner Klassenstufe. Stelle aus den dir genannten Angaben zusammen, wie viele der Mitschüler jeweils zu den oben genannten Längenklassen gehören. Präsentiere das Ergebnis geeignet.

Der Statistiker John Tukey erfand eine einfache Form, Einzeldaten in Klassen zusammenzufassen, aber dennoch jede einzelne Angabe zu erhalten.

Er nannte sie **Stängel-Blätter-Diagramm**.

Wir erstellen ein Stängel-Blätter-Diagramm mit den Körpergrößen der Basketballspielerinnen von Seite 16.

Am Diagramm erkennen wir sofort, dass zum Beispiel fünf Spielerinnen 150 cm bis 159 cm groß sind.
Zwei von ihnen haben die gleiche Körpergröße von 153 cm.

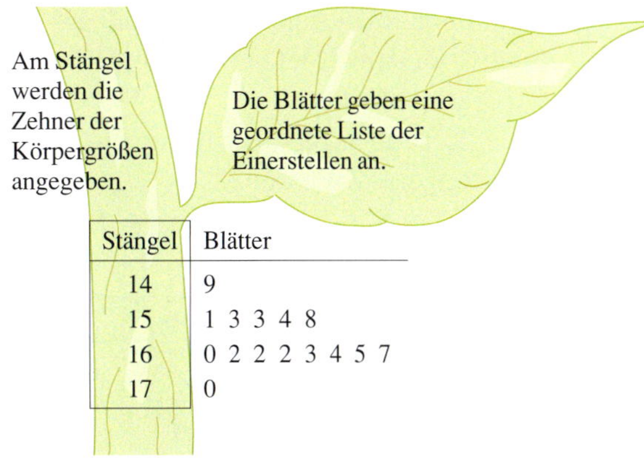

Stängel	Blätter
14	9
15	1 3 3 4 8
16	0 2 2 2 3 4 5 7
17	0

1 In welcher Längen-Zehnergruppe zeigt das Stängel-Blätter-Diagramm die meisten Schülerinnen an?

Merke

Im Stängel-Blätter-Diagramm gehen keine Informationen über Einzeldaten verloren.

Beispiel

Fertige ein Stängel-Blätter-Diagramm für das Körpergewicht der Spielerinnen an.

Stängel	Blätter
3	5
4	1 2 4 6 7 8
5	1 2 3 3 4 5 5 6

Wähle für die Stängelseite des Diagramms die Zehnerstellen der Gewichtsangaben und ordne sie der Größe nach.
Trage auf der Blätterseite des Diagramms die Einerstellen der Gewichtsangaben in die entsprechende Zeile der Stängelseite ein und ordne sie dabei der Größe nach.

Übungen

2 In einer Mathematikarbeit waren 64 Punkte zu erreichen. Es wurden folgende Punktzahlen erzielt:
39; 30; 52; 23; 29; 53; 61; 34; 57; 34; 42; 37; 30; 17; 22; 42; 49; 55; 38; 44; 49; 39; 45; 59.
a) Erstelle ein Stängel-Blätter-Diagramm.
b) Welches war das Minimum der erreichten Punktzahlen?
c) Welches war das Maximum der erreichten Punktzahlen?
d) In welcher Zehnergruppe waren die meisten Ergebnisse?
e) Welche Punktzahlen wurden mehrfach erreicht?

3 Das Alter der Angestellten von zwei Firmen ist in einem **zweiseitigen Stängel-Blätter-Diagramm** dargestellt.

Firma Axor		Firma Bender
6 5 4 4 3	**2**	3 6
8 8 6 5 4 4	**3**	3 5 7 8 8 9
9 7 7 6 4 3 2 1 1	**4**	0 1 1 3 4 5 5 6 6 9
8 7 6 6	**5**	0 2 2 5 6 7 7 8

a) Welche Bedeutung haben die Zahlen in der „Stängel-Spalte“?
b) Welche Firma hat die meisten Mitarbeiter über 50 Jahre?
c) Finde weitere Fragen und beantworte sie.

Häufigkeit

Die Fußballmannschaft der Pestalozzi-Realschule hat das Endspiel um die Stadtmeisterschaft erreicht. Vor dem Spiel befragt Anja für die Schülerzeitung einige Klassen, ob sie Kevin für den besten Stürmer halten.

In der folgenden Tabelle sind die Ergebnisse zusammengefasst worden.

	7 a	7 b	8 a	8 b	9 a	9 b	10 a	10 b
ja	13	17	14	11	13	12	15	13
nein	12	11	15	16	6	9	10	13
weiß nicht	3	1	2	2	8	5	0	0
Gesamtzahl der Befragten	28	29	31	29	27	26	25	26

	geschossene Tore	Anzahl der Einsätze
Kevin	2	4
Paolo	6	9
Achim	3	5

Anja berichtet in der Schülerzeitung: „Am häufigsten wurde Kevin in der Klasse 7 b genannt, am seltensten in der Klasse 8 b.“

In einer Leserantwort schreibt Thomas: „Diese Wertung ist nicht sinnvoll. Es muss vor dem Vergleich der jeweilige Anteil an der Gesamtzahl der Befragten berechnet werden. Danach wird Kevin relativ am häufigsten in der Klasse 10 a genannt.“

1 Diskutiert die Meinungen von Anja und Thomas.

Anja und Thomas haben zwei unterschiedliche Auffassungen von Häufigkeit.

Anja meint die **absolute Häufigkeit**. Sie beachtet dabei die Gesamtzahl der Befragten nicht.

absolute Häufigkeit	17	>	15	>	14	>	13	>	12	>	11
	(7 b)		(10 a)		(8 a)		(7 a; 9 a; 10 b)		(9 b)		(8 b)

Thomas meint die **relative Häufigkeit**. Er berechnet die Anteile der Nennungen für Kevin an der Gesamtzahl der Befragten und erhält die folgenden Quotienten.

relative Häufigkeit

$\frac{15}{25}=0{,}60$	>	$\frac{17}{29}\approx 0{,}59$	>	$\frac{13}{26}=0{,}50$	>	$\frac{13}{27}\approx 0{,}48$	>	$\frac{13}{28}\approx 0{,}46$	>	$\frac{12}{26}\approx 0{,}46$	>	$\frac{14}{31}\approx 0{,}45$	>	$\frac{11}{29}\approx 0{,}38$
(10 a)		(7 b)		(10 b)		(9 a)		(7 a)		(9 b)		(8 a)		(8 b)

Anhand der „Erfolgsstatistik“ berechnen wir, mit welcher relativen Häufigkeit Kevin bei einem Einsatz ein Tor geschossen hat.

Kevin hat in 4 Einsätzen 2 Tore geschossen.

Statistisch gesehen hat Kevin 0,5 Tore pro Einsatz geschossen.

Anzahl der geschossenen Tore	2	absolute Häufigkeit
Gesamtzahl der Einsätze	4	Gesamtzahl
Tore pro Einsatz	$\frac{2}{4}=0{,}5$	relative Häufigkeit

2 Hältst du aufgrund der statistischen Aufgaben Kevin für den erfolgreisten Torschützen?

Merke

Die absolute Häufigkeit gibt eine Anzahl an.

Die relative Häufigkeit ist ein Anteil der Gesamtzahl.

$$\text{relative Häufigkeit} = \frac{\text{absolute Häufigkeit}}{\text{Gesamtzahl}}$$

Übungen

3 Dies ist der Klassenspiegel einer Mathematikarbeit aus der Klasse 7 d.

Note	1	2	3	4	5	6
Anzahl	1	3	9	9	6	1

a) Gib die Ergebnisse in Prozent an. Runde an der Zehntelstelle.
b) Bestimme die relativen Häufigkeiten jeder Note. Runde an der Hundertstelstelle.
c) Mit welcher relativen Häufigkeit ist eine Arbeit schlechter als „ausreichend" ausgefallen?
d) Mit welcher relativen Häufigkeit ist eine Arbeit besser als „ausreichend" ausgefallen?
e) Stelle die in b) berechneten relativen Häufigkeiten in einem Kreisdiagramm dar.

4 Berufskrankheiten lassen sich auf Gesundheitsrisiken zurückführen, die am Arbeitsplatz bestehen.

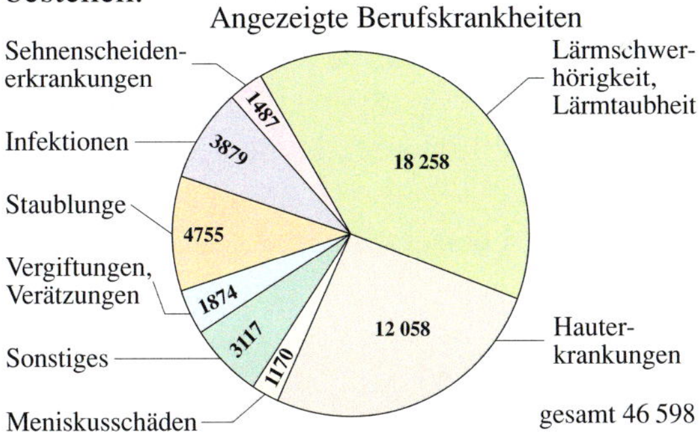

Berechne die relativen Häufigkeiten der drei Berufskrankheiten, die am häufigsten auftreten. Runde an der Hundertstelstelle.

5 Das Stabdiagramm zeigt die Körpergrößen der Schülerinnen der Klasse 7 a.

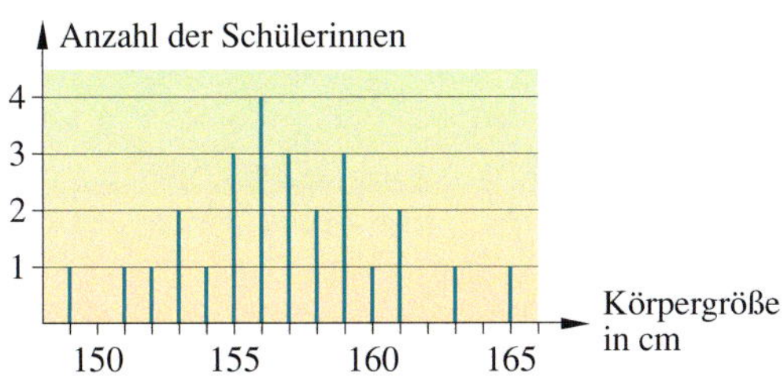

a) Wie viele Schülerinnen hat diese Klasse?
b) Bestimme die absolute und die relative Häufigkeit dafür, dass Schülerinnen größer sind als 155 cm (kleiner als 162 cm sind).

6 Die Buchstaben D, E und N gehören zu den Buchstaben, die in der deutschen Sprache am häufigsten vorkommen.
a) Wie groß ist die relative Häufigkeit, mit der diese drei Buchstaben im Text dieser Aufgabe vorkommen?
b) Welche Buchstaben im Text dieser Aufgabe haben die kleinste relative Häufigkeit?

7 In der Nähe von Schulen und Kindergärten ist häufig eine Geschwindigkeitsbegrenzung von $30\,\frac{km}{h}$ vorgeschrieben. Die Polizei führt Stichproben durch, ob diese eingehalten wird. Bei den bisherigen Kontrollen wurden folgende Daten gesammelt.

Straße	Zahl der Fahrzeuge insgesamt	Zahl der Fahrzeuge schneller als $30\,\frac{km}{h}$
Dürener Straße	468	11
Friedrich-Allee	1348	34
Hanbrucher Straße	1030	57
In der Kuhle	871	54
Robert-Bosch-Straße	520	26
Militär-Ring	1190	38
Grüngürtel	453	35

Die Polizei will nun in drei Straßen gleichzeitig Geschwindigkeitskontrollen durchführen. In welchen Straßen sollte sie dies tun? Begründe.

A⇒B

8 Die 14- bis 29-jährigen werden manchmal auch „Generation @" genannt, weil sie sich besonders viel mit elektronischen Medien beschäftigen. 300 Jugendliche dieser Altersgruppe wurden nach ihren häufigsten Freizeitbeschäftigungen befragt. Bei der Angabe des Mediums waren auch Mehrfachnennungen möglich.

Fernsehen	89	Video	44
Radio	70	Buch	35
Telefon	64	Computer	27
Musik-CD	63	Spielkonsole	20

a) Berechne die entsprechenden relativen Häufigkeiten.
b) Kann das Untersuchungsergebnis als Kreisdiagramm veranschaulicht werden? Begründe.

Zentralwert als Mittelwert

Die Körpergröße der Basketballspielerinnen reicht von 1,49 m bis 1,70 m.

Aus einer Häufigkeitstabelle oder einem Stängel-Blätter-Diagramm kann man zwar entnehmen, in welcher Längenklasse die meisten Schülerinnen sind, vorteilhaft ist es jedoch oft, eine Aussage über die mittlere Körpergröße zu machen.

Eine geeignete Methode dafür ist die Bestimmung des **Zentralwerts** – auch **Median** genannt. Dazu stellen sich die Spielerinnen der Größe nach auf.

1,49	1,51	1,53	1,53	1,54	1,58	1,60	1,62	1,62	1,62	1,63	1,64	1,65	1,67	1,70

Der Zentralwert ist der Wert in der Mitte der geordneten Liste. Er beträgt 1,62 m.

Zur Basketballmannschaft stoßen fünf weitere große Spielerinnen. Dadurch ändert sich der bisherige Zentralwert.

1,49	1,51	1,53	1,53	1,54	1,58	1,60	1,62	1,62	1,62	1,63	1,64	1,64	1,65	1,65	1,67	1,68	1,69	1,70	1,73

Der Zentralwert der Liste liegt in der Mitte zwischen 1,62 m und 1,63 m. Er beträgt 1,625 m.

1 Bestimme für deine Klasse den Zentralwert für die Körpergrößen der Jungen, der Mädchen und der gesamten Klasse.

Merke

Der Zentralwert (Median) ist der mittlere Wert in der nach der Größe geordneten Liste.
Bei gerader Anzahl wird der Zentralwert als mittlerer Wert der beiden links und rechts von der Mitte stehenden Werte bestimmt.

Beispiel

In der Klasse 7 c werden 5 Jugendliche mit dem Auto zur Schule gefahren, in der Klasse 7 d sind es 6 Jugendliche. Sie gaben an, wie weit sie ungefähr zur Schule fahren.
Bei welcher Klasse ergibt sich im Mittel eine längere Anfahrt?

Klasse 7 c: 4 km; 5 km; 3 km; 10 km; 8 km;
Klasse 7 d: 7 km, 5 km, 3 km, 10 km, 9 km, 15 km

Geordnete Liste:
Klasse 7 c: 3 km, 4 km, **5 km**, 8 km, 10 km; Zentralwert: 5 km
Klasse 7 d: 3 km, 5 km, **7 km**, **9 km**, 10 km, 15 km; Zentralwert: 8 km

In der Klasse 7 c ergeben sich als mittlerer Wert 5 km Anfahrt, in der Klasse 7 d als mittlerer Wert 8 km. Also ergibt sich bei der Klasse 7 d als mittlerer Wert die längere Anfahrt.

Übungen

1 Hier sind die „Steckbriefe" einiger berühmter Schwergewichtsboxer aufgeschrieben. Die Gewichte und Längen wurden gemessen, als sie zum ersten Mal Weltmeister wurden.

Boxer	Gewicht in kg	Größe in cm	Umfang in cm		
			Taille	Oberarm	Faust
Max Schmeling	85,2	185,5	84,5	40,6	30,5
Joe Louis	89,2	186,7	92,7	38,1	29,8
Floyd Patterson	82,8	182,9	82,6	36,2	32,4
Joe Frazier	90,6	181,6	86,4	38,1	33,0
Sonny Liston	96,9	185,4	83,8	41,9	36,8
Muhammad Ali	95,4	190,5	86,4	39,4	31,8
Mike Tyson	98,8	181,6	86,4	40,6	35,6
George Foreman	113,3	193,0	100,3	50,8	34,3

Max Schmeling

Joe Louis

Floyd Patterson

Mike Tyson

George Foreman

Muhammad Ali

Sonny Liston

Joe Frazier

Untersuche die Einzeldaten in den folgenden Schritten.

- Erstelle ein Stängel-Blätter-Diagramm.
- Bestimme das Maximum und das Minimum und nenne jeweils den Boxer.
- Bestimme den Zentralwert und gib an, welcher Boxer mit seinem Wert dem Zentralwert sehr nahe kommt.

a) Untersuche die Gewichte der Boxer.
b) Untersuche die Körpergrößen der Boxer.
c) Untersuche die Taillenumfänge der Boxer.
d) Untersuche die Oberarmumfänge der Boxer.
e) Untersuche die Faustumfänge der Boxer.

@ **2** Der deutsche Wetterdienst stellt täglich Wetterinformationen bereit. Die folgende Tabelle basiert auf einer Veröffentlichung für einen Tag im Dezember.

Helgoland
Blick auf die Wetterstation

Ort	Temperatur in °C	
	7 Uhr	13 Uhr
Helgoland	8,5	9,0
List/Sylt	7,7	7,7
Schleswig	6,4	9,1
Westermarkelsdorf	6,6	8,6
Hamburg/Flughafen	6,4	9,3
Schwerin	6,9	9,7
Greifswald	5,6	8,2
Bremen/Flughafen	6,4	10,2
Neuruppin	5,2	8,9
Hannover/Flughafen	6,8	10,6
Magdeburg	3,5	10,0
Berlin-Tempelhof	5,5	8,7
Lindenberg	2,5	6,8
Düsseldorf	8,2	11,9
Kassel	6,9	9,0
Leipzig/Flughafen	6,9	10,2
Dresden/Flughafen	6,8	8,6
Nürburg-Barweiler	5,3	9,3
Meiningen	4,3	4,8
Frankfurt (Main)/Flughafen	5,6	10,8
Hof	4,1	6,1
Stuttgart/Flughafen	1,2	7,7
Nürnberg/Flughafen	5,1	6,6
Augsburg	3,6	8,6
Kempten	3,7	12,0

- Bestimme jeweils den Zentralwert für die Messungen um 7 Uhr und um 13 Uhr.
- In welcher Stadt herrschte morgens eine Temperatur, die dem Zentralwert entspricht?
- In welcher Stadt herrschte mittags eine Temperatur, die dem Zentralwert entspricht?

Durchschnitt als Mittelwert

Die Schülerinnen und Schüler der Klasse 7 a haben die Ergebnisse einer Mathematikarbeit erhalten. Sie haben zusammen mit ihren Eltern und ihrem Lehrer abgesprochen, den Notenspiegel an die Tafel zu schreiben.

Note	1	2	3	4	5	6
Anzahl	3	5	9	10	2	1

Nun wollen sie wissen, welcher **Durchschnitt** erreicht wurde. Der Durchschnitt ist ebenso wie der Zentralwert ein Mittelwert. Er wird jedoch anders bestimmt.

Wir berechnen den Notendurchschnitt, indem wir alle Noten addieren und die Summe durch die Anzahl der Schülerinnen und Schüler dividieren, die bewertet wurden.

Der Durchschnitt der Klassenarbeit ist 3,2.

$$d = \frac{3 \cdot 1 + 5 \cdot 2 + 9 \cdot 3 + 10 \cdot 4 + 2 \cdot 5 + 1 \cdot 6}{3 + 5 + 9 + 10 + 2 + 1}$$

$$d = \frac{3 + 10 + 27 + 40 + 10 + 6}{30}$$

$$d = \tfrac{96}{30} = 3{,}2$$

1 Nenne weitere Größen, bei denen häufig der Durchschnitt angegeben wird: Durchschnittstemperatur, Durchschnittsverdienst, …

2 Berechne die Durchschnittstemperatur.
7°; 18°; 25°; 32°; 24°; 25°; 16°; 12°; 15°; 8°; 30°; 32°; 28°

Merke

Berechnung des Durchschnitts:

1. Alle Werte werden addiert.
2. Die Summe wird durch die Anzahl der Werte dividiert.

$$\text{Durchschnitt} = \frac{\text{Summe aller Werte}}{\text{Anzahl der Werte}}$$

Der Durchschnitt ist ein Mittelwert. Er wird auch als **arithmetisches Mittel** bezeichnet.

Beispiel

Im Lauf eines Jahres wurden in Berlin diese monatlichen Durchschnittstemperaturen gemessen.

Monat	Jan.	Feb.	März	April	Mai	Juni	Juli	Aug.	Sept.	Okt.	Nov.	Dez.
Temperatur in °C	0	2	4	6	12	15	18	15	12	8	3	1

Berechne die durchschnittliche Monatstemperatur des Jahres und stelle die Daten in einem Diagramm dar.

$$d = \frac{0 + 2 + 4 + 6 + 12 + 15 + 18 + 15 + 12 + 8 + 3 + 1}{12}$$

$$d = \frac{96}{12}$$

$$d = 8$$

Die durchschnittliche Monatstemperatur betrug in dem Jahr 8 °C.

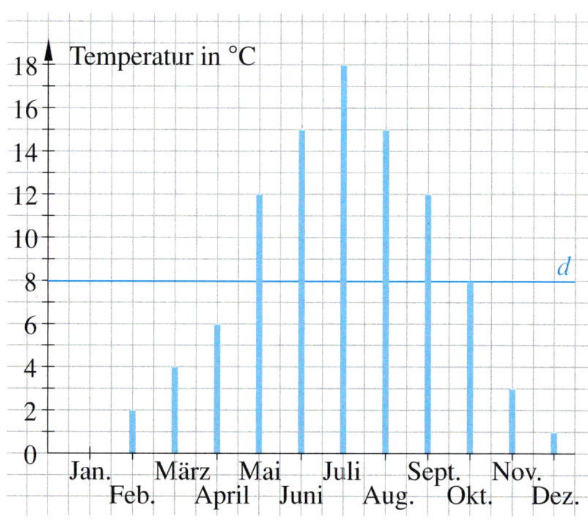

Übungen

3 Berechne den Durchschnitt.

a) In der Mathematikarbeit einer 7. Klasse wurden folgende Noten erteilt:

Note	1	2	3	4	5	6
Anzahl	2	3	8	9	4	0

b) Mario hat im 6. Schuljahr folgende Noten in seinen Mathematikarbeiten erhalten:

Klassenarbeit	1	2	3	4	5	6
Note	2	3	3	2	2	4

Welche Aussage kannst du über Marios schriftliche Leistungen machen?

4 Bei vier Tagen einer Fahrradtour ergaben sich diese einzelnen Tagesleistungen:
1. Tag 48 km, 2. Tag 52 km, 3. Tag 40 km; 4. Tag 36 km. Wie viel Kilometer wurden im Durchschnitt täglich gefahren?

5 Eine Ferienwoche mit dem Fahrrad hatte diesen Verlauf. Was kannst du daraus entnehmen bzw. ableiten?

6 Im Zusammenhang mit der starken Lärmbelästigung wurde an fünf Wochentagen in einem Wohngebiet die Verkehrsdichte für Züge und Kraftfahrzeuge ermittelt.

Anzahl der Züge

Mo.	Di.	Mi.	Do.	Fr.
300	320	350	340	290

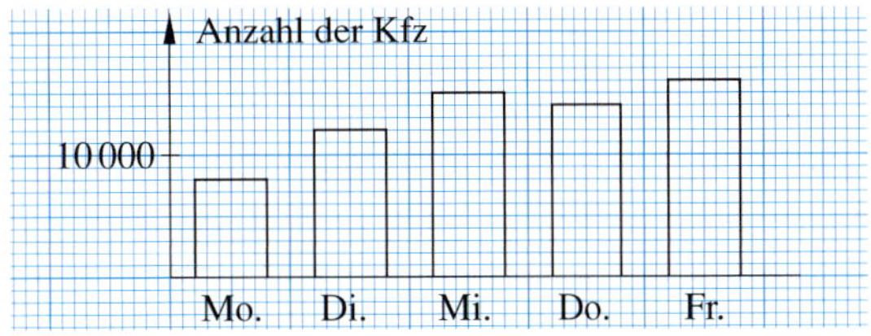

Berechne Durchschnittswerte.

7 An einem Sommertag wurde ab 4 Uhr alle vier Stunden die Lufttemperatur gemessen.
12 °C; 15 °C; 24 °C; 26 °C; 22 °C; 18 °C

a) Welche durchschnittliche Lufttemperatur hatte der Tag?

b) Zeichne ein Diagramm.

8 Monatlich fielen im Durchschnitt in Frankfurt folgende Niederschlagsmengen.

Jan.	60 mm	Mai	60 mm	Sep.	55 mm
Feb.	45 mm	Jun.	75 mm	Okt.	50 mm
Mrz.	35 mm	Jul.	70 mm	Nov.	55 mm
Apr.	45 mm	Aug.	80 mm	Dez.	54 mm

- Berechne den Monatsdurchnitt für das Jahr.
- Zeichne ein Diagramm und trage die Linie für den Durchschnitt ein.

Daten erheben und auswerten

M

Bei der Datenerhebung und -auswertung gibt es keine einheitliche Vorgehensweise. Die folgenden Fragen können dir helfen, dies durchzuführen.

- Mit welcher Häufigkeit kommen Daten vor? Ist eine Häufigkeitstabelle nützlich?
- Sollte die absolute Häufigkeit oder die relative Häufigkeit angegeben werden?
- Welches Ergebnis ist das Maximum, welches das Minimum?
- Ist ein Mittelwert sinnvoll? Ist es dabei günstig, den Zentralwert oder den Durchschnitt anzugeben?
- Ist eine Darstellung im Diagramm sinnvoll? Welche Form des Diagramms ist dazu am besten geeignet?

Bei der Auswertung solltest du neben Tabellen und Diagrammen auch eine Bewertung der Ergebnisse vornehmen.

Vergleich von Durchschnitt und Zentralwert

Die Stammmannschaft eines Volleyballvereins bei den Pflichtspielen der Schülerklassen besteht aus sechs Spielern. Der Trainer nennt diese Mannschaft *Formation A*.

Formation A

Spieler	Körpergröße
Denis	1,59 m
Jürgen	1,61 m
Rene	1,65 m
Daniel	1,61 m
Peter	1,63 m
Martin	1,63 m

Manchmal stellt der Trainer die Mannschaft in der *Formation B* auf. Dann spielt Julian anstelle von Daniel mit. Julian spielt sonst Basketball. Er hat eine vorteilhafte Körpergröße von 1,80 m.

Den Trainer interessieren für beide Formationen die Zentralwerte und die Durchschnittswerte, um einen eventuellen Größenvorteil einer Mannschaft feststellen zu können.

Bestimmung des Zentralwerts

Formation A: 1,59 | 1,61 | 1,61 | 1,63 | 1,63 | 1,65

Formation B: 1,59 | 1,61 | 1,63 | 1,63 | 1,65 | 1,80

Der Zentralwert der Formation A ist 1,62 m, der Zentralwert der Formation B ist 1,63 m.

Bestimmung des Durchschnitts

Formation A: $d = \frac{1,59 + 1,61 + 1,61 + 1,63 + 1,63 + 1,65}{6}$; $d = \frac{9,72}{6} = 1,62$

Formation B: $d = \frac{1,59 + 1,61 + 1,63 + 1,63 + 1,65 + 1,80}{6}$; $d = \frac{9,91}{6} \approx 1,65$

Die durchschnittliche Größe der Spieler in der Formation A ist 1,62 m, in der Formation B 1,65 m.

A⇒B **1** Vergleiche die Mittelwerte beider Formationen miteinander und begründe, welcher Mittelwert deiner Meinung nach die mittlere Körpergröße der beiden Mannschaften besser beschreibt.

Merke

Daten, die nicht besonders stark voneinander abweichen, können durch beide Mittelwerte gut beschrieben werden.

Daten, bei denen einige besonders stark von den andern abweichen, lassen sich meist gut durch den Zentralwert beschreiben.

Übungen

2 Bei Vergleichsarbeiten der siebten Klassen einer Schule wurden in Mathematik diese Noten erreicht:

Klasse \ Note	1	2	3	4	5	6
7 a	1	6	9	8	3	2
7 b	0	5	12	8	5	1
7 c	2	7	7	9	4	0
7 d	5	7	5	6	4	1

a) Berechne den Notendurchschnitt und den Zentralwert für jede einzelne Klasse.
b) Berechne den Notendurchschnitt und den Zentralwert für die ganze Stufe 7.
c) Gibt es Klassen, in denen du den Durchschnitt nicht als brauchbaren Mittelwert angeben würdest?

3 Von der Wasser- und Schifffahrtsdirektion in Münster wurden Pegelstände des Rheins bei Köln bekannt gegeben.
Der Pegelstand gibt an, wie hoch das Wasser reicht. Bei den Angaben im Diagramm für jeden Tag handelt es sich um Tagesmittelwerte. Diese Werte sind in cm angegeben.

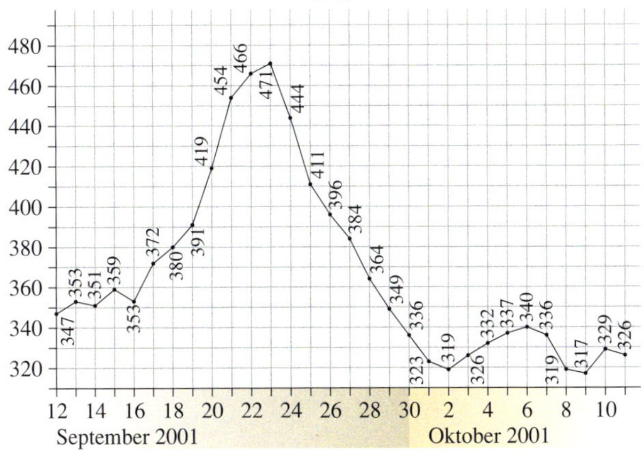

a) Berechne für den angegebenen Zeitraum den durchschnittlichen Pegelstand.
b) Bestimme den Zentralwert der angegebenen Pegelstände.
c) Würdest du dich in diesem Fall eher für den Durchschnitt oder für den Zentralwert entscheiden, wenn du einen Mittelwert für diesen Zeitraum angeben musst? Begründe.

4 Ein Gasthof hat für jeden Monat eines Halbjahrs die Zahl der Übernachtungen notiert.

Januar	Februar	März	April	Mai	Juni
124	132	98	70	84	116

Erstelle ein Diagramm (2 Übernachtungen entsprechen 1 mm) und trage den Durchschnitt und den Zentralwert jeweils als Linie ein.

5 Das Diagramm veranschaulicht, wie viele Abendessen ein Gasthof an jedem Tag einer Woche ausgegeben hat. Bestimme den Zentralwert und berechne den Durchschnitt.

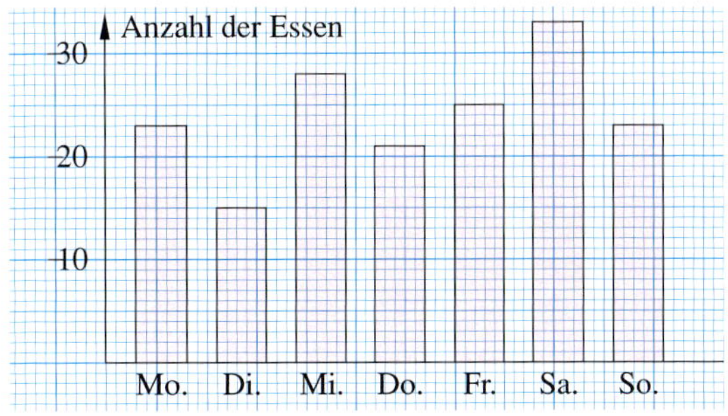

6 Zum Schulsportfest will die SV die Klasse auszeichnen, die in einem Wettbewerb den besten Mittelwert erreicht. Sie weiß jedoch noch nicht, ob sie den Durchschnitt oder den Zentralwert berechnen soll.
Im Stängel-Blätter-Diagramm sind die Zeiten des 100-m-Laufes beim Schulsportfest aufgeschrieben (13 | 7 bedeutet zum Beispiel 13,7 s).

Klasse 10 a		Klasse 10 b
9 7	**11**	8
8 8 5 5 2	**12**	3 7 7 9
9 9 7 6 4 4 4 1	**13**	0 1 3 4 4 5 5 6 9
8 6 0 0	**14**	0 0 1 3 5 6 6 7 8
3 1	**15**	0
7 6 2 2	**16**	1 4 9
0	**17**	

a) Welche der beiden Klassen gewinnt nach der Durchschnittsberechnung?
b) Welche der beiden Klassen gewinnt nach der Zentralwertberechnung?
c) Vergleiche die in den Aufgaben a) und b) bestimmten Ergebnisse.

NBA Finale 2000

Los Angeles Lakers gegen Indiana Pacers

Die Los Angeles Lakers gehören zu den bekanntesten Profi-Basketballmannschaften der USA.
Im Endspiel des Jahrs 2000 besiegten die Lakers die Indiana Pacers mit 116 zu 111 Punkten. Sie erreichten dabei zum siebenten Mal den Titel der NBA Meisterschaft (National Basketball Association).

Mannschaft der Lakers in der Saison 2000

Rücken-nummer	Vorname, Name	Größe (foot-inch)	Gewicht (pound)	Geburts-jahr
2	Derek Fisher	6-1	200	74
3	Devean George	6-8	220	77
4	Ron Harper	6-6	215	64
5	Robert Horry	6-10	235	70
7	Isaiah Rider	6-5	215	71
8	Kobe Bryant	6-7	210	78
10	Tyronn Lue	6-0	178	77
12	Mike Penberthy	6-3	185	74
14	Stanislav Medvedenko	6-10	250	79
17	Rick Fox	6-7	242	69
20	Brian Shaw	6-6	200	66
34	Shaquille O'Neal	7-1	315	72
35	Mark Madsen	6-9	240	76
40	Greg Forster	6-11	250	68
54	Horace Grant	6-10	245	65

Maße und Gewichte

1 foot	=	30,48 cm
1 inch	=	2,54 cm
1 pound	=	453,59 g

Der berühmteste Spieler der Lakers war über viele Jahre Shaquille O'Neal. Er spielte im Jahr 2000 schon acht Jahre für die Lakers und erreichte im Endspiel alleine 41 Punkte.

„Shaq" O'Neal half aus

Schuhe in Größe 62

LOS ANGELES (sid). Basketballschuhe in Größe 62 zu finden – das ist in der Tat ein riesiges Problem. Diese Erfahrung machte jetzt der 15jährige Allen Joseph aus Brampton (Kanada). Weil der Highschool-Spieler im ganzen Land keine passenden Treter auftreiben konnte, bat er Superstar Shaquille O'Neal (Los Angeles Lakers) aus der nordamerikanischen Profiliga NBA um Hilfe. Der 2,16 m große „Shaq", bei Schuhgröße 56 mit ähnlichen Problemen behaftet, kontaktierte seine Ausrüsterfirma, und dem Nachwuchs-Korbjäger wurde prompt ein Paar zugesandt.

1 Wer war in der Saison 2000 der größte (kleinste) Spieler der Lakers? Gib die Größe jeweils auf cm gerundet an.

2 a) Gib für die Lakers das Durchschnittsgewicht der Spieler an.
b) Bestimme den Zentralwert der Gewichte und vergleiche ihn mit dem Durchschnittswert aus a).
Würdest du einen der beiden Mittelwerte bevorzugen?

3 a) Gib den Zentralwert der Geburtsjahre für die Lakers an.
b) Wie viele Jahre liegen zwischen dem ältesten und dem jüngsten Spieler der Lakers?

4 Erstelle für die Los Angeles Lakers jeweils ein Stabdiagramm für Körpergröße, Gewicht und Geburtsjahr. Trage in jedes Diagramm die Durchschnittslinie und die Linie für den Zentralwert ein.

Stängel-Blätter-Diagramme von den Pacers

Geburtsjahr

196 | 1 bedeutet: 1961

196	1 5 6 7
197	0 2 3 3 5 7 7 8
198	0 0 1

Körpergröße

5 | 10 bedeutet: 5 feet 10 inches

5	10 11
6	7 8 9 9 9 9 10 10 11 11 11
7	0 2

Gewicht

15 | 2 bedeutet: 152 pounds

15	2
18	4
19	8
20	2
22	5 6
23	9
24	1 2 2
25	4 7
26	0 5
27	5

Pacers

5 Berechne für die Indiana Pacers
a) den Durchschnitt der Körpergrößen in cm,
b) den Zentralwert der Geburtsjahre.
c) den Zentralwert der Körpergewichte in kg.

6 Wie viel cm beträgt der Unterschied zwischen den Körpergrößen des kleinsten Lakers-Spielers und des größten Spielers der Pacers?

7 Um wie viel cm ist der Korbrand höher als
a) der kleinste Spieler der Pacers,
b) der größte Spieler der Lakers?

8 a) Gib den Flächeninhalt eines Basketballspielfelds in m^2 an.
b) Wie viel dm^2 beträgt der Flächeninhalt des Korbbretts?

9 Zeichne nach den Angaben für die Maße eines Basketballspielfelds ein Spielfeld im Maßstab 1 : 250.

10 Stelle selbst Aufgaben, für deren Lösung du Angaben auf dieser Seite findest.

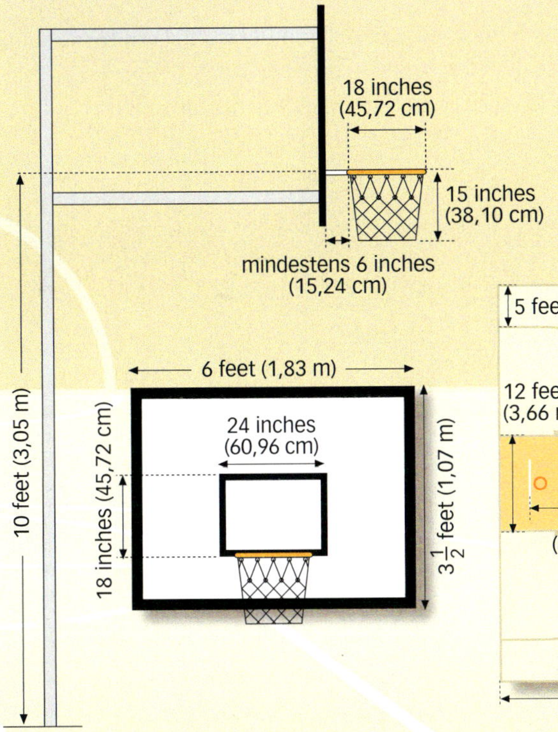

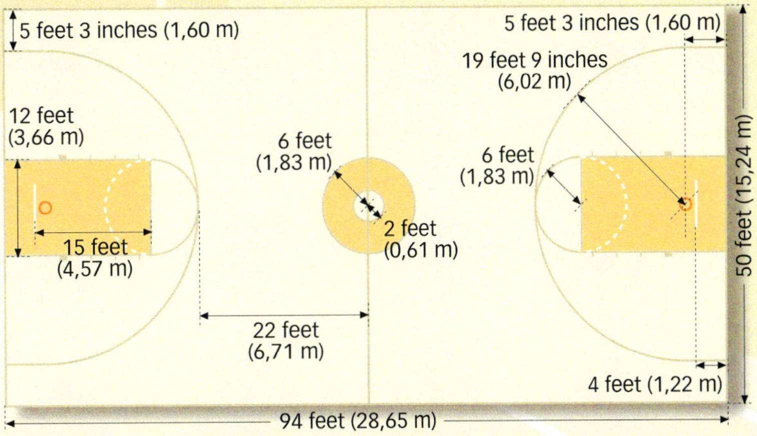

Zusammenfassung

- Daten werden meist in Tabellen, Diagrammen oder Formeln einander zugeordnet.
- Häufigkeitstabellen und Diagramme fassen Daten zusammen.
- Die Häufigkeit, mit der ein Ergebnis erhalten wird, kann man als absolute oder relative Häufigkeit angeben. Die absolute Häufigkeit ist eine Anzahl. Die relative Häufigkeit ist ein Anteil (Bruchteil).
- Im Stängel-Blätter-Diagramm lässt sich eine große Anzahl Daten übersichtlich darstellen.
- Zentralwert und Durchschnitt (arithmetisches Mittel) sind Mittelwerte.

Training

1 Die Mathematiklehrerin hat das Ergebnis einer Mathematikarbeit in einer Häufigkeitstabelle dargestellt.

Note	1	2	3	4	5	6
Anzahl	1	7	8	6	4	2

a) Berechne die Durchschnittsnote. Runde an der Zehntelstelle.
b) Gib den Zentralwert an.
c) Erstelle für die Ergebnisse der Schülerinnen und Schüler ein Stabdiagramm und zeichne die Durchschnittslinie und die Zentralwertslinie in das Diagramm ein.

2 Bei einem Wettbewerb der Sportschützen wurden von den 12 Teilnehmern die folgenden Punktzahlen erreicht.
65, 57, 62, 71, 43, 55, 57, 44, 66, 75, 72, 71
a) Gib den Zentralwert der Ergebnisse an.
b) Wie viele Punkte hat jeder Teilnehmer im Durchschnitt erreicht.
c) Würdest du zum Beschreiben eines Mittelwertes eher den Zentralwert oder den Durchschnitt wählen? Begründe.

3 Stell dir vor, du würdest die Zahlen von 1 bis 99 aufschreiben. Beantworte nacheinander die folgenden Fragen.
- Wie viele Ziffern müssten notiert werden?
- Wie oft kommt die Ziffer 1 vor?
- Mit welcher relativen Häufigkeit kommt die Ziffer 1 vor?
- Kommen die Ziffern 1 bis 9 mit der gleichen Häufigkeit vor?

4 Mithilfe von Automaten werden Nüsse in Tüten verpackt. Auf die Tüten wurde gedruckt „Mindesteinwaage 150 g". Bei einer Überprüfung der Gewichte wurden die folgenden Gewichte ermittelt.
147 g, 156 g, 162 g, 145 g, 150 g, 155 g, 164 g, 153 g, 151 g
a) Ist der Aufdruck zur Mindesteinwaage auf den Tüten richtig? Begründe.
b) Welches Durchschnittsgewicht ergibt sich aus den überprüften Tüten? Runde auf Zehntel.
c) Bestimme den Zentralwert der Einwaagen bei den überprüften Tüten.

5 Eine Schule soll neue Schülerstühle erhalten. Sie hat bei verschiedenen Firmen Preisangebote für unterschiedliche Stuhlmodelle eingeholt. Im Stängel-Blätter-Diagramm sind die Preisangebote zusammengefasst.
2 | 6 bedeutet 26 €

2	6 7 7 9
3	0 2 4 4 4 6 8 9
4	0 1 2 2

a) Bestimme den Zentralwert der angegebenen Preise.
b) Berechne den durchschnittlichen Preis der Angebote und beantworte die folgenden Fragen.
- Um wie viel € ist das niedrigste Angebot billiger als der durchschnittliche Preis?
- Um wie viel € ist das höchste Angebot teurer als der durchschnittliche Preis?

c) Wie groß ist die Spannweite zwischen dem niedrigsten und dem höchsten Angebot?

Vertiefen und Anwenden

Ein Automobilclub gibt jeden Monat in seiner Zeitschrift die durchschnittlichen Benzinpreise für Superbenzin und Diesel in einigen deutschen Städten bekannt.

„Die Benzinpreise kletterten wieder nach oben. In vielen deutschen Städten kostete Super im Schnitt mehr als 1,25 €".

Super | **Diesel**

Durchschnittspreise in Cent

Super		Diesel
126,4	Berlin	109,4
126,9	Bielefeld	108,9
125,2	Bremen	108,1
124,6	Dortmund	107,4
125,2	Dresden	108,7
126,9	Erfurt	107,9
126,9	Erlangen	110,6
126,4	Frankfurt/M.	108,8
125,7	Hamburg	107,7
127,5	Hannover	109,0
124,4	Karlsruhe	108,7
124,4	Kassel	107,9
126,5	Kiel	109,5
126,8	Köln	109,7
125,8	Magdeburg	109,8
126,0	München	108,3
124,8	Nürnberg	108,0
125,2	Osnabrück	109,3
127,2	Stuttgart	110,2
123,3	Wuppertal	106,3

Stand: 12.01.2006

Quelle: www.clever-tanken.de

6 In welcher Stadt war der Preis für Superbenzin am niedrigsten, in welcher Stadt war er am höchsten?

7 In welcher Stadt war der Preis für Dieselkraftstoff am niedrigsten, in welcher Stadt war er am höchsten?

8 a) Ordne in einer Tabelle die Preise für Superbenzin mit den zugehörigen Städten vom niedrigsten zum höchsten.
b) Ordne in einer Tabelle die Preise für Dieselkraftstoff mit den zugehörigen Städten vom niedrigsten zum höchsten.

9 Bestimme mithilfe der Aufgabe 8 die Zentralwerte für Super und Diesel.
Berechne jeweils den Durchschnittspreis für alle angegebenen Städte und beantworte die folgenden Fragen.
- Gibt es bei Super und Diesel jeweils eine Stadt, bei welcher der angegebene Preis pro Liter dem Zentralwert oder dem Durchschnitt entspricht?
- Um wie viel Euro unterscheidet sich jeweils der Zentralwert vom Durchschnittswert?

10 a) In den Tank eines Pkws passen 72 l Superbenzin. Wie viel muss man in dem Ort durchschnittlich für eine Tankfüllung bezahlen?
① Wuppertal ② Köln ③ Dortmund
b) In den Tank eines Lkws passen 360 l Diesel. Wie viel muss man in dem Ort durschnittlich für eine Tankfüllung bezahlen?
① Berlin ② Hannover ③ Stuttgart

11 a) Mit welcher relativen Häufigkeit war der Dieselkraftstoff in den angegebenen Städten teurer als der Durchschnitt der Preise?
b) Mit welcher relativen Häufigkeit war der Superkraftstoff in den angegebenen Städten billiger als der Zentralwert der Preise?

12 Im Kreisdiagramm ist der Anteil der Städte hervorgehoben, die eine Gemeinsamkeit haben.
Welche der hier genannten Gemeinsamkeiten wurde dargestellt?

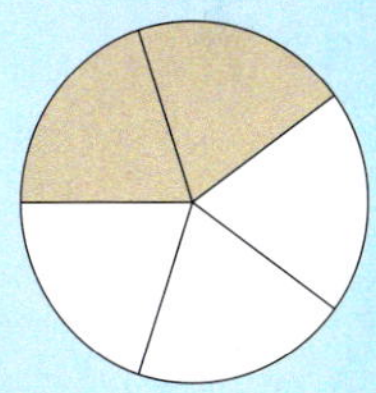

Die Städte haben
① denselben Anfangsbuchstaben,
② einen Literpreis für Superbenzin, der über 1,263 € liegt,
③ einen Städtenamen mit sechs Buchstaben,
④ einen Literpreis für Superbenzin, der über 1,259 € liegt.

13 Zeichne für den Dieselkraftstoff je ein Kreisdiagramm, in dem der Anteil für den folgenden Sachverhalt dargestellt ist.
a) Städte, deren Namen mit K beginnen
b) Städte, deren Literpreis unter 1,088 € liegt

Testrunde

1 Die Tabelle gibt die Mittagstemperaturen in °C von 2 Wochen an.

1. Woche	12	15	22	24	25	24	24
2. Woche	23	20	18	18	17	18	15

a) Berechne den Durchschnittswert der Temperaturen für die 1. Woche.
b) Gib jeweils den Zentralwert der Temperaturen für die 1. Woche, für die 2. Woche und für beide Wochen an.

2 Das Diagramm stellt die jeweils mittleren Niederschläge des Monats dar.

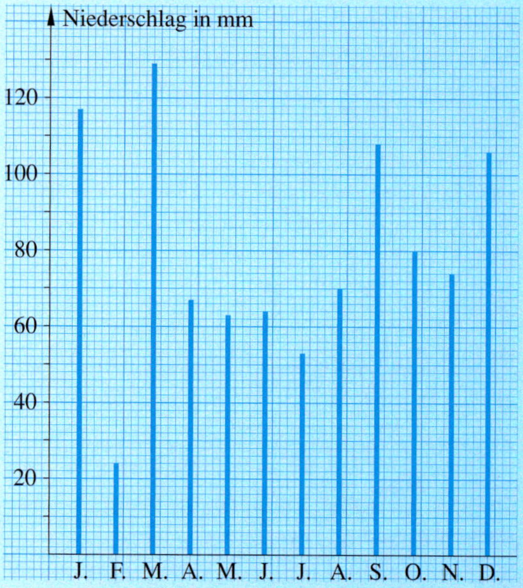

a) Beantworte nacheinander folgende Fragen.
- Welche Niederschlagsmenge fiel durchschnittlich in diesem Jahr pro Monat?
- Wie heißt der Zentralwert?
- Um wie viel mm unterscheiden sich der Zentralwert und der Durchschnittswert?

b) Mit welcher relativen Häufigkeit war der monatliche Niederschlag größer als 100 mm?

3 Die Tabelle gibt die Körpertemperatur einiger Vogelarten an.

Vogelart	Körpertemperatur in °C
Albatros	40,7
Amsel	43,6
Buntspecht	43,3
Ente	42,5
Gans	40,7
Huhn	41,5
Königspinguin	37,7
Mäusebussard	42,0
Rotkehlchen	44,6
Sperling	41,4

a) Erstelle ein Stängel-Blätter-Diagramm.
b) Welche Vogelart muss für das Maximum angegeben werden, welche für das Minimum?
c) Welche Spannweite ergibt sich aus dem Maximum und dem Minimum der angegebenen Vogelarten?

4 Das Diagramm zeigt, zu welchen Parteien die 603 Abgeordneten des Deutschen Bundestags nach der Wahl vom 20. Oktober 2002 gehörten.

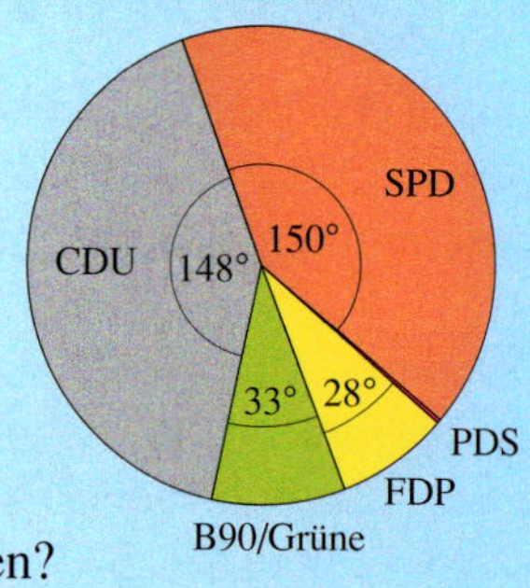

a) Trage für jede Partei folgende Werte zusammen:
- Anteil des angegebenen Mittelpunktswinkels am Vollwinkel als Bruchzahl
- Anteil jeder Partei an den Abgeordneten in Prozent

b) Die Regierung bildete sich aus dem Zusammenschluss (Koalition) einiger Parteien. Zur Regierung müssen dann mindestens 50% der Abgeordneten gehören. Welche Parteien hätten theoretisch zusammen die Regierung bilden können?

Besondere Zuordnungen

Der abgebildete Airbus A380 zählt zu den größten Verkehrsflugzeugen der Welt.
Wegen der verwendeten Baustoffe hat das Flugzeug einen geringeren Treibstoffverbrauch als herkömmliche Flugzeuge und besitzt dadurch bei geringeren Kosten eine größere Reichweite.
Zusammenhänge zwischen Verbrauch, Reichweite, Geschwindigkeit und Kosten von Verkehrsmitteln lassen sich durch besondere Zuordnungen beschreiben und berechnen.

Steigende Zuordnungen

Digitalkameras werden auch bei Jugendlichen immer beliebter, weil man die Bilder sofort auf einem kleinen Display oder mit einem Fernsehgerät anschauen kann.
Die Anzahl der Aufnahmen hängt allerdings von der Größe des elektronischen Speicherplatzes ab.
Die Tabelle zeigt die Preise für verschiedene Speichergrößen.

Speicherplatz in MB (Megabyte)	32	64	128	256
Preis in €	16	19	21	26

A⇒B

1 Es gibt auch Speicher mit 512 MB. Welcher Preis wäre denkbar?

Je größer der Speicherplatz, desto höher ist der Preis. Eine genaue Vorhersage für andere Speicher können wir allerdings mit den Angaben der Tabelle nicht machen. Wir können nur sagen, dass die Werte für beide Größen steigen.
Eine solche Zuordnung nennen wir **steigende Zuordnung**.

Stellen wir die Wertepaare in einem Diagramm dar, so lassen sich die Punkte nacheinander mit einer ansteigenden Linie verbinden.

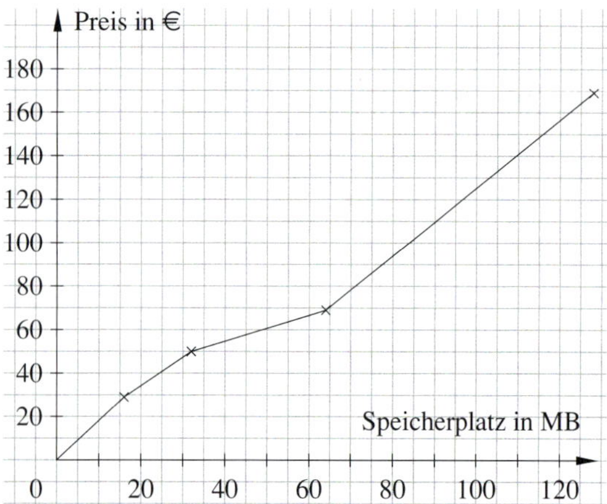

2 a) Welcher Preis ist in dem Diagramm einem 16-MB-Speicher zugeordnet?
b) Zwischen welchen Punkten steigt die Linie am geringsten?

A⇒B

3 Die Speichergröße bestimmt die Anzahl der möglichen Bilder, zum Beispiel:

Speicherplatz in MB	32	64
Anzahl der Bilder bei guter Bildqualität	13	27

Wie viele Bilder lassen sich möglicherweise mit 128 MB, 256 MB bzw. 512 MB speichern? Stelle die fünf Wertepaare grafisch dar.

Merke

Bei einer steigenden Zuordnung wachsen die einander zugeordneten Werte. Im Diagramm ergibt sich eine ansteigende Linie, wenn man die Punkte nacheinander verbindet.

Übungen

4 Ein Hersteller verkauft die Speicherkarten nach der folgenden Preistabelle.

Speicherplatz in MB	32	64	128	256
Preis in €	21	26	30	35

a) Trage die Wertepaare in ein Diagramm ein.
b) Zwischen welchen Punkten steigt die Linie am geringsten?

5 Mit einer geringeren Bildqualität lassen sich je Karte mehr Bilder speichern.

Speicherplatz in MB	16	32	64	128	256
Anzahl der Bilder	13		60		251

Vervollständige die Tabelle im Heft für 32 MB und 128 MB mit denkbaren Werten.
Begründe in jedem Fall deine Entscheidung.

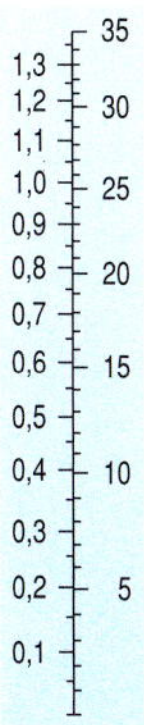

6 Bei einem Regenmesser ist die Niederschlagsmenge in inch und in l pro m^2 ablesbar. So kann er überall auf der Welt genutzt werden.

a) Vervollständige die Tabelle im Heft und ergänze sie mithilfe der gegebenen Skalen.

Wasserhöhe im Regenmesser in inch	0,2	0,55	0,6	0,9	1,0	1,3
Niederschlagsmenge in l pro m^2	5,1		15,2		25,3	

b) Übertrage die Wertepaare in ein Diagramm.

c) Wie viel Liter pro Quadratmeter können mit der Skala des Bechers gemessen werden?

d) Bei welcher Niederschlagsmenge pro Quadratmeter wird der Becher wohl überlaufen?

7 Das Diagramm zeigt den Zusammenhang zwischen Füllhöhe und Volumen für ein bestimmtes Gefäß.

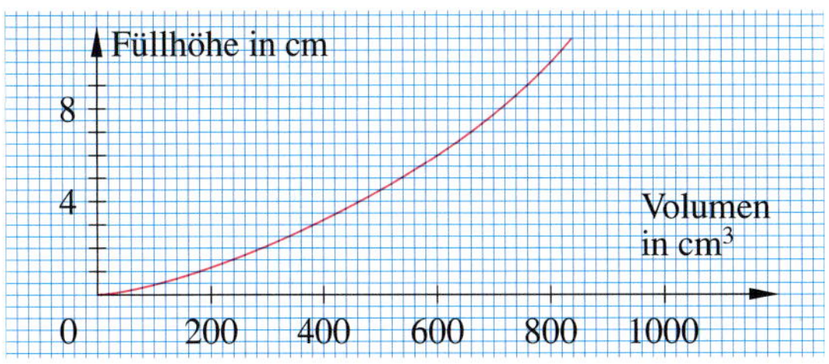

a) Übertrage die Tabelle in dein Heft und ergänze die fehlenden Werte.

Füllhöhe in cm	2	4	6	8	10	12
Volumen in cm^3			600		800	

b) Leite aus dem Verlauf der Linie im Diagramm die mögliche Form des Gefäßes ab.

8 Durchschnittliche Monatstemperaturen von Cochem (Mosel) im Verlauf eines Jahrs:

Monat	1	2	3	4	5	6
Temperatur in °C	4,5	7,4	9,7	12,9	20,5	22,7

Monat	7	8	9	10	11	12
Temperatur in °C	22,0	23,8	17,6	11,7	4,9	4,4

a) Bis zu welchem Monat steigt die Zuordnung?

b) Zeichne ein Temperaturdiagramm.

9 In den Diagrammen ist dem Volumen der Vasen die Füllhöhe zugeordnet. Ordne jeder Vase das entsprechende Diagramm zu. Begründe deine Zuordnung anhand des Linienverlaufs im Diagramm.

① ② ③ ④

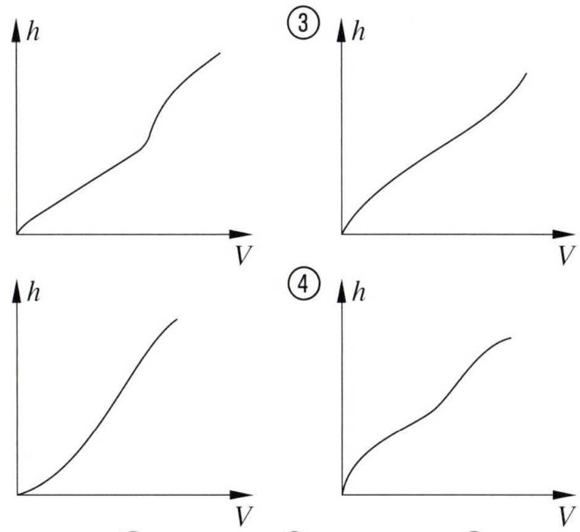

Ⓐ Ⓑ Ⓒ Ⓓ

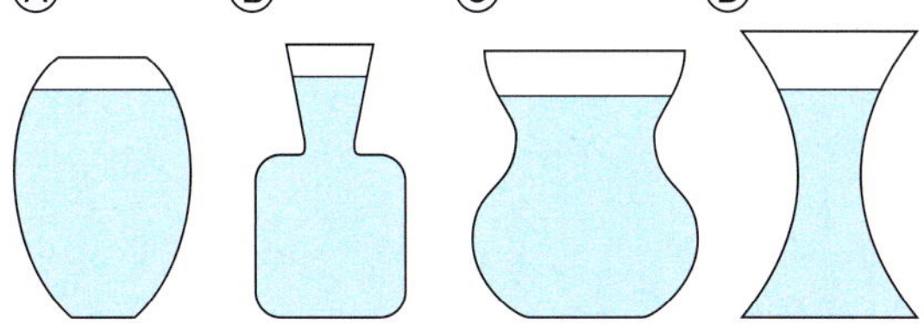

Diagramme erstellen

M

In einem Diagramm kannst du Zusammenhänge zwischen zwei Größen anschaulich darstellen.

- Die Darstellung im Diagramm sollte von der Zusammenstellung der Werte in einer Tabelle ausgehen.
- Zeichne ein rechtwinkliges Achsenkreuz und beschrifte die Achsen mit den Größen und ihren Maßeinheiten.
- Bestimme jeweils den größten und den kleinsten Wert der Größe und bestimme daraus die gleichmäßige Einteilung der zugehörigen Achse.
- Trage die Wertepaare aus der Tabelle als Punkte in das Achsenkreuz ein.
- Aus dem Zusammenhang zwischen den Größen kannst du ableiten, ob noch weitere Punkte für die zugeordneten Größen markiert werden können.

Brittas Familie hat einen neuen Internetanschluss. Nach dem abgeschlossenen Vertrag müssen für jede Minute Internetsurfen 0,9 Cent bezahlt werden.

1 Wie teuer sind 10 min (20 min, 40 min, 60 min) Surfzeit?

2 a) Ergänze im Heft die Tabelle.

Zeit in h	0,25	0,5	1	2	2,5	4	5	10	15	20
Kosten in €		0,27	0,54	1,08				5,40		

b) Auf welche Weise hast du die fehlenden Werte berechnet?
c) Entscheide und begründe, ob eine steigende Zuordnung vorliegt?

Die einander zugeordneten Werte steigen an. Dabei ändern sie sich im selben Maß. Es gilt:

doppelte Zeit – doppelte Kosten	Hälfte der Zeit – Hälfte der Kosten
dreifache Zeit – dreifache Kosten	Drittel der Zeit – Drittel der Kosten
vierfache Zeit – vierfache Kosten	Viertel der Zeit – Viertel der Kosten

Eine solche steigende Zuordnung nennen wir **proportionale Zuordnung**. Wir sagen, Zeit und Kosten sind zueinander proportional.

Stellen wir diese Wertepaare in einem Diagramm dar, so liegen die Punkte auf einer Geraden durch den Nullpunkt.

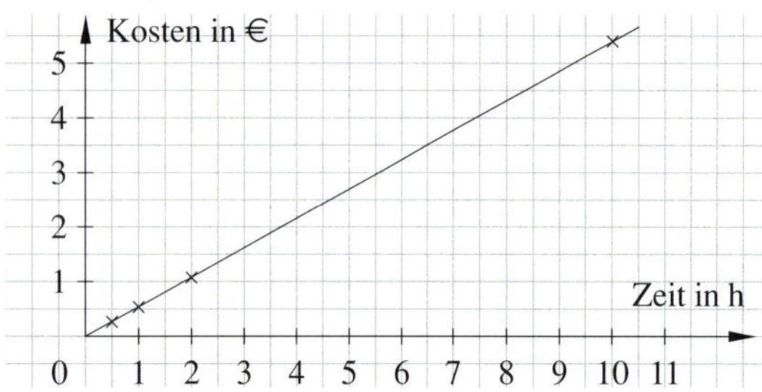

3 Lies aus dem Diagramm die Kosten für 3 h (5 h, 7 h, 9 h) Surfzeit ab.

4 Wie lange kann man etwa für 2 € (3 €, 4 €, 5 €, 6 €) surfen?

Merke

Bei einer proportionalen Zuordnung ändern sich die einander zugeordneten Werte im selben Maß. Im Diagramm ergibt sich eine Gerade durch den Nullpunkt.

Übungen

5 Karlas Familie muss pro Minute der Internetverbindung 1,1 Cent bezahlen.
a) Lege eine Tabelle an, aus der die Kosten für 10 min, 15 min, 20 min, 30 min, 45 min und 60 min Verbindungszeit abzulesen sind.
b) Welche Kosten ergeben sich für 5 h, 10 h, 15 h, 20 h, 25 h und 30 h Surfzeit?

6 Für den Verkauf der Lose legt Kerstin eine Tabelle an.

Anzahl der Lose	1	2	3	4	5
Kosten in €	0,50				

Ergänze die Tabelle im Heft bis zu 10 Losen und trage die Werte in ein Diagramm ein.

7 Übertrage ins Heft und vervollständige die Werte der proportionalen Zuordnung.

a) Gewicht – Preis

1 kg	2 kg	3 kg	4 kg	5 kg	6 kg
1,90 €					

b) Preis – Anzahl

1 €	2 €	3 €	4 €	5 €	6 €
2					

c) Anzahl – Preis

1	2	3	6	10	12
1,80 €					

d) Füllmenge – Preis

10 l	5 l	1 l	20 l	30 l	17 l
13,20 €					

e) Volumen – Gewicht

0,2 m^3	0,6 m^3	1,8 m^3	3,2 m^3	2,2 m^3	2,5 m^3
0,5 kg					

8 Ergänze im Heft die Tabelle für die proportionale Zuordnung.

a) Arbeitszeit – Arbeitslohn

8 h	4 h		7 h		15 h
	64 €	16 €		320 €	

b) Fahrstrecke – Benzinverbrauch

300 km		100 km	1000 km		
24 l	48 l			12 l	16 l

c) Zeit – Weg

5 h	10 h		6,5 h	4 h	
250 km		50 km			125 km

9 Die Zuordnung zwischen Zeit und Weg ist proportional. Zeichne ein Diagramm.

5 h	10 h		2 h	4 h	
400 km		80 km			200 km

Rückblick

Eine Rechteckseite ist 15,8 cm lang. Der Flächeninhalt beträgt 353,92 cm^2. Berechne die zweite Seite des Rechtecks und dessen Umfang.

10 a) In einem Schülercafé zahlen Jennifer und Ayshe für zwei Gläser Limonade 1,20 €. Wie viel € nimmt der Kassierer ein, wenn 3 (5, 6, 9, 10, 12) Gläser Limonade zu zahlen sind?

b) Im Schülercafé kosten 0,2 l frisch gepresster Orangensaft 0,80 €. Wie viel € kosten dann 0,4 l (0,8 l; 0,5 l; 0,3 l; 1 l) von dem Saft?

11 In einem Supermarkt gibt es verschiedene Sorten Äpfel zu kaufen.

a) Maren kauft 3 kg der Sorte „Golden Delicious“ und bezahlt dafür 5,97 €. Wie viel € kosten 1 kg (2 kg; 4 kg; 6 kg) dieser Sorte?

b) Für 2,98 € erhält Herr Schulze 2 kg der Sorte „Boskop“. Wie viel kg Äpfel dieser Sorte erhält man für 1,49 € (5,96 €; 7,45 €, 10,43 €)?

12 Große Mengen von Nägeln und Schrauben werden nicht gezählt, sondern gewogen.

a) Welches Gewicht haben 550 Schrauben, wenn 5 Schrauben 120 g wiegen?

b) Wie schwer sind 2000 Nägel, wenn 10 Nägel 120 g schwer sind?

13 Im Supermarkt kosten 12 Fotos eines bestimmten Formats 1,40 €. Wie teuer sind 24 (36) Fotos dieses Formats?

Währungen umrechnen

Hier ist unser europäisches Geld abgebildet.
1 Euro hat 100 Euro-Cent.

Hier ist das Geld der USA abgebildet.
1 US-Dollar hat 100 US-Cent.

1 € = 0,8811 US-$		1 US-$ = 1,1352 €	
€	US-$	US-$	€
0,10	0,09	0,10	0,11
0,50	0,44	0,50	0,57
1,00	0,88	1,00	1,14
5,00	4,41	5,00	5,68
10,00	8,81	10,00	11,35
50,00	44,05	50,00	56,76
100,00	88,11	100,00	113,52
500,00	440,55	500,00	567,60

(Gültigkeit an einem Tag)

1 a) Wie viel US-$ entsprechen 126 €?
b) Wie viel € entsprechen 126 US-$?
c) Bestimme weitere Umrechnungsbeträge für den Wechsel von Euro in US-$ und umgekehrt.

Mithilfe der angegebenen Umrechnungstabelle können Euro-Beträge in US-Dollar und umgekehrt geschrieben werden.

Übungen

2 Gib die €-Beträge in US-$ an.

a) 40 € d) 500 € g) 850 €
b) 30 € e) 550 € h) 1000 €
c) 150 € f) 625 € i) 1200 €

3 Gib die US-$-Beträge in € an.

a) 20 US-$ d) 41 US-$ g) 420 US-$
b) 60 US-$ e) 89 US-$ h) 250 US-$
c) 25 US-$ f) 120 US-$ i) 1200 US-$

@ **4** Bei Geldwährungen kann man keine feststehenden Wechselkurse angeben, weil sie sich täglich ändern können. Recherchiere die aktuellen Wechselkurse von Euro in US-$ und von Euro in Australische Dollar (A-$). Vergleiche mit den Angaben auf dieser Seite.

5 a) In den USA kosten Jeans 39 US-$. Gib mithilfe der Umrechnungstabelle den Preis der Hosen in € an.
b) Gib für die verschiedenen Jeans-Preise mithilfe der Umrechnungstabelle die Preise in US-$ an.

6 Erstelle eine Umrechnungstabelle wie oben für Euro (€) in Australische Dollar (A-$).
1 € entsprach 1,6807 A-$. (Stand 24.02.2005)

Rückblick

Zeichne Geraden g_1, g_2, g_3 und g_4 für die
a) $g_1 \perp g_2$; $g_2 \parallel g_3$; $g_3 \perp g_4$,
b) $g_1 \parallel g_2$; $g_2 \perp g_3$; $g_3 \parallel g_4$ gilt.

Quotientengleichheit

Segelflugzeuge haben besonders gute Gleiteigenschaften. Die Gleiteigenschaft eines Flugzeugtyps wird durch sein Gleitverhältnis beschrieben.

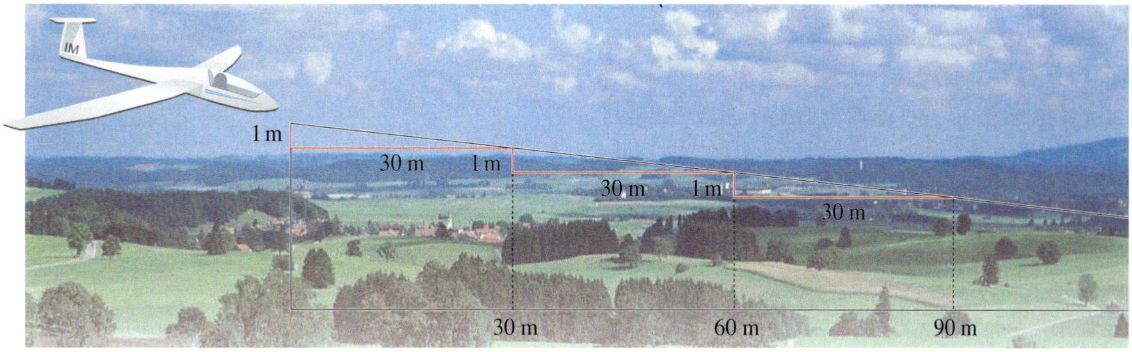

Dieses Flugzeug hat das Gleitverhältnis $\frac{1}{30}$, das bedeutet: Bei einem Meter Höhenverlust überfliegt es eine Bodenstrecke von 30 m.

Wir stellen in einer Tabelle zusammen, wie viel m Bodenstrecke überflogen werden, wenn das Flugzeug gleichmäßig an Höhe verliert und bestimmen das Gleitverhältnis.

Höhenverlust in m	1	2	3	4	5	6
Bodenstrecke in m	30	60	90			
Gleitverhältnis	$\frac{1}{30}$	$\frac{2}{60}$	$\frac{3}{90}$			

1 Vervollständige die Tabelle im Heft und bestimme so die Quotienten für das Gleitverhältnis.

Jedes Wertepaar der Tabelle liefert einen gleichwertigen Bruch. Alle Quotienten sind gleich. Wir nennen die Wertepaare **quotientengleich**.

Merke

Bei einer proportionalen Zuordnung sind die einander zugeordneten Werte quotientengleich.

Übungen

2 Der Gleitflug eines Segelflugzeugs verläuft gleichmäßig. Ergänze die Tabelle im Heft und bestimme des Gleitverhältnis des Flugzeugs.

Höhenverlust in m	1	3	7	8	13	26
Bodenstrecke in m	40	120				

3 Ergänze die Tabelle im Heft so, dass die Wertepaare quotientengleich sind.

Höhenverlust in m	1	5		14		20
Bodenstrecke in m	25		75		200	

4 Welches Gleitverhältnis hat das Flugzeug im gleichmäßigen Gleitflug? Ergänze im Heft.

Höhenverlust in m	1	2	3	4	5
Bodenstrecke in m					125

5 Was kannst du aus der Tabelle für ein Segelflugzeug in gleichmäßigem Flug ableiten?

a)

Höhenverlust in m	1	2	3	4	5
Bodenstrecke in m					300

b)

Höhenverlust in m	2	4	6	8	10
Bodenstrecke in m					350

Rückblick

Zeichne in ein Koordinatensystem ein Viereck mit den den Eckpunkten $A(1|0{,}5)$, $B(3|1)$, $C(2|3{,}5)$ und $D(0{,}5|2{,}5)$.

a) Ergänze zu einer achsensymmetrischen Figur mit $\overline{BC}$ auf der Symmetrieachse.

b) Ergänze zu einer punktsymmetrischen Figur mit C als Symmetriepunkt.

6 Ein Papiergleiter überfliegt aus 60 cm Höhe eine Strecke von 140 cm. Übertrage die Tabelle in dein Heft und bestimme ausgehend von den Höhenangaben die entsprechenden Bodenstrecken bei gleichen Bedingungen.

Höhe in cm	60	120	30	180
Bodenstrecke in cm	140			

7 Um wie viel m sinkt ein Segelflugzeug mit dem Gleitverhältnis $\frac{1}{35}$, wenn die Bodenstrecken 70 m, 140 m, 245 m, 315 m überflogen wird? Löse mithilfe einer Tabelle.

8 Ein Drachenflieger verliert 5 m an Höhe über eine Bodenstrecke von 60 m.

a) Bestimme das Gleitverhältnis.

b) Welche Strecke überfliegt der Drachenflieger bis zur Landung, wenn er von einer 30 m höher liegenden Anhöhe startet?

A⇒B **9**

Einer der größten zurzeit lebenden Männer ist Alexander Sizoneko aus St. Petersburg. Er ist 2,42 m groß und hat die Schuhgröße 63. Der Basketballer Shaquille O'Neal ist 2,16 m groß und hat die Schuhgröße 56. Diskutiere in der Klasse, ob diese Zuordnung zwischen Körpergröße – Schuhgröße proportional ist. Begründe deine Meinung.

10 In einem Supermarkt werden abgepackte Kartoffeln mit verschiedenen Gewichten angeboten: 5 kg für 2,99 € und 10 kg für 5,98 €. Entscheide und begründe, ob diese Zuordnung Gewicht – Preis proportional ist.

11 In einem Kopierladen kostet eine Fotokopie 4 Cent.

a) Ergänze die Tabelle im Heft.

Anzahl	10	20	40	50	70	100
Preis in Cent						

b) Bilde zunächst die Quotienten aus Anzahl und Preis, dann aus Preis und Anzahl. Was fällt dir auf?

12 Die Jahresgebühren für eine Restmülltonne sind von der Größe der Tonne abhängig.

a) Vergleiche die Preise der Stadt Aachen für die wöchentliche Leerung mit den Preisen für die 14-tägliche Leerung.

b) Erstelle eine Tabelle, die den Preis für die wöchentliche (14-tägliche) Leerung und das Volumen der Tonne gegenüber stellt.

c) Bilde für die wöchentliche (14-tägliche) Leerung die Quotienten aus dem Preis und dem Volumen. Runde die Ergebnisse an der Zehntelstelle. Welche Information erhältst du?

13 In einem Experiment wird das Volumen von Massestücken aus Messing bestimmt.

Masse in g	10	20	50	100	200	500
Volumen in cm³	1,2	2,4	6,0	12,0	24,0	60,0

a) Bilde die Quotienten aus Masse und Volumen. Runde an der Zehntelstelle. Was stellst du fest?

b) Welches Volumen hat ein Messingkörper mit der Masse 1 kg?

c) Welche Masse besitzt ein Messingkörper mit dem Volumen 90 cm^3?

14 Bei Modellautos wird häufig auf der Unterseite der Autos angegeben, in welchem Maße sie verkleinert wurden.

Der Maßstab 1 : 60 (gelesen 1 zu 60) bedeutet, dass 1 cm am Modell in Wirklichkeit 60 cm beträgt. Bestimme die tatsächlichen Längen der Autos, wenn die Modelle die folgenden Längen haben.

a) 7 cm b) 6,5 cm c) 7,4 cm d) 6,6 cm

15 Von einem Rettungshubschrauber soll ein Modell im Maßstab 1 : 7,4 hergestellt werden. Am Original beträgt die Rotorlänge 11 860 mm und die Rumpflänge 8810 mm. Berechne die Längen im Modell. Runde an der Einerstelle.

16 Angenommen, von dem Oldtimer wurde ein Modell im Maßstab 1:18 hergestellt.

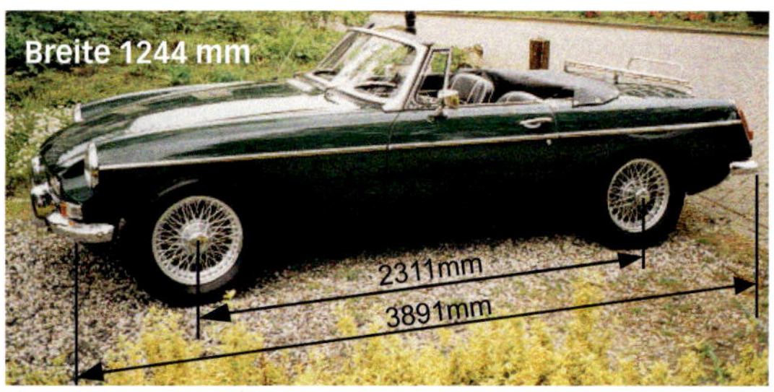

Hier sind einzelne Maße des Originals gegeben. Welche entsprechenden Maße müsste das Modell haben?

17 Der Maßstab des Kartenausschnitts beträgt 1 : 4 000 000.

Miss die Abstände zwischen den folgenden Städten und gib die Entfernungen (Luftlinie) in km an.

a) Dortmund – Erfurt
b) Wilhelmshaven – Hannover
c) Osnabrück – Halberstadt
d) Bremen – Salzwedel
e) Kassel – Gotha
f) Oldenburg – Hamburg

18 Bei Vermessungsarbeiten wird ein Eisenbahntunnel mit 55 m vermessen. Welche Länge hat er in einer Wanderkarte im Maßstab 1 : 25 000?

Texte verstehen **M**

- Lies den Text langsam.
- Manchmal musst du den Text mehrmals lesen.
- Sei sicher, dass du jedes Wort verstehst. Wenn nicht, versuche Informationen über seine Bedeutung zu erhalten.
- Wenn zum Text Bilder, Skizzen Diagramme oder Tabellen gehören, suche Verbindungen zwischen dem Text und der Abbildung.
- Manchmal hilft es, wenn du mit anderen über den Text redest oder ihn mit eigenen Worten wiedergibst.

Wasseruhren und Feueruhren

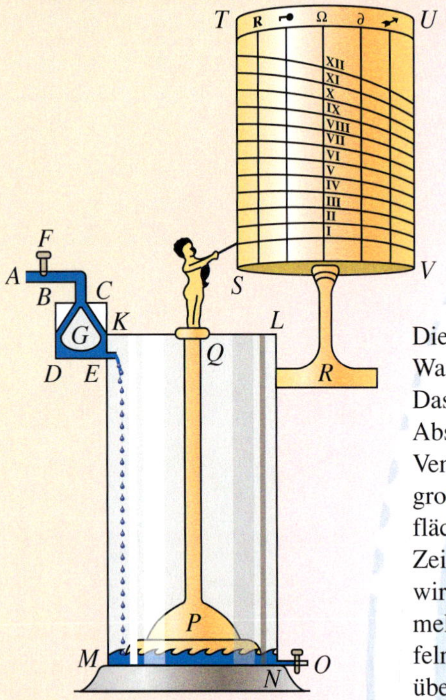

Zu den ersten Uhren zählten Wasseruhren, die bereits vor unserer Zeitrechnung im alten China, bei den Babyloniern oder in Ägypten verwendet wurden. Sie dienten in der Antike als Zeitbegrenzung für die Plädoyers der Anwälte vor Gericht. Alle Wasseruhren funktionierten nach dem gleichen Prinzip: Aus meist kunstvoll verzierten Gefäßen lief Wasser aus und an einer Markierung oder einem Schwimmer konnte die verflossene Zeit abgelesen werden.

Die Darstellung veranschaulicht die Wirkungsweise einer Wasseruhr, wie sie früher verwendet wurde.
Das Wasser tritt bei *A* in die Leitung und gelangt über den Absperrhahn F in das Einlaufgefäß *BCDE*, in dem sich das Ventil *G* befindet, um ein gleichmäßiges Einlaufen in das große Gefäß *KLMN* zu gewährleisten. Auf der Wasseroberfläche schwimmt der Schwimmer *P*, der auf der Platte *Q* das Zeigermännchen trägt, das mit dem Schwimmer angehoben wird. Über ein Zahnrad (hier nicht zu sehen) wird die Trommel *STUV* mit den monatlich auswechselbaren Stundentafeln gedreht. Sobald das Gefäß gefüllt war, floss das Wasser über den Hahn *O* ab.

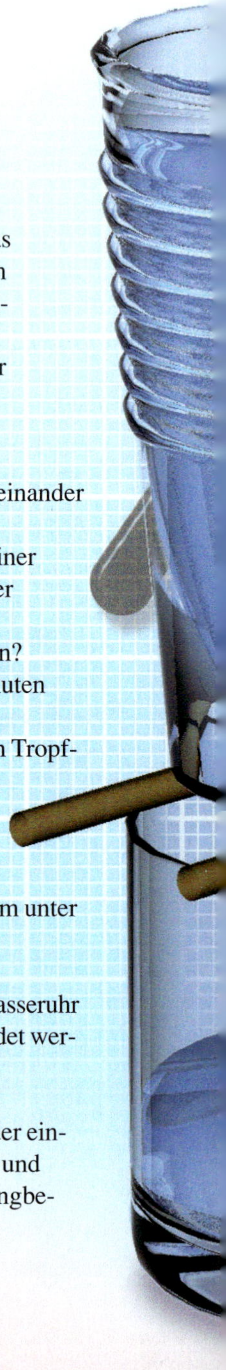

So kannst du eine einfache Wasseruhr bauen:

- Stich mit einer Nadel ein kleines Loch in den Boden eines Bechers.
- Fülle den Becher mit Wasser und prüfe, ob es heraus tropft. Gegebenenfalls musst du das Loch etwas vergrößern.
- Stelle den Becher auf zwei Stifte über ein Glas oder einen durchsichtigen Plastikbecher, so wie es die Zeichnung zeigt.

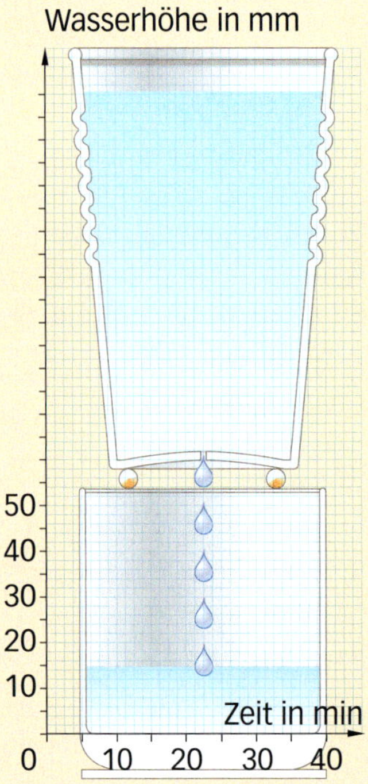

1 Baue eine Wasseruhr und erfülle nacheinander die folgenden Aufträge.
- Markiere jeweils den Wasserstand nach einer Minute und trage deine Ergebnisse in einer Tabelle zusammen.
- Wie hoch steht das Wasser nach 5 Minuten?
- Wie hoch könnte das Wasser nach 15 Minuten stehen?
- Schätze, wie lange das Wasser aus deinem Tropfbecher austropfen wird.
- Übertrage deine Messergebnisse in ein Diagramm, so wie es hier dargestellt ist.
- Wiederhole deine Messung. Sorge aber dafür, dass der Tropfbecher immer bis 1 cm unter den Rand gefüllt ist.

2 Kann in der abgebildeten einfachen Wasseruhr auch der obere Becher als Uhr verwendet werden? Begründe deine Antwort.

3 Ist die Form des Auffangbechers bei der einfachen Wasseruhr wichtig? Begründe und überprüfe deine Antwort mit anderen Auffangbechern.

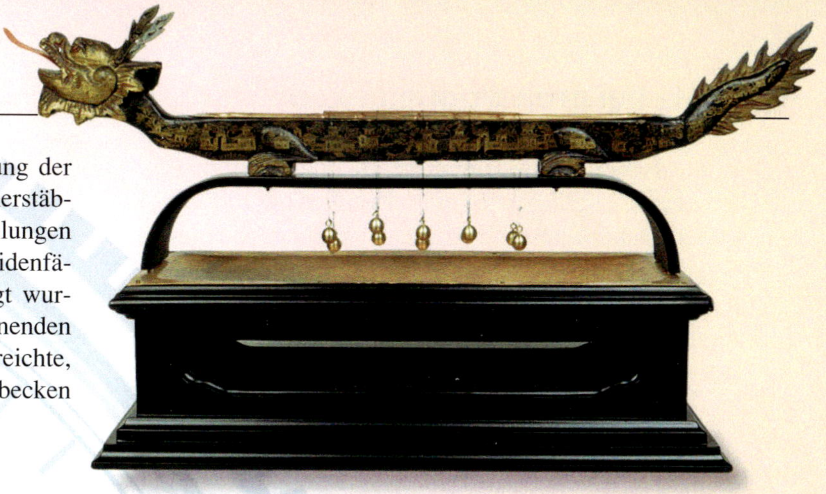

Feueruhren sind eine Erfindung der Chinesen. Besondere Räucherstäbchen waren mit Stundeneinteilungen versehen, an denen oft mit Seidenfäden kleine Kugeln aufgehängt wurden. Wenn die Glut des brennenden Stäbchens dann den Faden erreichte, fiel die Kugel in ein Metallbecken und schlug die Stunde.

Ähnlich arbeiteten die Kerzenuhren. Beim Abbrennen der Kerze wurden in das Kerzenwachs eingelegte Metallstifte oder Kugeln freigeschmolzen und fielen dann in ein Metallbecken.

Im 16. Jahrhundert entdeckte man, dass das Öl der Öllampen ebenfalls gleichmäßig abbrennt. Am durchsichtigen Vorratsbehälter wurde eine Markierung angebracht, an der die vergangene Zeit abgelesen werden konnte.

4 Zeichne für die abgebildete Öllampe ein mögliches Diagramm für die Zuordnung zwischen Zeit und Füllhöhe und diskutiere den Verlauf in der Klasse.

5 a) Wie lange brennt die hier abgebildete Kerze?
b) Welche Länge hat die hier abgebildete Kerze, wenn $3\frac{1}{2}$ Minuten vergangen sind?
c) Wie lang müsste diese Kerze sein, damit sie eine Stunde lang brennt?

6 Wodurch lässt sich eine längere Brenndauer von Kerzenuhren erreichen?

Mit einer Geburtstagskerze kannst du eine einfache Feueruhr herstellen:

Wenn du nach jeder Minute abliest, wie viele Millimeter des Kerzenstücks abgebrannt sind, erhältst du ein ähnliches Diagramm wie es hier abgebildet ist.

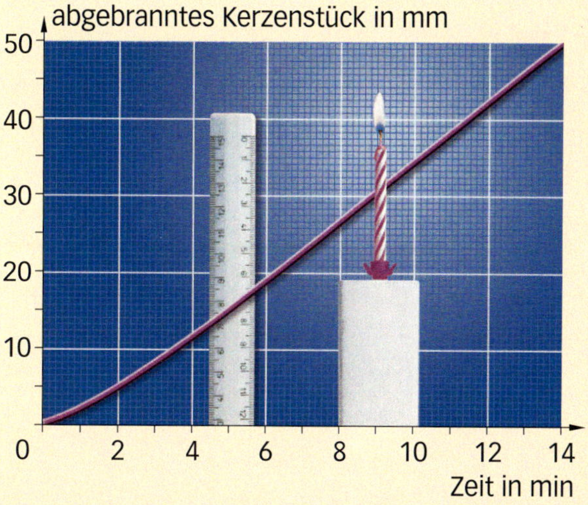

Dreisatz bei proportionaler Zuordnung

Bei Autotests wird der Benzinverbrauch unter bestimmten Verkehrsbedingungen für eine Strecke von 100 km angegeben. Dabei fahren die Testwagen nicht genau diese Strecke.
Wenn man voraussetzt, dass der Benzinverbrauch proportional zur gefahrenen Strecke ist, dann lässt sich das Ergebnis durch eine einfache Rechnung bestimmen.
Welchen Verbrauch hat ein Auto auf 100 km, das auf 150 km Strecke 9 l Benzin verbraucht hat?

Bei einer proportionalen Zuordnung können wir die Aufgabe in drei Schritten lösen. Wir sagen, die Aufgabe wird mit dem **Dreisatz** gelöst. Das Verfahren wird auch **Schlussrechnung** genannt.

1. einander zugeordnete Größen	Auf 150 km verbrauchte der Wagen 9 l.
2. Schluss auf die Einheit	Auf 1 km verbrauchte der Wagen $\frac{9}{150}$ l.
3. Schluss auf die gesuchte Größe	Auf 100 km verbrauchte der Wagen 6 l.

	Strecke in km	Verbrauch in l	
	150	9	
: 150	1	$\frac{9}{150}$	: 150
· 100	100	$\frac{9}{150} \cdot 100 = 6$	· 100

Der Verbrauch auf 100 km Fahrstrecke beträgt 6 l Benzin.

A⇒B **1** Wodurch kann das berechnete Ergebnis erheblich von der Realität abweichen?

2 Vervollständige mithilfe des Taschenrechners die folgende Aufgabe im Heft.
Frau Barak tankt 30 l Benzin für 29 €. Herr Lutz tankt die gleiche Sorte Benzin und zahlt an der Kasse 34 €. Wie viel Liter Benzin hat er getankt (Angabe auf Hundertstel gerundet)?

1. Für 29 € gibt es ▢ Liter.
2. Für 1 € gibt es $\frac{▢}{▢}$ Liter.
3. Für 34 € gibt es ca. ▢ Liter.

Herr Lutz hat ungefähr 35,▢ l Benzin getankt.

	Preis in €	Volumen in l	
	29	▢	
: 29	▢	$\frac{▢}{▢}$	: 29
· ▢	34	$\frac{▢}{▢} \cdot 34 \approx$ ▢	· 34

30 [÷] 29 [×] 34 [=] …

Merke

Bei einer proportionalen Zuordnung kann die fehlende Größe mit dem Dreisatzverfahren berechnet werden.

Beispiel

Herr Daume kauft 25 Dosen Katzenfutter für 15 €, Sabine 12 Dosen der gleichen Sorte.

Sätze:
25 Dosen kosten 15 €.
1 Dose kostet $\frac{15}{25}$ €.
12 Dosen kosten 7,20 €.
Sabine zahlt an der Kasse 7,20 €.

Tabelle:

	Anzahl Dosen	Preis in €	
	25	15	
: 25	1	$\frac{15}{25}$	: 25
· 12	12	$\frac{15}{25} \cdot 12 = 7{,}2$	· 12

15 [÷] 25 [×] 12 [=]
7.2

Übungen

3 Übertrage die Tabelle in dein Heft und vervollständige sie. Die Zuordnung ist proportional.

a)

Gewicht in kg	Preis in €
1	3,50
3	

b)

Anzahl	Preis in €
28	6,44
1	

c)

Länge in m	Preis in €
3	24
1	
5	

d)

Fahrstrecke in km	Verbrauch in l
100	8
1	
750	

e)

Anzahl	Gewicht in kg
8	120
1	
5	

4 a) Ein Heft kostet 0,56 €. Wie viel € kosten 8 Hefte?
b) Eine Tube Klebstoff kostet 1,53 €. Wie viel € kosten 3 Tuben?
c) Eine Packung Bleistifte kostet 2,53 €. Wie viel € kosten 3 Packungen?

5 Für 2 kg Äpfel zahlt Herr Brandt 3,60 €. Wie teuer sind 5 kg der gleichen Sorte?

6 Die beiden Batterien in einem Walkman reichen für eine Spielzeit von 7 Stunden. Wie lange reicht eine Viererpackung mit den entsprechenden Batterien?

7 Akkus sind umweltfreundlicher als Batterien, da man sie wieder aufladen kann. Eine Viererpackung Akkus kostet 9,90 €. Wie teuer sind 12 Akkus, die so abgepackt sind?

8 Familie Weber bekommt 2050 l Heizöl geliefert und zahlt dafür 671,17 €. Ihr Nachbar bekommt am gleichen Tag 1895 l geliefert. Was muss er zahlen bei dem gleichen Preis pro Liter Heizöl?

9 Für ein dreizeiliges Inserat werden in einer Werbezeitung 9 € berechnet. Was kostet ein Inserat für 5 (7, 9) Zeilen in dieser Zeitung?

10 Ein Handwerker berechnet einem Kunden für 8 Arbeitsstunden 336 € Lohnkosten. Wie teuer sind 17 (28) Arbeitsstunden?

11 In einer Stunde geht ein Wanderer 4,5 km. Wie weit geht er in 12 Minuten?

12 Zum Belegen einer Wegfläche von 4 m^2 benötigt ein Fliesenleger 20 Platten. Wie viele Platten benötigt er für 25 m^2?

13 Ein Bauplatz von 625 m^2 kostet 101 250 €. Wie teuer wäre ein Bauplatz von 725 m^2 bei gleichem Quadratmeterpreis?

14 Eine Studentin hat während der Semesterferien für drei Monate Arbeit 2985 € erhalten. Wie viel bekam sie monatlich?

15 In der belgischen Stadt Malmedy wird jedes Jahr ein Riesenomelette gebacken. Dabei werden 10 000 Eier benötigt.
Wie viele Personen können davon essen, wenn 8 Eier benötigt werden, um ein Omelette für 4 Personen zu backen?

16 In der Strickanleitung eines Pullovers wird eine Maschenprobe empfohlen, damit der Pullover die richtige Größe erhält. Dazu wird ein quadratisches Strickstück von 10 cm Seitenlänge gestrickt, an dem die Strickreihen und die Maschen abgezählt werden. Die Maschenprobe ist 32 Maschen breit und enthält 51 Reihen.
a) Wie viele Maschen müssen für 46 cm (35 cm, 42 cm) Breite gestrickt werden?
b) Wie viele Reihen müssen für 53 cm (47 cm, 49 cm) Länge gestrickt werden?
c) Aus wie vielen Maschen besteht ein Strickstück, das 39 cm breit und 48 cm lang ist?

17 Ein Mieter muss für 20 m^3 Wasser einschließlich Nebenkosten 42,20 € bezahlen. Wie viel zahlt ein anderer Hausbewohner für 22 m^3 Wasser?

18 Ein Hausbesitzer musste für den Bezug von 4967 kWh Strom im Jahr 645,71 € bezahlen. Im nächsten Jahr hatte er einen Verbrauch von 5638 kWh. Wie viel Geld musste er in diesem Jahr bezahlen?

19 Der Schall legt in 3 Sekunden etwa 1 km zurück. Wie weit ist ein Gewitter entfernt, wenn man 14 Sekunden nach dem Aufleuchten des Blitzes den Donner hört?

20 Messing besteht aus Kupfer und Zink. Wie viel Kupfer und Zink sind zur Herstellung von 66,5 kg Messing erforderlich, wenn für 100 kg der gleichen Messingsorte 60 kg Kupfer gebraucht werden?

21 Ein Fahrzeug mit einem 40-Liter-Tank hat bei einer Geschwindigkeit von 140 $\frac{km}{h}$ einen Benzinverbrauch von 9,2 l pro 100 km.

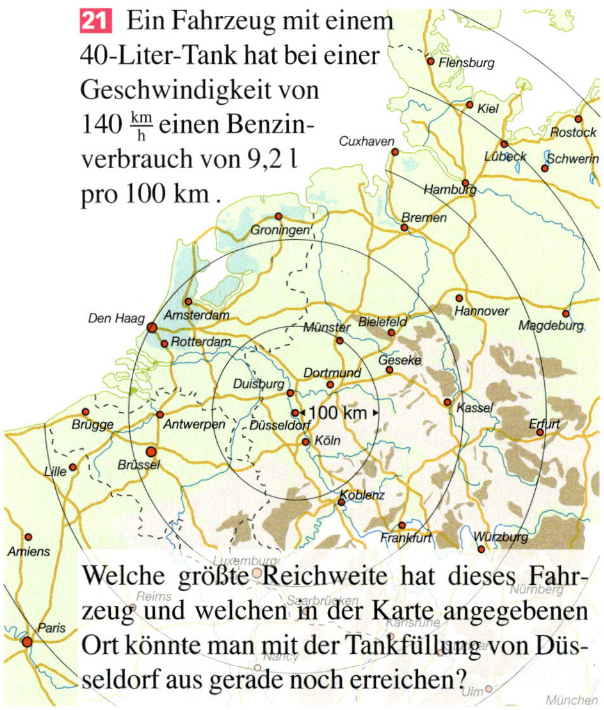

Welche größte Reichweite hat dieses Fahrzeug und welchen in der Karte angegebenen Ort könnte man mit der Tankfüllung von Düsseldorf aus gerade noch erreichen?

22 Wie weit kann ein Auto mit dem Inhalt eines 5-Liter-Reservekanisters noch fahren, wenn es einen Benzinverbrauch von 8 l auf 100 km hat?

23 An einer Tankstelle zahlt ein Kunde für 39 l Benzin 32,37 €.

a) Wie viel € kosten 55 (34) l?

b) Wie viel l können für 30 € (40 €; 50 €) getankt werden?

24 Berechne den Preis für eine Tankfüllung von 80 (45, 60, 90) Litern Super-Benzin.

SPRITUSOL
Ihre Tankstelle

STAT.NR. 000100746 BERLINER RING 38A
746 13/17.02 15:47 Bed 02 Kass 01

00004	Super	54,26 €
Zp. 04	50,76 Liter	1,279 €/Liter

Gesamtbetrag	64,92 €
enthält 16% MwSt.	8,95 €

GUTE FAHRT UND AUF WIEDERSEHEN

25 Der Benzinverbrauch ist von der gefahrenen Geschwindigkeit abhängig. Bei einer Geschwindigkeit von 90 $\frac{km}{h}$ benötigt ein Testwagen auf 14 km Fahrstrecke 1,26 l. Der gleiche Testwagen benötigt bei einer Geschwindigkeit von 120 $\frac{km}{h}$ für eine 8 km lange Teststrecke 0,864 l Benzin. Berechne jeweils den Benzinverbrauch auf 100 km für beide Geschwindigkeiten.

26 Im Wettbewerb um das sparsamste Serienauto gibt es stets neue Meldungen. In einer Ausgabe des Guinness-Buches der Rekorde wurde zum Beispiel der Seat Toledo TDi genannt, der bei durchschnittlich 82,5 $\frac{km}{h}$ auf 1 320 km nur 36,3 l Diesel verbrauchte.

Rückblick

Die Geraden g und h sind senkrecht zueinander und schneiden sich im Punkt S. Der Punkt P hat zur Geraden g den gleichen Abstand wie zu h. Bestimme zeichnerisch die Länge dieses Abstands, wenn $\overline{PS} = 6{,}4$ cm gilt.

Fallende Zuordnungen

Fast jeder Haushalt verfügt über einen Kühlschrank, in dem die Lebensmittel kühl und frischgehalten werden können. Die Kühlschranktemperatur kann über einen Schaltknopf nach Wunsch verändert werden.

Den Zusammenhang zwischen der Schaltstufe bei einem Kühlschrankmodell und der Temperatur zeigt die folgende Tabelle.

Schaltstufe	0	1	2	3	4	5	6	7
Temperatur in °C		9	7	5	4	3	2	1

1 Welche Bedeutung hat die Schaltstufe 0?

2 Welche Schaltstufe entspricht der größten Kühlleistung, welche der kleinsten?

Je größer die Schaltstufe ist, desto niedriger wird die Temperatur im Kühlschrank. Zwischen Schaltstufe und Temperatur besteht eine **fallende Zuordnung**.

Stellen wir die Wertepaare in einem Diagramm dar, so lassen sich die Punkte mit einer fallenden Linie nacheinander verbinden.

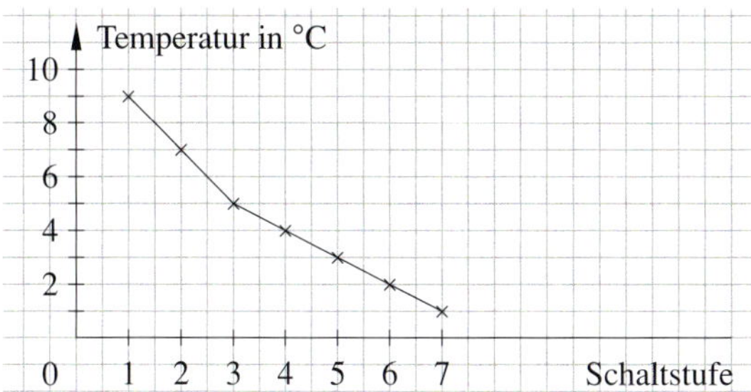

3 a) Um wie viel Grad ändert sich die Temperatur von Stufe zu Stufe?
b) Bei welcher Schaltstufe fällt die Temperatur gegenüber vorher in einem anderen Maß?

Merke

Bei einer fallenden Zuordnung sind den ansteigenden Werten des ersten Bereichs fallende Werte des zweiten Bereichs zugeordnet. Im Diagramm ergibt sich eine fallende Linie, wenn man die Punkte nacheinander verbindet.

Übungen

4 Eine Firma macht einer Schule ein Angebot für den Kauf von Taschenrechnern, wie in der Tabelle zusammengestellt wurde.

Mengengruppe	I	II	III	IV
Anzahl	1–29	30–59	60–89	ab 90
Einzelpreis in €	10	8	6	5

a) Welche Zuordnung kannst du zwischen der Mengengruppe und dem Einzelpreis erkennen?
b) Zeichne ein Diagramm.
c) Welcher Einzelpreis und welcher Gesamtpreis ergibt sich beim Kauf von 65 (90, 113) Taschenrechnern?

5 Bei einer Digitalkamera wirkt sich die Bildqualität „basic“, „normal“ oder „fine“ auf die Anzahl der Bilder auf der Speicherkarte aus.

Einstellung	basic	normal	fine
Anzahl möglicher Aufnahmen	68	28	13

a) Bei welcher Einstellung ist der benötigte Speicherplatz für ein Bild am größten? Begründe deine Antwort.
b) Für ein Bild sind 1200 Kilobyte bei der Einstellung „normal“ nötig. Welche Speichergröße könnte bei der Einstellung „basic“ („fine“) für ein einzelnes Bild möglich sein?

Umgekehrt proportionale Zuordnungen

In vielen Bereichen werden heute Roboter in der Produktion eingesetzt. Sie arbeiten meistens ohne Pause und immer nach einem vorgeschriebenen Programm, das die Bewegungen des Roboters steuert.

1 Für einen bestimmten Auftrag braucht ein Roboter 600 Minuten.
a) Wie ändert sich die Herstellungszeit, wenn ein weiterer gleicher Roboter eingesetzt wird?
b) Welche Zeit wird von drei gleichen Robotern für diesen Auftrag benötigt?
c) Ist die Zuordnung steigend oder fallend?
d) Vervollständige die Tabelle im Heft.

Anzahl der Roboter	1	2	3	4	5	6
Zeit in min	600					

Je mehr Roboter zum Einsatz kommen, desto kürzer ist die Herstellungszeit. Wegen der Gleichheit der Roboter können wir die Zuordnung zwischen der Anzahl der Roboter und der Herstellungszeit genau beschreiben.

Es gilt: doppelte Anzahl – Hälfte der Zeit | Hälfte der Anzahl – doppelte Zeit
dreifache Anzahl – Drittel der Zeit | Drittel der Anzahl – dreifache Zeit
vierfache Anzahl – Viertel der Zeit | Viertel der Anzahl – vierfache Zeit

Bei dieser fallenden Zuordnung ändert sich die benötigte Zeit im umgekehrten Maß wie die Anzahl der Roboter. Dies ist eine **umgekehrt proportionale Zuordnung**. Wir sagen, die benötigte Zeit ist umgekehrt proportional zur Anzahl der eingesetzten Roboter.

Merke

Bei einer umgekehrt proportionalen Zuordnung ändern sich die einander zugeordneten Werte im umgekehrten Maß.

Übungen

2 Übertrage die Tabelle in dein Heft und berechne die fehlenden Zeitangaben, wenn weitere gleiche Roboter für denselben Auftrag eingesetzt werden.

a)

Anzahl der Roboter	1	2	3	4	5	6
Zeit in min	120	60				

b)

Anzahl der Roboter	1	2	3	4	5	6
Zeit in min	1500					

c)

Anzahl der Roboter	1	3	5	7	10	12
Zeit in min	1680					

3 Ein Auftrag erfordert eine bestimmte Zeit. Vervollständige die Tabelle im Heft für gleichartige Roboter, die zur Erfüllung der angegebenen Bearbeitungszeit eingesetzt werden müssen.

a)

Zeit in min	300	60	30	25	20	15
Anzahl der Roboter	1	5				

b)

Zeit in min	1200	400	240	150	120	80
Anzahl der Roboter	1					

c)

Zeit in min	2184	728	312	273	168	91
Anzahl der Roboter	1					

Produktgleichheit

Die hohen Geschwindigkeiten moderner Züge verändern unter anderem die Reisezeit.

1 Wie ändert sich die Reisezeit, wenn die Lokomotive mit höherer Geschwindigkeit fährt? Welche Zuordnung liegt demnach vor?

Eine alte Dampflokomotive benötigt mit einer durchschnittlichen Geschwindigkeit von 60 $\frac{km}{h}$ für eine 360 km lange Strecke 6 h. Heute fahren Züge meist mit elektrischem Antrieb. Sie können dieselbe Strecke in kürzerer Zeit zurücklegen.

A⇒B

2 a) Erläutere die Tabelle.
b) Welchen Zusammenhang erkennst du jeweils zwischen Geschwindigkeit, Fahrzeit und Fahrstrecke?

Reisezeit in h	6	4,5	3	2
Geschwindigkeit in $\frac{km}{h}$	60	80	120	180
Fahrstrecke in km	$60 \cdot 6$			

Jedes Wertepaar der Tabelle liefert das gleiche Produkt. Alle Produkte sind gleich. Wir nennen die Wertepaare **produktgleich**.

Stellen wir die Wertepaare in einem Diagramm dar, so liegen die Punkte auf einer gekrümmten Linie, die man Hyperbel nennt.

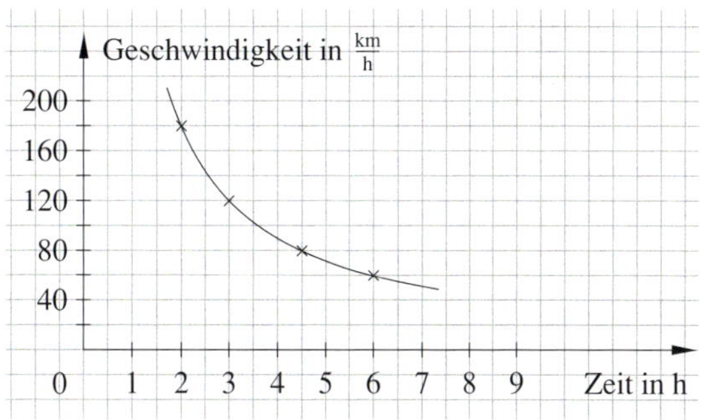

3 a) Übertrage die Tabelle in dein Heft, vervollständige sie und gib an, für welche Fahrstrecke die Wertepaare stehen.
b) Zeichne die Zuordnung in ein Diagramm.

Geschwindigkeit in $\frac{km}{h}$	35	140	200	280	80
Reisezeit in h	8				

Merke

Bei einer umgekehrt proportionalen Zuordnung sind die einander zugeordneten Werte produktgleich. Im Diagramm liegen die Punkte einer solchen Zuordnung auf einer Hyperbel.

Beispiel

Je höher der Benzinverbrauch ist, desto geringer ist die Reichweite des Autos. Überprüfe nach der Tabelle, ob diese Zuordnung umgekehrt proportional ist.

Tankfüllung 42 l

Verbrauch pro 100 km in l	5	6	7	8	10
Reichweite in km	840	700	600	525	420

Produkte der Wertepaare:

$5 \cdot 840 = 4200$ $\quad 8 \cdot 525 = 4200$
$6 \cdot 700 = 4200$ $\quad 10 \cdot 420 = 4200$
$7 \cdot 600 = 4200$

Die Wertepaare sind produktgleich, die Zuordnung ist umgekehrt proportional.

Übungen

4 Ergänze die Tabelle im Heft. Sie gibt an, welche Fahrstrecke mit einer Tankfüllung bei unterschiedlichem Verbrauch zurückgelegt werden kann.

a)

Verbrauch pro 100 km in l	5	1	6	8	10
Fahrstrecke in km	120				

b)

Verbrauch pro 100 km in l	5	1	7	8	10
Fahrstrecke in km	1400				

5 a) Ergänze die Tabelle in deinem Heft und gib an, welche Reisestrecke bei dieser Zuordnung zugrunde liegt.

Geschwindigkeit in $\frac{km}{h}$	120	60	40	30	24	20
Reisezeit in h	1					

b) Zeichne ein Diagramm zu a).

6 Übertrage die Tabelle in dein Heft und ergänze die fehlenden Zahlen so, dass die Zuordnung umgekehrt proportional ist.

a)

8	2	4	6	3	1	12
			32			

b)

6	9	2	4	3	1	8
	24					

c)

12	6	4	3	1	2	9
		243				

d)

10	2	1	4	8	5	3
12,5						

7 Der Lottogewinn einer Tippgemeinschaft wird gleichmäßig an alle Mitglieder verteilt.

Die Tabelle soll zeigen, wie sich die Anteile bei verschieden vielen Personen ändern.

Anzahl der Mitglieder	1	2	3	4	5	6
Gewinn pro Mitglied in €	6600					

a) Welche Gewinnsumme wird verteilt?
b) Vervollständige die Tabelle im Heft.

8 Eine Tabelle für eine Gewinnverteilung soll erstellt werden.

Anzahl der Mitglieder	1	2	3	4	5	6
Gewinn pro Mitglied in €		3600				

a) Vervollständige die Tabelle im Heft und gib an, welche Gewinnsumme verteilt wird.
b) Zeichne ein Diagramm.

9 Übertrage die Tabelle in dein Heft und ergänze sie so, dass die Zuordnung umgekehrt proportional ist.

a)

18	9	3	1	6	7	21	54
21							

b)

15	1		5	10	20		25
8		1				30	

c)

1	2	3			9	15	18
		6	3	12			

d)

	60	15		12		20	
1		2	6		4		120

e)

24		3				15	
	6	32	8	1	30		60

10 Vervollständige die Tabelle im Heft so, dass die Zuordnung umgekehrt proportional ist.

a) Anzahl der Arbeiter – Zeit in h

4	1	2	5	6	8
6 h					

b) Anzahl der Teilnehmer – Kosten pro Teilnehmer

2	3		5		12
480 €		240 €		48 €	

c) Geschwindigkeit – Fahrzeit

80 $\frac{km}{h}$		120 $\frac{km}{h}$		96 $\frac{km}{h}$		150 $\frac{km}{h}$
6 h	4,8 h		8 h		3 h	

11 Peter überlegt, wie er sein Taschengeld für eine Radtour so einteilen kann, dass er jeden Tag den gleichen Betrag zur Verfügung hat. Ist er 12 Tage unterwegs, kann er 8 € pro Tag ausgeben.

- Wie viel Taschengeld hat Peter?
- Vervollständige die Tabelle im Heft.

Anzahl der Reisetage	12	10	15	6	8	16
Geld pro Tag in €	8					

Rückblick

Welche Brüche sind größer als 3?

① $\frac{7}{2}$ ② $\frac{23}{8}$ ③ $\frac{45}{15}$ ④ $\frac{59}{18}$

12 Ein Flughafen soll ausgebaut und erweitert werden. Bei der Planung der Arbeiten an den Landebahnen wird davon ausgegangen, dass bei dem Einsatz von 6 Walzen die erforderlichen Arbeiten in 30 Tagen abgeschlossen sein können.

Wie viele Tage werden 3 (2, 1, 5 oder 4) Walzen benötigen?
Ergänze die Tabelle im Heft.

Anzahl der Walzen	6	3	2	1	5	4
Anzahl der Tage	30					

13 Der Schotter für den Untergrund eines Teilstücks der Startbahn wurde mit 4 Lkws angefahren. Dazu mussten sie insgesamt 24-mal fahren. Wie oft hätte insgesamt gefahren werden müssen, wenn eine andere Anzahl von Lkws zur Verfügung gestanden hätte? Vervollständige dazu die Tabelle im Heft.

Anzahl der Lkws	4	2	1	3	6	8
Anzahl der Fahrten	24					

14 In einer Baugrube hat sich Sickerwasser angesammelt. Vier Pumpen mit gleichen Leistungen leeren die Baugrube in drei Stunden. Vervollständige die Tabelle im Heft und zeichne sie in ein Diagramm.

a)

Anzahl der Pumpen	1	2	4	6	8
Zeit in h			3		

b)

Zeit in h	1	2	3	4	6
Anzahl der Pumpen			4		

Schweben in die Zukunft

Die Bevölkerungzunahme in den Industrieländern erzeugt Verkehrsprobleme, die langfristig nur durch intelligente Verkehrssysteme gelöst werden können. Viele Menschen müssen innerhalb kurzer Zeit befördert werden, wobei die Umwelt wenig belastet werden soll. Eine solche Lösung könnte die in Deutschland entwickelte Magnetschwebebahn „Transrapid" sein.

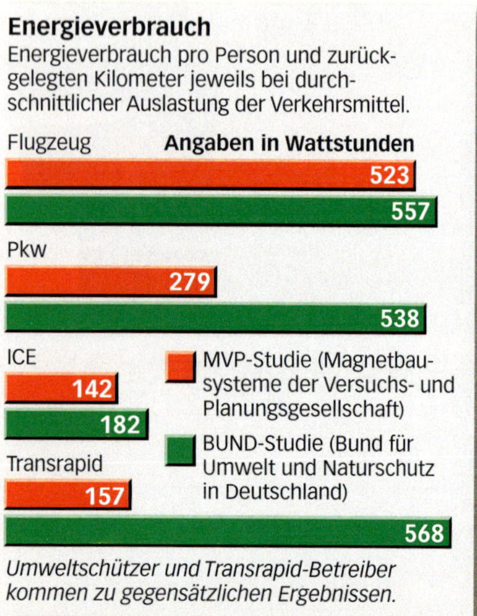

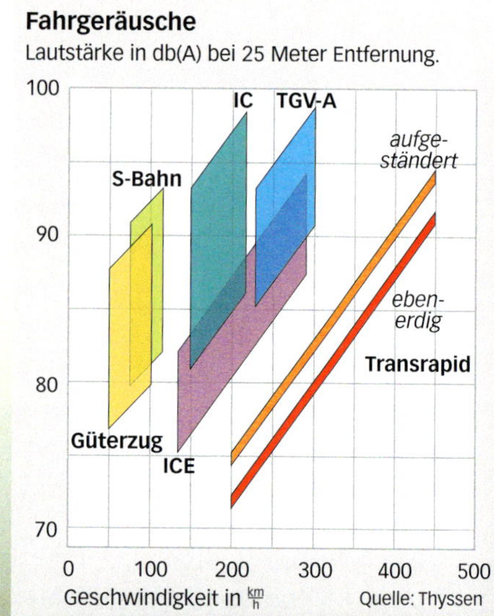

1 Vergleiche die beiden Studien zum Energieverbrauch verschiedener Verkehrsmittel mithilfe des Diagramms.

2 Welche Ergebnisse liefert das Diagramm über die Fahrgeräusche bei unterschiedlichen Bahnen?
Lautstärke wird in Dezibel (db) gemessen.
Der Zusatz (A) bedeutet, dass bei der Messung ein bestimter Filter verwendet wurde.
Alle 10 db(A) verdoppelt sich die Lautstärke.

In den Niederlanden, Nord- und Südamerika sollen Projektstudien den Einsatz der Bahn vorbereiten. Nach China wurde die Magnetschwebebahn schon erfolgreich verkauft, um den internationalen Flughafen von Shanghai mit dem 30 km entfernten Finanzzentrum zu verbinden. Man erwartet auf dieser Strecke im Jahr 2020 etwa 36 Millionen Fahrgäste pro Jahr.

3 a) In welcher Zeit könnte eine Strecke wie die vom Flughafen ins Finanzzentrum Shanghai bei 430 $\frac{km}{h}$ zurückgelegt werden?
b) Wie ändern sich die Fahrzeiten gegenüber herkömmlichen Verkehrsmitteln, die mit 80 $\frac{km}{h}$ (120 $\frac{km}{h}$, 220 $\frac{km}{h}$) auf einer 30-km-Strecke fahren?

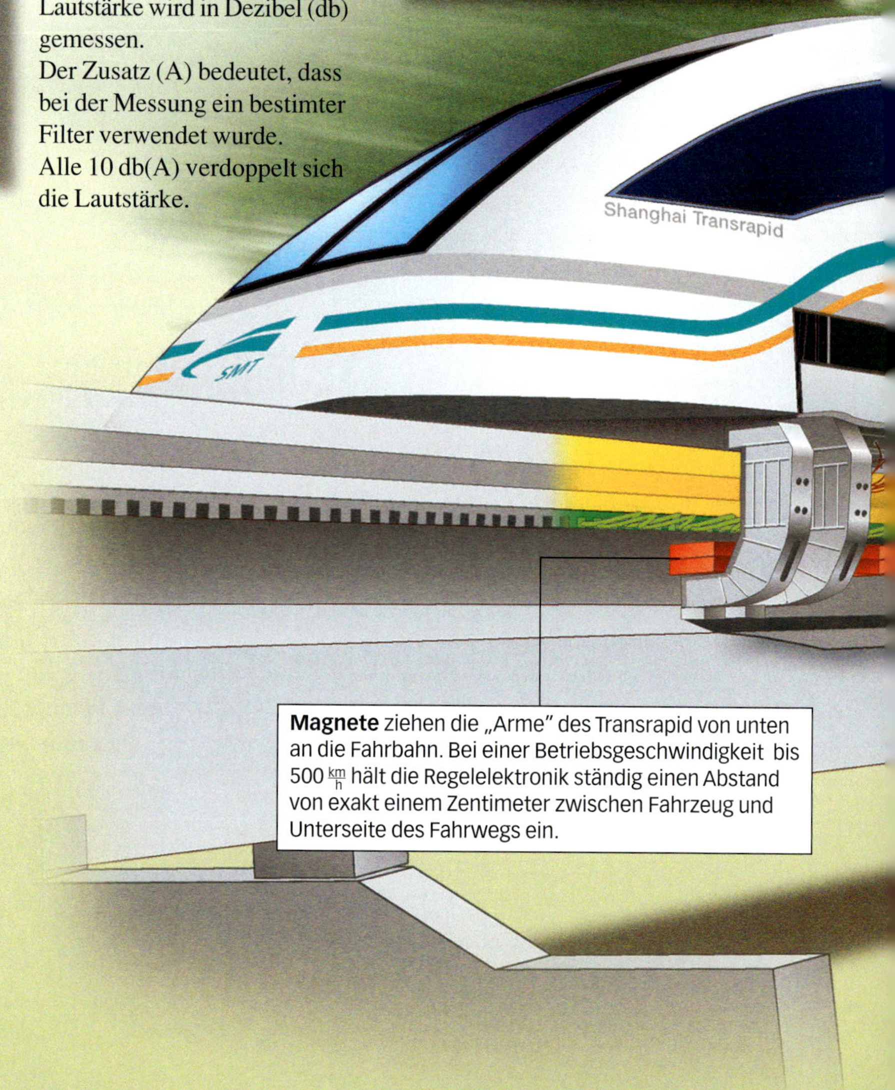

Magnete ziehen die „Arme" des Transrapid von unten an die Fahrbahn. Bei einer Betriebsgeschwindigkeit bis 500 $\frac{km}{h}$ hält die Regelelektronik ständig einen Abstand von exakt einem Zentimeter zwischen Fahrzeug und Unterseite des Fahrwegs ein.

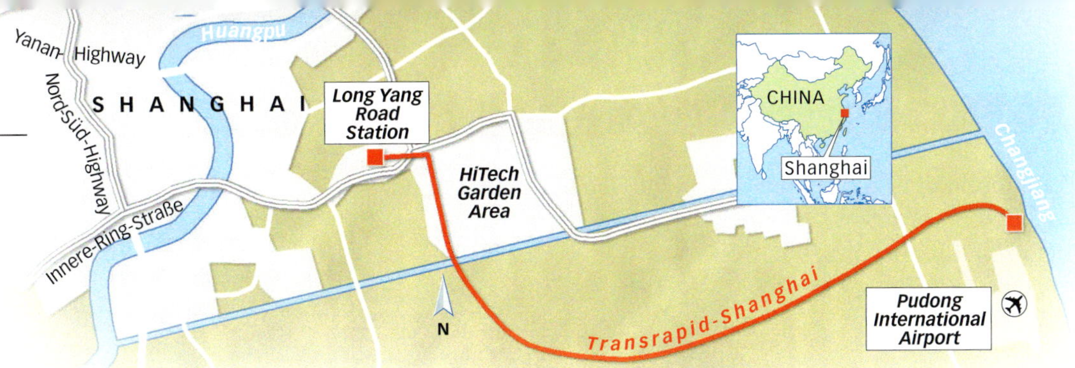

4 In den Karten sind die Streckenführungen in China und für die geplante Strecke in München dargestellt. In München soll diese 40 km lang werden. Bestimme die Maßstäbe für die Kartendarstellungen annähernd.

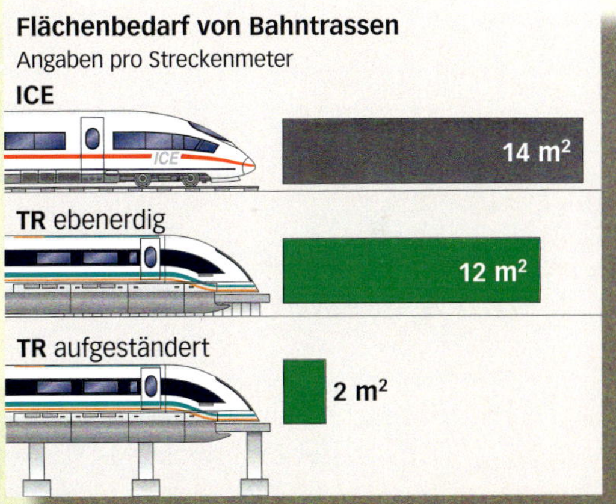

5 a) Interpretiere die Übersicht zum Flächenbedarf von Bahntrassen.
b) Welche Fläche wird jeweils ausgehend von den bestehenden Bahntrassen benötigt?
① Düsseldorf – Berlin; ② Bielefeld – Paris

6 a) Wie weit könnte eine Magnetschwebebahn in 135 min bei einer Geschwindigkeit von 430 $\frac{km}{h}$ fahren?
b) Welche Städte könnten mit einer Magnetschwebebahn bei einer Geschwindigkeit von 430 $\frac{km}{h}$ von Köln aus in der esten (zweiten, dritten) Fahrstunde erreicht werden.

7 In China werden schon Magnetbahnstrecken von rund 8800 km geplant. Bestimme die kürzeste Reisezeit bei 450 $\frac{km}{h}$. Beurteile dein Ergebnis.

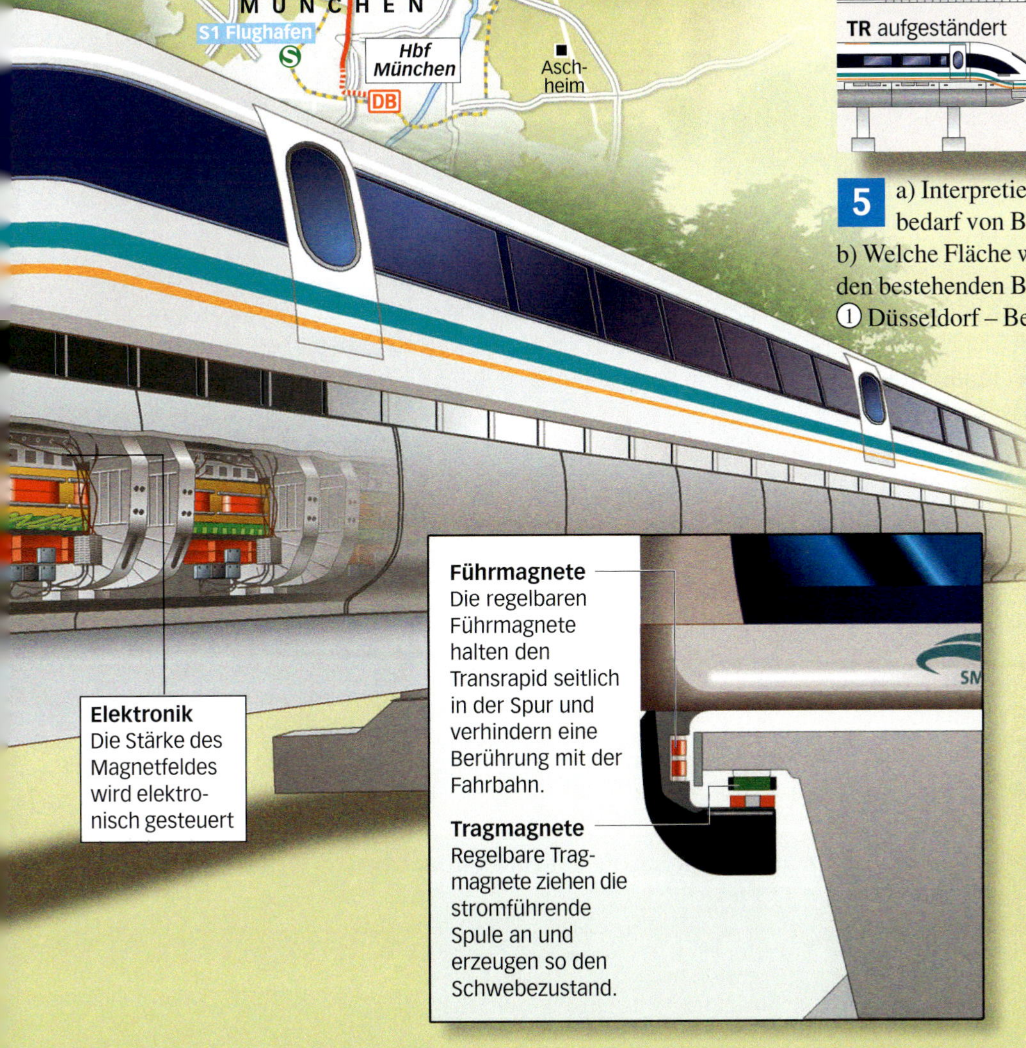

Dreisatz bei umgekehrt proportionaler Zuordnung

Tanklöschfahrzeuge der Feuerwehr werden bei einem Brand eingesetzt, solange noch kein direkter Anschluss an das Wassernetz zum Löschen hergestellt ist.

Beim Anschluss eines C-Rohres reicht das Löschwasser eines Fahrzeugs für 24 min, wenn pro Minute 100 l Wasser ausströmen.

Wie lange reicht der Wasservorrat des Tanklöschfahrzeugs, wenn die Spritzdüse so eingestellt ist, dass 150 l pro Minute ($\frac{l}{min}$) ausfließen?

Die Zuordnung ist umgekehrt proportional. Auch bei umgekehrt proportionaler Zuordnung können wir die Aufgabe mit dem Dreisatz in drei Schritten lösen.

1. einander zugeordnete Größen	Bei 100 $\frac{l}{min}$ reicht das Wasser 24 min.
2. Schluss auf die Einheit	Bei 1 $\frac{l}{min}$ reicht das Wasser 24 · 100 min.
3. Schluss auf die gesuchte Größe	Bei 150 $\frac{l}{min}$ reicht das Wasser 16 min.

	Wasser pro min in l	Zeit in min	
	100	24	
: 100	1	24 · 100	· 100
· 150	150	$\frac{24 \cdot 100}{150} = 16$	: 150

Der Wasservorrat reicht für eine Löschzeit von 16 min.

1 Vervollständige mithilfe des Taschenrechners die folgende Aufgabe im Heft.
Das größte Strahlrohr der Feuerwehr ist das B-Rohr. Wenn durch dieses Rohr 350 $\frac{l}{min}$ fließen, ist der Vorrat eines Tanklöschfahrzeugs in 12,5 Minuten verbraucht. Wie lange reicht der Wasservorrat, wenn 500 $\frac{l}{min}$ durch das Rohr fließen?

1. Bei ▢ $\frac{l}{min}$ reicht das Wasser 12,5 min.
2. Bei ▢ $\frac{l}{min}$ reicht das Wasser ▢ · ▢ min.
3. Bei ▢ $\frac{l}{min}$ reicht das Wasser ▢ min.

	Wasser pro min in l	Zeit in min	
	350	▢	
: ▢	1	12,5 · ▢	· ▢
· ▢	▢	$\frac{12{,}5 \cdot ▢}{▢}$ = ▢	: ▢

12.5 [×] ▢ [÷] ▢ [=] …

Der Wasservorrat des Tanklöschfahrzeugs reicht beim Ausfluss von 500 $\frac{l}{min}$ durch das B-Rohr für ▢ Minuten.

Merke

Bei einer umgekehrt proportionalen Zuordnung kann die fehlende Größe mit dem Dreisatzverfahren berechnet werden.

Beispiel

Der Wasservorrat auf einem Segelschiff reicht bei 14 Personen für 6,5 Tage. Wie lange kommt man mit dem Vorrat bei 16 Personen aus, wenn jede Person die gleiche Wassermenge erhält?

Sätze:

14 Personen kommen 6,5 Tage aus.

1 Person kommt 91 Tage aus.

16 Personen kommen etwa 5,7 Tage aus.

Tabelle:

	Personenanzahl	Zeit in Tagen	
: 14	14	6,5	· 14
· 16	1	$6{,}5 \cdot 14$	: 16
	16	$\frac{6{,}5 \cdot 14}{16} = 5{,}6875$	

6.5 [×] 14 [÷] 16 [=]

5.6875

Bei 16 Personen reicht der Wasservorrat für etwa 5,7 Tage aus.

Übungen

2 Vervollständige die Tabelle in deinem Heft. Die gegebene Zuordnung ist umgekehrt proportional.

a)

Zahl der Lkws	Zeit in h
1	220
4	

b)

Zeit in h	Zahl der Lkws
4	3
1	

c)

Geschwindigkeit in $\frac{km}{h}$	Zeit in h
96	6
1	
40	

d)

Zeit in h	Geschwindigkeit in $\frac{km}{h}$
8	80
1	
5	

3 Ergänze die Tabelle für die umgekehrt proportionale Zuordnung in deinem Heft.

a)

Anzahl der Pumpen	Zeit in h
2	3
1	
3	
5	

b)

Zeit in h	Geschwindigkeit in $\frac{km}{h}$
3	120
1	
4	
6	

4 Ein Landwirt überschlägt den Futtervorrat für seine Hühner. Nach den Angaben des Herstellers reicht der Sack Futter für 20 Hühner 11 Tage. Der Landwirt hat 55 Hühner. Wie lange kommt er mit dem Vorrat aus?

5 Bauunternehmer Reichel hat für den Ausbau einer Straße die Arbeitszeit berechnet, und zwar beim Einsatz von 18 Arbeitern eine Bauzeit von 30 Tagen. Nun braucht Herr Reichel zu Beginn der Arbeit 3 Arbeiter für eine andere Baustelle. Wie lange dauert es nun, die Straße fertigzustellen?

6 Um Bauschutt von einer Baustelle abzufahren müssen 8 Lkws 5-mal fahren. Wie oft müssen 5 Lkws fahren?

7 Viktoria und Daria machen eine Radtour am Niederrhein. Wenn sie täglich 20 € ausgeben, reicht ihre Reisekasse 12 Tage. Sie wollen ihre Reise um 4 Tage verlängern, jedoch nicht mehr Geld ausgeben. Wie viel Geld dürfen sie nun täglich verbrauchen?

8 Ein Zimmer soll mit Kunststoffboden ausgelegt werden. Wählt man eine Rolle mit 2 m Breite, braucht man 22,5 m. Wie viel braucht man bei einer Rolle, die nur 1,5 m breit ist?

9 Frau Tass will die Holzverkleidung einer Wand erneuern. Diese besteht aus 28 Brettern mit 15 cm Breite. Im Baumarkt gibt es nur Bretter mit 21 cm Breite.

10 Entlang der Vogelfluglinie, die als kürzeste Linie von Hamburg über die Inseln Fehmarn, Lolland und Falster nach Kopenhagen verläuft, verkehren zwischen Puttgarden und Rodby Havn Fähren, die neben Pkws auch ganze Eisenbahnzüge transportieren.

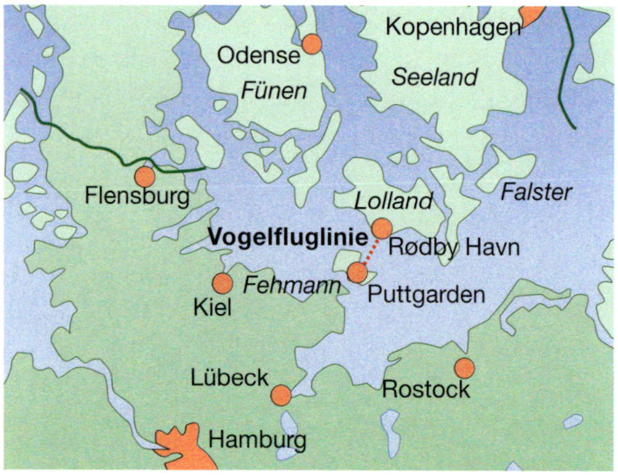

Eine Fähre braucht bie durchschnittlich 20 $\frac{km}{h}$ Geschwindigkeit für eine Überfahrt 55 min.

a) Wie lange braucht eine Fähre mit einer Geschwindigkeit von 25 $\frac{km}{h}$ (22 $\frac{km}{h}$)?

b) Wie lange braucht ein Vogel für diese Strecke, der mit einer Geschwindigkeit von 52 $\frac{km}{h}$ fliegt?

11 Zum Auslegen der 6 m langen und 4,8 m breiten Terrasse mit Steinfliesen stehen 30 cm und 40 cm lange quadratische Fliesen zur Auswahl. Werden die 30 cm langen Fliesen gewählt, müssen davon 320 verlegt werden. Wie viele 40 cm lange Fliesen sind dazu nötig?

Rückblick

Zeichne ein beliebiges Fünfeck und miss alle Winkel. Welche Winkelsumme musst du erhalten? Begründe.

12 Ein Schiffstank wird mit 8 Pumpen in 11 h geleert. Welche Zeit wäre erforderlich, wenn nur 6 (5) Pumpen eingesetzt werden könnten?

13 Sylvia darf im Internet 20 h zu 1,1 Cent pro Minute surfen. Wie lange könnte sie bei einem Preis von 0,9 Cent (1,2 Cent) im Internet sein?

14 Cem lädt in 7 Minuten eine MP3-Musikdatei aus dem Internet bei einer Datengeschwindigkeit von 49,1 Kb (Kilobit) pro Sekunde. Wie lange würde bei einer Übertragungsgeschwindigkeit von 54,3 Kb (39,5 Kb) pro Sekunde die Übertragung dieser Datei dauern?

15 Die erste Umrundung der Welt in einem Ballon gelang den beiden Ballonfahrern Piccard und Jones im Jahr 1999. Für die Fahrt um die Erde brauchten sie rund 20 Tage bei einer durchschnittlichen Geschwindigkeit von 97 $\frac{km}{h}$.

In welcher Zeit könnte ein Flugzeug die Umrundung auf der gleichen Route schaffen, das mit 1200 $\frac{km}{h}$ fliegt?

16 Bei 35 Teilnehmern kostet die Miete für einen Reisebus pro Person 9,50 €. Wie hoch wird der Preis, wenn nur 32 Personen die Reise mit dem Bus antreten?

17 Der Dosenvorrat an Katzenfutter reicht 12 Tage für die beiden Katzen von Svenja. Wie lange reicht der Vorrat, wenn die herrenlose Katze aus der Nachbarschaft mitgefüttert wird?

18 An ein Löschfahrzeug der Feuerwehr wird zum Löschen das C-Rohr angeschlossen und die Spritzdüse so eingestellt, dass pro Minute 100 Liter Wasser durch das Rohr strömen. So kann aus dem Wassertank 24 Minuten lang gelöscht werden. Wie lange reicht der Wasservorrat, wenn die Spritzdüse auf 120 l (160 l, 140 l) pro Minute eingestellt ist?

19 Für eine einwöchige Klassenfahrt wird ein altes holländisches Segelschiff gemietet. Bei 29 Teilnehmern müssen 182 € pro Person gezahlt werden. Wie verändert sich der Preis pro Person, wenn nur 25 Schülerinnen und Schüler den Mietpreis aufbringen müssen?

20 In einer Gemeinde wurde ein Feuchtbiotop erweitert und erneuert. Bei den Arbeiten daran half die freiwillige Feuerwehr. Sie pumpte Wasser aus einem nahe gelegenen Bach in den Teich. Mit 2 Pumpen war er in 85 Minuten gefüllt. In welcher Zeit hätten 4 Pumpen den Teich gefüllt?

21 Bei einer Feuerwehrübung wurde ein Löschteich mit vier Pumpen in $3\frac{1}{2}$ Stunden leer gepumpt.
Wie lange hätte dies mit 3 (5, 6) Pumpen gedauert?

22 Bei der Fahrt mit einem Heißluftballon kann der Pilot nur die Flughöhe beeinflussen, die Fluggeschwindigkeit wird durch die Windgeschwindigkeit bestimmt. Je nach Flughöhe kann die Windgeschwindigkeit verschieden sein.
Ein Ballonfahrer benötigte für eine bestimmte Flugstrecke 120 Minuten bei einer Windgeschwindigkeit von $9\,\frac{\text{km}}{\text{h}}$.
a) Mit welcher Geschwindigkeit fuhr ein Ballon, der die Strecke in 100 Minuten zurücklegte?
b) Wie viel Minuten brauchte ein Ballonfahrer bei einer Windgeschwindigkeit von $10\,\frac{\text{km}}{\text{h}}$?

23 In den Parallelklassen 7 a und 7 b sind zusammen 56 Schülerinnen und Schüler. Sie planen eine gemeinsame Fahrt mit dem Bus. Die Klassenlehrer holten dazu folgende Angebote für die Fahrt ein:

1. Angebot	2240,– €
2. Angebot	2380,– €
3. Angebot	2100,– €

a) Berechne den Fahrpreis pro Person für jedes Angebot.
b) Wie verändert sich der Fahrpreis pro Person bei jedem Angebot, wenn 6 Teilnehmer ausfallen, sodass nur noch 50 Schülerinnen und Schüler mitfahren?

Rückblick

Gib den Anteil in Prozent an.

a) 22 von 44	d) 480 € von 600 €
b) 18 von 72	e) 33 kg von 132 kg
c) 7,2 von 12	f) 315 m von 500 m

Zuordnungen untersuchen

Um bei einer Zuordnung fehlende Werte berechnen zu können, müssen wir zunächst prüfen, welche Zuordnung in dem gegebenen Beispiel vorliegt.

Wenn mehrere Wertepaare vorgegeben sind, prüfst du zuerst, ob die Zuordnung eine steigende oder eine fallende ist. Wie du dann weiter vorgehst, kannst du dem Diagramm entnehmen.

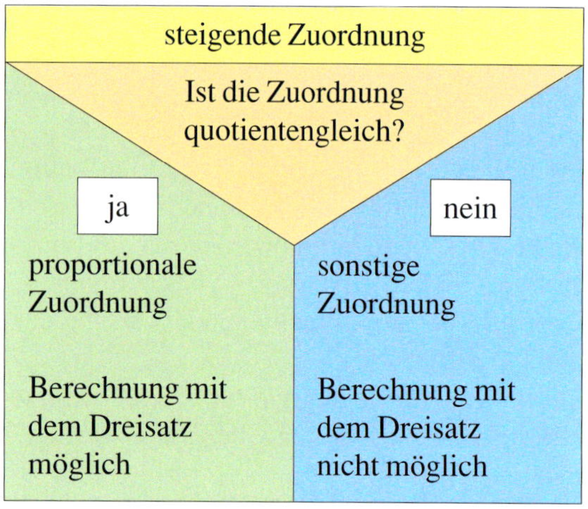

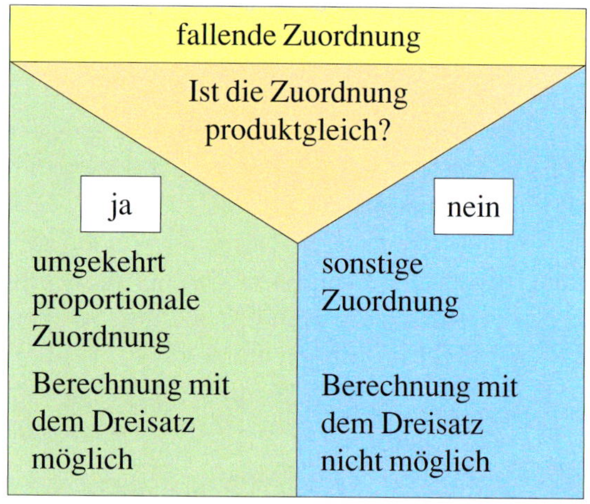

Übungen

Untersuche in allen folgenden Aufgaben, ob es sich um eine proportionale, um eine umgekehrt proportionale oder um eine sonstige Zuordnung handelt.

1 a) 8 Kiwis kosten 2,80 €.

Preis in €	1,40	0,70	0,35
Anzahl	4	2	1

b) Für 10,36 € bekommt man 4 Honigmelonen.

Preis in €	7,77	5,18	2,59
Anzahl	3	2	1

c) 2,5 kg Kartoffeln kosten 1,45 €.

Gewicht in kg	5	7,5	25
Preis in €	2,78	3,98	12,98

2 Die Verkaufspreise von Heizöl hängen von der gekauften Menge ab.
(Düsseldorf Stand März 2005)

a)

Heizöl in l	675	825	950
Preis in €	406,22	473,55	529,72

b)

Heizöl in l	1650	2370	3120
Preis in €	844,14	1167,46	1504,46

3 Ein Lkw-Fahrer benötigt für 65 km eine Stunde. In zwei Stunden legt ein anderer Lkw-Fahrer 59 km zurück.

4 In einem Kegelcenter kostet die Benutzung der Kegelbahn 24 €. Sind zwei Mitspieler auf der Bahn, zahlt jeder 12 €. Bei vier Mitspielern sind 6 € pro Person zu zahlen, bei acht Mitspielern 3 € pro Person.

5 a) Eine Palette Limonade kostet 7,69 €. Drei Paletten kosten 23,07 €, sechs Paletten kosten 46,14 €.
b) Bei 28 Teilnehmern kostet die Fahrt 12 € pro Person bei 24 Teilnehmern beträgt der Fahrpreis pro Person 14 €.

6 In einem Nachtzug wird für die Nutzung eines Liegewagens im Abteil mit 6 Plätzen ein Aufpreis von 17 € erhoben, in einem Abteil mit 4 Plätzen ein Aufpreis von 24 € (Stand 4/2002).

7 In einer Schulaula werden für eine Theatervorstellung Stühle aufgestellt – entweder 15 Reihen zu je 12 Stühlen oder 18 Reihen zu je 11 Stühlen.

8 Herr Schmidt besitzt ein Dreifamilienhaus, das er vermietet. Die Wohnung im Erdgeschoss hat eine Grundfläche von 114 m^2. Dafür fordert er 513 € Miete pro Monat. Für die Dachgeschosswohnung, die 38 m^2 Grundfläche besitzt, muss die Mieterin 190 € monatlich bezahlen.

9 Eine Libelle kann bei einer Geschwindigkeit von 30 $\frac{km}{h}$ eine Strecke in 6 s überwinden. Ein Wolf schafft sie mit 60 $\frac{km}{h}$ in 3 s. Ein Gepard läuft sie mit 120 $\frac{km}{h}$ in 1,5 s.

10 Eine Klasse will in ihrer Schule eine Theateraufführung veranstalten. Dazu soll die Aula der Schule eingerichtet werden. Es wird damit gerechnet, dass 300 Stühle aufgestellt werden müssen. Der Hausmeister kann folgende Anordnungen wählen:

Anzahl der Reihen	Anzahl der Stühle pro Reihe
30	10
15	20
10	30

11 In einem Kochbuch wird eingeschätzt, wie viel Saft man aus 12 kg Kirschen erhalten kann.

Aus 12 kg Kirschen lassen sich 8 l Saft gewinnen.

Frau Vollmer kauft 3 kg Kirschen und erhält daraus 1,8 l Saft.
Frau Koch erhält aus 2 kg Kirschen 1 l Saft.

12 Von den Rechtecken sind Breite und Länge gegeben.

a)

Breite in m	2	4	6	8
Länge in m	72	36	24	18

b)

Länge in m	84	42	28	22
Breite in m	3	6	9	12

13 Die Erde ist von einer Lufthülle umgeben. Die unteren Luftschichten werden von den darüber liegenden Schichten „unter Druck" gesetzt. Diesen Luftdruck kann man mit einem Barometer messen.

Höhe über dem Meeresspiegel	Luftdruck
0 m	1013 mbar
500 m	955 mbar
1000 m	899 mbar
2000 m	795 mbar

14 Rohrdurchmesser werden in der Maßeinheit Zoll angegeben.

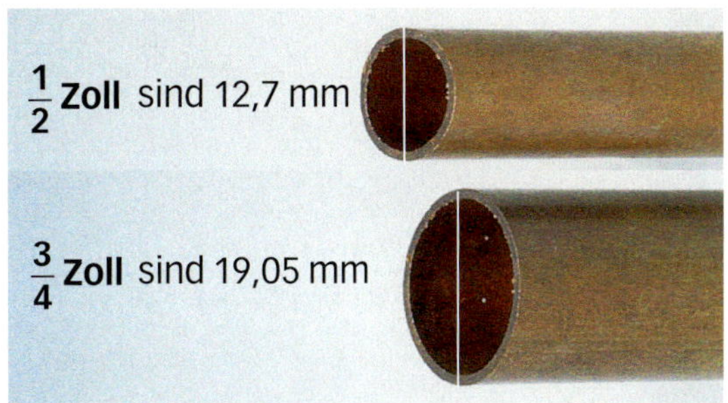

15 Vater hat jedes Jahr an Sabines Geburtstag ihre Körpergröße gemessen.

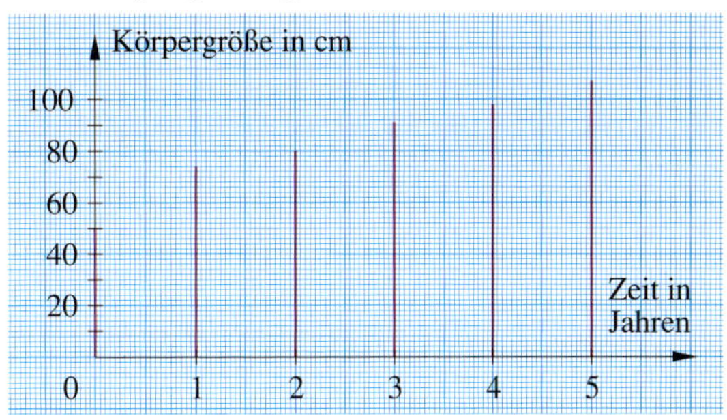

Rückblick

Zeichne einen spitzen, einen stumpfen und einen überstumpfen Winkel. Schätze zunächst die Winkelgröße und überprüfe anschließend durch Messung.

Prüfe bei den folgenden Aufgaben vor der Berechnung der Lösung, um welche Zuordnung es sich handelt.

1 a) 5 Flaschen Saft kosten 3,95 €. Wie viel kostet 1 Flasche Saft?
b) 1,5 kg Äpfel kosten 2,97 €. Wie viel kostet 1 kg Äpfel?
c) 2,5 m Stoff kosten 12,45 €. Wie viel kostet 1 m Stoff?

2 3 kg Weintrauben kosten 7,77 €. Wie viel kosten 2 kg (1,4 kg; 1,2 kg) Trauben derselben Sorte? Runde, wenn nötig.

3 Herr Zimmer benötigt für seine Einbauküche zwei verschiedene Arbeitsplatten von je 60 cm Tiefe aus dem gleichen Material.

Für eine Platte von 2,70 m Länge bezahlt er im Baumarkt 79,65 €. Was kostet die 1,30 m lange Platte?

4 Welches Angebot ist günstiger?
a) 150 g Salzstangen zu 0,93 €, 250 g Salzstangen zu 1,15 €
b) 3 kg Waschpulver zu 11,94 €, 1,5 kg Waschpulver zu 6,72 €
c) 3 × 170 g Kondensmilch zu 1,63 €, 340 g Kondensmilch zu 0,69 €
d) 2 kg Äpfel mit einem Preis von 1,99 € pro kg oder ein 2-kg-Beutel für 2,98 €

5 Uwe kauft 40 Briefmarken zu je 0,55 €.
a) Wie viele Briefmarken zu je 0,45 € kann er für diesen Gesamtpreis höchstens erhalten?
b) Welche Briefmarken bekommt Uwe, wenn er für den Gesamtpreis 15 Marken gleicher Sorte kauft?
Hinweis: Für Briefe gibt es noch Briefmarken mit den Werten 1,00 €, 1,44 € und 2,20 €.
(Stand: 2005)

6 Tippgemeinschaften erhalten ihren Lottogewinn gemeinsam ausbezahlt. Vier Mitglieder einer Tippgemeinschaft gewannen gemeinsam 10 144 €.
a) Wie viel Gewinnanteil erhielt jedes Mitglied dieser Tippgemeinschaft?
b) Welchen Gewinnanteil hätte jeder erhalten, wenn die Tippgemeinschaft aus 7 (9, 15) Personen bestehen würde?

7 Die Umrechnungskurse schwanken täglich. An einem Tag lag der Wechselkurs so, dass 30 US-$ in Europa einen Wert von 34,12 € entsprachen. Wie viel US-$ erhielt man an diesem Tag für 63,43 € (101,48 €)?

8 Die Euromünzen haben verschiedene Münzwerte, unterschiedliche Durchmesser, Dicken und Gewichte.

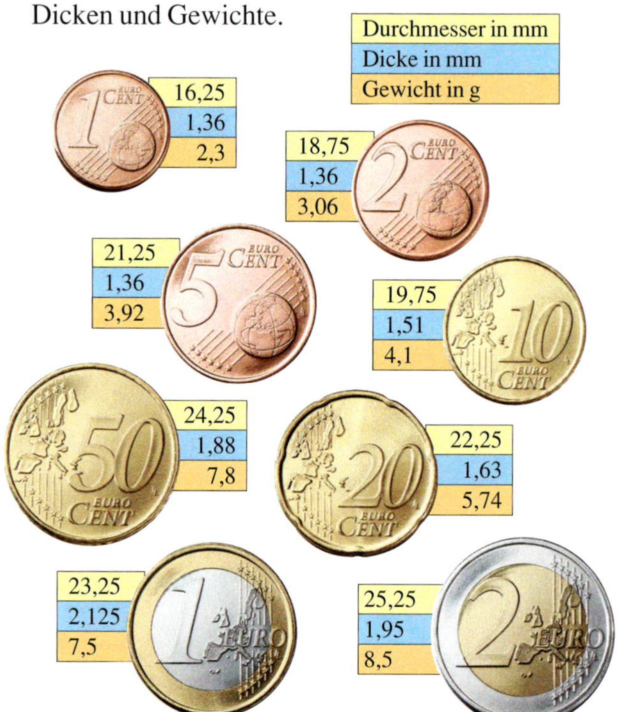

a) Welche Eigenschaft hat die Zuordnung
① Münzwert – Durchmesser,
② Münzwert – Dicke,
③ Münzwert – Gewicht?
b) Welches Gewicht hat eine Geldrolle mit 40 Geldstücken von 50 (20, 10) Cent?
c) Welches Gewicht hat eine Geldrolle mit 50 Geldstücken von 5 (2, 1) Cent?

9 Alexander und Kira joggen mit einem Schrittzähler, an dem die gelaufene Strecke in Schritten, in m und km abgelesen werden kann.

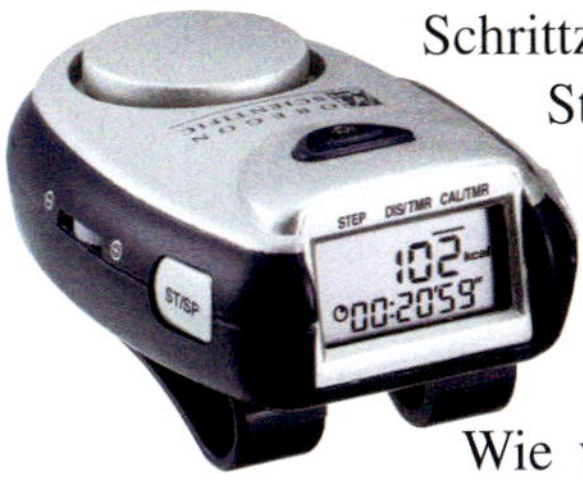

a) Alexander hat eine Schrittweite von 0,75 m eingegeben. Wie viele m ergeben sich nach 1000 (2000, 3000) Schritten?
b) Welche Strecke hat Kira nach 1000 (2000, 3000) Schritten zurückgelegt, wenn ihre Schrittweite 0,70 m beträgt?

10 Sandros Schrittzähler zeigt nach 2345 Schritten eine Strecke von 1758,75 m an.
a) Welche Strecke hat er bei der gleichen Einstellung nach 4894 Schritten zurückgelegt?
b) Wie viele Schritte sind nach 3 km zurückgelegt worden?

11 Flüssiger Blumendünger wird mit Wasser vermischt. Nach der Gebrauchsanleitung reicht die Füllung einer Verschlusskappe für 4 l Wasser. Wie oft muss eine Verschlusskappe für eine 10-Liter-Gießkanne gefüllt werden?

12 Familie Meier plant ihren Jahresurlaub. Die dreiköpfige Familie setzt 1500 € für Unterkunft und Verpflegung ein. Einem Katalog entnehmen sie die folgenden Preise für eine Person pro Tag.

Hotel / Pension	Verpflegung	€ pro Tag
Gasthaus „Zum Wanderer“	Vollpension	31,00
Pension „Müllerin“	Vollpension	37,00
Hotel „Zum Bären“	Vollpension	84,00

a) Wie viel müsste diese Familie pro Tag in den von ihnen ausgesuchten drei Unterkünften jeweils bezahlen?
b) Wie viele Tage könnte diese Familie jeweils in den ausgesuchten Unterkünften Urlaub machen, wenn das eingeplante Urlaubsgeld nicht überschritten werden soll?

13 Eine Buchhandlung prüft die Lieferung ihrer Schulbücher auch durch Wiegen. 10 Bücher „Mathematik Real 5“ wiegen 6,64 kg.
a) Wie schwer sind dann 123 Bücher dieses Schulbuchs?
b) Welches Gewicht haben 120 Bücher der Art, die du in einem anderen Unterrichtsfach nutzt?

14 Eintausend 1-€-Münzen wiegen 7500 g, zweitausend 2-€-Münzen wiegen 17 000 g.
a) Wie schwer sind 3500 der 1-€-Münzen?
b) Wie schwer sind 5000 der 2-€-Münzen?
c) Wie viele 1-€-Münzen (2-€-Münzen) wiegen 6,375 kg?

15 Nach einer großen Rettungsaktion wurde der schiefe Turm von Pisa im Juni 2002 wieder für Besucher geöffnet. Der Turm neigte sich davor in einem Zeitraum von 12 Jahren um insgesamt 1,2 cm. Experten vermuteten damals, dass sich der Turm noch um 15 cm hätte neigen können, bevor er umgestürzt wäre.

a) Wie viele Jahre hätte dies dann noch gedauert?
b) Andere Wissenschaftler behaupteten damals, dass sich der Turm pro Jahr um 0,7 mm neigte. Wie lange hätte es bis zum Sturz des Turms gedauert?

16 Die Übertragung einer Datei über das Internet mit 44,4 Kb (Kilobit) pro Sekunde wird mit einer Downloadzeit von 12 min angegeben. Welche Zeit wird für die Übertragung der gleichen Datei mit 56 Kb pro Sekunde benötigt?

17 Die Sonne ist rund 150 Mio. km von der Erde entfernt. Ein Lichtstrahl benötigt für diese Entfernung 8 min 20 s.
a) Zum Mars braucht ein Lichtstrahl von der Sonne etwa 12 min 40 s. Wie viel Kilometer ist der Mars von der Sonne entfernt?
b) Zum Jupiter, dem größten Planeten in unserem Sonnensystem, benötigt das Sonnenlicht etwa 43 min 13 s. Wie groß ist seine Entfernung von der Sonne?

18 Die erste Überquerung des Atlantiks im Non-Stop-Flug gelang Charles Lindbergh im Jahr 1927. Lindbergh benötigte mit seinem Flugzeug, der *Spirit of St. Louis*, für die Überquerung rund 33 Stunden bei einer Geschwindigkeit von 180 $\frac{km}{h}$.

In welcher Zeit könnten die abgebildeten Flugzeuge diese Strecke zurücklegen?

19 Der Franzose Louis Blériot überflog 1909 als erster den Ärmelkanal von Calais nach Dover. Mit seinem Flugzeug benötigte er rund 28 Minuten bei einer Fluggeschwindigkeit von 85 $\frac{km}{h}$. In welcher Zeit würde ein Hubschrauber die Strecke mit 160 $\frac{km}{h}$ zurücklegen?

20 Graf Zeppelin war der Konstrukteur der ersten deutschen Luftschiffe, die nach ihm benannt wurden. Heute noch werden Luftschiffe „Zeppeline" genannt.

a) Das erste deutsche Luftschiff, die *LZ 1*, startete 1900 zum ersten Flug, der nur 18 min dauerte. Das Luftschiff hatte eine Reisegeschwindigkeit von 30 $\frac{km}{h}$. Welche Strecke hätte es bei dieser Geschwindigkeit zurücklegen können?

b) Das Luftschiff *LZ 5* absolvierte 1909 eine Dauerfahrt über 1194 km bei einer Reisegeschwindigkeit von 30 $\frac{km}{h}$. Das Luftschiff *LZ 127 „Graf Zeppelin"*, das im Jahr 1928 das erste Mal fuhr, erreichte bereits eine Reisegeschwindigkeit von 110 $\frac{km}{h}$. In welcher Zeit hätte die *LZ 127* diese Strecke zurückgelegt.

21 Das Luftschiff *LZ 127 „Graf Zeppelin"* umrundete 1929 die Erde in einer reinen Flugzeit von etwa 12 Tagen und 12 Stunden. Die Durchschnittsgeschwindigkeit betrug 114 $\frac{km}{h}$. In welcher Zeit können die Flugzeuge mit den gegebenen Reisegeschwindigkeiten diese Strecke fliegen?

① Airbus 1020 $\frac{km}{h}$ ② Tupolew 850 $\frac{km}{h}$

Im Internet recherchieren

M

Im Internet kann zielgerichtet recherchiert werden. Dazu dienen Suchmaschinen.

- Vor dem Suchbeginn solltest du dir geeignete Begriffe wie beim Nachschlagen in einem Lexikon überlegen.
- Wähle die Suchmaschine an und gib deine ausgewählten Suchbegriffe ein.
- Sichte die Suchergebnisse und bewerte sie in Bezug zu deiner Recherche.

Du kannst meist die gefundenen Texte, die du verwenden willst in ein Textdokument kopieren. Verwendest du größere Texte und willst sie nicht ändern, musst du die Quelle notieren und später in einem Quellenverzeichnis am Ende deiner Ausarbeitung angeben. Du musst bei größeren unveränderten Übernahemn das Urheberrecht beachten.

Zusammenfassung

- Bei einer steigenden Zuordnung wachsen die einander zugeordneten Werte an.
- Die proportionale Zuordnung ist eine besondere steigende Zuordnung. Dabei ändern sich die einander zugeordneten Werte im gleichen Maß, sie sind quotientengleich.
- Im Diagramm ergibt eine proportionale Zuordnung eine Gerade durch den Nullpunkt.
- Bei einer fallenden Zuordnung werden den ansteigenden Werten fallende Werte zugeordnet.
- Die umgekehrt proportionale Zuordnung ist eine besondere fallende Zuordnung. Dabei ändern sich die einander zugeordneten Werte im umgekehrten Maß, sie sind produktgleich.
- Im Diagramm ergibt eine umgekehrt proportionale Zuordnung eine Hyperbel.
- Bei proportionalen und umgekehrt proportionalen Zuordnungen können die fehlenden Werte mit dem Dreisatzverfahren berechnet werden.

Training

1 Übertrage die Niederschlagswerte der Stadt Cochem aus dem Jahr 1998 in ein Koordinatensystem. Die Monate werden an der x-Achse angetragen.

Monat	Juni	Juli	Aug.	Sept.	Okt.
Niederschlag in mm	41	47	55	98	156

Welche Eigenschaft hat die Zuordnung Monat – Niederschlag?

2 Der Wasserstand des Rheins wird regelmäßig an verschiedenen Stellen gemessen. Das Diagramm zeigt die Pegelstände, die bei Köln in einem bestimmten Zeitraum gemessen wurden.

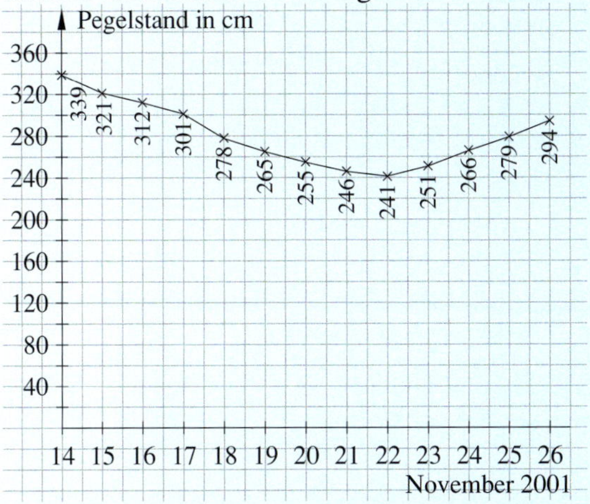

Kannst du besondere Zuordnungen für bestimmte Abschnitte des Pegeldiagramms erkennen?

3 Im Diagramm ist die Zuordnung zwischen der Zeit und dem Stand des Wassers im Verlauf des Einfüllens in ein Gefäß dargestellt.

Übertrage die Tabelle in dein Heft und ergänze mithilfe des Diagramms.

a)

Wasserstand in cm	1	2	3	4	5	6
Zeit in h			3,1			

b)

Zeit in h	1	2	3	4	5	6
Wasserstand in cm	1,5					

4 Ergänze im Heft die Tabelle für die proportionale Zuordnung.

a) Gewicht – Preis

2 kg	4 kg	6 kg	8 kg	10 kg	12 kg
3 €					

b) Weg – Zeit

6 km	2 km	1 km	9 km	13 km	18 km
1,5 h					

5 Für einen Messzylinder liefert das Diagramm die Zuordnung zwischen Füllhöhe und Volumen.

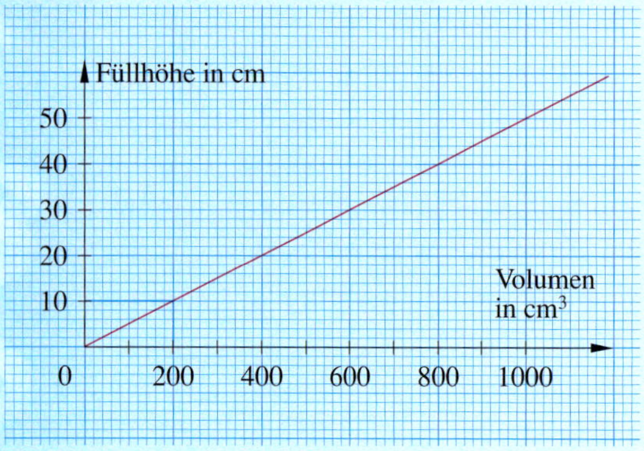

Ergänze die Tabelle im Heft.

Füllhöhe in cm	10	20	30	40	50
Volumen in cm³	200				

6 Zeit und Wasserstand sind proportional. Ergänze die Tabelle in deinem Heft.

Zeit in h	1	2	3	4	5	6
Wasserstand in cm	4					

7 Bestimme das Gleitverhältnis des Flugzeugs.

	Höhenverlust	Bodenstrecke
a)	10 m	180 m
b)	25 m	375 m
c)	12 m	360 m
d)	24 m	720 m
e)	50 m	950 m
f)	60 m	1860 m

8 Ein Modellflugzeug wurde im Maßstab 1:8 gebaut.
a) Wie lang sind die Flügel in Wirklichkeit, wenn sie im Modell 1,65 m lang sind?
b) Wie lang ist das Flugzeugmodell, wenn das Flugzeug in Wirklichkeit 5,9 m lang ist?

9 Für 10 € erhielt man nach den Angaben einer Umrechungstabelle in den USA 11,58 $.
a) Welchen Wert hatte ein Dollar in Euro?
b) Wie viel € ergaben 48 $ (350 $, 748 $)?

10 Frank erhielt bei einer Bank 240 US $ für 202,56 €.
a) Berechne, wie viel € ein US $ an diesem Tag kostete.
b) Wie viel US $ hätte man an diesem Tag für 2500 € erhalten?
c) Welchen Eurobetrag hätte man an diesem Tag für 500 US $ (700 US $) zahlen müssen?

11 Bei einem Gartenzentrum kann ein Häcksler zwei Tage lang für 15 € ausgeliehen werden. Wie hoch ist die Miete für drei Tage?

12 In einem Mehrfamilienhaus beträgt die Miete für eine 65-m²-Wohnung 357,50 €. Wie teuer ist eine 80-m²-Wohnung, die sich im gleichen Haus befindet?

13 Ein Reisezug braucht für eine 80 km lange Strecke 50 min.
a) Wie weit könnte er im Schnitt in einer Stunde fahren?
b) Welche Strecke legt der Zug im Schnitt in 70 min unter gleichen Bedingungen zurück?

14 In einem Puddingrezept werden für vier Personen 0,5 l Milch benötigt. Wie viel Liter Milch sind für zwölf Personen nötig?

15 Mit einem 5-kg-Eimer Wandfarbe lassen sich 25 m² Wandfläche streichen.
a) Wie viel kg sind bei gleichem Verbrauch nötig, wenn 60 m² gestrichen werden müssen?
b) Wie viel Eimer Wandfarbe sind bei gleichem Verbrauch für eine Fläche von 85 m² mindestens nötig?

16 Ergänze im Heft die Tabelle für die umgekehrt proportionale Zuordnung.
a) Geschwindigkeit – Zeit

$20\,\frac{km}{h}$	$40\,\frac{km}{h}$	$60\,\frac{km}{h}$	$80\,\frac{km}{h}$	$100\,\frac{km}{h}$	$120\,\frac{km}{h}$
6 h					

b) Anzahl der Hühner – Futtervorrat (Tage d)

30	15	10	20	5	25
20 d					

17 Vier Tennisfreunde teilen sich die Miete für einen Hallenplatz. Jeder muss 195 € zahlen. Wie viel € müsste jeder bezahlen, wenn sich sechs Personen die Miete teilen würden?

18 Auf einer 7-tägigen Radwanderung hätten zwei Freunde täglich 21 € zur Verfügung. Welchen Betrag könnten sie täglich im Schnitt ausgeben, wenn sie ohne mehr Geld mitzunehmen ihre Fahrt um drei Tage verlängern würden?

19 Ein Reiseflugzeug legt seine Flugstrecke bei durchschnittlich 900 $\frac{km}{h}$ in 3,5 h zurück. Welche Zeit wird benötigt, wenn das Flugzeug wegen Gegenwind nur mit durchschnittlich 820 $\frac{km}{h}$ (800 $\frac{km}{h}$, 860 $\frac{km}{h}$) fliegen kann?

20 Bei normal verschmutzter Wäsche werden 75 g Waschpulver pro Waschgang benötigt. Eine Packung Waschpulver reicht dann für 18 Waschgänge. Wie viele Waschgänge wären bei stark verschmutzter Wäsche möglich, wenn dazu 125 g pro Waschgang benötigt werden.

21 Eine Packung Tabletten reicht für sechs Tage, wenn täglich zwei Tabletten gelutscht werden. Wie lange reicht die Packung, wenn pro Tag drei Tabletten eingenommen werden?

22 In einer Pension bezahlt Familie Jens für acht Ferientage 344 €. Welchen Preis müssen die Zimmernachbarn für zwölf Tage bei dem gleichen Preis pro Tag bezahlen?

23 Ein Auto fährt 670 km mit einer Tankfüllung bei einem Verbrauch von 8,2 l Benzin auf 100 km. Wie weit käme ein Auto mit gleichem Tankinhalt, das nur 6 l auf 100 km verbraucht?

24 Familie Körver hat für 12 m Gardinenstoff 119,40 € bezahlt. Für ein weiteres Zimmer benötigen sie noch 8 m Stoff. Berechne die gesamten Ausgaben für den Gardinenstoff.

25 Ralf zahlt für 12 h zu Hause genutztes Internet 7,70 € in die Familienkasse. Wie viel € muss seine Schwester für 19 h bezahlen?

Vertiefen und Anwenden

26 Für eine Wandverkleidung von 2,5 m Höhe können 26 Bretter von 19 cm Breite verwendet werden. Es gibt aber auch eine Sorte von Brettern, die 13 cm breit sind.
a) Wie viele Bretter der 13 cm breiten Sorte müssten gekauft werden?
b) Wie viele Pakete müssen jeweils gekauft werden, wenn jedes Paket 10 Bretter enthält?
c) Wie teuer ist ein Paket mit 10 Brettern jeweils, wenn 1 m^2 Holz 6,90 € kostet?
d) Berechne die Kosten für jede Brettersorte. Welche Wahl ist günstiger?

27 Die Erde aus einer Baugrube von 9 m Breite, 18 m Länge und 3 m Tiefe soll ausgehoben und abtransportiert werden.
a) Wie viele Fahrten müsste ein Lkw mit 16 m^3 Ladevolumen machen?
b) Wie viele Fahrten sind mit einem Lkw mit 20 m^3 Ladevolumen nötig?

28 Eine Pumpe der Berufsfeuerwehr fördert 1600 l Wasser pro Minute. Nach 2 h ist ein Wasserbecken leer gepumpt.
a) Wie viel Liter Wasser waren in dem Becken?
b) Wie lange hätte das Auspumpen mit einer Pumpe gedauert, die nur 400 $\frac{l}{min}$ fördern kann?
c) Wie tief ist das quaderförmige Becken mindestens bei 7 m Länge und 6 m Breite?

29 Orientteppiche sind umso teurer, je mehr Knoten pro m^2 geknüpft wurden. Ein Teppich hat 80 Knoten pro cm^2.
a) Wie viele Knoten sind auf 1 m^2 geknüpft?
b) Wie viele Knoten mussten auf diesem Teppich geknüpft werden, der 4,15 m Länge und 3,05 m Breite hat?
c) Wie lange könnte die Herstellung eines Orientteppichs von 2 m Länge und 3 m Breite mit 90 Knoten pro cm^2 gedauert haben, wenn etwa 800 Knoten pro h geknüpft wurden?

Testrunde

1 Ergänze im Heft die Tabelle für die proportionale Zuordnung.

Gewicht in kg	4	1	6	8	11	15
Preis in €	8					

2 Ergänze im Heft die Tabelle für die umgekehrt proportionale Zuordnung.

Geschwindigkeit in $\frac{km}{h}$	60	100	120	150	200	300
Zeit in h	10					

3 Für den Schulkiosk werden 50 Brötchen zu 12,75 € eingekauft. Wie teuer sind 40 Brötchen?

4 Lisa muss der Fahrschule für 18 Fahrstunden 288 € zahlen. Wie viel muss Hakan für 22 Fahrstunden bezahlen?

5 Ein Strickstück enthält auf 46 cm Breite 141 Maschen.
a) Wie viele Maschen sind bei gleicher Nadel und Wolle auf 41 cm Breite enthalten?
b) Welche Breite erhält man mit 130 Maschen?
c) Wie ändert sich die Maschenanzahl, wenn mit einer dickeren Nadel gestrickt wird?

6 Ein Pkw fährt mit 55 l Tankfüllung 660 km weit.
a) Welche Strecke ist unter gleichen Bedingungen mit 30 l möglich?
b) Wie viel l werden auf 100 km verbraucht?

7 Ellen verdiente als Aushilfe in 20 h im vergangenen Monat 110 €. Welchen Betrag hat sie nach 18 h in diesem Monat verdient und wie hoch war ihr Verdienst in beiden Monaten zusammen?

8 Das Luftschiff „Hindenburg" war bis zur Brandkatastrophe am 6. Mai 1937 für die Flugverbindung zwischen Deutschland und den USA eingesetzt. Für eine Atlantiküberquerung wurden bei einer Reisegeschwindigkeit von 120 $\frac{km}{h}$ etwa 50 h gebraucht.
a) Wie lange hätte eine Überquerung mit 150 $\frac{km}{h}$ gedauert?
b) Mit welcher Geschwindigkeit hätte man fliegen müssen, um diese Strecke in 24 h zu bewältigen?

Prozentrechnung

Das Segelsurfen ist eine beliebte Sportart. Neben dem fast akrobatischen Geschick, auf dem recht schmalen Brett das Segel so zu halten, dass der Wind zur Fortbewegung in alle gewünschten Richtungen ausgenutzt werden kann, sind Kraft und Ausdauer nötig.
Daraus ergeben sich vielfältige Situationen, die zum Beispiel in statistischen Untersuchungen auch prozentual gewertet und ausgewertet werden können.

Die Schülerinnen und Schüler einer Realschule nehmen seit 2001 an den Sportabzeichenprüfungen teil.

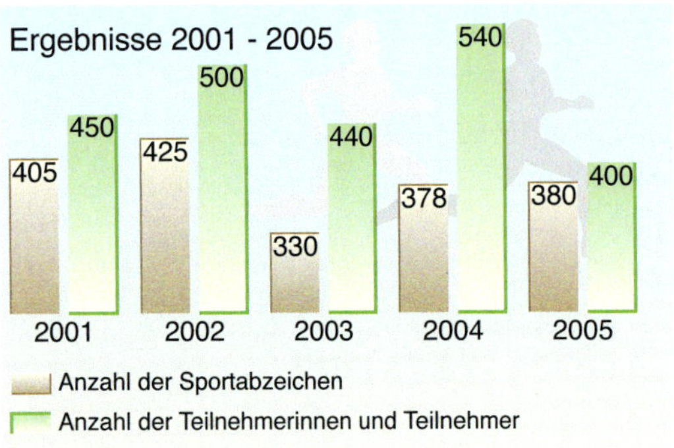

1 In welchem Jahr wurden die meisten Teilnehmer gemeldet? Gib die Anzahl an.

2 In welchem Jahr wurden die meisten Sportabzeichen erreicht? Gib die Anzahl an.

3 Beantworte mithilfe einer Tabelle, wie sie hier begonnen wurde, in welchem Jahr der Anteil der erfolgreichen Sportler am höchsten war. Präsentiere zum Beispiel mit einer Folie.

Jahr	Anzahl der erreichten Sportabzeichen	Anzahl der Teilnehmerinnen und Teilnehmer	Anteil der Sportabzeichen an der Anzahl der Teilnehmerinnen und Teilnehmer		
2001	405	450	$\frac{405}{450}$	0,90	90 %

Merke

Beim Vergleich von Anteilen benutzt man häufig die Prozentschreibweise.

$0{,}95 = \frac{95}{100} = 95\,\%$ $\qquad 0{,}01 = \frac{1}{100} = 1\,\%$ $\qquad 1 = \frac{100}{100} = 100\,\%$

Übungen

4 Ergänze die Tabelle in deinem Heft.

0,25	0,87	0,45	0,56	0,12	0,37	0,79
$\frac{25}{100}$						
25 %						

5 Schreibe als Prozent.

a) $\frac{40}{100}$; $\frac{75}{100}$; $\frac{81}{100}$; $\frac{90}{100}$

b) $\frac{4}{100}$; $\frac{7}{100}$; $\frac{8}{100}$; $\frac{9}{100}$

c) $\frac{32}{100}$; $\frac{13}{100}$; $\frac{5}{100}$; $\frac{97}{100}$

d) $\frac{4}{1000}$; $\frac{7}{1000}$; $\frac{8}{1000}$; $\frac{19}{1000}$

6 Gib in Prozent an.

0,54; 0,92; 0,03; 0,09; 0,005; 0,007

Info

Das Prozentzeichen stammt aus dem Mittelalter. Aus den Wörtern „pro cento“ (für hundert) entwickelte sich das Zeichen nach und nach in die heutige Form.

7 Ergänze die Tabelle in deinem Heft.

a)

0,28	0,67			0,17		
$\frac{28}{100}$			$\frac{82}{100}$		$\frac{98}{100}$	
		19 %				56 %

b)

0,2	0,5			0,7		
$\frac{20}{100}$			$\frac{30}{100}$		$\frac{60}{100}$	
		80 %				40 %

c)

0,03			0,04		0,09	
$\frac{3}{100}$	$\frac{5}{100}$					$\frac{7}{100}$
		6 %		8 %		

8 Ergänze die Tabelle im Heft.

a)

35 %			65 %			71 %
$\frac{35}{100}$	$\frac{45}{100}$				$\frac{87}{100}$	
		0,85		0,24		

b)

$\frac{2}{100}$				$\frac{33}{100}$		$\frac{64}{100}$
0,02		0,9			0,07	
	22 %		31 %			

9 Gib in Prozent an.

a) 0,72; 0,87; 0,04; 0,99; 0,02
b) 0,01; 0,22; 0,42; 0,51; 0,06
c) 0,61; 0,16; 0,55; 0,09; 0,03
d) 0,34; 0,28; 0,98; 0,2; 0,1

10 Ordne mithilfe der Brüche die Buchstaben den Prozentangaben zu. Wie heißt das Lösungswort?

$\frac{23}{25}$ = E $\frac{9}{20}$ = H $\frac{21}{100}$ = R
$\frac{14}{25}$ = U $\frac{17}{50}$ = Ä $\frac{4}{25}$ = L
$\frac{36}{50}$ = A $\frac{33}{50}$ = C

16 %	34 %	21 %	66 %	45 %	92 %

11 Beachte den Zusammenhang und schreibe in Prozent.

0,2 = 0,20 = 20 %; $\frac{2}{100}$ = 0,02 = 2 %;
$\frac{2}{1000}$ = 0,002 = 0,2 %; $\frac{23}{1000}$ = 0,023 = 2,3 %

a) $\frac{4}{1000}$; 0,008; $\frac{7}{1000}$; 0,009; 0,011; $\frac{23}{1000}$
b) $\frac{75}{1000}$; $\frac{123}{1000}$; 0,059; 0,374; 86; 0,038

12 Gib in Prozent an.

a) 0,452; 0,986; 0,724; 0,834
b) 0,501; 0,706; 0,109; 0,905
c) 0,051; 0,076; 0,019; 0,095
d) 0,125; 0,099; 0,675; 0,875

Hinweis

Präge dir diese Zusammenhänge gut ein.

$\frac{1}{1} = \frac{100}{100} = 100\,\%$
$\frac{1}{10} = 10\,\%$
$\frac{1}{5} = 20\,\%$
$\frac{1}{2} = 50\,\%$
$\frac{1}{20} = 5\,\%$
$\frac{1}{4} = 25\,\%$
$\frac{1}{8} = 12{,}5\,\%$
$\frac{1}{3} = 33\frac{1}{3}\,\%$
$\frac{2}{3} = 66\frac{2}{3}\,\%$

13 Gib in Prozent an.

a) 0,0045; 0,0068; 0,0027; 0,0015; 0,0099
b) 0,002; 0,0735; 0,1225; 0,0875; 0,1055
c) 0,2575; 0,155; 0,0018; 0,0075; 0,011

14 Ergänze die Tabelle in deinem Heft.

a)

0,1005	0,2505	0,2001		0,8075	0,6006
10,05 %			75,09 %		

b)

2,5 %	4,5 %		1,75 %		8,25 %
0,025		0,125		0,03	

15 Schreibe als Dezimalbruch.

a) 40,5 %; 65,7 %; 85,5 %; 75,4 %; 90,8 %
b) 2,5 %; 3,8 %; 4,3 %; 5,5 %; 1,2 %
c) 14,5 %; 7,2 %; 28,5 %; 1,1 %; 34,3 %

16 Schreibe als Dezimalbruch.

a) 20,5 %; 80,5 %; 90,6 %; 40,4 %; 50,1 %
b) 2,05 %; 8,05 %; 9,06 %; 4,04 %; 5,01 %
c) 0,2 %; 0,8 %; 0,9 %; 0,4 %; 0,5 %
d) 0,02 %; 0,08 %; 0,09 %; 0,04 %; 0,05 %

17 Setze im Heft das Zeichen > oder < richtig ein.

a) $\frac{47}{1000}$ ■ 43 %
b) 2,4 % ■ $\frac{18}{100}$
c) $\frac{248}{1000}$ ■ 24,2 %
d) 0,65 % ■ $\frac{65}{1000}$
e) $\frac{13}{10\,000}$ ■ 0,15 %
f) 2,05 % ■ $\frac{2}{100}$

Rückblick

Die Geraden *g* und *h* sind parallel zueinander. Der Punkt *P* hat zur Geraden *g* den Abstand 2,8 cm und zur Geraden *h* den Abstand 4,9 cm. Welche Abstände zwischen den Geraden *g* und *h* sind möglich? Begründe zeichnerisch und rechnerisch.

18 Gib den Anteil der Fläche, die rot eingefärbt ist, in Prozent an.

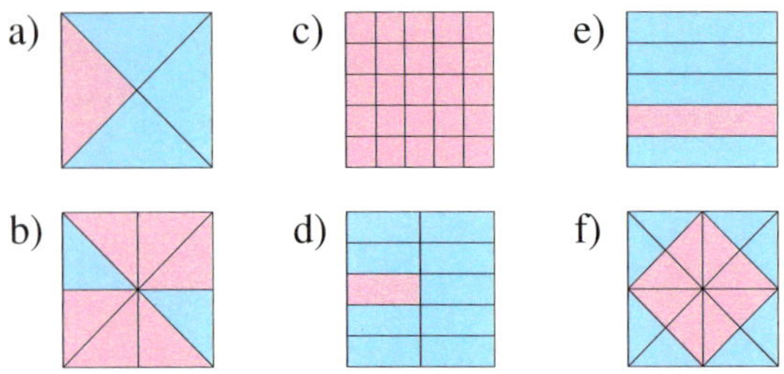

g) Gib in Prozent an, wie groß jeweils der blau eingefärbte Anteil der Fläche ist.

19 Gib in Prozent an, welcher Anteil der Fläche rot eingefärbt ist.

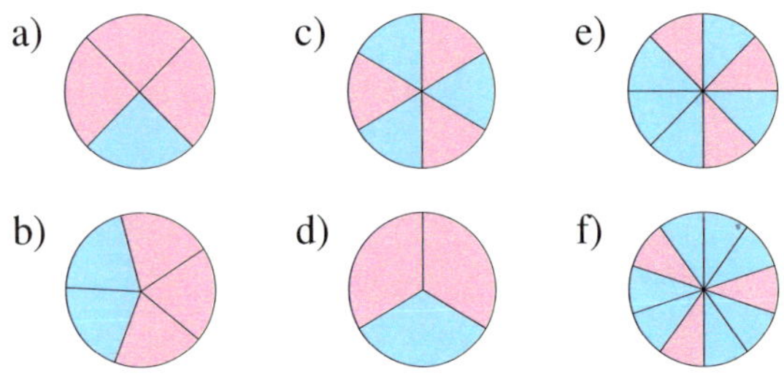

20 Vergleiche die Anteile der rot eingefärbten Flächen. Benutze die Prozentschreibweise.

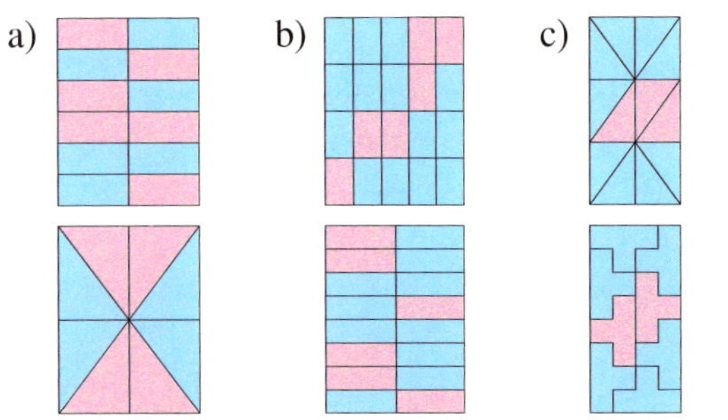

21 Gib in Prozent an, welcher Anteil der Fläche mit der jeweils verwendeten Farbe gelb, blau, rot bzw. grün eingefärbt ist. Vergleiche die Anteile dieser Flächen.

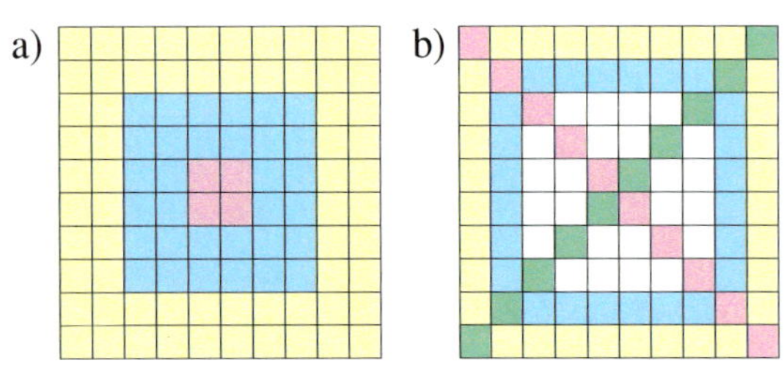

22 Schreibe als Bruch mit dem Nenner 100 und dann als Prozent.

a) $\frac{4}{25}$; $\frac{3}{20}$; $\frac{21}{25}$; $\frac{19}{20}$; $\frac{40}{50}$

b) $\frac{180}{200}$; $\frac{450}{600}$; $\frac{270}{500}$; $\frac{168}{300}$

c) $\frac{15}{50}$; $\frac{15}{20}$; $\frac{15}{25}$; $\frac{15}{300}$; $\frac{15}{500}$

d) $\frac{28}{50}$; $\frac{17}{20}$; $\frac{19}{25}$; $\frac{120}{400}$

23 Schreibe als Prozent.

a) $\frac{6}{20}$; $\frac{9}{20}$; $\frac{12}{20}$; $\frac{15}{20}$; $\frac{19}{20}$

b) $\frac{85}{500}$; $\frac{60}{500}$; $\frac{445}{500}$; $\frac{205}{500}$

c) $\frac{32}{200}$; $\frac{48}{300}$; $\frac{64}{400}$; $\frac{80}{500}$

d) $\frac{280}{500}$; $\frac{96}{600}$; $\frac{84}{700}$; $\frac{104}{800}$

24 Schreibe als Dezimalbruch und dann als Prozent.

a) $\frac{1}{2}$; $\frac{3}{4}$; $\frac{2}{5}$; $\frac{5}{20}$; $\frac{9}{10}$

b) $\frac{7}{10}$; $\frac{7}{25}$; $\frac{4}{80}$; $\frac{1}{8}$; $\frac{5}{25}$

c) $\frac{1}{4}$; $\frac{1}{25}$; $\frac{1}{5}$; $\frac{1}{20}$; $\frac{1}{50}$

d) $\frac{9}{25}$; $\frac{16}{40}$; $\frac{68}{102}$; $\frac{94}{141}$; $\frac{59}{177}$

25 Gib in Prozent an.

a) $\frac{3}{10}$; $\frac{6}{10}$; $\frac{9}{10}$; $\frac{6}{100}$

b) $\frac{2}{10}$; $\frac{3}{5}$; $\frac{4}{5}$; $\frac{1}{10}$; $\frac{3}{50}$

c) $\frac{1}{100}$; $\frac{7}{20}$; $\frac{10}{25}$; $\frac{30}{40}$; $\frac{9}{20}$

d) $\frac{5}{100}$; $\frac{11}{20}$; $\frac{18}{60}$; $\frac{49}{70}$; $\frac{45}{90}$

26 Gib in Prozent an.

a) $\frac{7}{10}$; $\frac{6}{15}$; $\frac{3}{15}$; $\frac{3}{20}$; $\frac{3}{25}$

b) $\frac{3}{100}$; $\frac{3}{200}$; $\frac{3}{300}$; $\frac{3}{400}$

c) $\frac{3}{8}$; $\frac{5}{8}$; $\frac{9}{15}$; $\frac{12}{15}$; $\frac{16}{20}$

d) $\frac{18}{60}$; $\frac{36}{80}$; $\frac{11}{20}$; $\frac{72}{90}$; $\frac{10}{40}$

e) $\frac{180}{600}$; $\frac{200}{500}$; $\frac{640}{800}$; $\frac{150}{250}$

f) $\frac{175}{500}$; $\frac{220}{400}$; $\frac{450}{600}$; $\frac{135}{900}$

27 Gib in Prozent an.

a) $\frac{25}{200}$; $\frac{18}{36}$; $\frac{12}{96}$; $\frac{35}{140}$

b) $\frac{20}{25}$; $\frac{20}{50}$; $\frac{20}{80}$; $\frac{20}{100}$

c) $\frac{125}{250}$; $\frac{75}{250}$; $\frac{50}{250}$; $\frac{25}{250}$

d) $\frac{60}{150}$; $\frac{20}{160}$; $\frac{15}{250}$; $\frac{31}{125}$

28 Schreibe als Dezimalbruch, der an der Tausendstelstelle gerundet ist. Schreibe dann als Prozent.

a) $\frac{1}{6}$; $\frac{1}{9}$; $\frac{1}{8}$; $\frac{1}{7}$; $\frac{1}{11}$; $\frac{1}{13}$; $\frac{1}{15}$; $\frac{1}{21}$

b) $\frac{5}{6}$; $\frac{2}{9}$; $\frac{2}{3}$; $\frac{3}{11}$; $\frac{4}{13}$; $\frac{2}{15}$; $\frac{4}{17}$; $\frac{3}{19}$

c) $\frac{5}{7}$; $\frac{5}{9}$; $\frac{6}{11}$; $\frac{7}{9}$; $\frac{8}{12}$; $\frac{9}{13}$; $\frac{10}{15}$; $\frac{12}{18}$

d) $\frac{12}{43}$; $\frac{14}{37}$; $\frac{21}{39}$; $\frac{25}{31}$; $\frac{43}{54}$; $\frac{50}{64}$; $\frac{54}{67}$; $\frac{62}{68}$

e) $\frac{72}{480}$; $\frac{55}{250}$; $\frac{189}{540}$; $\frac{357}{850}$; $\frac{306}{450}$; $\frac{421}{530}$; $\frac{288}{324}$

f) $\frac{615}{750}$; $\frac{391}{850}$; $\frac{405}{750}$; $\frac{117}{150}$; $\frac{204}{850}$; $\frac{316}{615}$; $\frac{405}{506}$

g) $\frac{243}{450}$; $\frac{288}{450}$; $\frac{333}{450}$; $\frac{378}{450}$; $\frac{423}{450}$; $\frac{440}{450}$; $\frac{445}{450}$

Rückblick

Berechne.

a) $12 + [-45 - (13 - \frac{1}{3}) \cdot 36]$

b) $-(16 + 35) - (45 - 24 : 3 - 17)$

Prozentsatz

Will man das Sportabzeichen erwerben, muss man innerhalb eines Jahrs aus den fünf Gruppen Sprung, Sprint, Stoß/Wurf, Ausdauer und Schwimmen eine Disziplin auswählen.

Im Jahr 2004 wählten die 540 Teilnehmer nach dem Schwimmen die weiteren Disziplinen.

Gruppe Sprung	Hochsprung	Weitsprung
Teilnehmer	324	216

Gruppe Stoß/Wurf	Kugelstoßen	Wurfball
Teilnehmer	432	108

Gruppe Sprint	100 m	400 m
Teilnehmer	360	180

Gruppe Ausdauer	1000 m	2000 m
Teilnehmer	54	486

Aus der Tabelle für die Gruppe Sprung können wir die folgenden Anteile in Prozent berechnen.

324 von 540 Teilnehmern haben sich in der Gruppe Sprung für Hochsprung entschieden.
Der Anteil beträgt $\frac{324}{540} = 0{,}6 = 60\,\%$.

60 % der Teilnehmer wählten den Hochsprung.
Den Anteil 60 % nennen wir **Prozentsatz**.

216 von 540 Teilnehmern haben sich in der Gruppe Sprung für Weitsprung entschieden.
Der Anteil beträgt $\frac{216}{540} = 0{,}4 = 40\,\%$.

40 % der Teilnehmer wählten den Weitsprung.
Hier beträgt der Prozentsatz 40 %.

1 Wie viel Prozent aller Teilnehmer wählten in der Gruppe Sprint die 100-m-Strecke, wie viel Prozent die 400-m-Strecke?
Finde für die Lösung der Aufgabe verschiedene Lösungswege.

2 Gib den Prozentsatz der Teilnehmer an, die
a) in der Gruppe Stoß/Wurf das Kugelstoßen wählten,
b) sich in der Gruppe Ausdauer für den 2000-m-Lauf meldeten.

Merke

Der Anteil in Prozentschreibweise heißt Prozentsatz. Wir schreiben $p\,\%$.

Übungen

3 Bestimme den Prozentsatz.

a)	b)	c)	d)	e)	f)
2 €	20 €	25 €	50 €	75 €	13 €
von 100 €					

4 Bestimme den Prozentsatz für 5 € von
a) 10 €, b) 20 €, c) 50 €, d) 200 €.

5 Gib in Prozent an.

a)	b)	c)	d)	e)
5 min	10 min	12 min	20 min	30 min
von 60 min				

6 Bestimme den Prozentsatz für 5 min von
a) 60 min, b) 120 min, c) 180 min, d) 240 min.

7 Gib in Prozent an.

a) 1 km von 100 km
b) 5 km von 100 km
c) 10 km von 100 km
d) 15 min von 1 h
e) 15 min von 2 h
f) 15 min von 3 h

8 Bestimme den Prozentsatz.

a) 75 € von 150 €
b) 75 € von 300 €
c) 75 € von 600 €
d) 8 m von 64 m
e) 16 m von 64 m
f) 32 m von 64 m

9 Wie viel Prozent sind das?

a) 500 t von 2500 t
b) 450 kg von 1350 kg
c) 25 l von 250 l
d) 28 m von 112 m
e) 196 t von 560 t
f) 160 l von 640 l

10 Wie viel Prozent von

a) 1 € sind 50 Cent (40 Cent; 75 Cent),
b) 1 km sind 750 m (0,1 km; 5000 dm),
c) 1 hl sind 25 l (0,4 hl; 2,5 l),
d) 1 kg sind 200 g (0,75 kg; 0,5 kg)?

11 a) Wie viel Prozent von 560 t sind 28 t?
b) Wie viel Prozent von 450 kg sind 27 kg?
c) Wie viel Prozent von 200 € sind 6 €?
d) Wie viel Prozent von 400 m sind 30 m?

12 In der Klasse 7 a einer Schule sind 12 Jungen und 13 Mädchen. Wie viel Prozent der Schülerzahl sind das jeweils?

13 Von 1560 Schülerinnen und Schülern einer Schule gehören 117 der 7. Jahrgangsstufe an. Wie viel Prozent sind das?

14 Die Schülerinnen und Schüler der Jahrgangsstufe 7 durften für die Fahrt zum Sportzentrum je eine Disziplin aus den Bereichen Wassersport und Ballspiele auswählen. Die Auswertung ergab die folgenden Nennungen.

Wassersport		Ballspiele	
Kanufahren	34	Fußball	42
Segeln	50	Basketball	38
Surfen	40	Volleyball	44

a) Wie viele Schülerinnen und Schüler haben gewählt?
b) Gib die Prozentsätze der Nennungen für die einzelnen Disziplinen an. Runde auf Zehntel.

15 Die 920 Schülerinnen und Schüler einer Schule benutzen folgende Verkehrsmittel für den Weg zur Schule:

Bus	230 Schülerinnen und Schüler
Fahrrad	322 Schülerinnen und Schüler
Moped	92 Schülerinnen und Schüler

Wie viele Schülerinnen und Schüler kommen zu Fuß zur Schule, mit dem Bus, mit dem Fahrrad, mit dem Moped? Gib die Anteile jeweils in Prozent an.

16 Die letzte Mathematikarbeit der Jahrgangsstufe 7 wurde als Parallelarbeit geschrieben. Das Ergebnis aller vier Klassen ergab den folgenden Notenspiegel.

Note	1	2	3	4	5	6
Anzahl Klasse 7 a	2	6	8	8	4	0
Anzahl Klasse 7 b	3	5	10	7	4	0
Anzahl Klasse 7 c	3	8	9	5	2	0
Anzahl Klasse 7 d	1	7	8	9	3	0

a) Bereite ein Referat vor, in dem du vielfältige prozentuale Auswertungen vornimmst. Denke auch an Durchschnittsnoten.
b) In welcher Klasse und bei welcher Note beträgt der gerundete Anteil am Klassenergebnis 34,48 %?

Rückblick

Schreibe in der angegebenen Einheit.

a) 2,8 dm^3 (cm^3)
b) 319 cm^3 (dm^3)
c) 24 m^3 (dm^3)
d) 28,7 dm^3 (m^3)
e) 47,1 mm^3 (cm^3)
f) 2,8 l (ml)
g) 3 m^3 (l)
h) 4720 l (hl)

Prozentwert

Im Sportgeschäft können Vereinsmitglieder günstig einkaufen. Alle Artikel erhalten sie 8 % billiger.

Um wie viel billiger wird für ein Vereinsmitglied zum Beispiel ein Sportanzug, der 89 € kostet?

Den Preisnachlass von 8 % berechnen wir so:

8 % von 89 € bedeutet $\frac{8}{100}$ von 89 €.

Wir rechnen: $\frac{8}{100} \cdot 89 = 0{,}08 \cdot 89 = 7{,}12$

Ein Vereinsmitglied spart somit bei dem 89 € teuren Sportanzug durch 8 % Preisnachlass 7,12 €.

8 % ist der Prozentsatz, 7,12 € nennen wir den zugehörigen **Prozentwert**.

1 Wie viel Euro werden beim Kauf dieses Sportanzugs bei 10 % Ermäßigung gespart?

2 Welcher Prozentwert ergibt sich aus 58 € bei einem Prozentsatz von 16 %?

Merke

Prozentwert (*W*) heißt der Wert, der dem Prozentsatz *p* % entspricht.

Beispiele

1. Berechne 12 % von 120 €

a) mithilfe von Brüchen,

$\frac{12}{100} \cdot 120\,€ = 14\frac{2}{5}\,€$

$14\frac{2}{5}\,€ = 14{,}40\,€$

b) mithilfe von Dezimalbrüchen.

$0{,}12 \cdot 120\,€ = 14{,}40\,€$

2. a) Berechne 50 % von 25 g.

$\frac{1}{2} \cdot 25\text{ g} = 12{,}5\text{ g}$

b) Berechne 4,5 % von 50 m.

$0{,}045 \cdot 50\text{ m} = 2{,}25\text{ m}$

Übungen

3 Berechne den Prozentwert

a)	b)	c)	d)	e)	f)	g)	h)
1 %	2 %	5 %	10 %	25 %	50 %	75 %	90 %
von 100 €							

4 Berechne 5 % von

a) 50 €, b) 80 €, c) 150 €, d) 200 €.

5 Berechne 20 % von

a) 75 m, b) 98 m, c) 112 m, d) 156 m.

6 Berechne 3 % von

a) 12 kg, b) 54 kg, c) 306 kg, d) 810 kg.

7 Berechne.

a) 20 % von 64 €
b) 25 % von 75 €
c) 50 % von 250 €
d) 30 % von 90 €
e) 40 % von 120 €
f) 80 % von 50 €

8 Berechne.

a) 6 % von 50 kg
b) 9 % von 100 kg
c) 5 % von 80 kg
d) 4 % von 75 kg
e) 8 % von 200 kg
f) 2 % von 150 kg

9 Berechne.

a) 1,2 % von 36 m
b) 1,5 % von 72 m
c) 2,5 % von 98 m
d) 4,5 % von 85 m
e) 6,9 % von 90 m
f) 7,5 % von 12 m

10 Ein Trikot kostet 38 €.
Wie viel Euro beträgt der Preisnachlass für Vereinsmitglieder bei 8 % Ermäßigung und wie viel Euro müsste ein Vereinsmitglied für dieses Trikot bezahlen?

11 Formuliere mögliche Aufträge und beantworte diese.
a) 45 % der 640 Mitglieder des Sportvereins sind Jugendliche.
b) In der Klasse 7 a sind 30 Schülerinnen und Schüler. Der Anteil der Mädchen beträgt 40 %.
c) Von den 120 Schülerinnen und Schüler der Stufe 7 erwarben 75 % das Sportabzeichen.

12 Der Sportverein zählt 640 Mitglieder. 20 % aller Mitglieder des Sportvereins gehören der Fußballabteilung an, 30 % aller Mitglieder gehören der Handballabteilung an, 40 % aller Mitglieder sind Leichtathleten und 10 % aller Mitglieder sind Schwimmer.
Berechne die Anzahl der Mitglieder der einzelnen Abteilungen.

13 Von den 140 Schülerinnen und Schülern der Stufe 8 erwerben 80 % das Sportabzeichen. Wie viele erhielten kein Abzeichen? Überlege dir verschiedene Rechenwege und präsentiere sie.

14 Von den 125 Schülerinnen und Schülern der Jahrgangsstufe 7 erreichten bei einer Arbeit 4 % die Note „sehr gut", 12 % „gut", 40 % „befriedigend" und 36 % „ausreichend".
a) Wie viele Schülerinnen und Schüler bekamen jeweils die Note 1, 2, 3, bzw. 4?
b) Wie viele Arbeiten waren nicht ausreichend?

15 Bei normaler körperlicher Anstrengung soll man täglich höchstens 75 g Fett zu sich nehmen. Wurde die Empfehlung eingehalten, wenn diese fetthaltigen Waren verzehrt wurden?

15 g Walnüsse	(63 % Fett)
120 g Roggenbrot	(1 % Fett)
25 g Butter	(80 % Fett)
15 g Wurst	(41 % Fett)
60 g Ei	(10 % Fett)
100 g Rindfleisch	(19 % Fett)

Info

Eine Futterfirma gibt an, dass man das Gewicht von Pferden mithilfe des Brustumfangs und der Körperlänge abschätzen kann, um den Tagesbedarf an Futtermitteln bestimmen zu können.

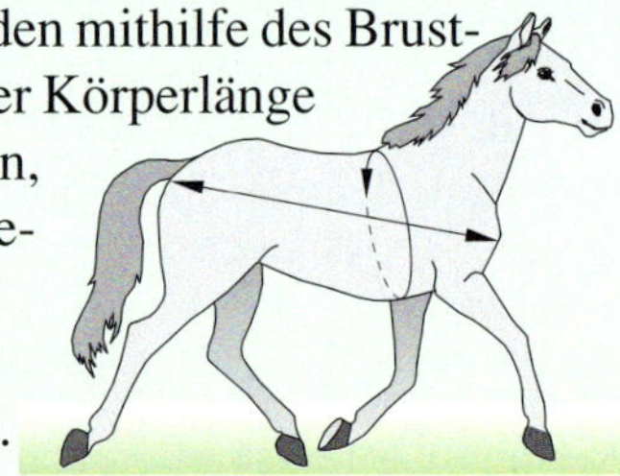

Messen Sie den Bauchumfang und die Länge Ihres Pferdes. Aus der Tabelle entnehmen Sie das Pferdegewicht in kg.
Ihr Pferd benötigt von **Allkraft-Leinsam** 0,02 % des Pferdegewichts pro Tag. Geben Sie Ihrem Pferd auch täglich **Allkraft-Leinöl-Spezial**, und zwar so viel ml wie 15 % des Pferdegewichts ausmachen.

		Brustumfang									
	cm	110	120	130	140	150	160	170	180	190	200
Körperlänge	120	121	145	172	199	225	260	290			
	130	132	157	185	214	245	280	316	354	394	431
	140	142	169	199	230	265	301	340	381	425	470
	150	152	182	213	247	284	322	364	408	455	504
	160	163	194	227	263	302	344	389	436	485	538
	170	183	205	241	280	321	366	413	463	516	571
	180		218	256	296	340	387	437	490	546	605
	190		230	270	312	359	409	461	517	576	639
	200		242	284	329	378	431	486	545	607	672
	210			298	345	397	452	510	572	637	705
	220			312	362	415	473	534	599	667	739

(Ausschnitt aus der Tabelle)

16 Berechne die Tagesration Allkraft-Leinsam und Allkraft-Leinöl-Spezial für ein 284 kg schweres Pferd.

17 Vervollständige die Tabelle für die Tagesration des Pferdes im Heft.

a)

Brustumfang in cm	120	140	160	180
Körperlänge in cm	140	170	200	220
Pferdegewicht in kg				
„Leinsam" in g				

b)

Körperlänge in cm	120	140	160	180
Brustumfang in cm	140	170	180	200
Pferdegewicht in kg				
„Leinöl" in ml				

Promille

Schon kleinste Anteile Alkohol im Blut können die Verkehrstüchtigkeit beeinflussen. Solche kleinen Anteile werden in Tausendstel angegeben. Man nennt sie **Promille**.

Die Promillegrenze wurde in Deutschland festgelegt mit 0,5 Promille, kurz 0,5 ‰. (Stand 2002)

Man berechnet den Promillewert auf die gleiche Weise wie den Prozentwert.

Wir berechnen, wie viel Alkohol sich im Blut befindet, wenn 0,5 ‰ Alkoholgehalt festgestellt wurden. Dabei gehen wir davon aus, dass ein Mensch ca. 5 l Blut hat.

Wir berechnen 0,5 ‰ von 5 l: $\frac{5}{10\,000} \cdot 5\ \text{l} = 0{,}0005 \cdot 5\ \text{l} = 0{,}0025\ \text{l}$; $0{,}0025\ \text{l} = 2{,}5\ \text{ml}$

Es befinden sich 2,5 ml reiner Alkohol im Blut. 2,5 ml füllen etwa einen Fingerhut.

1 In einigen Ländern sind noch maximal 0,8 ‰ Blutalkohol für Autofahrer erlaubt. Wie viel ml reiner Alkohol sind dann in 5 l Blut enthalten?

2 Die EU-Kommission wünscht europaweit eine Promillegrenze von 0,2 ‰ für Fahranfänger. Wie viel ml reiner Alkohol sind das höchstens in 5 l Blut?

Merke

Für einen Bruch mit dem Nenner 1000 verwendet man häufig die Promilleschreibweise mit dem Zeichen ‰.

$\frac{1}{1000} = 0{,}001 = 1$ ‰

Übungen

3 Vergleiche. Was stellst du fest?
a) 10 % von 272 und 10 ‰ von 272
b) 5 % von 120 und 5 ‰ von 120
c) 0,5 % von 200 und 5 ‰ von 200

4 Schreibe in Promille.
a) 4 %; 5,6 %; $2\frac{1}{2}$ %; 125,5 %
b) 0,5 %; 0,75 %; $\frac{1}{4}$ %; 12,5 %

5 Schreibe in Prozent.
a) 5 ‰; 7,6 ‰; 333 ‰; $98\frac{1}{2}$ ‰
b) 0,5 ‰; 0,8 ‰; $\frac{1}{4}$ ‰; $2\frac{1}{2}$ ‰

6 Mit Fahrsimulationen wurde festgestellt, dass bei 0,3 ‰ Blutalkohol die Fahrer unsicher werden und die Reaktionsfähigkeit beeinträchtigt ist. Wie viel ml reiner Alkohol sind dann in 5 l Blut?

7 Bei bestimmten Versicherungen ergibt sich der Beitrag als Promillewert der Versicherungssumme.
a) Ein Hausrat wurde mit 63 000 € versichert. Der Jahresbeitrag beträgt 1,83 ‰ der Versicherungssumme. Wie viel Euro sind das?
b) Bei einer Haftpflichtversicherung betragen die Gebühren im Jahr 0,56 ‰ von 50 000 €. Welcher Jahresbeitrag ist zu zahlen?
c) Eine Versicherung über 250 000 € kostet im Jahr 0,75 ‰ von der Versicherungssumme. Welcher Jahresbeitrag ergibt sich daraus?

8 Ein Fluss hat in einem 20 km langen Abschnitt 1,7 ‰ Fließgefälle, ein anderer Fluss auf 18 km Länge 1,6 ‰ Fließgefälle. Musst du rechnen, um die durchschnittlich überwundenen Höhenunterschiede vergleichen zu können?

Rätsel unterm Regenbogen

1 Ein alter Beduine vererbte seinen drei Söhnen 23 Kamele. Der älteste sollte die Hälfte, der mittlere $\frac{1}{3}$ und der jüngste $\frac{1}{8}$ aller Kamele erhalten. Die Brüder berieten, wie sie den letzten Willen des Vaters erfüllen könnten, ohne Tiere schlachten zu müssen. Ratlos befragten sie den Kaufmann Ali. Dieser stellte eins seiner Kamele zu den Kamelen der Brüder, und schon ließ sich das Testament erfüllen. Sogar das „Leihkamel" konnten sie an Ali wieder zurückgeben.

2 Die Schlüssel sollen an das Schlüsselbrett gehängt werden. Jedoch soll dabei eine bestimmte Anordnung erfüllt sein.
Die Haken könnten nacheinander zu einem Dreieck verbunden werden. Es soll jede Summe der Schlüsselnummern entlang der gedachten Dreiecksseiten gleich sein.

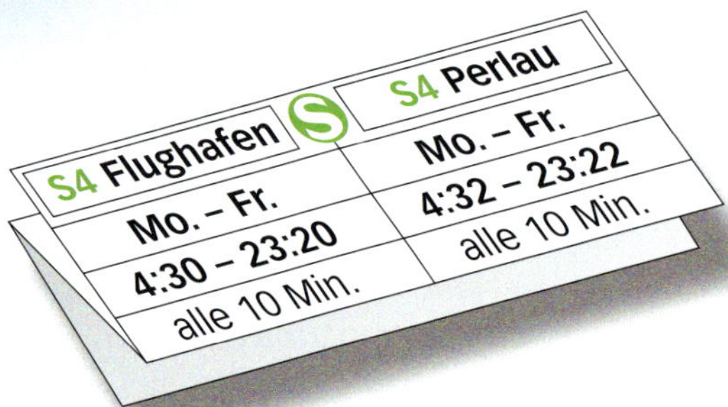

3 Sabine arbeitet am Flughafen. Sie fährt mit dem Zug zum Hauptbahnhof und muss dort in die S-Bahnlinie Flughafen – Perlau umsteigen, die auf dem gleichen Bahnsteig gegenüber abfährt. Sie steigt nach der Ankunft, die planmäßig um 7:58 Uhr sein soll, immer sofort in die nächste S-Bahn ein.
Wir betrachten die Ankunft des Zuges am Hauptbahnhof minutenweise mit bis zu 9 Minuten Verspätung. Wievielmal steigt sie dabei am Bahnsteig gegenüber in eine S-Bahn ein, die in die falsche Richtung fährt?

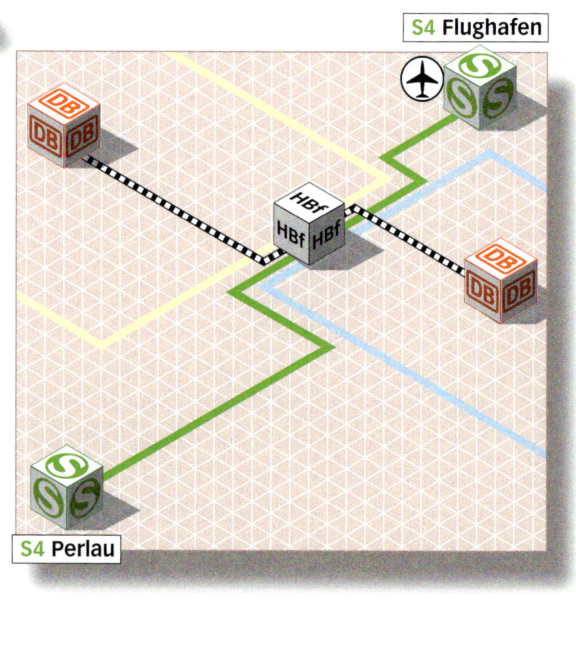

4 Die quadratische Serviette wird dreimal gefaltet. Dann wird der eingezeichnete Bereich ausgeschnitten.
Welches der hier zur Auswahl gegebenen Muster entsteht nach dem Auffalten?

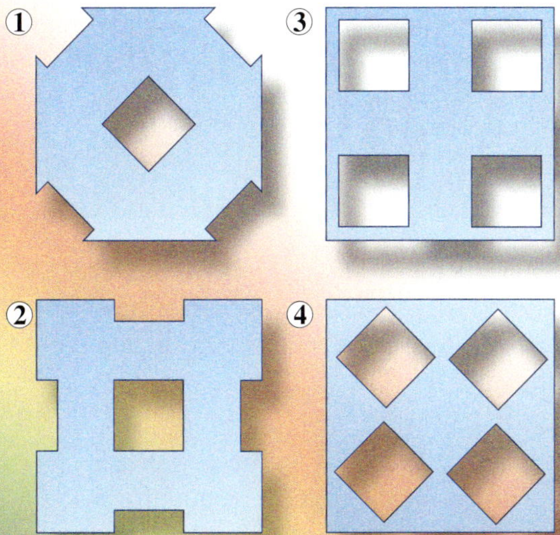

5 Welchen Winkel bilden bei diesem Zeitpunkt die Zeiger einer Kirchenuhr?

6 Der Marienkäfer ist hungrig. Du sollst ihm helfen, dass er auf dem kürzesten Weg zur Blattlaus kommt. Ist die eingezeichnete gestrichelte Linie der kürzeste „Versorgungspfad" für den Marienkäfer?

7 Vier Streichhölzer sollen so verlegt werden, dass drei gleichseitige Dreiecke entstehen.

Dreisatz bei der Berechnung des Prozentwerts

Die Tabelle enthält die Prozentsätze der wichtigsten Nährstoffe, die in der Milch enthalten sind.

Mineralstoffe	0,5 %
Fett	3,5 %
Eiweiß	4 %
Milchzucker	5 %

1 Liter Milch wiegt 1040 g. Wir berechnen für Mineralstoffe und Milchzucker die Prozentwerte zu den angegebenen Prozentsätzen.

Mineralstoffe:
0,5 % von 1040 g
$0{,}005 \cdot 1040$ g;
$W = 5{,}2$ g

Milchzucker:
5 % von 1040 g
$0{,}05 \cdot 1040$ g;
$W = 52$ g

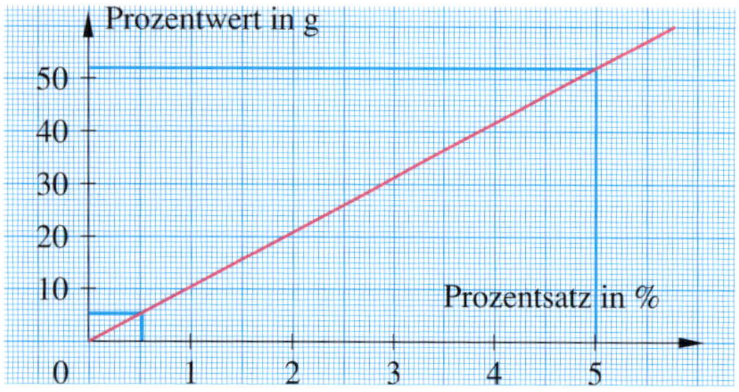

Dem zehnfachen Prozentsatz ist der zehnfache Prozentwert zugeordnet. Im Diagramm liegen die beiden Wertepaare auf einer Geraden durch den Nullpunkt.

1 Berechne die Prozentwerte für Fett und Eiweiß und überprüfe die Ergebnisse mithilfe des Diagramms.

Merke

Prozentsatz und Prozentwert sind zueinander proportional. Somit darf man den Prozentwert auch mit dem Dreisatz berechnen.

Beispiel

Vollkornbrot enthält 49,2 % Kohlenhydrate (Zucker). Wie viel Gramm Kohlenhydrate sind dann in 750 g Vollkornbrot enthalten?

Sätze:
100 % sind 750 g.
1 % sind $\frac{750}{100}$ g.
49,2 % sind 369 g.
750 g Vollkornbrot enthalten 369 g Kohlenhydrate.

Tabelle:

	Anteil in %	Gewicht in g	
	100	750	
: 100	1	$\frac{750}{100}$	: 100
· 49,2	49,2	$\frac{750}{100} \cdot 49{,}2 = 369$	· 49,2

750 [÷] 100 [×] 49.2 [=]
369

Übungen

2 Wie viel Gramm des Nährstoffs sind in der angegebenen Menge Milch enthalten?
a) Eiweiß in 2 l
b) Fett in 3 l
c) Milchzucker in 2,5 l
d) Mineralstoffe in 5 l

3 Wie viel Gramm der genannten vier wichtigsten Nährstoffe sind jeweils in 500 g Milch enthalten?

4 Bei Fruchtsaft unterscheiden sich verschiedene Sorten in ihrem Fruchtgehalt. So enthält Direktsaft 100 % Fruchtanteil, Nektar wird mit 50 % Fruchtgehalt angegeben. Bei Fruchtsaftgetränken gibt es Fruchtanteile von 25 %, bei Limonade Fruchtanteile von 5 %. Berechne jeweils, wie viel Milliliter Fruchtanteil sich in einer Flasche mit 0,7 l Inhalt befinden.

5 Kartoffeln bestehen zu 76 % aus Wasser, zu 21 % aus Kohlenhydraten und zu 3 % aus anderen Bestandteilen. Berechne, wie viel g der einzelnen Bestandteile in 900 g Kartoffeln enthalten sind.

6 In vielen Lebensmitteln befindet sich ein großer Anteil Wasser. Die Abbildung zeigt die entsprechenden Prozentsätze.

a) Wie viel kg Wasser befinden sind in 1 kg des jeweiligen Lebensmittels?
b) Wie viel kg Wasser sind in 25 kg Kartoffeln (3 kg Kernobst, 500 g Rindfleisch, 200 g Käse) enthalten?

7 In Salamiwurst ist der Eiweißanteil 17 %. Wie viel g Eiweiß sind in 120 g enthalten?

8 Salamiwurst hat einen Fettanteil von etwa 40 %. Wie viel g Fett sind in 200 g dieser Wurst enthalten?

9 Wie viel Gramm dieser Inhaltsstoffe sind in 1500 g Weizen enthalten?

10 a) Joghurt aus Magermilch enthält 3,7 % Eiweiß, 0,1 % Fett und 5,1 % Kohlenhydrate. Wie viel g der einzelnen Nährstoffe sind in einem 150-g-Becher?
b) Joghurt aus Vollmilch enthält 3,8 % Eiweiß, 3,5 % Fett und 4,8 % Kohlenhydrate. Wie viel g der einzelnen Nährstoffe sind in einem 125-g-Becher enthalten?
c) Schlagsahne enthält 2,2 % Eiweiß, 30 % Fett und 2,9 % Kohlenhydrate. Wie viel g der einzelnen Nährstoffe sind in einem 150-g-Becher?

11 Surfartikel werden in der Nachsaison zum Jahresende häufig billiger verkauft. Berechne die neuen Preise, wenn
a) ein Surfbrett zu 966 € um 25 %,
b) ein Segel zu 404 € um 15 %,
c) ein Mast zu 164 € um 8 %,
d) ein Gabelbaum zu 143 € um 12 %
billiger angeboten wird.

12 a) Ein Sportgeschäft wirbt mit Sonderangeboten.
b) Sucht entsprechend Sonderangebote. Wer findet zum Beispiel die größte prozentuale Preisminderung und wie wirkt sich das in Eurobeträgen aus?

13 Beim Einkauf in einem Elektrogroßhandel sind zusätzlich zum Verkaufspreis 16 % Mehrwertsteuer zu zahlen.
Berechne die Mehrwertsteuer bei folgenden Artikeln:
a) Staubsauger 140 €
b) Kaffeemaschine 40 €
c) Radiorekorder 101 €
d) CD-Player 152 €
e) Videorekorder 109 €

Rückblick

Berechne das Volumen und die Oberfläche des Körpers.
a) Würfel mit $a = 2{,}6$ cm
b) Quader mit $a = 4{,}3$ cm; $b = 17$ mm; $c = 29$ mm

Grundwert

In vielen Haushalten gehört ein Mikrowellenherd mit zur Kücheneinrichtung. Dieser Herd bietet eine bessere Ausnutzung der Wärmeenergie als die herkömmlichen Kochplatten.

Hier wird zunächst die Kochplatte erwärmt, dann der Topf und zum Schluss erst das Lebensmittel.

Hier durchdringen die Mikrowellen den Topf und erzeugen sofort im Lebensmittel die Wärme.

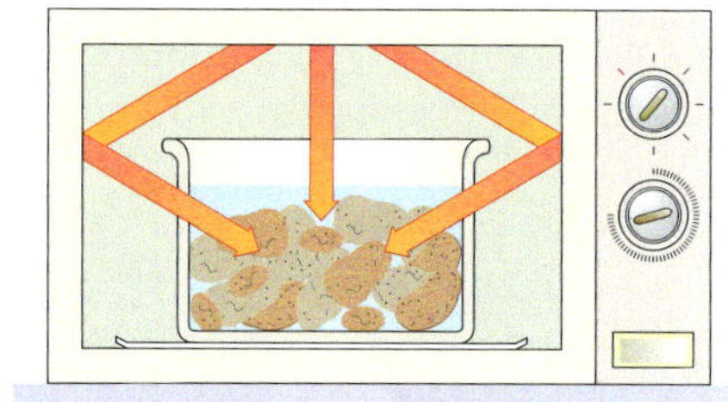

Ein Mikrowellenherd liefert Zeit- und Energieersparnis beim Kochen. Wenn man die Zeit zum Garen auf einer herkömmlichen Kochplatte mit 100 % zugrunde legt, braucht man zum Garen der Kartoffeln mit der Mikrowelle nur etwa 20 % dieser Garzeit, das sind 7 min.

Wir berechnen mithilfe der proportionalen Zuordnung, wie lange es dauert, bis die Kartoffeln auf einer Kochplatte gar sind.

20 % entsprechen	7 min
$100\,\% = 5 \cdot 20\,\%$ entsprechen	$5 \cdot 7\text{ min} = 35\text{ min}$

Auf einer herkömmlichen Kochplatte dauert das Garen der Kartoffeln 35 min.

Diesen Prozentwert, der 100 % zugeordnet ist, nennen wir **Grundwert**.

1 Berechne den Grundwert, wenn 25 % der Garzeit mit 12 min angegeben sind.

2 Berechne die ursprüngliche Garzeit, wenn sie nun mit 10 % nur 14 min dauert.

Merke

Der Prozentwert, der dem Prozentsatz 100 % zugeordnet ist, heißt Grundwert (G). Auch der Grundwert kann mithilfe des Dreisatzes berechnet werden.

Beispiel

Zum Zubereiten von überbackenen Kartoffeln benötigt man in der Mikrowelle nur 15 min. Das sind 19 % der Zeit, die in einem Backofen nötig wären. Wie viele Minuten würde die Zubereitung im Backofen dauern?

Sätze:
19 % sind 15 min.
1 % sind $\frac{15}{19}$ min.
100 % sind ca. 79 min.

Die Zubereitung im Backofen würde ungefähr 79 min dauern.

Tabelle:

	Anteil in %	Zeit in min	
: 19	19	15	: 19
· 100	1	$\frac{15}{19}$	· 100
	100	$\frac{15}{19} \cdot 100 \approx 79$	

15 [÷] 19 [×] 100 [=]
78.94736842

Übungen

3 Welche Garzeit muss für den Backofen angegeben werden.
In der Mikrowelle dauert das Garen von
a) Schweinebraten 60 min, das sind 67 % der Garzeit im Backofen,
b) Forelle 7 min und damit 14 % der Garzeit im Backofen.

4 Berechne den Grundwert.

a) Prozentsatz 1 %
Prozentwert 20 €
b) Prozentsatz 2 %
Prozentwert 6 m
c) Prozentsatz 3 %
Prozentwert 12 km
d) Prozentsatz 4 %
Prozentwert 68 g
e) Prozentsatz 5 %
Prozentwert 15 kg
f) Prozentsatz 6 %
Prozentwert 24 l
g) Prozentsatz 10 %
Prozentwert 23 l
h) Prozentsatz 15 %
Prozentwert 75 ml

5 Berechne den Grundwert. Der Prozentwert beträgt jeweils 10 €.

	a)	b)	c)	d)	e)
Prozentsatz p %	4 %	10 %	25 %	50 %	80 %

6 Berechne den Grundwert. Der Prozentsatz beträgt jeweils 5 %.

	a)	b)	c)	d)
Prozentwert W	8 €	25 km	2415 l	30,25 kg

7 Bestimme den Grundwert.

a) 3 % sind 12 €
b) 50 % sind 36 kg
c) 40 % sind 80 m
d) 65 % sind 455 l
e) 80 % sind 728 km
f) 5 % sind 45 €
g) 20 % sind 120 kg
h) 24 % sind 2 m

8 Berechne den Grundwert.

a) 44 % sind 968 g
b) 32 % sind 736 cm
c) 61 % sind 1647 m
d) 89 % sind 267 l
e) 57 % sind 9,69 km
f) 99 % sind 2,97 m
g) 18 % sind 0,27 kg
h) 24 % sind 0,12 l

9 Berechne den Grundwert.

	a)	b)	c)	d)	e)	f)
Prozentsatz in %	5	10	20	25	50	75
Prozentwert in €	30	86	35	230	324	450

10 Berechne den Grundwert.

①

	a)	b)	c)	d)	e)
Prozentsatz in %	12	18	24	36	72
Prozentwert in km	72	54	54	252	162

②

	a)	b)	c)	d)
Prozentsatz in %	$4\frac{1}{2}$	$12\frac{1}{5}$	$16\frac{2}{3}$	$9\frac{1}{3}$
Prozentwert in €	27	170,19	87,60	24,50

11 An einer Schule überprüfte die Polizei die Verkehrssicherheit der Fahrräder. Nicht verkehrssicher waren 16 Fahrräder, das sind 20 % der untersuchten Räder.

12 An einem Wochenende führte die Polizei eine Verkehrskontrolle durch. Von den kontrollierten Fahrern mussten 5 ihre Führerscheine wegen Alkohol am Steuer abgeben, das sind 4 % der kontrollierten Personen.

13 Berufskraftfahrer dürfen nicht länger als 4 Stunden ohne Pause fahren. Zur Kontrolle ist in Lkws ein Fahrtenschreiber eingebaut, der die Fahrzeit registriert. Bei einer Polizeikontrolle auf der Autobahn hatten 1,2 %, das waren 6 Fahrer, die erlaubte Zeit überschritten.

14 Bei einer bundesweiten Kontrolle von Lastkraftwagen und Reisebussen auf Autobahnen stellte die Polizei an 11 152 Fahrzeugen erhebliche Mängel fest, das waren 32 %.

Rückblick

Zerlege die Zahl in ein Produkt aus Primzahlen.
a) 30 b) 76 c) 252 d) 1001

Wasser ist kostbar

Auf die Kontinente gehen jährlich 110 000 km³ Regen, Schnee oder Hagel nieder, von denen 70 000 km³ wieder verdunsten. Der Rest würde als Trinkwasser für die gesamte Menschheit, Tiere und Pflanzen ausreichen. Große Mengen davon fließen jedoch als Oberflächen-Süßwasser wieder ab. Von den 12 500 km³ Wasser, die der Menschheit zur sofortigen Nutzung zur Verfügung stehen, wird heute bereits die Hälfte genutzt.

1 Wie viel Prozent des jährlichen Niederschlags verdunsten?

2 Wie viel Prozent des Wassers auf der Erde stehen als Trinkwasser zur Verfügung?

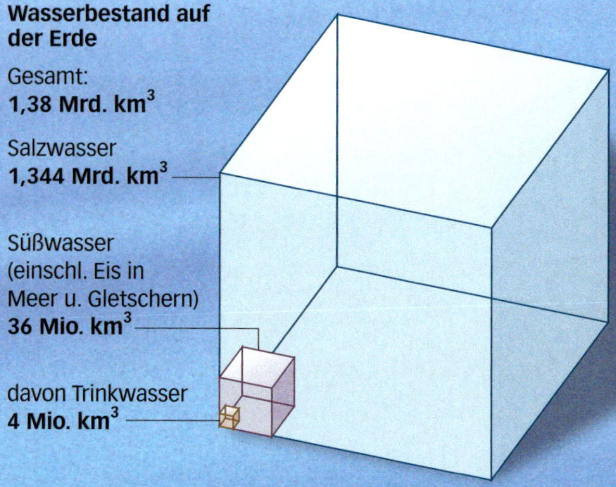

Wasservorräte je Einwohner und Jahr in 1000 m³

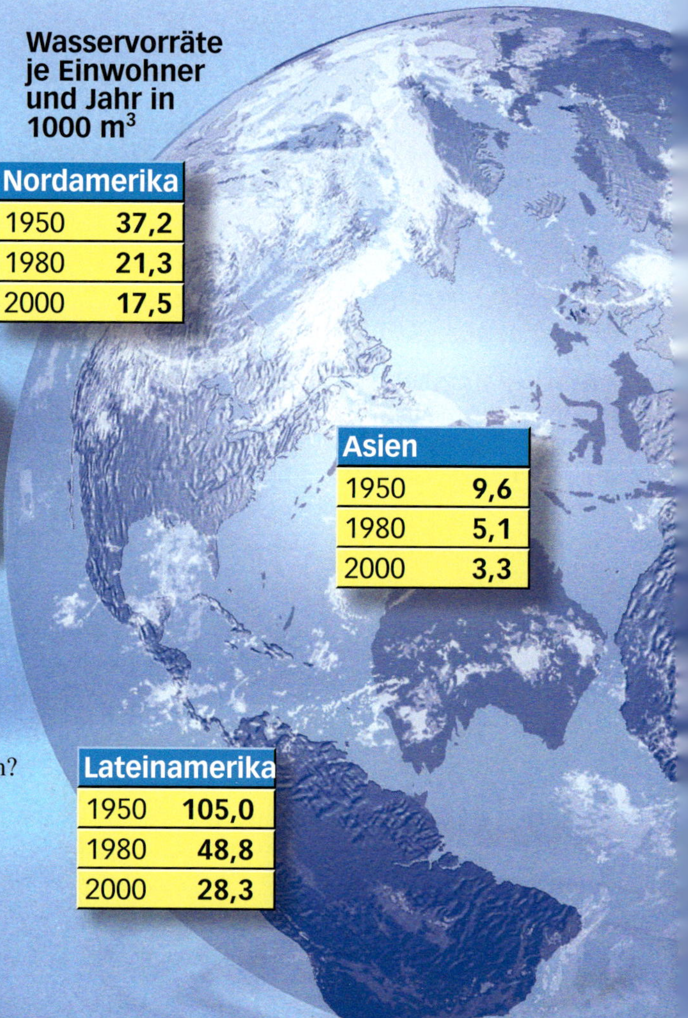

Nordamerika	
1950	37,2
1980	21,3
2000	17,5

Asien	
1950	9,6
1980	5,1
2000	3,3

Lateinamerika	
1950	105,0
1980	48,8
2000	28,3

3 Wie viel km³ des Wassers auf der Erde sind in Gletschern und ewigem Eis gebunden?

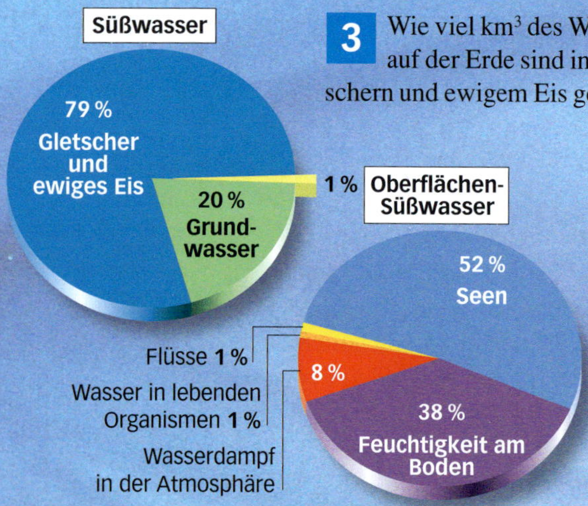

In vielen Ländern herrscht Wassermangel. Von Wassermangel wird gesprochen, wenn pro Einwohner und Jahr weniger als 1000 m³ Trinkwasser zur Verfügung stehen.
Wassermangel und zum Teil Wassernotstand herrschen in etwa 80 der 193 Länder der Welt.
Ungefähr 40 % der Erdbevölkerung leben ohne gesicherte Wasserversorgung.

4 Wie groß ist der prozentuale Anteil der Länder der Welt, in denen Wassermangel herrscht?

Auf der UN-Konferenz für Umwelt und Entwicklung wurde 1992 der 22. März zum „Tag des Wassers" erklärt.
Außerdem wurde sehr stark vor den Gefahren von Verschwendung und Verseuchung des Wassers gewarnt.

Ein einziger schwach tropfender Wasserhahn (etwa 10 Tropfen pro Minute) vergeudet täglich etwa 6 Liter Wasser.

5 Wie viel Liter Trinkwasser stammen ausgehend vom gesamten Trinkwasserverbrauch in Deutschland aus den einzelnen Anteilen der Trinkwasserförderung?

Europa	
1950	5,9
1980	4,6
2000	4,1

6 Wenn 1992 täglich 6 l Wasser aus einem tropfenden Wasserhahn vergeudet wurden, entsprach das ca. 4,4 % des täglichen durchschnittlichen Wasserverbrauchs pro Person. Berechne die prozentualen Anteile bei 6 l Vergeudung bezogen auf den Trinkwasserverbrauch pro Tag in den Jahren 1994, 1996, 1998 und 2000.

Afrika	
1950	20,6
1980	9,4
2000	5,1

7 Berechne für jeden angegebenen Kontinent die prozentuale Änderung der Wasservorräte pro Einwohner und Jahr im Zeitraum von 1980 bis 2000.

8 Wie viel m^3 des Trinkwassers wurden durch die Industrie genutzt?

9 Berechne für 2000 die prozentualen Anteile in der Verbrauchspyramide.

10 Wir nehmen an, dass in einem 3-Personen-Haushalt der für 2002 angegebene Pro-Kopf-Wasserverbrauch von 128 l pro Tag besteht. Welche Kosten würden sich für die in der Tabelle angegebenen Städte ergeben?

Wasserverbrauch in Deutschland

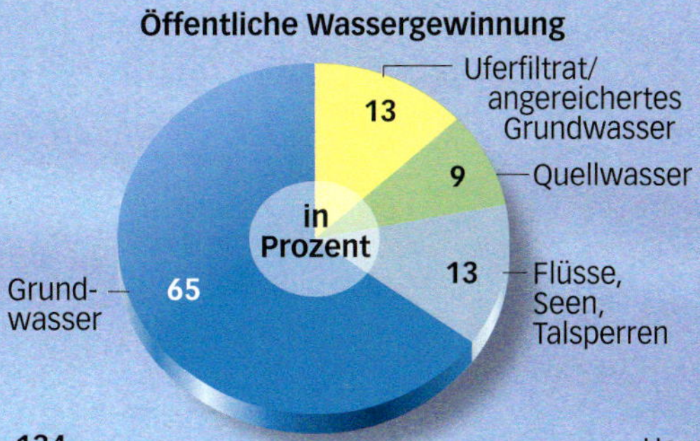

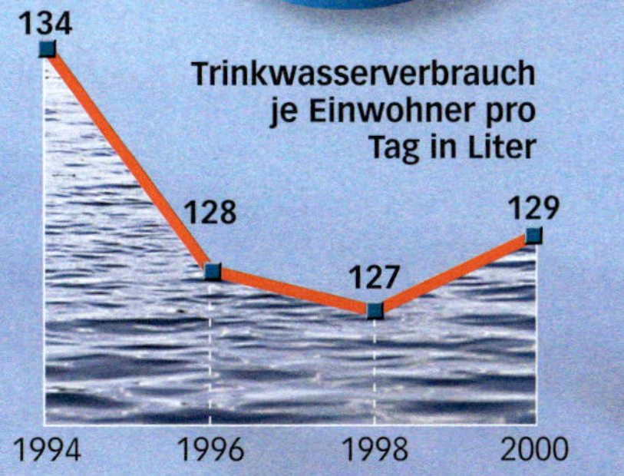

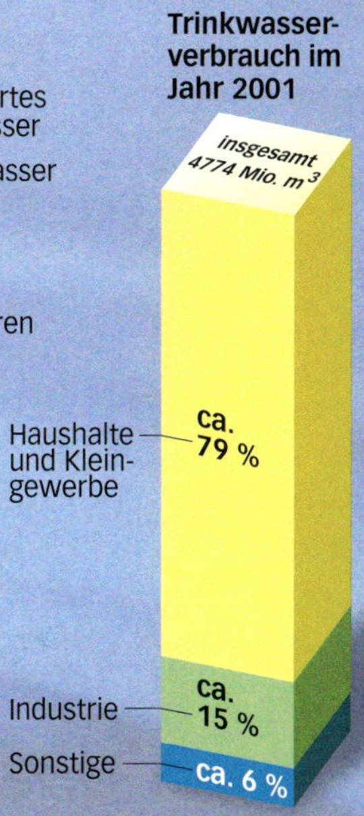

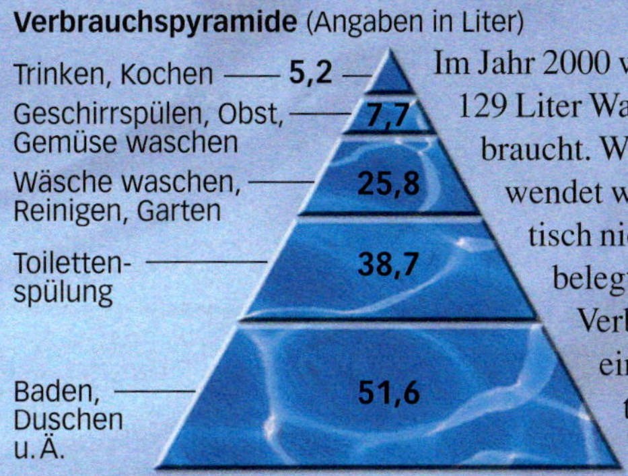

Im Jahr 2000 wurden pro Kopf 129 Liter Wasser täglich verbraucht. Wofür das Wasser verwendet wurde, kann statistisch nicht einwandfrei belegt werden. Mit dieser Verbrauchspyramide ist eine weitgehend realistische Aufteilung gegeben.

So viel kostete 2005 in verschiedenen Städten 1 m³ Trinkwasser bzw. Abwasser:

	Aachen	Erkelenz	Eschweiler	Würselen
Trinkwasser	1,79 €	1,11 €	1,98 €	1,98 €
Abwasser	2,07 €	1,98 €	1,79 €	2,43 €

Beim Trinkwasser kommen noch 7% Mehrwertsteuer dazu. Die Gebühren für das Abwasser sind mehrwertsteuerfrei.

Prozentdarstellungen in Diagrammen

Windsurfen ist ein beliebter Freizeitsport. Bei diesem Sport kommt es allerdings auch häufig zu Stürzen mit Verletzungen.

Verletzungsarten und ihre Anteile:

Prellungen, Zerrungen	49 %
Schürf- und Platzwunden	45 %
sonstige Verletzungen	6 %

Für eine graphische Darstellung von Prozentsätzen eignet sich ein Kreisdiagramm oder auch ein **Streifendiagramm**.
Aus den Anteilen der verschiedenen Verletzungsarten ergeben sich diese zwei Darstellungen.

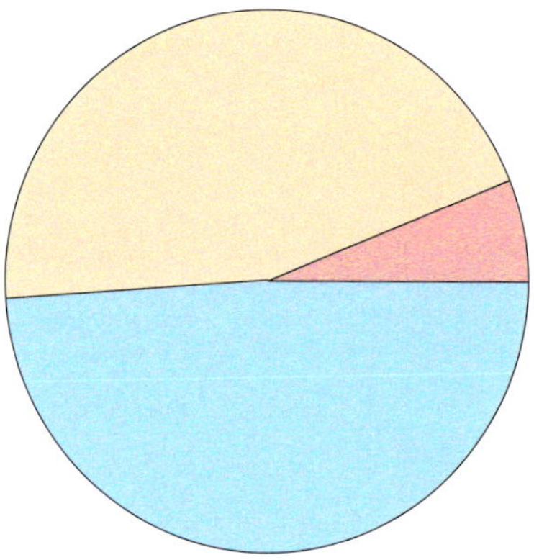

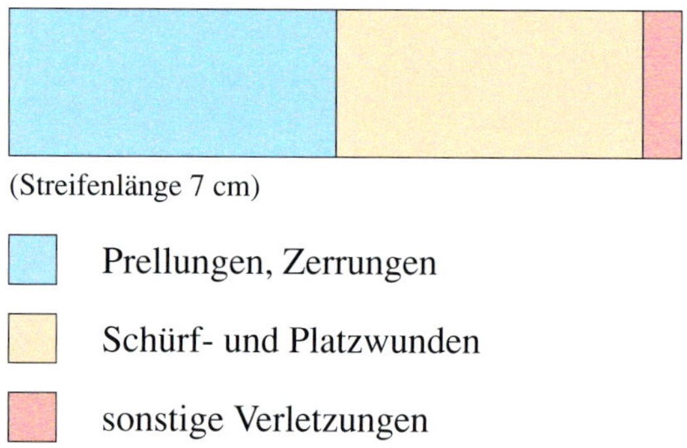

Im Kreisdiagramm entspricht jedem Prozentsatz ein bestimmter Winkel.

Im Streifendiagramm entspricht jedem Prozentsatz ein bestimmter Streifenabschnitt.

Wir bestimmen mit dem Dreisatzverfahren jeweils für das Kreisdiagramm und das Streifendiagramm, wie groß der Winkel bzw. wie lang der Streifenabschnitt für den Anteil 49 % mit Prellungen und Zerrungen ist.

Für das Kreisdiagramm bestimmen wir 49 % des Vollwinkels (360°).

	Anteil in %	Winkel in °	
	100	360	
: 100			: 100
	1	$\frac{360}{100} = 3{,}6$	
· 49			· 49
	49	$3{,}6 \cdot 49 \approx 176$	

3.6 × 49 =
176.4

Der Winkel beträgt ca. 176°.

Für das Streifendiagramm bestimmen wir 49 % der Streifenlänge (7 cm).

	Anteil in %	Länge in mm	
	100	70	
: 100			: 100
	1	$\frac{70}{100} = 0{,}7$	
· 49			· 49
	49	$0{,}7 \cdot 49 \approx 34$	

.7 × 49 =
34.3

Der Streifenabschnitt ist ca. 34 mm lang.

1 a) Berechne die zwei Winkel für die anderen Prozentsätze. Gibt es Rundungsprobleme für das Zeichnen des Kreisdiagramms?
b) Zeichne das Diagramm mit 4 cm Radius.

2 Berechne die Streifenabschnitte für die drei Prozentsätze bei einer Streifenlänge von 8 cm und zeichne das Streifendiagramm mit einer Streifenbreite von 1 cm.

Zum Vergleich werden Prozentsätze oft in einem Säulendiagramm dargestellt. Die Länge der Säulen veranschaulicht die Prozentsätze.

Ursachen für Verletzungen beim Windsurfen:

Wenden	29 %
Schleudersturz	33 %
Sturz ohne Manöver	24 %
Springen	11 %
Luftmanöver	3 %

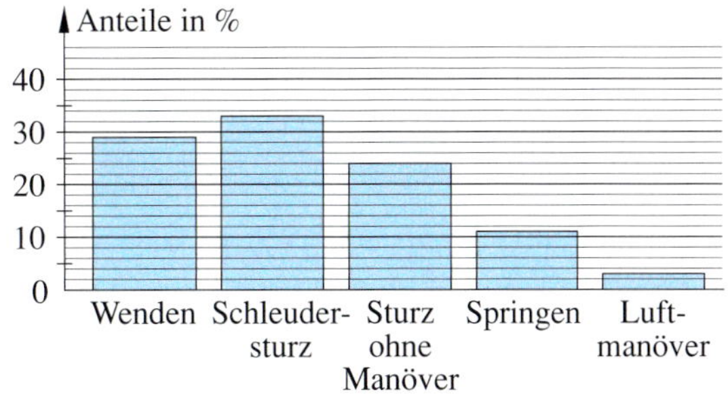

Übungen

3 Zeichne für die Verletzungsursachen beim Windsurfen ein
a) Streifendiagramm mit 8 cm Länge,
b) Kreisdiagramm.

4 Häufigkeiten von Verletzungsursachen verschiedener Teile des Surfbretts.

Stelle die Prozentsätze dar in einem
a) Säulendiagramm (1 % entspricht 1 mm),
b) Kreisdiagramm,
c) Streifendiagramm (Streifenlänge 15 cm).

5 Beim Surfen sind Körperteile von Verletzungen unterschiedlich häufig betroffen.

Fuß, Bein	46 %	Hand, Arm	30 %
Rumpf	13 %	Kopf, Hals	11 %

a) Zeichne ein Kreisdiagramm.
b) Zeichne zum Vergleich der Angaben ein geeignetes Diagramm.

6 Bei einem Materialtest wurden an verschiedenen Surfbrettern Mängel untersucht, die beim Surfen entstanden sind.

Surfbrett	Mängel	
	Risse	Beulen
BIC	11 %	11 %
F2	19 %	5 %
FANATIC	5 %	6 %
HIFLY	0 %	4 %

a) Zeichne ein Säulendiagramm, bei dem 3 % mit 3 mm Länge gezeichnet werden.
b) Können die Angaben in einem Kreisdiagramm dargestellt werden? Begründe.

7 Trotz einiger Abstriche sind die meisten Surfer mit ihren Brettern zufrieden und würden diese an andere weiterempfehlen.

Surfbrett	Zufriedenheit der Benutzer
BIC	95 %
FANATIC	88 %
F2	85 %
HIFLY	87 %

Zeichne ein geeignetes Diagramm.

Rückblick

Schreibe als periodischen Dezimalbruch.
a) $\frac{2}{3}$ b) $\frac{5}{9}$ c) $\frac{4}{11}$ d) $\frac{7}{12}$ e) $\frac{15}{33}$

1 Berechne den fehlenden Wert.

	a)	b)	c)	d)	e)	f)
Grundwert G	80			120	26	600
Prozentsatz p %	5 %	12 %	20 %		45 %	
Prozentwert W		24	5	36		420

2 Berechne den fehlenden Wert.

	a)	b)	c)	d)	e)	f)
Grundwert G		35	75	4,4	3,8	
Prozentsatz p %	8 %	62 %		90 %		34 %
Prozentwert W	24		15		1,52	42,5

3 Übertrage die Tabelle in dein Heft und ergänze die fehlenden Werte.

G	12 €		2,04 l		39	140
p %	12 %	2,4 %		0,2 %	17 %	
W		4,8 m	0,1 l	1,2 ha		22,4

4 Übertrage die Tabelle ins Heft und vervollständige sie.

W	6 m²		19 kg		2 h	6 min
G	16 m²	20 €		470 m	16 h	
p %		17 %	20 %	3,5 %		5 %

5 Vervollständige die Tabelle in deinem Heft.

G	2,03 g		0,45 m	2,4 l	3 m	
W		2,03 g		0,4 l	0,6 m	70,5 t
p %	13 %	13 %	3 %			47 %

6 Übertrage die Tabelle ins Heft und fülle sie aus. Gib Ergebnisse, wenn nötig, an der Hundertstelstelle gerundet an.

a)

W	47 m	■ €	93 g	54 m	■ ha
p %	34,7 %	26,5 %			8,1 %
G	■ m	542 €	442 g	223 m	54 ha

b)

W	42 ha	54 min	■ m²	142 cm²
p %			12,5 %	83,5 %
G	17 km²	23 h	142 a	■ m²

c)

W	350 kg	■ kg	25 m	17,5 ha
p %		42,8 %	8,2 %	
G	2,7 t	358 t	■ km	3 km²

7 Ein Aquarium ist 60 cm lang, 20 cm breit und 30 cm hoch. Es wurden 27 l Wasser eingefüllt. Welcher Prozentsatz des Gesamtvolumens ist das?

8 Die Kalkschale eines Hühnereis wiegt 7,15 g, das sind 11 % seines Gesamtgewichts. Wie schwer ist das Ei?

9 Eine Fußballmannschaft verlor in der vergangenen Saison von 34 Spielen 12 Spiele. Berechne den Anteil in Prozent.

10 a) Sarah hat sich in einem Sportverein angemeldet. Der Verein hat 280 Mitglieder, von denen 35 % Jugendliche sind. Wie viele jugendliche Mitglieder hat der Verein?
b) 16 % der 700 Vereinsmitglieder spielen Fußball. Wie viele Mitglieder sind das?

11 Erhan fehlte im letzten Schuljahr von 238 Unterrichtstagen 27-mal. Berechne den Anteil in Prozent.

12 Von einer Klasse mit 29 Schülerinnen und Schülern sind 3 Nichtschwimmer und 6 haben das Schwimmabzeichen in Bronze. Berechne die Anteile in Prozent.

13 Frau Wiese fuhr im letzten Jahr 35 550 km mit ihrem Auto. Von dieser Strecke legte sie 41,5 % dienstlich zurück. Wie viel Kilometer waren das?

14 Eine Kaffeerösterei sollte 1025 kg gerösteten Kaffee liefern. Wie viel Kilogramm Rohkaffee waren dazu nötig, wenn beim Rösten mit 18 % Gewichtsverlust zu rechnen ist?

15 Herr Crisopulli trat von einer gebuchten Reise zurück. Bei 18,5 % Rücktrittskosten musste er 207,94 € bezahlen. Berechne den Preis der Reise.

16 a) Sabrina hat von ihrem Konto Geld abgehoben. Ihr Kontostand beträgt nun 1541 €, das sind 90,2 % ihres vorherigen Kontostandes.
b) Nach ihrer letzten Einzahlung hat Sabrina 2717 € auf ihrem Sparbuch, das sind 104,5 % ihres letzten Guthabens. Wie viel Geld hatte Sabrina vorher auf ihrem Sparbuch?

17 Familie Mays erhält beim Kauf einer Küche einen Preisnachlass von 540 €, das sind 9 % des ursprünglichen Preises.

18 Frau Seidel verdiente monatlich 2000 €. Sie erhält eine Gehaltserhöhung von 4 %. Gib die Gehaltserhöhung in Euro an und berechne das neue Gehalt.

19 Beim Ratenkauf eines Autos verteuert sich das Auto um 11 %. Berechne den ursprünglichen Preis des Autos, wenn die Verteuerung 1375 € beträgt.

20 Ein Vertreter hat für 15 000 € Waren verkauft. Sein Gehalt beträgt 8 % des Verkaufspreises der verkauften Ware.

21 Herr Bonner gibt seinen Jahresverdienst mit 60 078 € an. Das Finanzamt berechnet eine Einkommensteuer in Höhe von 19 225 €. Wie viel Prozent beträgt der Steuersatz?

22 Ein Motorroller wurde für 60 % seines Neuwertes verkauft, das waren 1902 €. Welchen Neuwert hatte das Zweirad?

Rückblick

Eine Strecke $\overline{PQ}$ ist 6 cm lang. Es werden um die Endpunkte Kreise gezeichnet. Welche Bedingungen müssen die Radien der Kreise erfüllen, damit diese sich in einem, in zwei oder in keinem Punkt schneiden? Begründe.

23 Das Wohnzimmer hat eine Fläche von 32 m², das sind 25 % der gesamten Wohnfläche.
a) Wie groß ist die Wohnfläche?

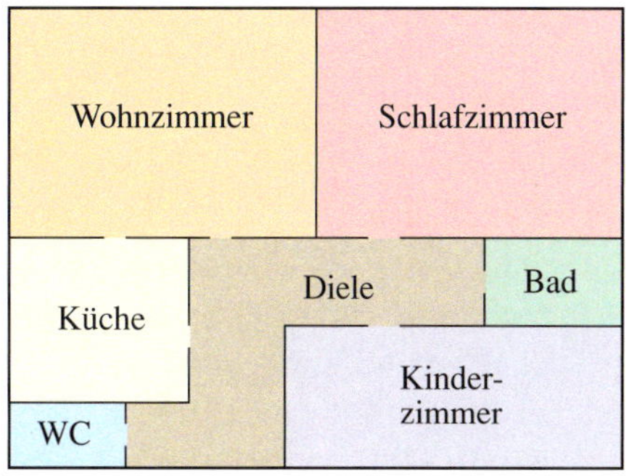

b) Schätze, wie viel Prozent der gesamten Wohnfläche das Kinderzimmer (die Küche) beträgt.

24 Benzinpreise ändern sich häufig. Innerhalb von zwei Tagen erhöhte sich der Preis für Superbenzin von 1,249 € auf 1,269 € und der Preis für Diesel von 1,059 € auf 1,079 €. Gib die Preiserhöhung für Superbenzin und Diesel jeweils in Euro und in Prozent an.

25 Auf einer Fahrradtour wurde die erste Rast nach 18 km gemacht. Bis dahin waren 60 % des Weges zurückgelegt. Wie lang war die Tour?

26 Werte die Grafik möglichst umfassend aus.

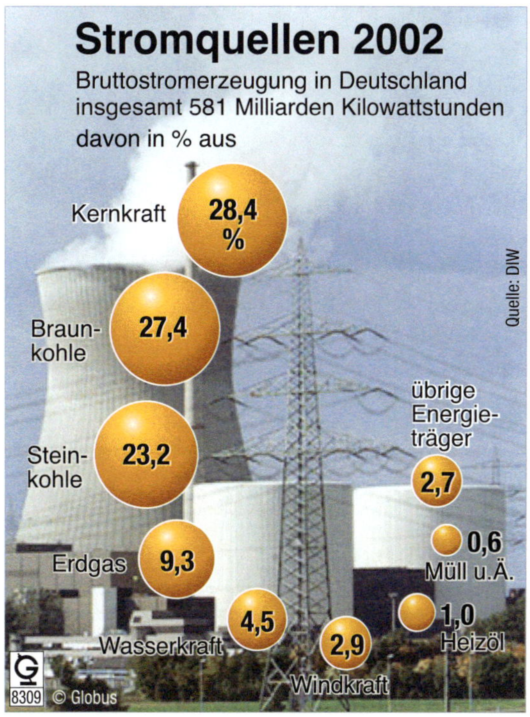

27 Berechne den Jahresbeitrag, wenn 2,4 ‰ der Versicherungssumme erhoben werden.
a) Hausratversicherung mit 24 000 €
b) Gebäudeversicherung mit 156 000 €

28 Ein Bausparvertrag kann erst genutzt werden, wenn 40 % angespart worden sind. Berechne die Höhe der Sparverträge, wenn die angegebenen Beträge 40 % entsprechen.

a) 36 000 €	c) 72 000 €	e) 125 000 €
b) 80 000 €	d) 89 000 €	f) 130 000 €

29 Die Miete in einer Wohnung ist 36,72 € teurer und damit um 8,5 % höher als in der alten Wohnung. Wie viel Miete wird gezahlt?

30 Wie viel Prozent betrug die Leistungssteigung gegenüber dem Vorjahr?
a) Tim warf bei den Bundesjugendspielen den Schlagball 44,1 m weit. Er verbesserte damit seine Leistung des Vorjahrs um 5,51 m.
b) Lena lief die 100-m-Strecke in 13,2 s. Damit verbesserte sie ihre Zeit aus dem Vorjahr um 0,4 s.

31 Der Unterschied zwischen $3\frac{1}{3}$ % und 3,3 % eines Geldbetrags beträgt 2,50 €. Welche Höhe hat dieser Betrag?

32 Frau Tuner hat in ihrem Bausparvertrag 28 200 € eingezahlt, das sind $35\frac{1}{4}$ % der Bausparsumme. Wie hoch ist dieser Betrag?

33 „Gesucht und gefunden": In Zeitungen und Zeitschriften sind häufig statistische Auswertungen zu finden. Werte die hier gegebenen Grafiken aus.

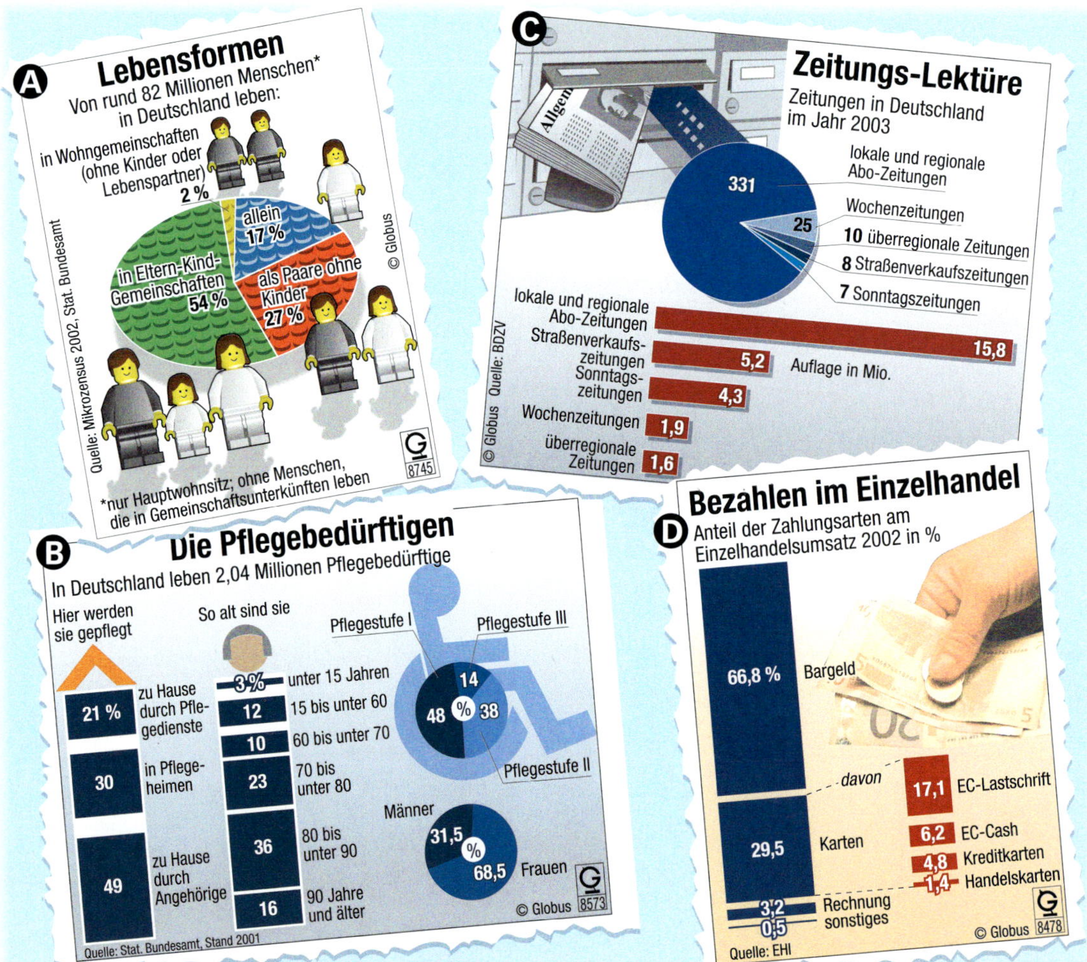

Info

Rabatt ist ein Preisnachlass, der in besonderen Fällen gewährt wird.

1 Familie Seiler kaufte eine Waschmaschine mit kleinen Lackschäden und erhielt deshalb einen Rabatt von 20 %. Wie viel Euro musste Familie Seiler zahlen, wenn die Maschine ursprünglich 715 € kostete?

2 Berechne für den Räumungsverkauf den Rabatt in € und die neuen Preise.

3 Im Schlussverkauf werden viele Preise herabgesetzt. Berechne den Rabatt in € und die neuen Preise.

	a)	b)	c)	d)
alter Preis in €	149,50	326	542	618
Rabatt in %	30	15	20	12

4 Im Sommerschlussverkauf wurden die Preise gesenkt. Berechne den Preisnachlass für jeden Artikel in Prozent.

Artikel	alter Preis	neuer Preis
Jeans	€ 49,00	€ 39,20
T-Shirt	€ 29,00	€ 14,50
Rock	€ 63,00	€ 42,84
Jacke	€ 124,00	€ 34,72

5 Frau Schulze arbeitet in einem Textilkaufhaus. Wenn sie dort einkauft, erhält sie einen Angestelltenrabatt von 15 %. Für welchen Betrag hat sie eingekauft, wenn sie 48 € Rabatt erhält?

6 Beim Einkauf von einem Satz Mannschaftstrikots gewährt ein Sportfachgeschäft einen Rabatt von 30 %.

a) Wie viel € spart der Verein bei einem Satz Mannschaftstrikots zu 1030 €?

b) Wie viel € sind für einen Satz Trikots der Jugendmannschaft zu zahlen, der mit 825 € ausgezeichnet ist?

7 Herr Lindemann muss eine Rechnung über 2567,60 € bezahlen. Wenn er die Rechnung innerhalb von 10 Tagen bezahlt, darf er vom Rechnungsbetrag 2 % abziehen. Wie viel Euro kann er einsparen?

8 Familie Werner kauft in einem Fliesenfachgeschäft für 2380 € Bodenfliesen ein. Der Händler gewährt 380 € Preisnachlass. Wie viel Prozent beträgt dieser Rabatt?

9 Familie Braun kauft einen Gebrauchtwagen für 9800 €. Bei Barzahlung gewährt der Händler 3 % Preisnachlass. Wie viel Euro können eingespart werden?

10 Ein Auto hat einen Lieferpreis von 27 590 €. Ein Angestellter eines Autohauses erhält beim Kauf eines Neuwagens 20 % Rabatt. Wie viel Euro spart er beim Kauf dieses Autos?

11 Eine Automobilfabrik gewährt ihren Mitarbeitern beim Kauf eines Autos 18 % Rabatt. Berechne aus dem Listenpreis den Rabatt in Euro und die Kaufpreise.

Modell **A**	12465 €
Modell **B**	13670 €
Modell **C**	14260 €

12 Eine Autoversicherung gewährt ihren Mitgliedern, die nicht in einen selbst verschuldeten Unfall verwickelt waren, einen Rabatt. Dieser nimmt im Lauf der Jahre zu.

a) Berechne den Rabatt in Euro und den neuen Beitrag für 266 € (314 €, 382 €, 466 €) bei 15 %, 30 %, 35 %, 55 % und 70 % Rabatt.

b) Welcher Rabatt in Prozent wurde gewährt, wenn nach einer Ermäßigung um 246,15 € nun 300,85 € Beitrag bezahlt werden?

Zusammenfassung

- Anteile können in Prozent oder Promille angegeben werden.
- Prozentangaben kann man mit dem Prozentzeichen (%), als Bruch oder als Dezimalbruch schreiben.
- Der Anteil in Prozentschreibweise heißt Prozentsatz $p\,\%$.
- Der Wert, der dem Prozentsatz zugeordnet ist, heißt Prozentwert W.
- Der Prozentwert, der dem Prozentsatz 100 % zugeordnet ist, heißt Grundwert G.
- Jeder der drei Werte kann aus den anderen beiden Werten mithilfe des Dreisatzes berechnet werden.
- Die Darstellung von Prozentsätzen erfolgt meist in Säulen-, Kreis- oder Streifendiagrammen.

Training

1 Ergänze die Tabelle in deinem Heft.

a)

34 %	25 %	23,5 %	3,5 %	0,4 %	0,05 %
$\frac{34}{100}$					
0,34					

b)

0,02	0,03	0,13	0,005	0,9	1,0
$\frac{2}{100}$					
2 %					

c)

$\frac{1}{4}$	$\frac{1}{2}$	$\frac{1}{5}$	$\frac{1}{3}$	$\frac{3}{4}$	$\frac{3}{5}$
0,25					
25 %					

2 Berechne den Prozentsatz.

a) 25 von 200 e) 125 von 250 i) 92 von 920
b) 7 von 10 f) 1 von 100 j) 30 von 400
c) 20 von 80 g) 1 von 200 k) 0,2 von 20
d) 30 von 120 h) 4 von 160 l) 0,7 von 28

3 Berechne den Prozentwert.

a) 20 % von 200 f) 25 % von 1200
b) 45 % von 200 g) 15 % von 150
c) 50 % von 200 h) 2 % von 30
d) 25 % von 400 i) 3 % von 30
e) 25 % von 800 j) 1,6 % von 50

4 Berechne den Grundwert.

a) 12 % sind 24 f) 15 % sind 30
b) 8 % sind 24 g) 24 % sind 30
c) 6 % sind 24 h) 1,5 % sind 45
d) 15 % sind 300 i) 0,5 % sind 50
e) 15 % sind 600 j) 12,5 % sind 75

5 Berechne den fehlenden Wert.

	a)	b)	c)	d)	e)	f)
Grundwert G	400		500	50		90
Prozentsatz $p\,\%$	8 %	8 %		12 %	1,5 %	
Prozentwert W		400	400		20	10

6 Berechne den fehlenden Wert.

	a)	b)	c)	d)	e)	f)
Grundwert G	12		1,2		0,5	9,5
Prozentsatz $p\,\%$	12 %	1,5 %		3,6 %		$\frac{1}{4}$ %
Prozentwert W		3	0,6	1,2	0,05	

7 Berechne die Prozentsätze für die einzelnen Angaben.

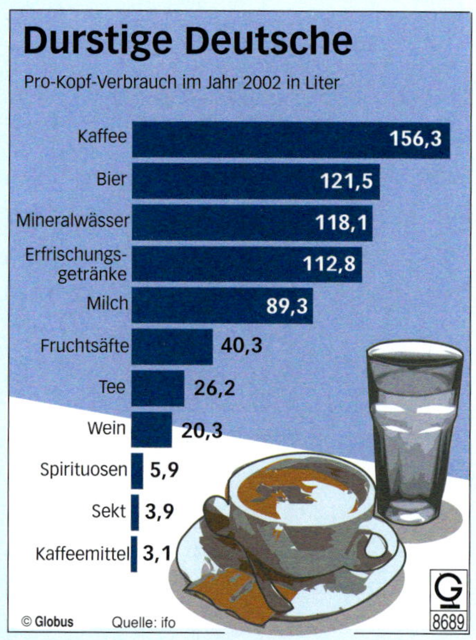

8 Familie Runge benötigt durchschnittlich für 1636 € Heizöl pro Jahr. Durch den Einbau einer modernen Wärmepumpe konnten im vergangenen Jahr 665 € Heizölkosten eingespart werden.
a) Wie viel Prozent der Heizölkosten konnten eingespart werden?
b) Nach wie vielen Jahren entsteht mit diesen Kostenangaben durch den Einbau der Pumpe ein echter Kostengewinn, wenn diese Verbesserung 9200 € kostete?

9 Bei Neunburg vorm Wald in der Oberpfalz wird auf einem Gelände von 50 000 m^2 mithilfe von Solarzellen Sonnenenergie genutzt. Die Solarzellen beanspruchen 40 % der Fläche.
a) Berechne die Fläche, auf der die Solarzellen aufgebaut wurden.
b) Leistungsfähigere Solarzellen benötigen etwa 30 % weniger Fläche als die in Neunburg verwendeten. Welche Aufbaufläche würde sich für diese Solarzellen auf dem Gelände in Neunburg ergeben?

Vertiefen und Anwenden

10 In Deutschland beträgt die Waldfläche etwa 10 400 000 ha. Für das Jahr 2004 wurden die Waldschädigungen wie folgt eingeschätzt.

Schadstufe 0 (ohne Schadensmerkmale)	28 %
Schadstufe 1 (schwach geschädigt)	41 %
Schadstufen 2–4 (geschädigt)	31 %

a) Wie viel ha Wald waren 2004 ohne Schadensmerkmale?
b) Wie viel km^2 Wald waren 2004 schwach geschädigt, wie viel km^2 waren geschädigt?
c) Stelle die gegebenen Prozentsätze der Waldschädigungen im Jahr 2004 jeweils in dem geforderten Diagramm dar.
① Balkendiagramm (1 % entspricht 1 mm)
② Streifendiagramm (Streifenlänge 15 cm)
③ Kreisdiagramm (Radius 3,5 cm)

11 In einem Mehrfamilienhaus wohnen drei Mietparteien. Bei Heizöllieferungen werden die Kosten im Verhältnis der Wohnflächen aufgeteilt. Familie Arnolt bewohnt 120 m^2, Familie Berten 150 m^2 und Familie Caspers 175 m^2. In drei aufeinander folgenden Jahren entstanden diese Kosten: 2225 €; 2447,50 €; 2670 €.
a) Berechne für jede Familie für jedes Jahr die anteiligen Heizölkosten.
b) Stelle die Kostenanteile der drei Familien für das erste Jahr in einem Streifendiagramm dar und begründe, ob es sinnvoll ist, die Kostenanteile für das zweite Jahr in einem weiteren Streifendiagramm darzustellen.

12 Bei der Verpackung von Süßigkeiten werden häufig übergroße Verpackungen gewählt. Der leere Raum darf aber nur höchstens 30 % des Gesamtvolumens betragen.
a) Wie viel cm^3 leerer Raum sind in einer Verpackung mit 5000 cm^3 Innenraum höchstens zugelassen?
b) Welches Gesamtvolumen hat eine Verpackung, wenn mit 420 cm^3 die maximal zulässigen 30 % Hohlraum genutzt werden, um den Inhalt „locker" zu verpacken?
c) Überprüfe, ob die 30 %-Richtlinie eingehalten wurde.
① Pralinenschachtel (quaderförmig);
Maße: 35 cm; 40 cm; 3 cm;
leerer Raum 1150 cm^3
② Schokokugelschachtel (würfelförmig)
9 cm Länge; leerer Raum 225 cm^3
③ Marzipanschachtel (quaderförmig)
Maße: 15 cm; 10 cm; 4 cm;
leerer Raum 120 cm^3

13 In einer Kontrollarbeit wurden von insgesamt 35 möglichen Punkten die folgenden Punktzahlen erreicht.

15 Punkte	4-mal	25 Punkte	7-mal
23 Punkte	3-mal	32 Punkte	8-mal

a) Berechne den Durchschnitt und bestimme den Zentralwert der erreichten Punkte.
b) Gib die Prozentsätze für die einzelnen Punktwerte an.

Testrunde

1 Berechne die fehlende Größe.

	a)	b)	c)	d)	e)
Grundwert *G*	300 €	800 l	700 kg		465 km
Prozentwert *W*		120 l		95 t	
Prozentsatz *p* %	10 %		60 %	25 %	$33\frac{1}{3}$ %

2 Eine Pkw-Firma gewährt 5 % Rabatt. Wie viel kostet ein Wagen, dessen Preis mit 21 000 € angegeben ist?

3 Bei einer Fahrradtour wurde die erste Rast nach 15 km gemacht. Bis dahin waren 60 % der Route geschafft. Wie viel Kilometer hatte die gesamte Route?

4 Der Preis für einen Taschenrechner wird von 22 € auf 19,36 € herabgesetzt.

a) Um wie viel Prozent wurde der Preis herabgesetzt?

b) Wie viel Prozent des alten Preises beträgt der neue Preis?

5 Ein Eigenheim wird gegen Sturmschaden versichert. Der Versicherungsbeitrag beträgt vierteljährlich 16,20 €, das sind pro Jahr $\frac{2}{5}$ ‰ der Versicherungssumme. Wie hoch ist dieser Betrag?

6 Stelle die Anteile in einem Kreisdiagramm dar. (Radius 4 cm).

Anteile der Brotsorten am Gesamtverkauf in einem Jahr:

52 %	Mischbrot
18 %	Roggenbrot
12 %	Mehrkornbrot
7 %	Weizenbrot
9 %	Toastbrot
2 %	sonstiges Brot

Winkel und Winkelsummen

Die Luftaufnahme des Flughafens Köln/Bonn zeigt die besondere Anlage der drei Start- und Landebahnen. Zwei Bahnen verlaufen genau parallel zueinader, die dritte kreuzt diese Bahnen unter bestimmten Winkeln.

Das Tangram besteht aus Dreiecken und Vierecken

Das **Tangram** ist ein altes chinesisches Legespiel. Es besteht aus sieben Teilen, die durch Zerlegen eines Quadrats entstanden sind. Aus diesen Teilen lassen sich geometrische Figuren oder andere Bilder legen. Dabei muss man nach den chinesischen Regeln bei jeder Figur alle sieben Teile benutzen. Da das nicht immer leicht ist, wird das Tangram von den Chinesen auch „Sieben-Schlau-Brett" oder „Weisheitsbrett" genannt.

So kannst du dir ein Tangram ganz einfach selbst herstellen:

- Übertrage die nebenstehende Figur auf ein kariertes Blatt Papier.
- Färbe die Teilflächen wie vorgegeben ein.
- Klebe das Papier auf Pappe.
- Schneide alle Einzelteile aus.

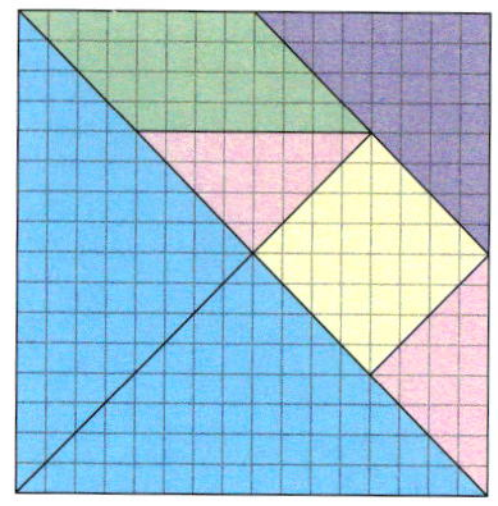

Zunächst machen wir uns mit den einzelnen Teilflächen des Tangrams vertraut.

Eins der beiden Vierecke ist ein Quadrat, das andere ein **Parallelogramm**, denn gegenüberliegende Seiten sind parallel.

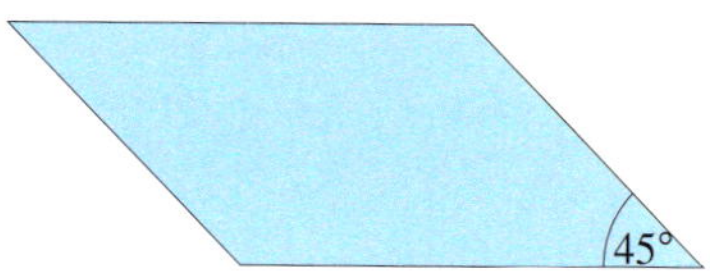

Alle Dreiecke haben einen rechten Winkel. Es sind **rechtwinklige Dreiecke**. In der Zeichnung ist der rechte Winkel gekennzeichnet.

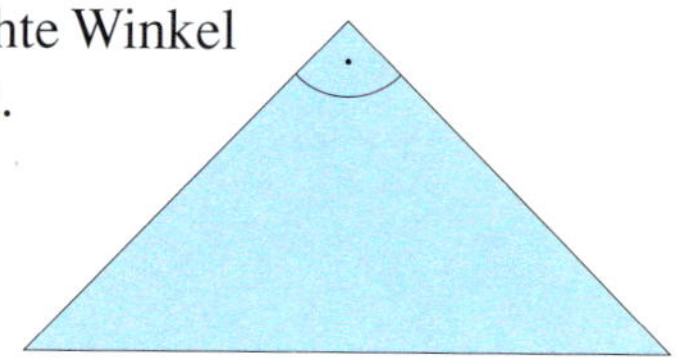

Mit den vorhandenen Flächen des Tangrams kann man auch andere Vierecke bilden. Zum Beispiel lassen sich **Trapeze** legen, bei denen zwei gegenüberliegende Seiten parallel sind.

1 Mit welchen zwei Teilflächen sind die abgebildeten Trapeze ① und ② gelegt worden?

①

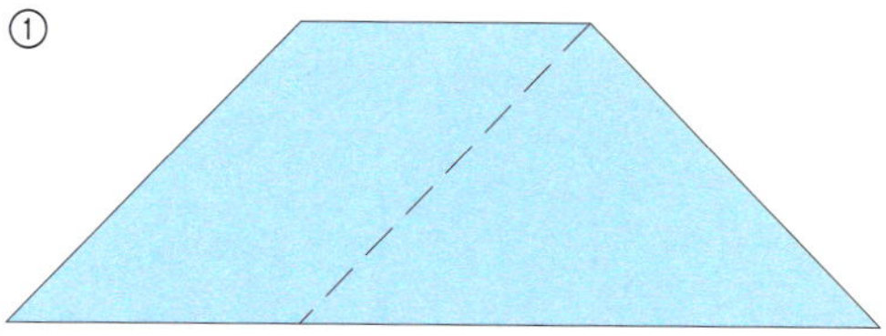

②

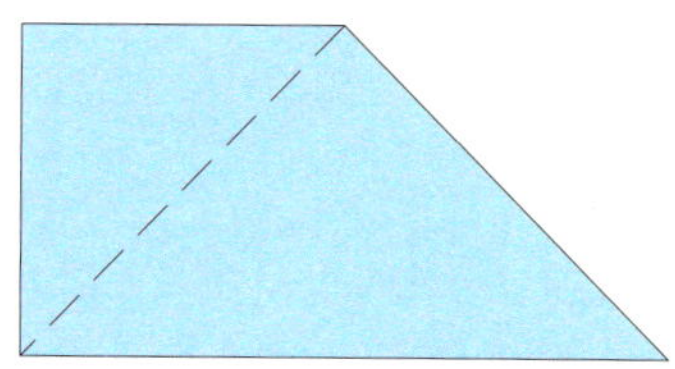

2 Mit welchen beiden Teilflächen kannst du jeweils ein rechtwinkliges Dreieck, ein Quadrat und ein Parallelogramm legen? Begründe deine Wahl der Teilflächen.

3 Mit welchen drei Teilflächen kannst du ein Trapez legen? Diskutiert verschiedene Lösungen?

Merke

Ein Dreieck mit einem rechten Winkel heißt rechtwinkliges Dreieck.
Ein Viereck, bei dem gegenüberliegende Seiten parallel sind, heißt Parallelogramm.
Ein Viereck, bei dem zwei gegenüberliegende Seiten parallel sind, heißt Trapez.

Übungen

Benutze für die folgenden Aufgaben die Tangramflächen.

4 Lege ein Rechteck und zeichne die Lösung mit den Teilfiguren.
a) Verwende das Parallelogramm und die zwei kleinen Dreiecke.
b) Verwende das Parallelogramm, die zwei kleinen und die zwei großen Dreiecke.

5 Lege ein rechtwinkliges Dreieck und zeichne deine Lösung ins Heft.
a) Verwende das Quadrat und die zwei kleinen Dreiecke.
b) Verwende das Parallelogramm und die zwei kleinen Dreiecke.

6 Lege ein Trapez und zeichne deine Lösung mit den Teilfiguren.
a) Das Trapez besteht aus einem großen Dreieck, dem mittleren Dreieck und den zwei kleinen Dreiecken.
Hier siehst du, wie das große Dreieck liegt.

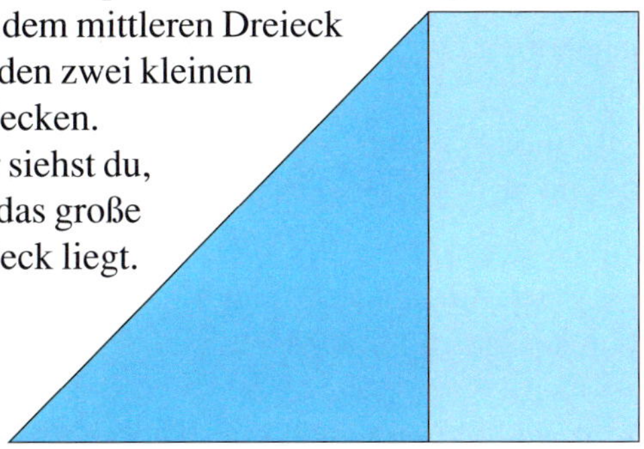

b) Das Trapez besteht aus den zwei großen Dreiecken, dem mittleren Dreieck und den zwei kleinen Dreiecken.
c) Das Trapez besteht aus den zwei großen Dreiecken, den zwei kleinen Dreiecken und dem Parallelogramm.

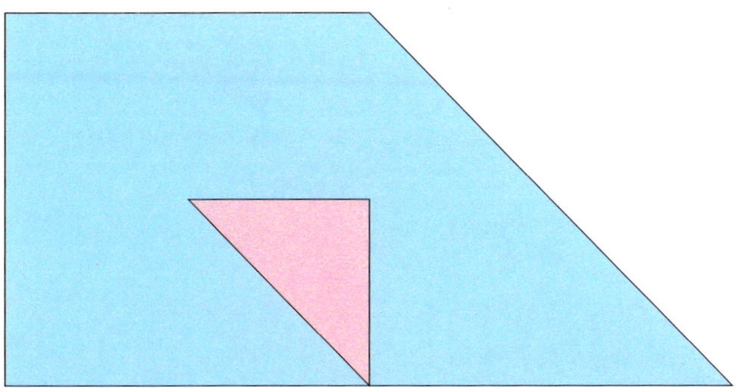

7 Lege die Sechsecke und zeichne deine Lösung.

①

②

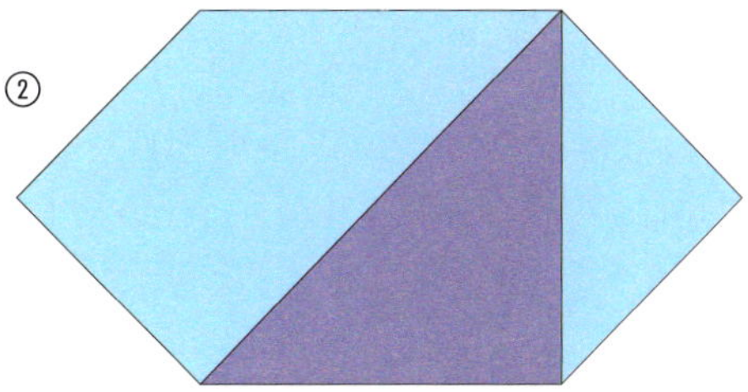

8 Lege die Fünfecke und zeichne deine Lösung.

①

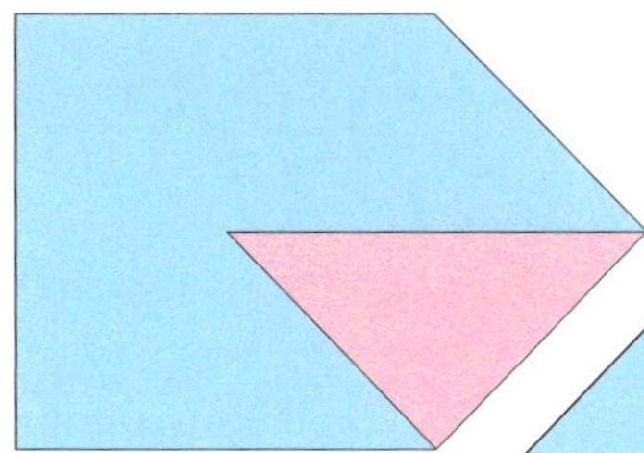

②

Die Fünfecke bestehen aus zwei oder drei weiteren Tangramflächen.

9 Lege die Figur mit allen sieben Tangramflächen. Präsentiere dein Ergebnis der Klasse.
a) rechtwinkliges Dreieck
b) Rechteck oder Trapez
c) Fünfeck
d) Sechseck

Rückblick

Sven mischt Apfelschorle aus $\frac{3}{8}$ l Apfelsaft und 0,25 l Mineralwasser. Er möchte damit fünf Gläser gleichmäßig füllen. Sollte er dafür Gläser mit einem Volumen von 0,1 l oder besser 0,2 l benutzen? Begründe mithilfe einer Rechnung.

Schneiden sich zwei Geraden, so entstehen vier Winkel.
Die gegenüberliegenden Winkel sind gleich groß. Man nennt sie **Scheitelwinkel**.

Nebeneinander liegende Winkel nennt man **Nebenwinkel**. Nebenwinkel ergänzen sich zu 180°.

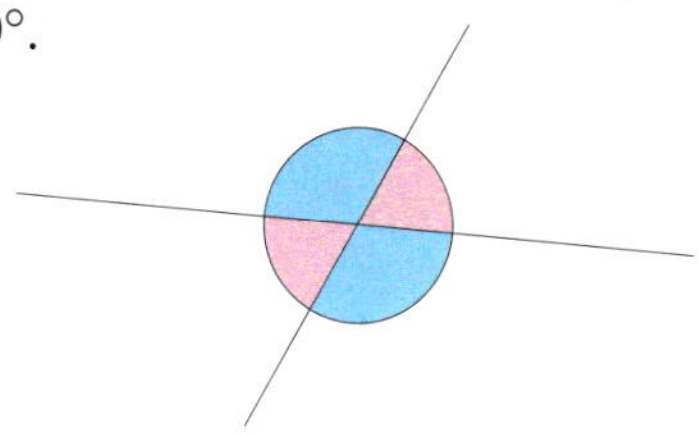

Werden zwei Parallelen von einer Geraden geschnitten, so gibt es zu jedem Winkel, der an der einen Parallelen entsteht, einen zugehörigen gleich großen Winkel an der anderen Parallelen.

Die gleich eingefärbten Winkel nennt man **Stufenwinkel**. Sie sind gleich groß.

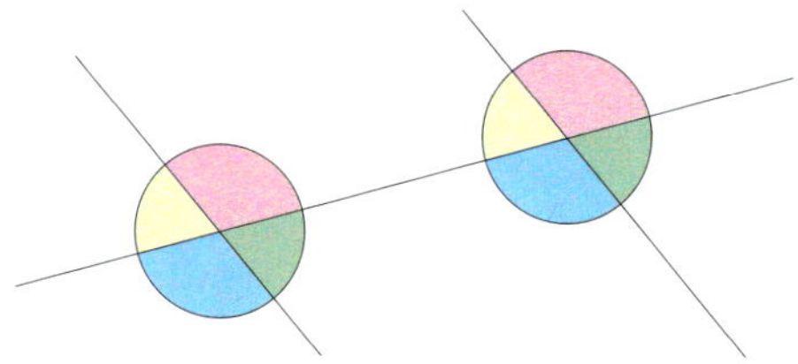

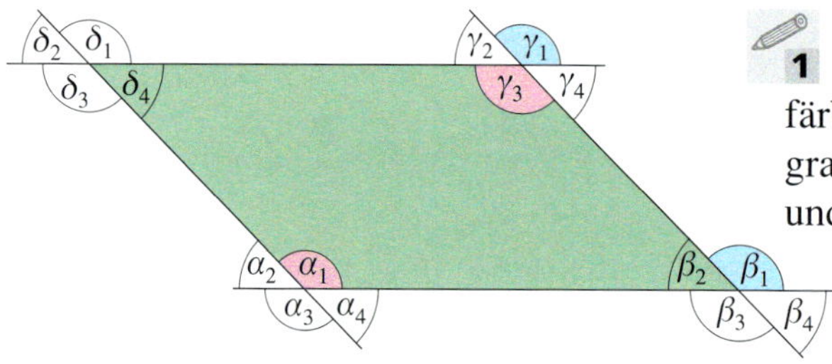

1 a) Zeige mithilfe der blau eingefärbten Winkel, dass die im Parallelogramm gegenüber liegenden Winkel α_1 und γ_3 gleich groß sind.
b) Finde weitere Möglichkeiten nachzuweisen, dass gilt: $\alpha_1 = \gamma_3$.

Winkelpaare wie β_2 und γ_4 werden **Wechselwinkel** genannt.

2 a) Zeige, dass bei dem Parallelogramm die Winkel β_2 und γ_4 gleich groß sind.
b) Nenne zu dem Winkel β_1 (α_2, γ_2, δ_1) einen Wechselwinkel.

Merke

An zwei sich schneidenden Geraden sind Scheitelwinkel gleich groß. Nebenwinkel ergänzen sich zu 180°.
Werden Parallelen von einer Geraden geschnitten, so sind Stufenwinkel und Wechselwinkel gleich groß.

Im Parallelogramm sind die gegenüberliegenden Winkel gleich groß.

Übungen

3 Die eingefärbten Winkel an den geschnittenen Parallelen sind gleich groß. Begründe.

a)

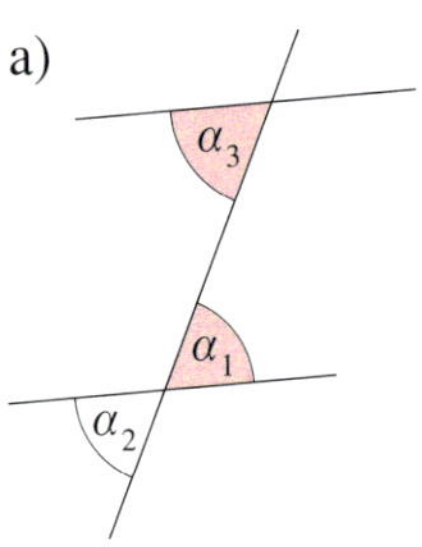

b)

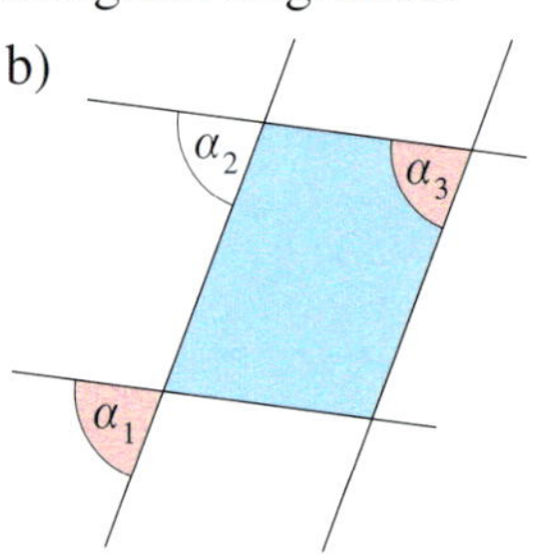

4 a) Wie groß sind α und β zusammen?
b) Berechne β, wenn $\alpha = 152°$ ist.

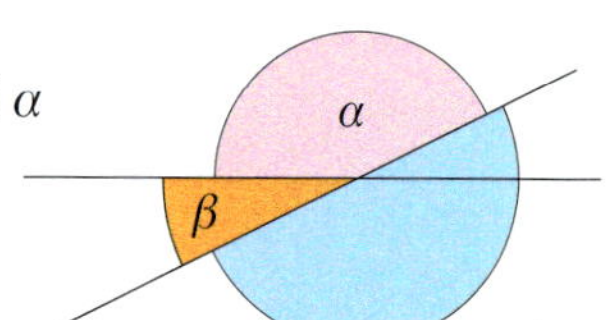

5 Berechne β, γ, δ, wenn $\alpha = 49°$ ist.

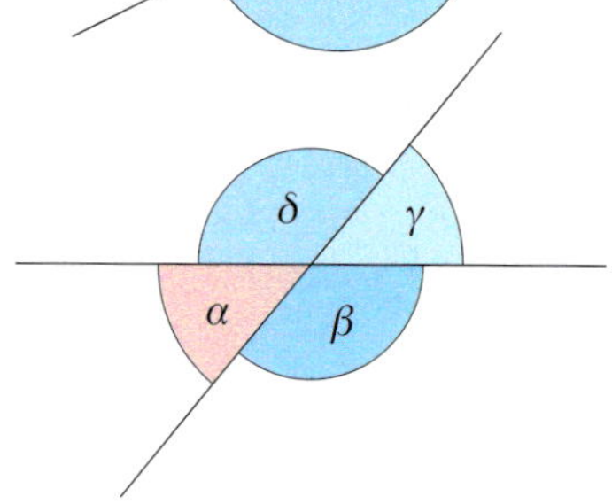

6 Berechne die Größen der Winkel β und γ.

a) $\alpha = 142°$

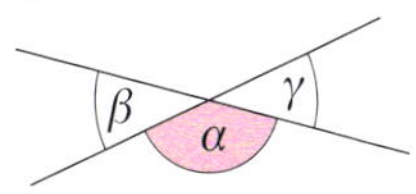

c) $\alpha = 69°$

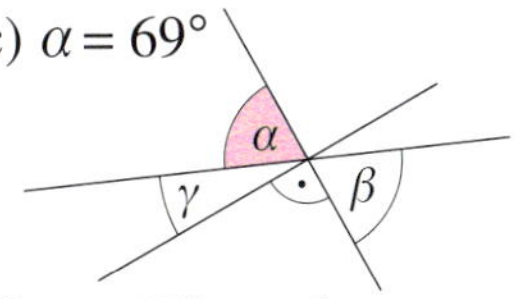

b) $\alpha = 64°$

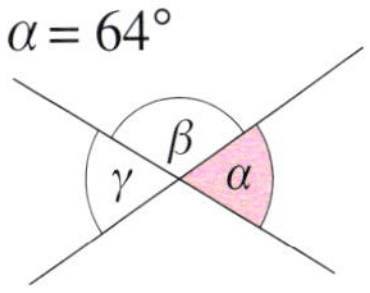

d) $\alpha = 17°$

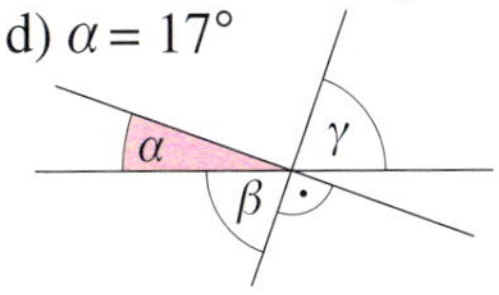

7 Berechne die Größen der Winkel α_2, α_3 und α_4.

a) $\alpha_1 = 126°$

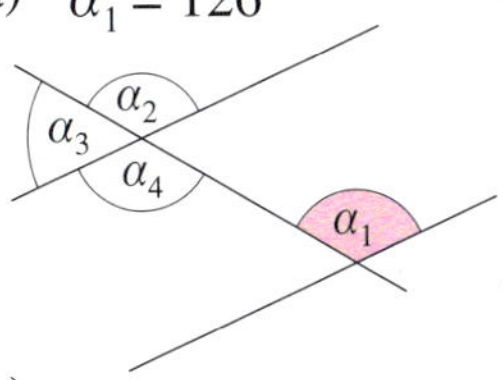

c) $\alpha_1 = 32°$

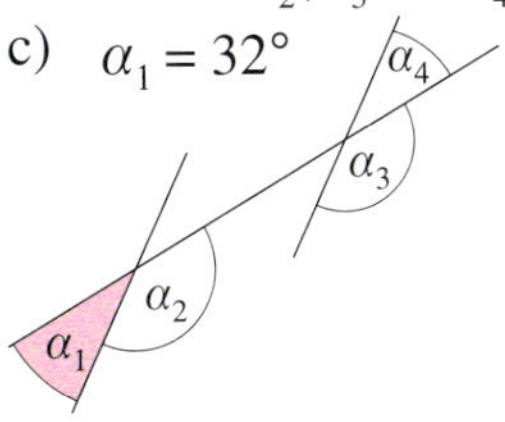

b) $\alpha_1 = 73°$

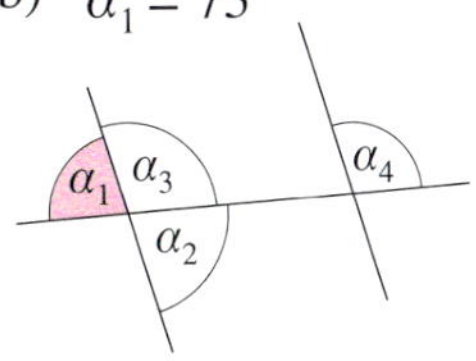

d) $\alpha_1 = 139°$

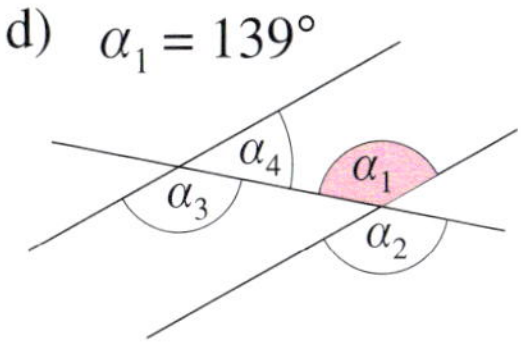

8 Durch vier Geraden ist ein Parallelogramm entstanden. Berechne die Größen der Winkel α_2, α_3 und α_4.

a) $\alpha_1 = 117°$

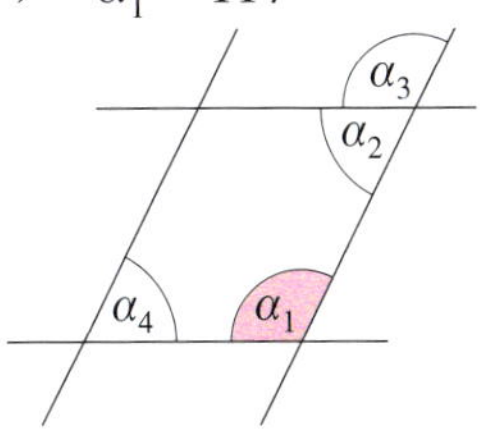

b) $\alpha_1 = 68°$

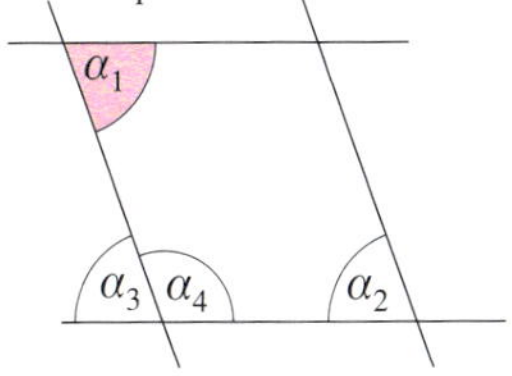

c) $\alpha_1 = 29°$

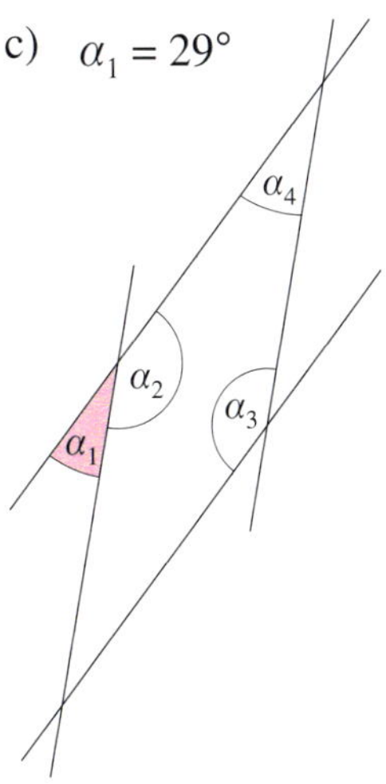

9 Das Parallelogramm in Aufgabe 8 c) ist eine **Raute**, denn es hat vier gleich lange Seiten. Wie ändern sich die Größen der Winkel, wenn die Abstände der parallelen Geraden vergrößert werden, aber die Seiten gleich lang bleiben?

10 Bei solchen Wandlampen wird durch das Herausziehen des Scherengitters der Lampenarm verlängert. Berechne aus dem gegebenen Winkel alle möglichen Größen von Winkeln, die am Scherengitter auftreten können.

a) $\alpha = 135°$
b) $\alpha = 90°$
c) $\alpha = 75°$

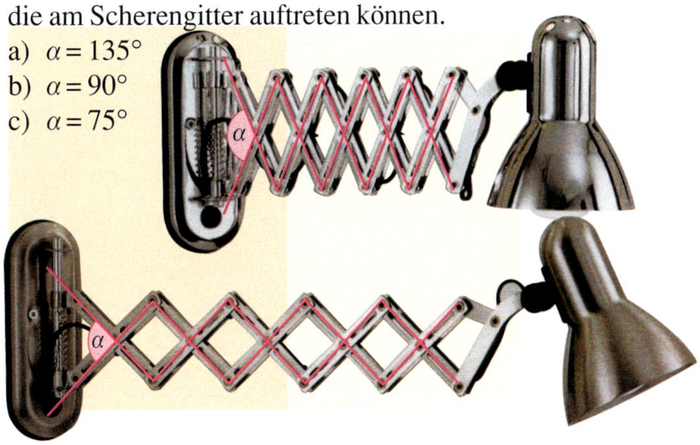

11 a) Übertrage ins Heft. Benenne Winkel, die mehrmals vorkommen und gleich groß sind, mit gleichen griechischen Buchstaben.

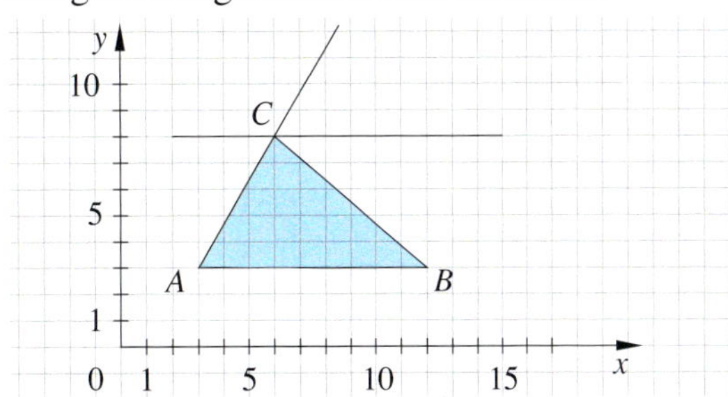

b) Übertrage das Diagramm und zeichne jeweils Geraden durch zwei Punkte. Benenne Winkel, die mehrmals vorkommen und gleich groß sind, mit gleichen griechischen Buchstaben.

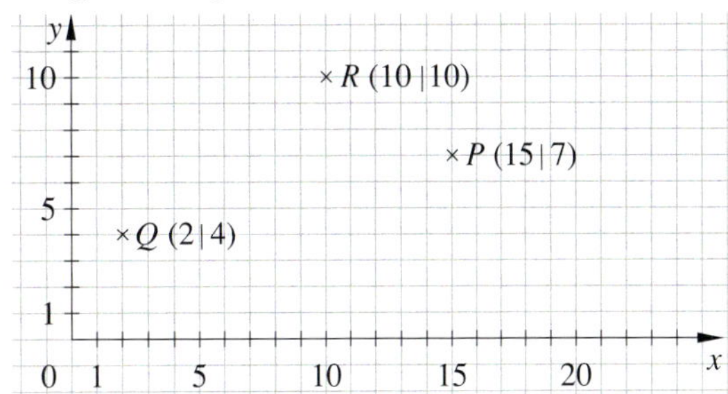

Rückblick

Berechne.

a) $20 + 3{,}5683 + 0{,}0534 + 4{,}098$

b) $10{,}01 - 3{,}0094 - 1{,}67 - 2$

13 Durch vier Geraden ist ein Trapez entstanden. Berechne die Größen aller in der Zeichnung gekennzeichneten Winkel.

a) $\alpha_1 = 75°$; $\beta_1 = 128°$

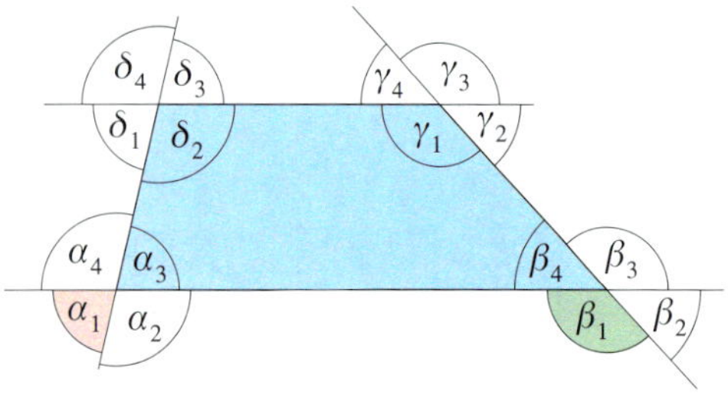

b) $\beta_1 = 57°$

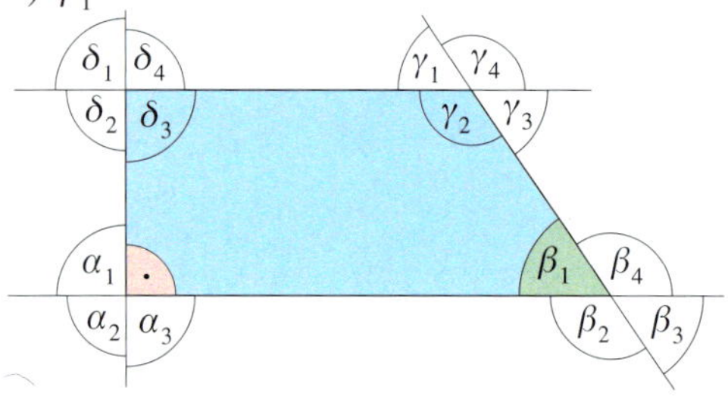

14 Berechne die Größen aller in der Abbildung gekennzeichneten Winkel.

$\alpha_2 = 112°$
$\beta_3 = 89°$

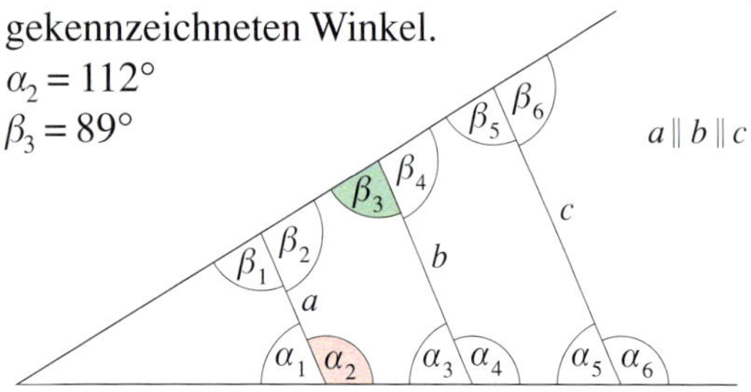

15 Berechne die Größen aller in der Abbildung gekennzeichneten Winkel.

a) Das blaue Viereck ist ein Rechteck.

$\alpha_1 = 28°$

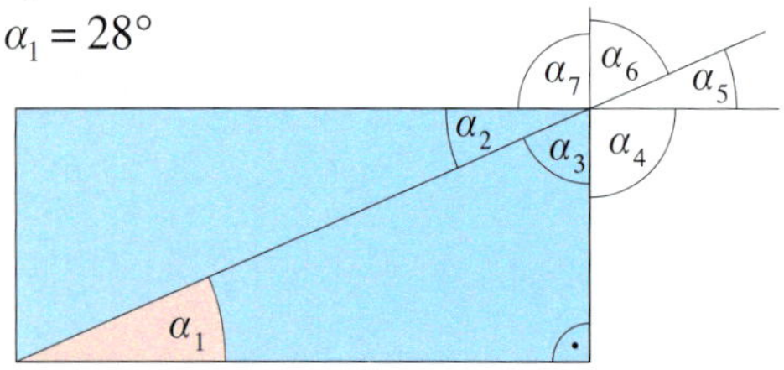

b) Das blaue Viereck ist eine Raute. Alle Seiten der Raute sind gleich lang.

$\alpha_1 = 16°$

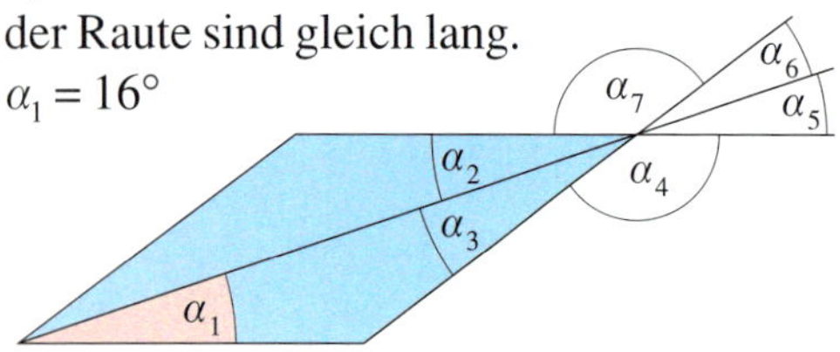

16 Zeichne in folgenden Schritten.

- Zeichne zwei Geraden g und h, die einen Winkel von 60° bilden, und nenne den Schnittpunkt S.
- Wähle auf der Geraden g zwei Punkte P und Q, die jeweils 4 cm von S entfernt sind.
- Zeichne durch P und Q je eine Senkrechte zur Geraden h.

Benenne Winkel, die mehrmals vorkommen und gleich groß sind, mit gleichen griechischen Buchstaben.

17 Übertrage die Zeichnung in dein Heft und trage die Größe aller auftretenden Winkel ein.

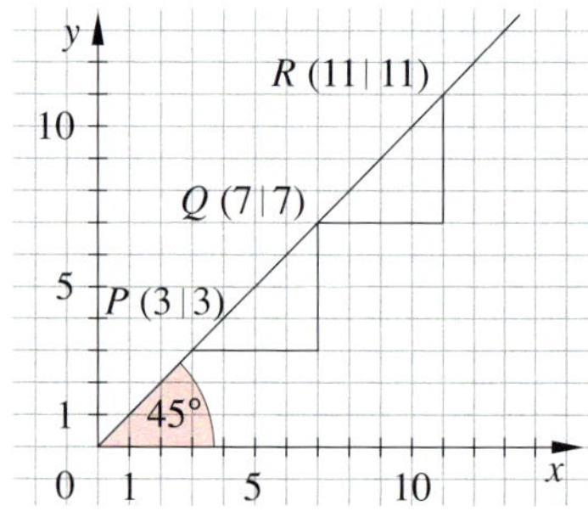

18 Markiere die Punkte $P(2|3)$, $Q(6|9)$, $R(8|6)$, $S(12|12)$, $T(14|9)$ und $U(18|15)$ in einem Koordinatensystem und verbinde sie in alphabetischer Reihenfolge. Benenne Winkel, die mehrmals vorkommen und gleich groß sind, mit gleichen griechischen Buchstaben.

19 Übertrage das Parkettmuster in dein Heft. Färbe alle hier markierten Winkel, die gleich groß sind, mit der gleichen Farbe ein.

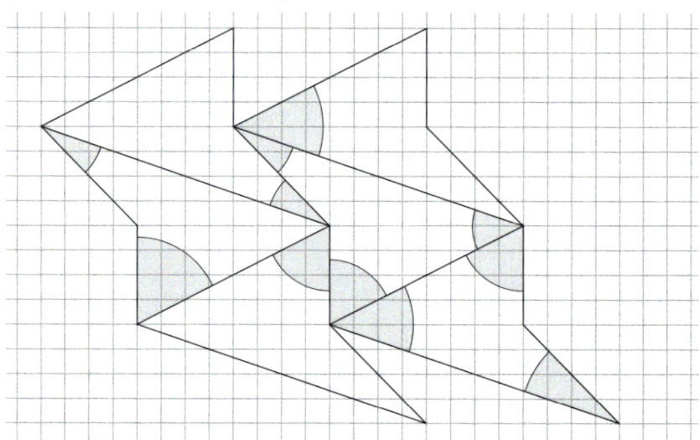

Rückblick

Bestimme die fehlende Maßzahl.

a) $\frac{7}{12}$ min = ▢ s
c) $\frac{4}{9}$ m² = ▢ dm²
b) $\frac{5}{7}$ kg = ▢ g
d) $\frac{11}{16}$ ha = ▢ m²

Winkelsumme im Parallelogramm

Wenn man einen Winkel des Parallelogramms kennt, kann man alle übrigen Winkel des Vierecks berechnen. Im Parallelogramm des Tangrams ist $\alpha = 135°$.

1 Berechne die Größen aller Winkel im Parallelogramm.

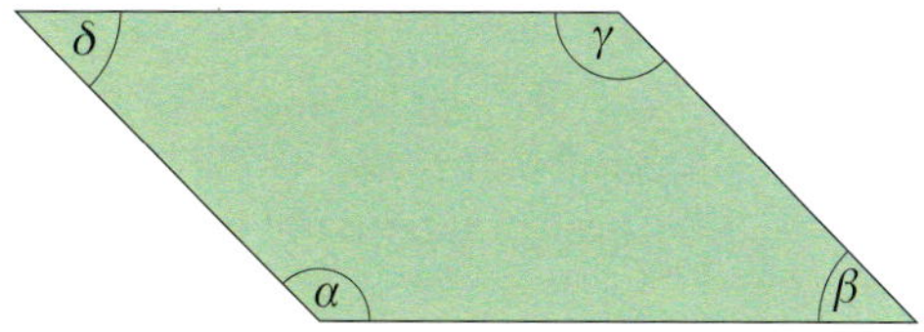

Wenn man die Größen der vier Winkel α, β, γ und δ eines Parallelogramms addiert, bildet man seine **Winkelsumme**.

2 Gib die Winkelsumme dieses Parallelogramms aus dem Tangram an.

Wir zeigen, dass die Winkelsumme in jedem Parallelogramm 360° beträgt.
Dazu benötigen wir einen Nebenwinkel, zum Beispiel α_1.

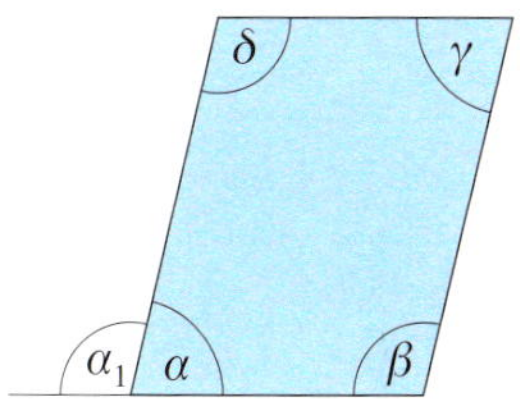

$\alpha_1 = \beta$	(Stufenwinkel)	$\alpha = \gamma$	(gegenüberliegende Winkel
$\alpha_1 + \alpha = 180°$	(Nebenwinkel)	$\beta = \delta$	im Parallelogramm)
$\alpha + \beta = 180°$			

$$\begin{aligned}\alpha + \beta + \gamma + \delta &= (\alpha + \beta) + (\alpha + \beta)\\ &= 180° + 180°\\ &= 360°\end{aligned}$$

Also gilt: $\alpha + \beta + \gamma + \delta = 360°$

Merke

Im Parallelogramm beträgt die Winkelsumme 360°.

www 097-1

Übungen

3 Berechne die Größen der anderen Winkel im Parallelogramm.

a)

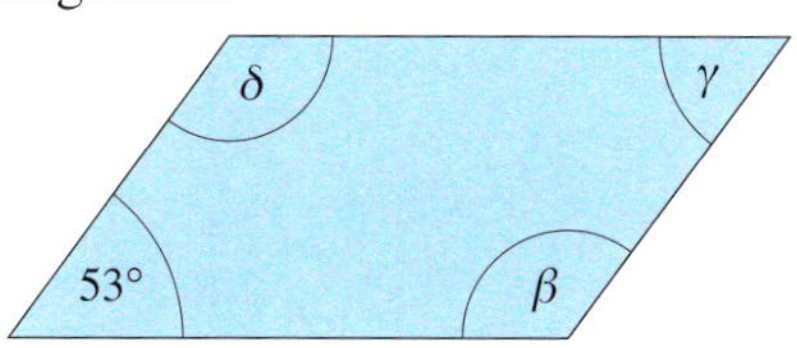

b)

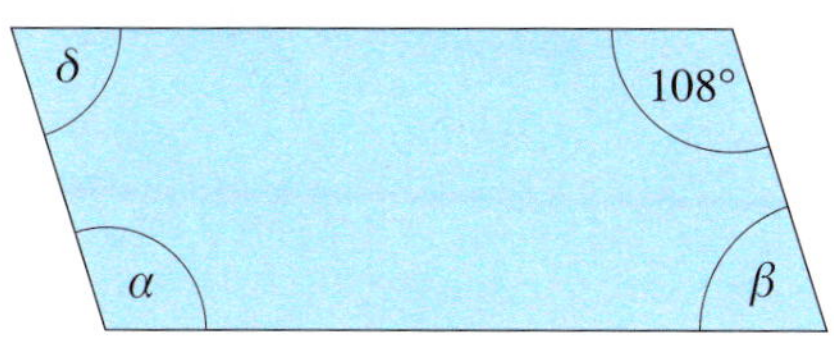

4 In einem Parallelogramm ist

a) $\alpha = 37°$, d) $\alpha = 90°$, g) $\gamma = 173°$,
b) $\alpha = 109°$, e) $\beta = 100°$, h) $\delta = 61°$,
c) $\beta = 46°$, f) $\delta = 78°$, i) $\gamma = 135°$.

Berechne die übrigen Winkelgrößen.

5 Berechne die Größen der Winkel im Parallelogramm.

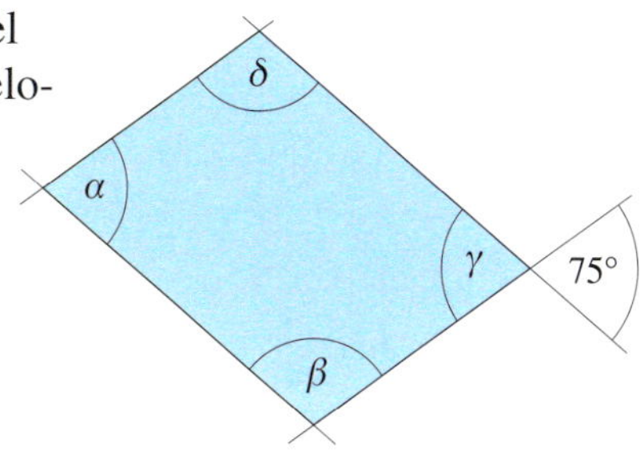

6 Berechne die Größen aller Winkel im Parallelogramm.

a) $\varepsilon_1 = 60°$
b) $\varepsilon_2 = 76°$
c) $\varepsilon_3 = 102°$
d) $\varepsilon_4 = 117°$

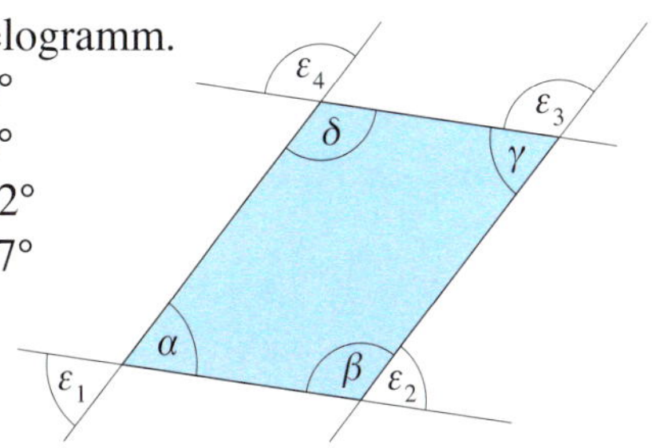

Winkelsumme im Dreieck

Das Quadrat lässt sich in zwei gleich große rechtwinklige Dreiecke zerlegen. Wenn man die zwei gleichen kleinen rechtwinkligen Dreiecke des Tangrams geeignet nebeneinander legt, erhält man ein Quadrat, wie das des Tangrams.

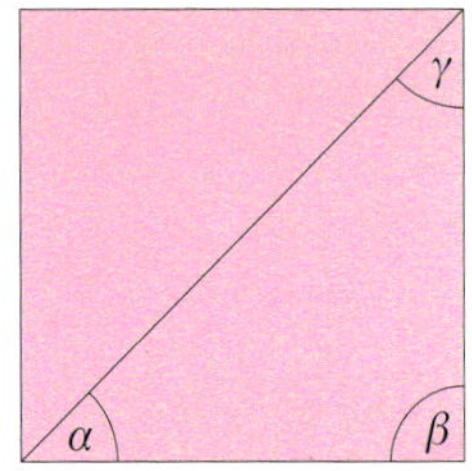

Im Quadrat ist die Winkelsumme 360°, weil es vier rechte Winkel hat. Also muss die Winkelsumme in jedem der zwei Teildreiecke die Hälfte von 360° sein.

$360° : 2 = 180°$

Auch ein Parallelogramm lässt sich in zwei gleich große Dreiecke zerlegen.

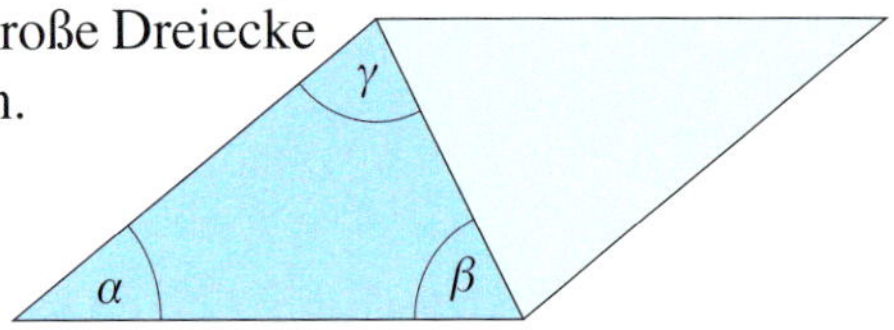

Da die Winkelsumme im Parallelogramm 360° ist, gilt auch für die Winkelsumme eines Teildreiecks $360° : 2 = 180°$.

Also gilt: $\alpha + \beta + \gamma = 180°$

1 Zeige mithilfe dieser Zeichnung, dass die Winkelsumme in jedem Dreieck 180° ist.

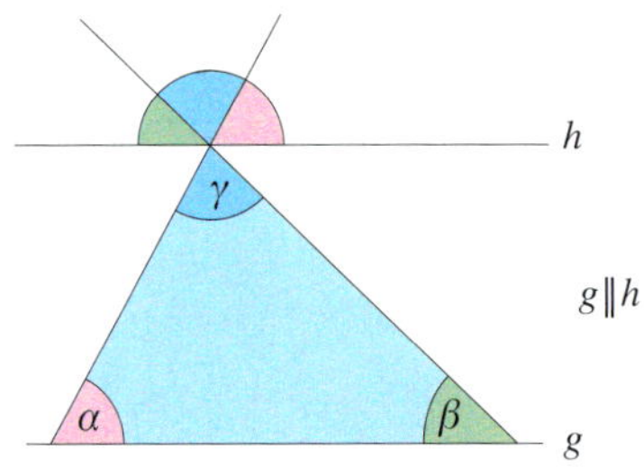

Merke

www 098-1

Im Dreieck beträgt die Winkelsumme 180°. $\alpha + \beta + \gamma = 180°$

Übungen

2 Zeichne auf ein DIN-A4-Blatt ein großes Dreieck. Kennzeichne die Winkel α, β und γ mit verschiedenen Farben. Schneide dann das Dreieck aus, reiße die Winkel α, β, γ ab und lege sie an den Schenkeln aneinander.

Bestimme jetzt die Winkelsumme $\alpha + \beta + \gamma$ und vergleiche mit Aufgabe 1.

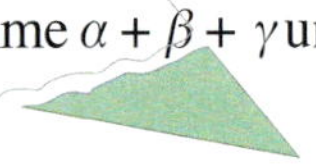

3 Berechne die Größe des fehlenden Winkels im rechtwinkligen Dreieck.

	a)	b)	c)	d)
α	90°	64°		45°
β	72°	90°	21°	90°
γ			90°	

4 Berechne die fehlende Winkelgröße.

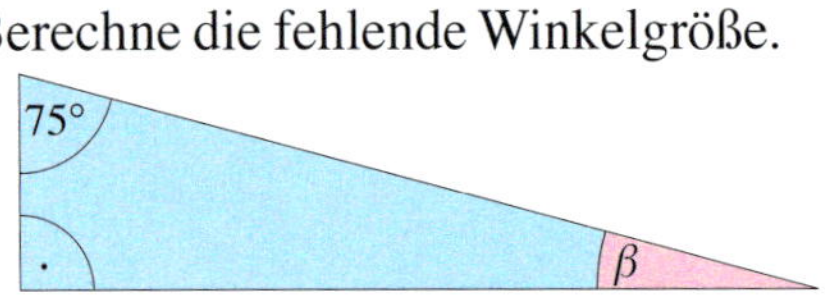

5 Berechne die Größe des fehlenden Winkels.

a)

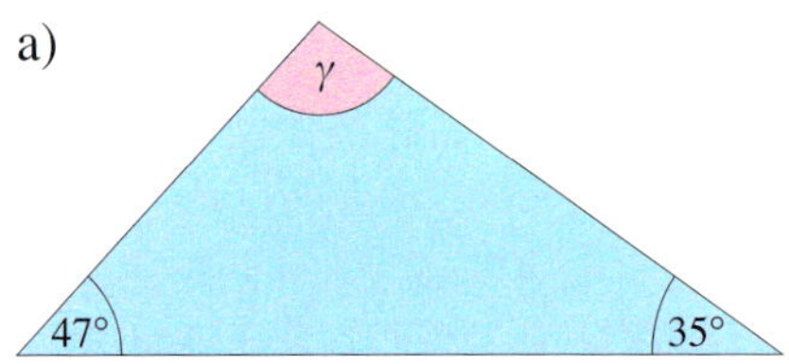

b)

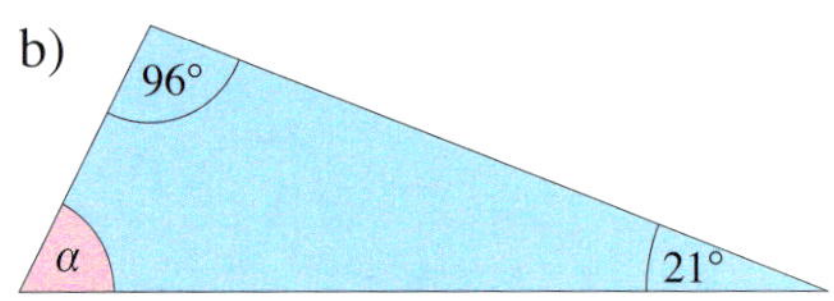

c)

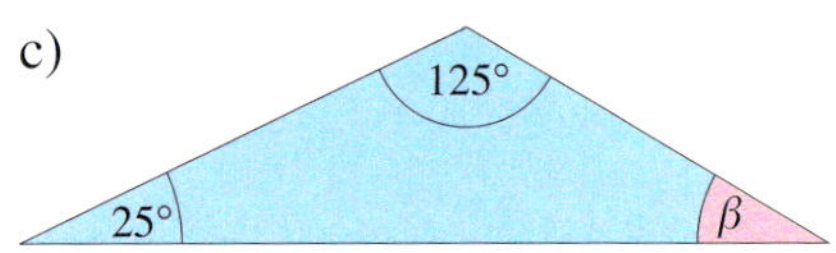

6 Berechne die Größe des dritten Winkels im Dreieck.

a) $\alpha = 74°$; $\beta = 24°$
b) $\alpha = 65°$; $\gamma = 52°$
c) $\beta = 16°$; $\gamma = 22°$
d) $\alpha = 139°$; $\gamma = 12°$
e) $\beta = 35°$; $\gamma = 107°$
f) $\alpha = 84°$; $\beta = 12°$

7 Berechne die Größen der gekennzeichneten Winkel.

a)

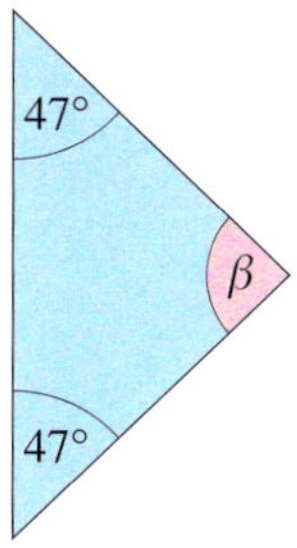

b)

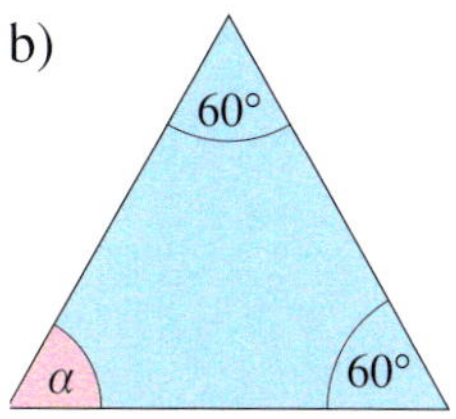

c)

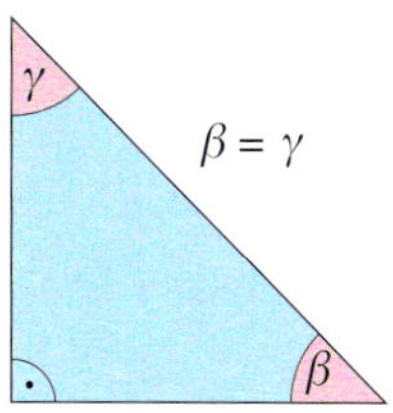

d)

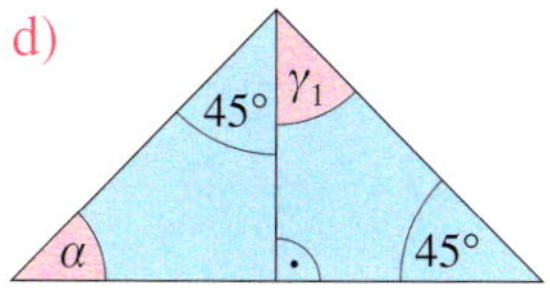

e)

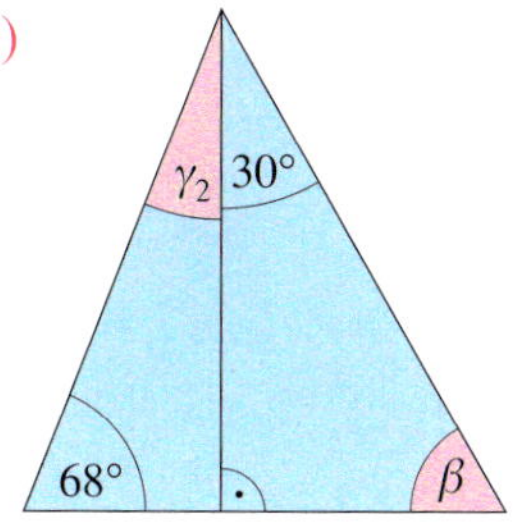

f)

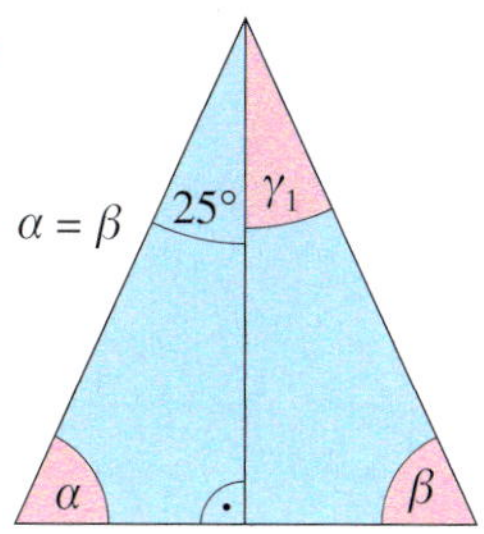

8 Berechne die Größen der beiden fehlenden Winkel.

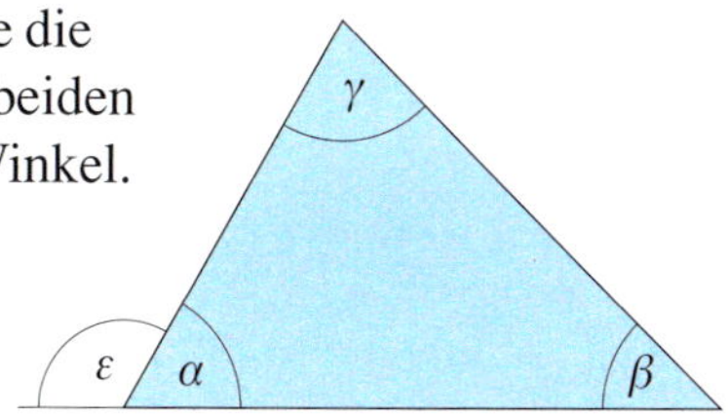

a) $\alpha = 37°$; $\beta = 42°$
b) $\gamma = 74°$; $\varepsilon = 118°$
c) $\beta = 46°$; $\varepsilon = 152°$
d) $\alpha = 58°$; $\gamma = 87°$
e) $\beta = 32°$; $\gamma = 90°$
f) $\gamma = 69°$; $\alpha = 73°$
g) $\varepsilon = 132°$; $\gamma = 66°$
h) $\gamma = 105°$; $\varepsilon = 109°$

9 Berechne die Größen der beiden fehlenden Winkel.

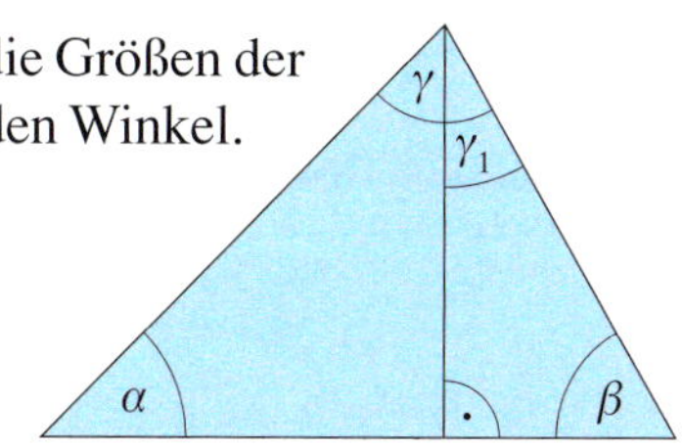

a) $\alpha = 45°$; $\gamma = 65°$
b) $\alpha = 69°$; $\beta = 32°$
c) $\beta = 58°$; $\gamma = 104°$
d) $\gamma_1 = 67°$; $\gamma = 90°$
e) $\alpha = 34°$; $\gamma_1 = 79°$
f) $\beta = 55°$; $\gamma = 98°$
g) $\gamma = 100°$; $\gamma_1 = 45°$
h) $\alpha = 13°$; $\gamma = 112°$

10 Berechne die Größen aller gekennzeichneten Winkel in dem Rechteck.

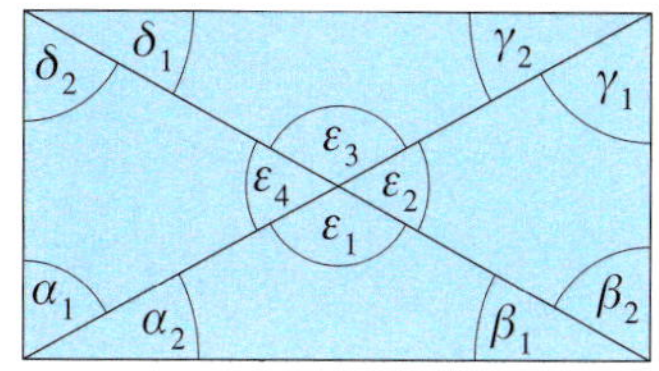

a) $\alpha_2 = 32°$; $\varepsilon_1 = 116°$
b) $\delta_1 = 41°$; $\gamma_2 = 41°$
c) $\beta_2 = 37°$; $\varepsilon_3 = 74°$

11 Berechne die Größen aller gekennzeichneten Winkel in dem Parallelogramm.

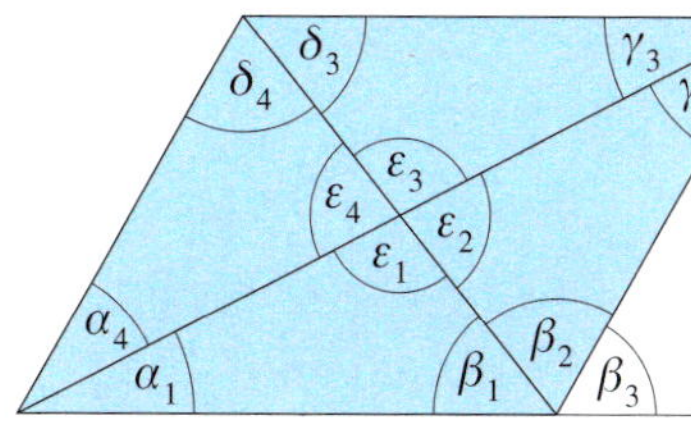

a) $\beta_1 = 47°$; $\beta_3 = 71°$; $\varepsilon_1 = 103°$
b) $\alpha_4 = 52°$; $\alpha_1 = 23°$; $\varepsilon_1 = 112°$
c) $\gamma_3 = 29°$; $\delta_3 = 19°$; $\alpha_4 = 34°$

12 Berechne die Größen der fehlenden Winkel und die Winkelsumme des Trapezes, wenn $\beta = 37°$, $\delta_1 = 53°$ und $\alpha = \beta$ gelten.

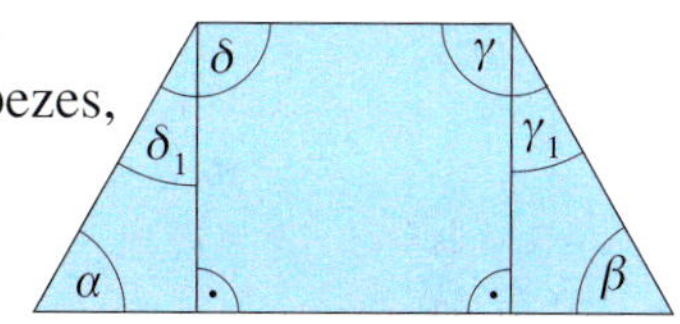

13 Berechne alle Größen der in der Abbildung gekennzeichneten Winkel. Die rot markierten Strecken sind parallel zueinander.

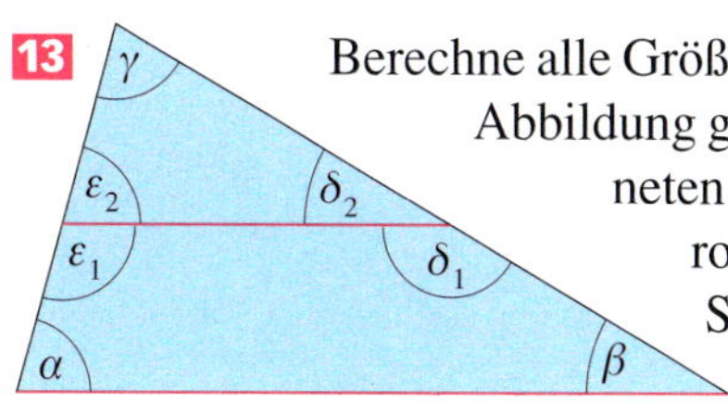

a) $\alpha = 72°$; $\delta_2 = 31°$
b) $\beta = 65°$; $\varepsilon_2 = 45°$
c) Berechne die Winkelsumme im Trapez.

Rückblick

Bestimme Minimum und Maximum.

a) $11\frac{5}{8}$; 11,5; $11\frac{5}{9}$; $11\frac{6}{10}$; $11{,}\overline{59}$

b) 16,7 %; $\frac{167}{100}$; $1\frac{66}{99}$; 1,67; $1\frac{67}{90}$

Symmetrische Dreiecke

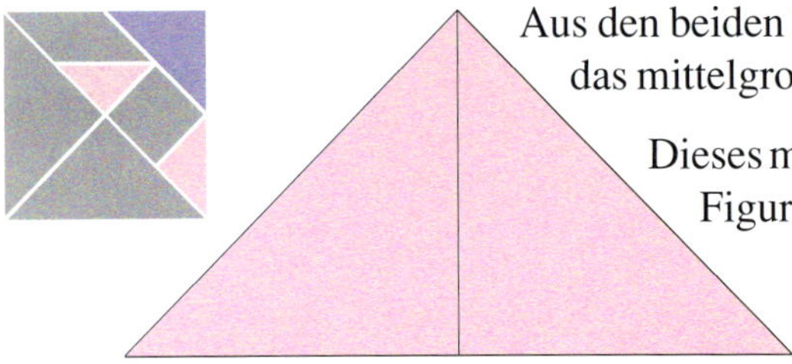

Aus den beiden kleinen Dreiecken des Tangrams lässt sich ein Dreieck wie das mittelgroße Dreieck des Tangrams legen.

Dieses mittelgroße Dreieck des Tangrams ist also eine symmetrische Figur.

1 Im Dreieck *ABC* liegt $\overline{CH}$ auf der Symmetrieachse. Mache Aussagen über die Seitenlängen, die Winkelgrößen und über die Lage der Symmetrieachse.

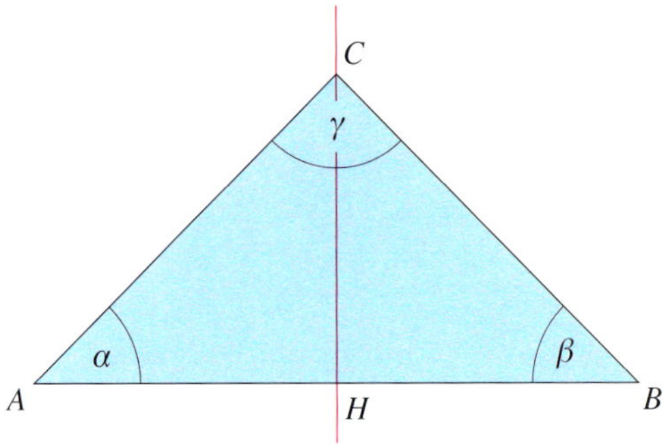

In einem symmetrischen Dreieck heißen die Seiten, die gleich lang sind, **Schenkel**.
Deshalb heißt es **gleichschenkliges Dreieck**.

Die dritte Seite heißt **Basis**.

Die Winkel an der Basis heißen **Basiswinkel**.
Sie sind *gleich groß*. $\alpha = \beta$

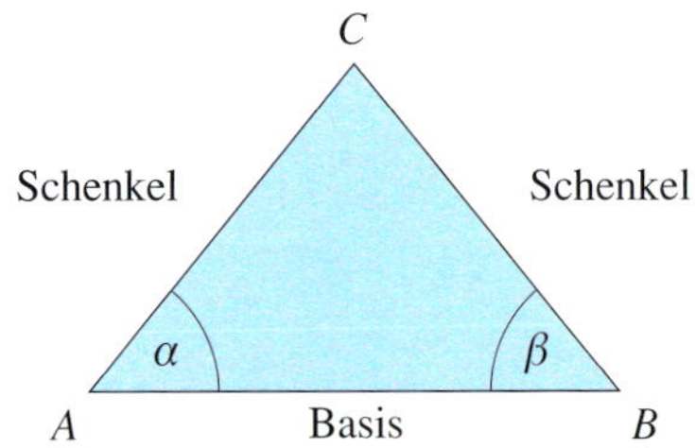

Ein gleichschenkliges Dreieck mit *drei gleich langen Seiten* nennt man **gleichseitiges Dreieck**.
Ein gleichseitiges Dreieck hat *drei Symmetrieachsen*.

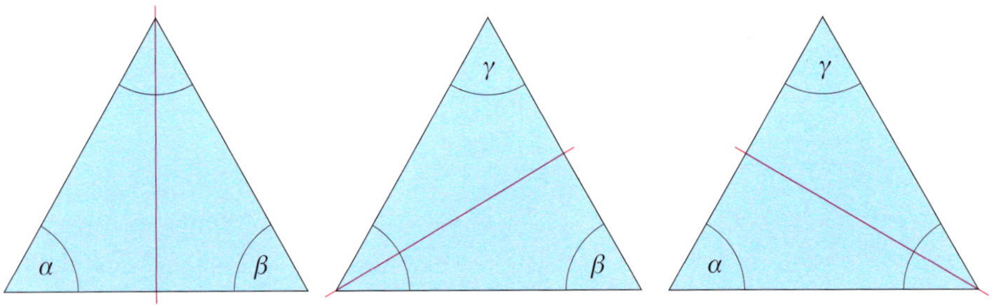

$\alpha = \beta$ und $\beta = \gamma$ und $\gamma = \alpha$ Daher gilt: $\alpha = \beta = \gamma$

2 Berechne die Größe jedes Winkels im gleichseitigen Dreieck.

3 In einem gleichschenkligen Dreieck halbiert die Symmetrieachse die Seite $\overline{AC}$. Benenne die Schenkel und die Basiswinkel.

Merke

Ein gleichschenkliges Dreieck ist eine achsensymmetrische Figur mit einer Symmetrieachse. Die Schenkel sind gleich lang. Die Basiswinkel sind gleich groß.

Ein gleichseitiges Dreieck ist eine achsensymmetrische Figur mit drei Symmetrieachsen. Alle Seiten sind gleich lang. Jeder Winkel ist 60°.

Übungen

4 Ist das Dreieck gleichschenklig? Miss nach.

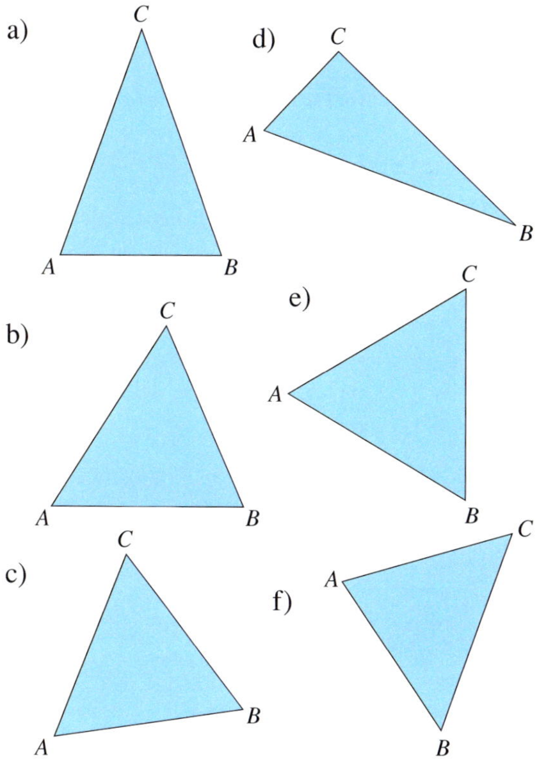

5 a) Übertrage die gleichschenkligen Dreiecke in dein Heft und zeichne jeweils die Symmetrieachse ein.
b) Welche Seiten sind jeweils Schenkel, welche ist jeweils die Basis?

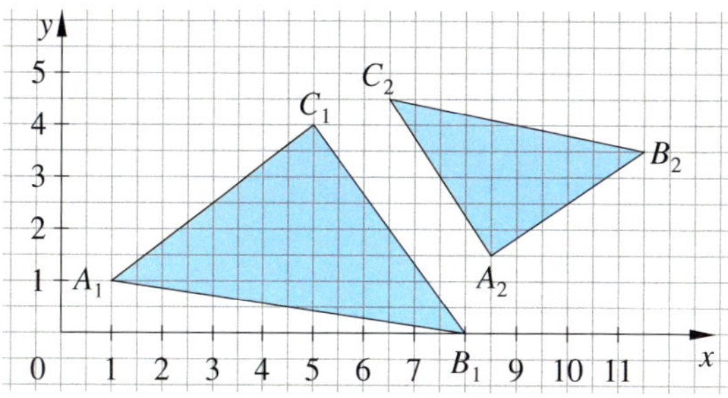

6 Zeichne das Dreieck *ABC* in ein Koordinatensystem.
Prüfe, ob das Dreieck *ABC* gleichschenklig ist. Zeichne gegebenenfalls die Symmetrieachse ein.
a) $A(2|1)$; $B(8|2)$; $C(3|7)$
b) $A(3|8{,}5)$; $B(1|4{,}5)$; $C(5{,}5|2{,}5)$
c) $A(1|0)$; $B(4{,}5|2)$; $C(1|4)$

7 Das Dreieck *ABC* ist gleichschenklig.
Es gilt $\overline{AC} = \overline{BC}$.
Berechne die übrigen Winkelgrößen.

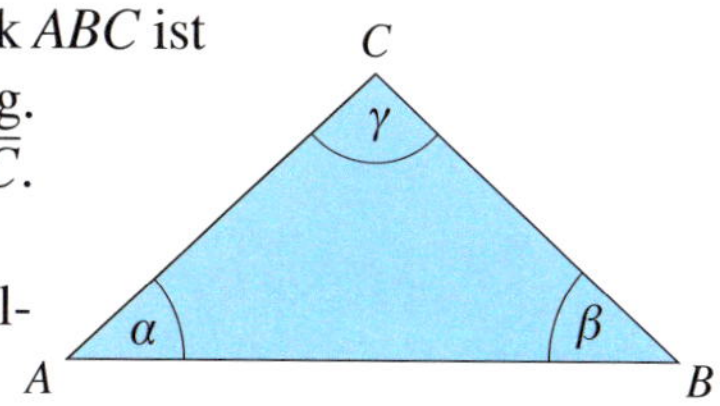

a) $\alpha = 84°$
b) $\alpha = 56{,}5°$
c) $\beta = 22{,}3°$
d) $\beta = 10{,}2°$
e) $\gamma = 72°$
f) $\gamma = 85°$

8 Das Dreieck *ABC* ist gleichschenklig.
Es gilt $\overline{AB} = \overline{AC}$.
Berechne die übrigen Winkelgrößen.

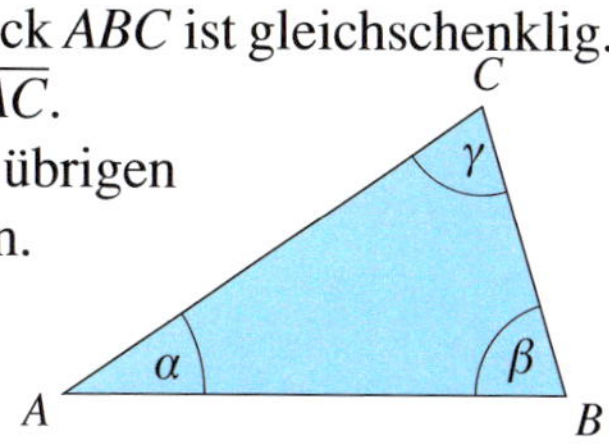

a) $\beta = 22{,}3°$
b) $\beta = 10{,}2°$
c) $\gamma = 72°$
d) $\gamma = 85°$
e) $\alpha = 84°$
f) $\alpha = 56{,}5°$

9 Zeichne ein Quadrat und zeichne eine Diagonale ein. Berechne alle Größen der Winkel und trage ihre Werte in die Zeichnung ein.

10 Berechne alle Größen der Winkel im Quadrat.

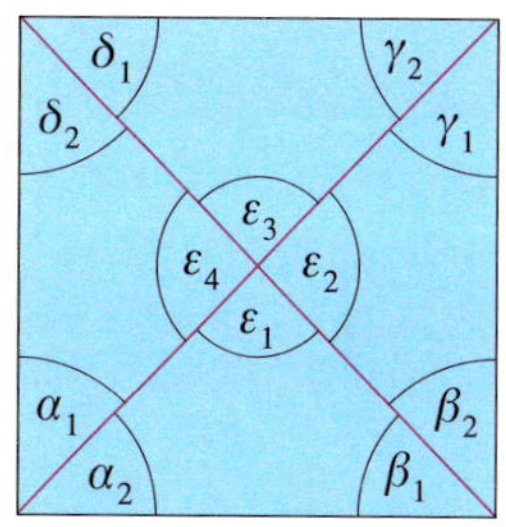

11 Das Parallelogramm hat vier gleich lange Seiten. Berechne alle Größen der Winkel in der Raute.
a) $\alpha_1 = 17°$
b) $\delta = 110°$
c) $\alpha_2 = 20{,}5°$
d) $\beta = 93°$

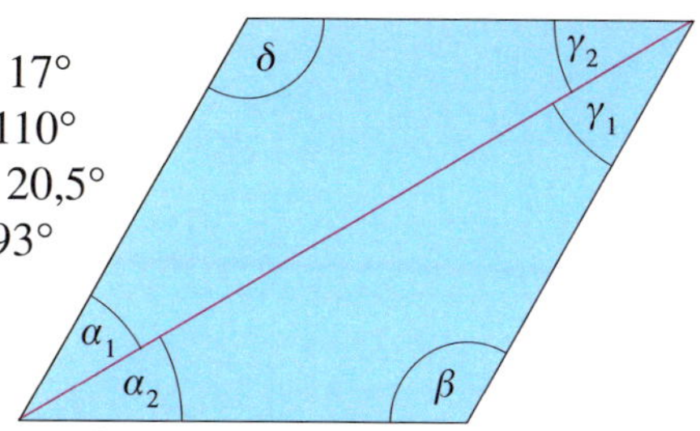

12 Zeichne in ein Rechteck mit $a = 7$ cm und $b = 3$ cm beide Diagonalen ein. Benenne die Winkel und bestimme ihre Größen. Musst du dazu nur einen einzigen Winkel messen?

Winkelsumme im Viereck

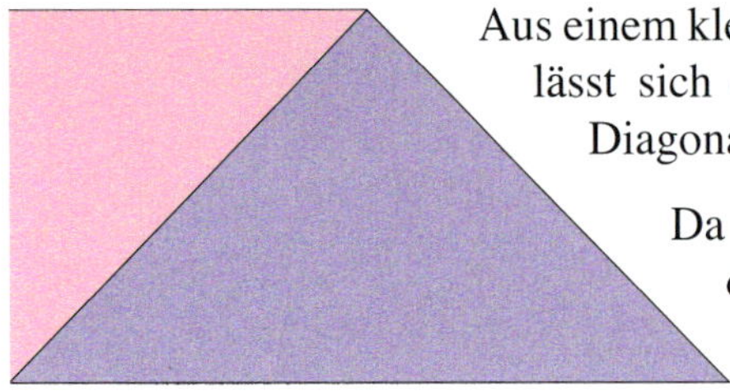

Aus einem kleinen und dem mittelgroßen Dreieck des Tangrams lässt sich ein Trapez legen. Die Dreiecke liegen an einer Diagonale des Trapezes aneinander.

Da in jedem Dreieck die Winkelsumme 180° ist, muss die Winkelsumme im Trapez doppelt so groß sein.

$180° \cdot 2 = 360°$

Jede Diagonale teilt ein beliebiges Viereck in zwei Teildreiecke. Wir betrachten die Teildreiecke eines Vierecks, die durch die Diagonale e gebildet wurden.

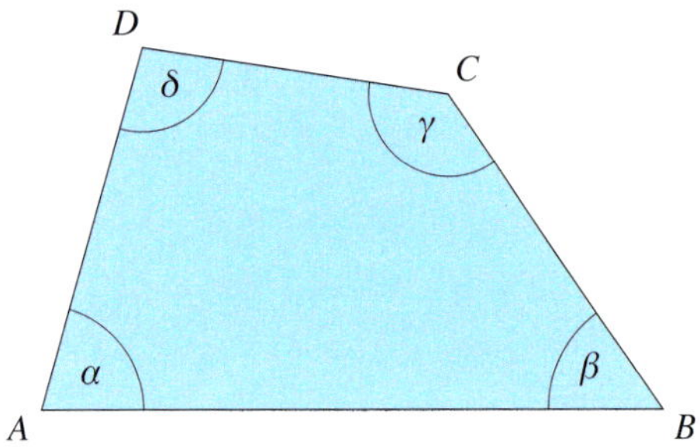

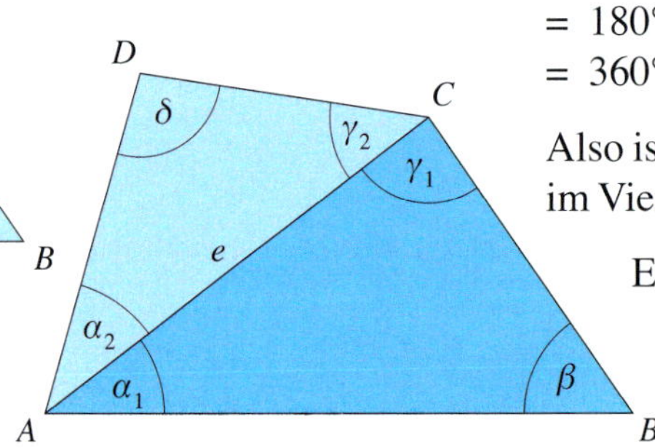

$$
\begin{aligned}
& \alpha_1 + \beta + \gamma_1 \quad + \gamma_2 + \delta + \alpha_2 \\
= & (\alpha_1 + \beta + \gamma_1) + (\alpha_2 + \delta + \gamma_2) \\
= & 180° \quad + 180° \\
= & 360°
\end{aligned}
$$

Also ist die Winkelsumme im Viereck 360°.

Es gilt: $\alpha + \beta + \gamma + \delta = 360°$

1 Zeige auch an diesem Viereck, dass die Winkelsumme 360° beträgt.

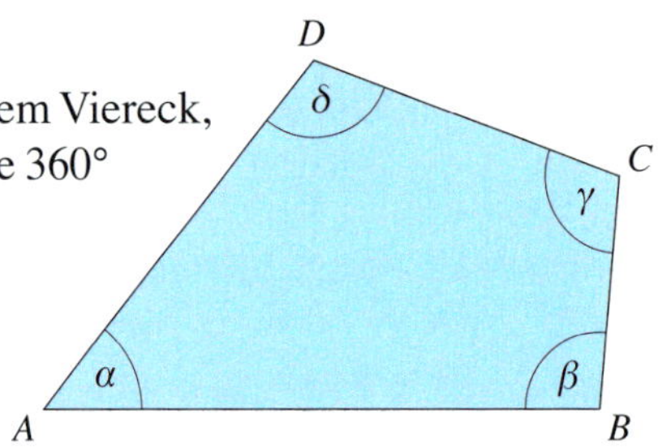

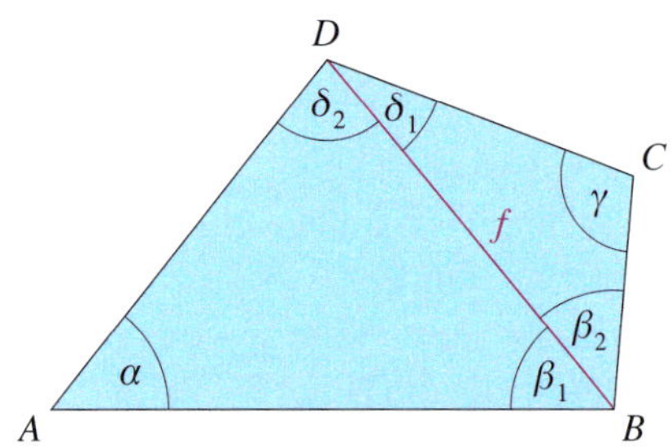

Merke

102-1

Im Viereck beträgt die Winkelsumme 360°. $\alpha + \beta + \gamma + \delta = 360°$

Übungen

2 Die Winkelsumme im Viereck kann auch mithilfe einer „Papiervorlage" veranschaulicht werden.
Zeichnet dazu verschiedene aber große Vierecke auf DIN-A4-Blätter und zeichnet die Winkel α, β, γ und δ ein. Schneidet die Vierecke aus. Reißt jeweils die vier eingezeichneten Winkel ab und legt sie an den Schenkeln zusammen. Vergleicht die Ergebnisse miteinander.

3 Drei Winkel eines Vierecks sind gegeben. Berechne die Größe des fehlenden Winkels.

	α	β	γ	δ
a)	66°	95°	72°	
b)		54,5°	112,6°	115,8°
c)	105,5°	100,8°		125,5°
d)		25,2°	176,3°	78,9°

4 Drei Winkel eines Vierecks sind gegeben. Berechne die Größe des fehlenden Winkels.

	α	β	γ	δ
a)	72°	104°		39,7°
b)	80,3°	92,7°	65,5°	
c)	69,8°		103,4°	72,9°

5 Berechne die Größe des rot gekennzeichneten Winkels im Viereck.

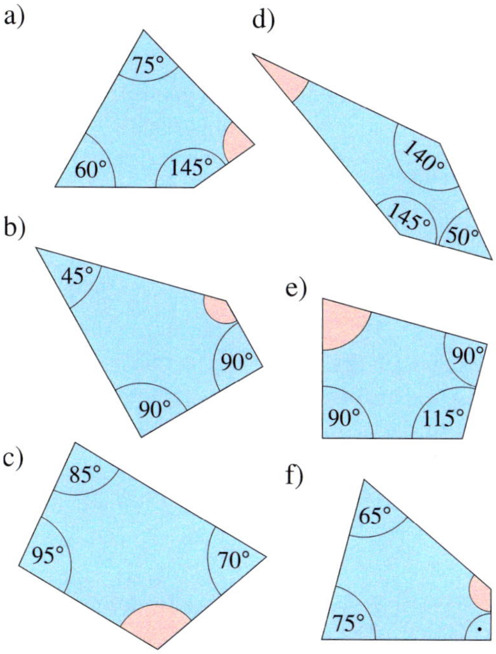

6 Berechne die gekennzeichneten Winkelgrößen im Parallelogramm.

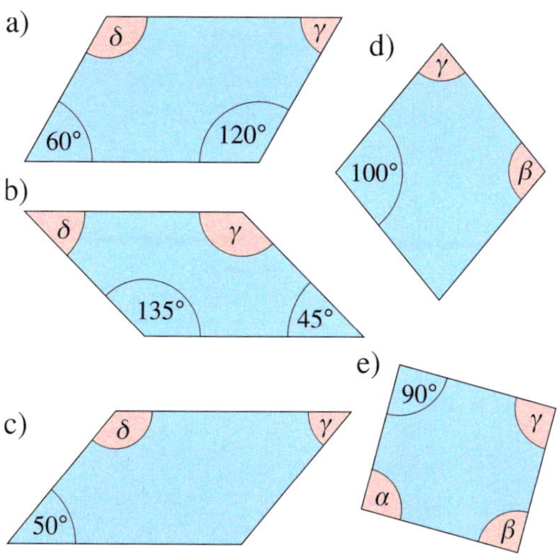

7 Berechne δ in diesem Trapez.

a) $\alpha = 57°$
b) $\alpha = 75°$

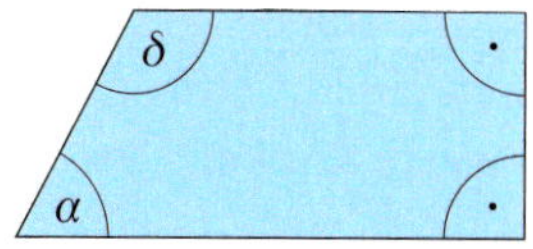

8 Berechne γ und δ in diesem Trapez.

a) $\alpha = 47°$ und $\beta = 47°$
b) $\alpha = 39°$ und $\beta = 39°$

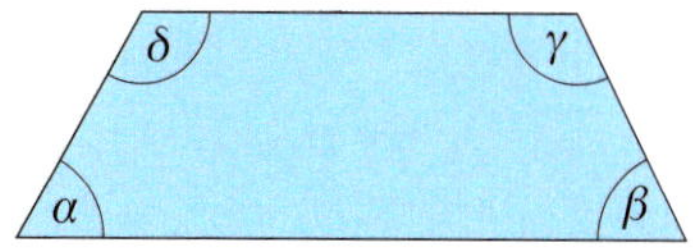

9 Es ist $\alpha = 68°$, $\beta = 74°$ und $\gamma = 106°$.

a) Berechne δ.
b) Gib die Winkelsumme im Parallelogramm *ABCD* an.

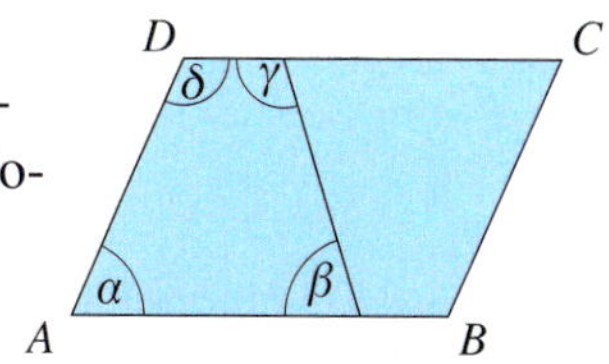

10 Berechne die fehlenden Winkelgrößen des Parallelogramms.

a) $\beta = 108°$ d) $\delta = 165{,}7°$
b) $\varepsilon = 49°$ e) $\varepsilon = 127{,}9°$
c) $\alpha = 38{,}5°$ f) $\gamma = 86{,}3°$

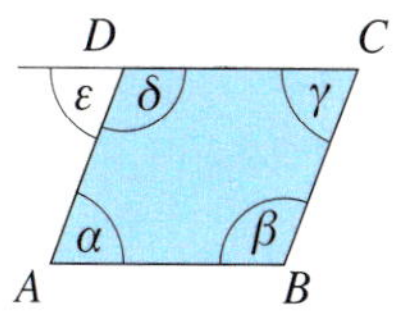

11 Berechne die fehlenden Winkelgrößen im Parallelogramm.

a) $\beta = 106°$ c) $\alpha = 33{,}5°$ e) $\gamma = 87{,}9°$
b) $\gamma = 40°$ d) $\delta = 167{,}2°$ f) $\beta = 115{,}8°$

12 Übertrage das Achteck ins Heft. Zerlege die Figur und bestimme die Winkelsumme im Achteck.

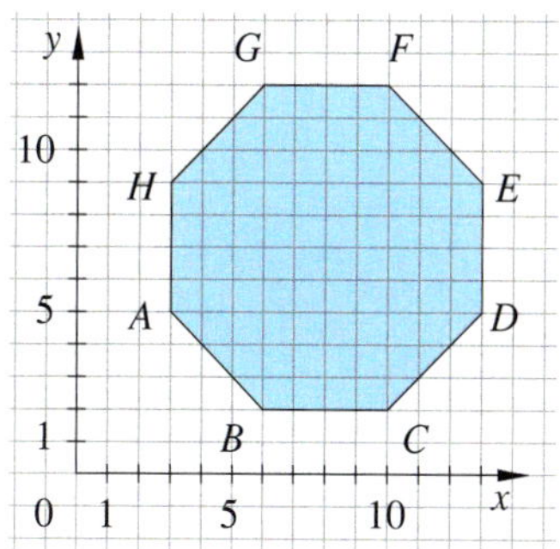

13 Zeichne ein beliebiges Achteck in dein Heft. Bestimme die Winkelsumme im Achteck.

Rückblick

Gleich oder ungleich?

a) $\frac{5}{4} - \frac{3}{8}$ ■ $\frac{7}{5} - \frac{3}{10}$ b) $\frac{7}{3} - \frac{10}{6}$ ■ $\frac{11}{6} - \frac{13}{12}$

1 a) Gibt es ein Dreieck mit zwei rechten Winkeln? Begründe deine Antwort.
b) Warum sind in Dreiecken mindestens zwei Winkel spitze Winkel?

2 Zeichne eine Figur wie vorgegeben mit $r = 5$ cm und $\alpha = 110°$ in dein Heft und verbinde A mit B.

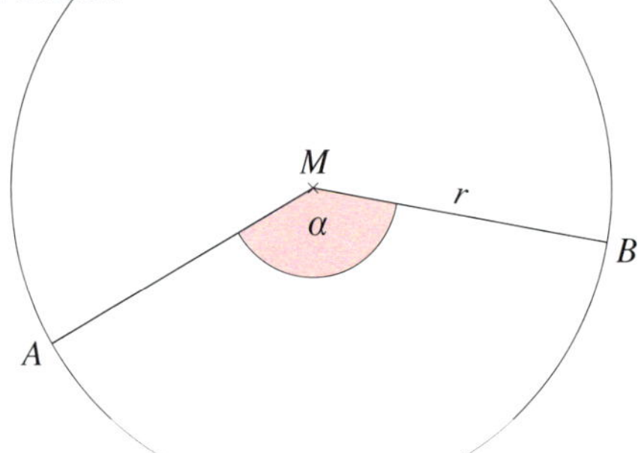

a) Begründe, dass das Dreieck ABM symmetrisch ist. Zeichne die Symmetrieachse ein.
b) Wie groß sind die beiden spitzen Winkel des Dreiecks?

3 Wie groß ist der dritte Winkel des Dreiecks?

	a)	b)	c)	d)	e)	f)	g)	h)
α	42°	60°	90°	105°	45°	100°	60°	48°
β		66°	13°			48°		18°
γ	57°			35°	45°		30°	

4 Berechne von dem Viereck die Winkelgröße des vierten Winkels. Welche dieser Vierecke sind besondere Vierecke?

	a)	b)	c)	d)	e)	f)	g)	h)
α	90°		83°	90°	68°		100°	125°
β	90°	45°	107°	90°		47°	65°	
γ		45°	90°	90°	87°	133°		83°
δ	70°	125°			138°	47°	112°	96°

5 Gib für beide Zerlegungen die Winkelsumme des Fünfecks $ABCDE$ an.

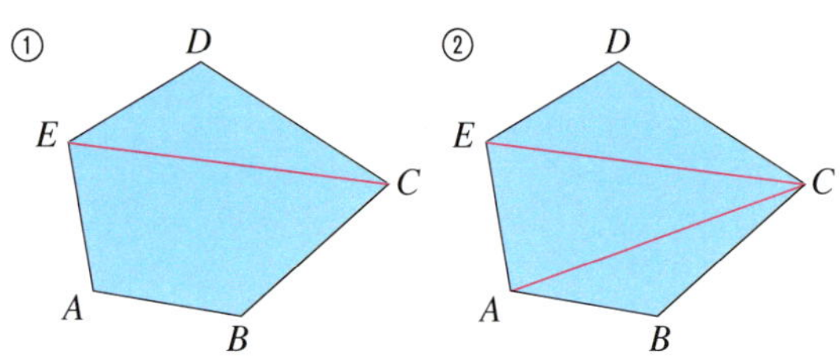

6 Berechne γ und δ für das gleichschenklige Trapez.
a) $\alpha = \beta = 51°$
b) $\alpha = \beta = 63°$
c) $\alpha = \beta = 59{,}7°$
d) $\alpha = \beta = 61{,}4°$

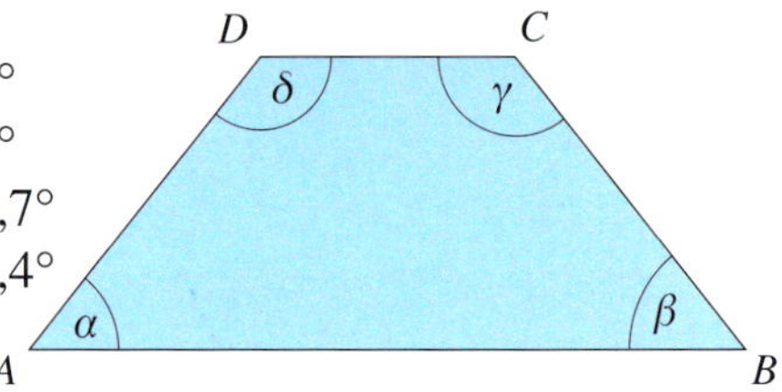

7 Übertrage die Figur ins Heft und zerlege sie. Bestimme damit ihre Winkelsumme.

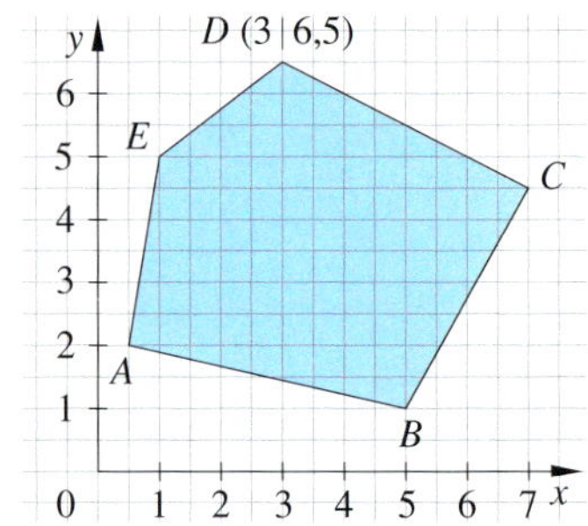

8 Zeichne ein Koordinatensystem. Wähle die Einheit 1 cm. Markiere die sechs gegebenen Punkte und verbinde sie nacheinander zu einem Sechseck. Bestimme ohne Winkelmessung die Winkelsumme des Sechsecks.
$A\,(0\,|\,0{,}5)$; $B\,(1\,|\,0)$; $C\,(2{,}5\,|\,0)$; $D\,(4\,|\,2)$;
$E\,(3\,|\,4)$; $F\,(0\,|\,3{,}5)$.

9 Fülle die folgende Tabelle in deinem Heft aus. Gehe dabei in diesen Schritten vor.
- Zeichne jeweils ein beliebiges Fünfeck und Sechseck in dein Heft und zerlege die Figuren in Teildreiecke.
- Fülle die ersten drei Zeilen der Tabelle aus.
- Überlege, wie die letzten drei Zeilen der Tabelle ausgefüllt werden müssten, vervollständige sie und überprüfe die Richtigkeit deiner Eintragungen mithilfe einer Zeichnung.

Vieleck	Anzahl der Ecken	Anzahl der Teildreiecke	Winkelsumme
Viereck	4	2	▒ · 180° = ▒
Fünfeck	5		
Sechseck	6		
Siebeneck			
Achteck			
Neuneck			

Info

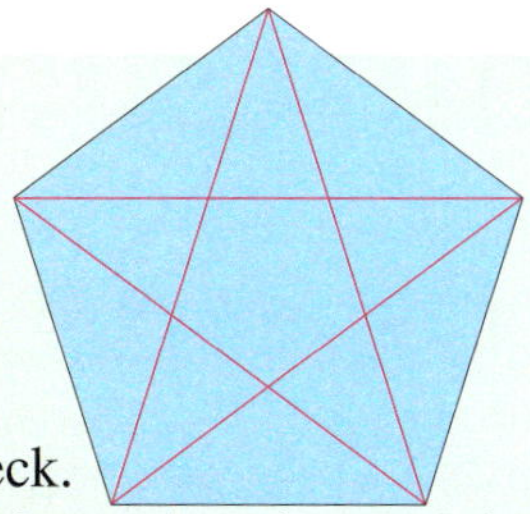

Alle Seiten dieses Fünfecks sind gleich lang, alle Winkel sind gleich groß. Es ist ein regelmäßiges Fünfeck. Zeichnet man die Diagonalen ein, entsteht ein fünfzackiger Stern.

Die besonderen Eigenschaften des regelmäßigen Fünfecks haben schon die griechischen Mathematiker interessiert. Pythagoras und seine Anhänger glaubten, dass von dem fünfzackigen Stern geheimnisvolle Zauberkräfte ausgingen. Sie wählten ihn deshalb zu ihrem Erkennungszeichen.

Im Mittelalter, als man bei uns noch an Hexen glaubte, brachten viele Leute den fünfzackigen Stern über der Haustür oder auf der Schwelle des Hauses an. Die Zauberkraft, die angeblich von diesem Zeichen ausging, sollte Hexen abwehren. Diese Hexen, so glaubte man, bedrohten vor allem Kinder und Haustiere und verursachten bei ihnen Angstträume. Hexen nannte man damals häufig Druden, und so heißt der fünfzackige Stern auch Drudenfuß.

Rückblick

Gleich oder ungleich?

a) $\frac{2}{3}$ ■ 0,6	d) $66,\overline{6}\,\%$ ■ $66\frac{2}{3}\,\%$
b) $0,\overline{3}$ ■ $\frac{1}{3}$	e) $95,\overline{5}$ ■ $95\frac{5}{9}$
c) $2\frac{1}{3}$ ■ 2,3	f) 6,4 % ■ 0,64

10 a) Wie groß ist die Winkelsumme im regelmäßigen Fünfeck?
b) Wie groß ist jeder Winkel im regelmäßigen Fünfeck?
c) Zeichne ein regelmäßiges Fünfeck mit der Seitenlänge 6 cm.

11 Zeichne ein regelmäßiges Fünfeck mit einer Seitenlänge von 8 cm.
- Zeichne in dieses Fünfeck alle Diagonalen ein. Dadurch wird ein weiteres Fünfeck erzeugt.
- Miss die Seitenlängen dieses Fünfecks. Was stellst du fest?
- Was vermutest du, wenn du auch in dieses Fünfeck alle Diagonalen einzeichnest? Überprüfe deine Vermutung zeichnerisch.

12 Zeichne ein Koordinatensystem. Wähle die Einheit 1 cm. Markiere die Punkte $A(4|1)$; $B(9|1)$; $C(12|5)$; $D(9|9)$; $E(4|9)$ und $F(1|5)$. Verbinde diese Punkte nacheinander zu einem Sechseck.
a) Welche Winkelsumme hat das Sechseck?
b) Zeichne zunächst alle Diagonalen in das Sechseck ein. Dadurch wird ein weiteres Sechseck erzeugt. Färbe es mit einer hellen Farbe ein. Überprüfe, ob sich dieses Verfahren weiter fortsetzen lässt.

13 Das Kernstück des Aachener Doms hat einen achteckigen Grundriss. Beantworte die folgenden Fragen nacheinander.
① Was für ein besonderes Achteck ist als Grundriss festgelegt worden?
② Welche besonderen Dreiecke sind durch die Unterteilung entstanden?
③ Berechne die Winkelsumme im Achteck mithilfe der dargestellten Unterteilung.

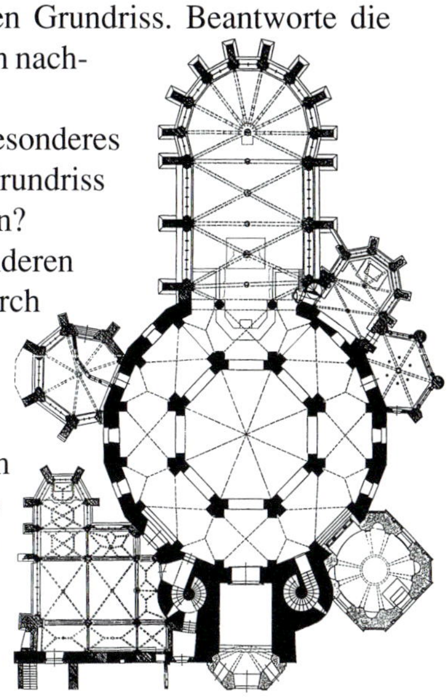

Am Flughafen Köln/Bonn

Der Flughafen „Konrad Adenauer" Köln/Bonn befindet sich 14,8 km vom Kölner Dom entfernt südöstlich der Stadt und umfasst ein Betriebsgelände von ca. 1000 ha. Dort starten und landen am Rand des Naturschutzgebiets „Wahner Heide" Tag und Nacht Flugzeuge. Dies ist, wie bei jedem Flughafen, mit einer Beeinträchtigung der umliegenden Orte besonders durch Lärm, Luftverschmutzung, Gefahrgütern und Abfällen verbunden. Es kommt darauf an, diese Belastungen gering zu halten, wo immer das möglich ist. Eine der störendsten Belastungen ist der Lärm von den startenden und landenden Flugzeugen. Deshalb wird der Flugverkehr besonders nachts eingeschränkt.

Die Maßeinheit für den Lärm ist das Dezibel (dB), und da das menschliche Gehör unterschiedlich empfindlich gegen hohe und tiefe Töne ist, wird in den Messgeräten ein genormter, so genannter A-Filter zwischengeschaltet. Die Maßeinheit dB erhält deshalb den Zusatz (A).
Die Flugzeugbauer haben den von Flugzeugen ausgehenden Schall immer weiter verringert.
Ein Rückgang von 10 dB(A) bedeutet etwa eine Halbierung der empfundenen Lautstärke.

Lärmmessung

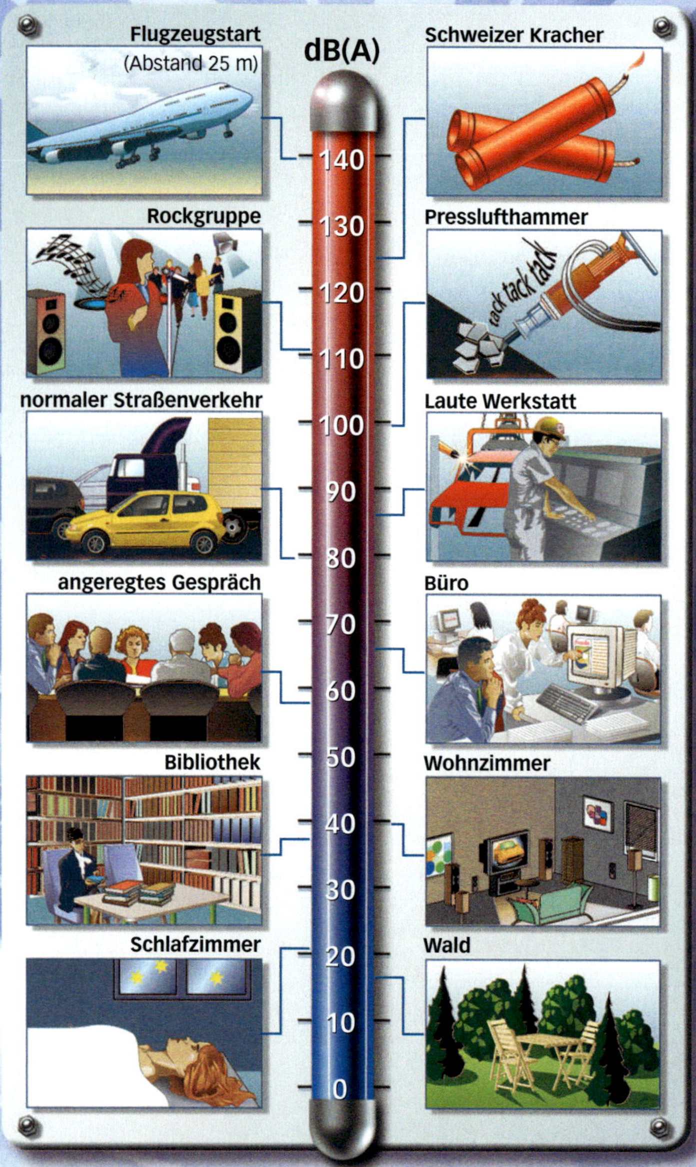

1 Das Naturschutzgebiet „Wahner Heide", das an den Flughafen angrenzt, ist wesentlich größer als das Betriebsgelände, das nur etwa 20 % der Fläche des Naturschutzgebiets entspricht. Wie viel Quadratkilometer umfasst das Naturschutzgebiet ungefähr?

2 a) Nachts dürfen auf der Landebahn 07/25 die Flugzeuge nur in Richtung Nord-Ost starten und nur aus Nord-Ost landen. Kannst du dir einen Grund dafür vorstellen?
b) Gib einen möglichen Grund an, weshalb nachts auf der Bahn 32L Flugzeuge nur landen dürfen.

3 a) Lies aus der Grafik die Lautstärke einer Rockgruppe und eines Presslufthammers ab und entscheide, ob eine Rockgruppe etwa doppelt so laut eingeschätzt werden kann.
b) Gegenüber Flugzeugen vor 50 Jahren sind moderne Maschinen um 30 dB(A) leiser. Um wie viel Prozent wurde der Lärm etwa verringert?

Der Flughafen Köln/Bonn hat drei Start- und Landebahnen:
① 14L/32R mit 60 m Breite
② 14R/32L mit 45 m Breite;
③ 07/25 mit 45 m Breite

Wenn sich ein Pilot aus Nord-Westen dem Flughafen nähert, hat er die beiden Landebahnen 14R (rechts) und 14L (links) vor sich. Die Landebahnnummer gibt an, dass das Flugzeug dann in 140° von Norden aus gemessen landet.

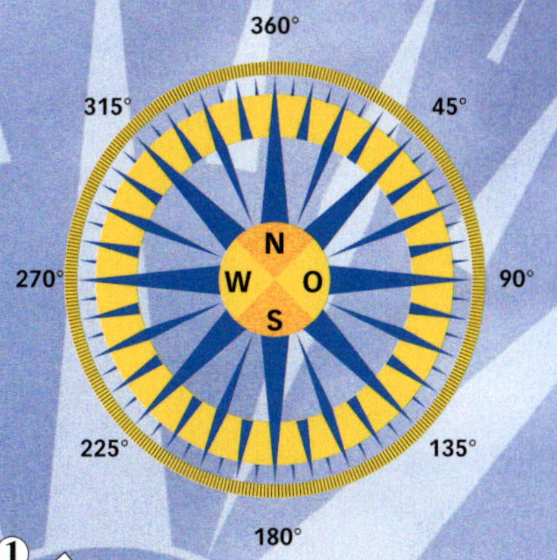

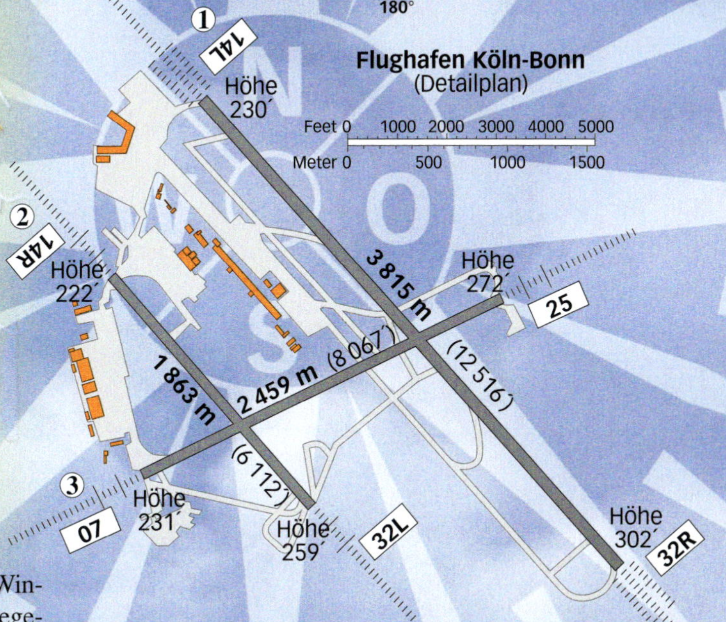

4 a) Ein Flugzeug startet auf der Bahn 07. Welche Winkelgröße von Norden aus gemessen kann dafür angegeben werden?
b) Ein Flugzeug landet auf der Bahn 25. Welche Winkelgröße von Norden aus gemessen kann dafür angegeben werden?
c) Wie groß sind die Winkel, unter denen sich die Landebahnen schneiden?

5 a) Wie lang ist die längste Start- und Landebahn des Flughafens Köln/Bonn? Gib in Meter (m) und Fuß (´) an.
b) Welche Umrechnung von Fuß in Meter kannst du bestimmen?
c) Bestimme aus der Karte, ob die Startbahn 14L ansteigt und gib den Höhenunterschied in m an.
d) Wie viel Quadratmeter Fläche nehmen die drei Landebahnen ungefähr ein? Vernachlässige dabei die Kreuzungsbereiche. Gib auch an, wie viel Prozent des Betriebsgeländes die Start- und Landebahnen einnehmen.

6 In 160 Unternehmen am Flughafen arbeiten 8000 Beschäftigte. Das größte Unternehmen davon ist die Flughafen Köln/Bonn GmbH, deren Mitarbeiterentwicklung in der Tabelle zusammengestellt ist.

Jahr	1992	1993	1994	1995	1996	1997	1998	1999	2000
Anzahl	1283	1295	1363	1446	1473	1476	1425	1452	1595

a) Ist die Anzahl der Mitarbeiter der Flughafen GmbH von Jahr zu Jahr gestiegen?
b) Wie viel Prozent der insgesamt am Flughafen arbeitenden Menschen waren im Jahr 2000 bei der Flughafen GmbH beschäftigt? Veranschauliche dies mit einem Kreisdiagramm.

Zusammenfassung

- An zwei sich schneidenden Geraden sind Scheitelwinkel gleich groß. Nebenwinkel ergänzen sich zu 180°.
- Werden Parallelen von einer Geraden geschnitten, so sind Stufenwinkel und Wechselwinkel gleich groß.
- Im Parallelogramm sind die gegenüberliegenden Winkel gleich groß.
- Im gleichschenkligen Dreieck sind die Basiswinkel gleich groß. Im gleichseitigen Dreieck sind alle Winkel gleich groß und betragen 60°.
- Im Dreieck beträgt die Winkelsumme 180°. Im Viereck beträgt die Winkelsumme 360°.

Training

1 Berechne die Größen aller gekennzeichneten Winkel.
$\alpha = 25°$
$\beta = 31°$

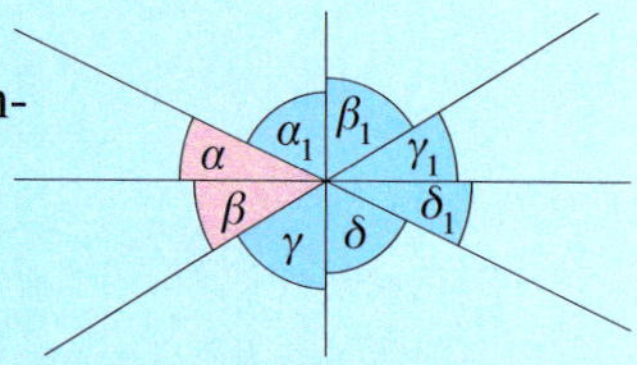

2 Berechne die Größen aller gekennzeichneten Winkel.
$\delta_4 = 125°$
$\beta_4 = 50°$

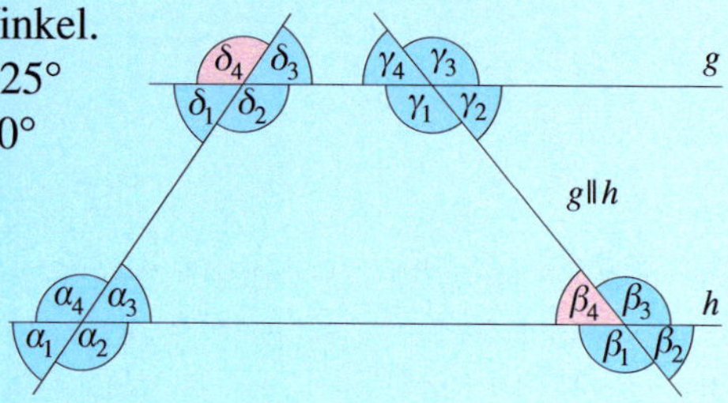

3 Berechne die Größen aller fehlenden Winkel im Parallelogramm.

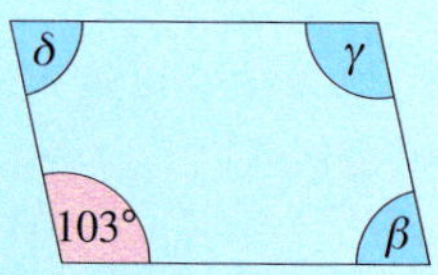

4 Gib die dritte Winkelgröße im Dreieck an.

	a)	b)	c)	d)	e)	f)	g)	h)
α	90°	48°	90°			90°	54°	90°
β	17°	90°	12°	71°	90°	63°		
γ				90°	47°		90°	58°

5 Gib die vierte Winkelgröße im Viereck an.
a) $\alpha = 46°$; $\beta = 115°$; $\gamma = 94°$
b) $\alpha = 124°$; $\gamma = 29°$; $\delta = 37°$
c) $\beta = 77°$; $\gamma = 98°$; $\delta = 45°$
d) $\alpha = 136°$; $\beta = 111°$; $\delta = 27°$

6 Berechne die fehlenden Winkelgrößen.

a) $\alpha = 85°$; $\overline{AC} = \overline{BC}$

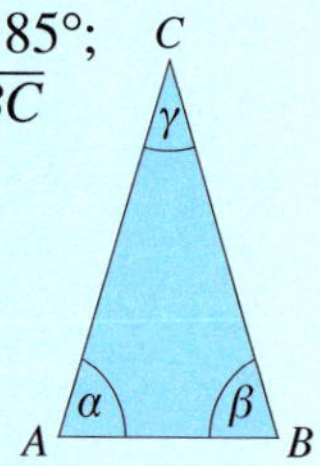

c) $\beta = 42°$; $\overline{AB} = \overline{BC}$

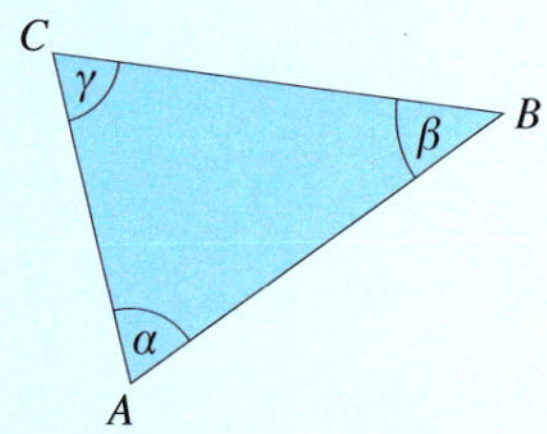

b) $\alpha = 35°$; $\overline{AB} = \overline{AC}$

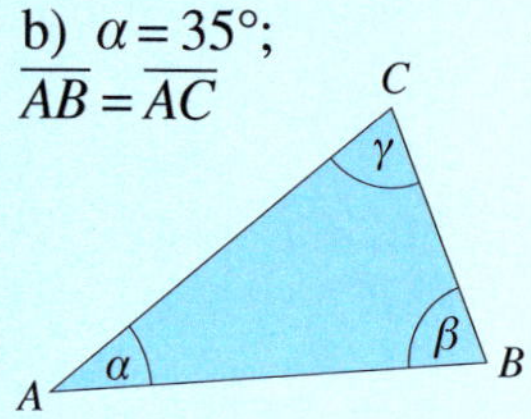

d) $\overline{AB} = \overline{BC} = \overline{AC}$

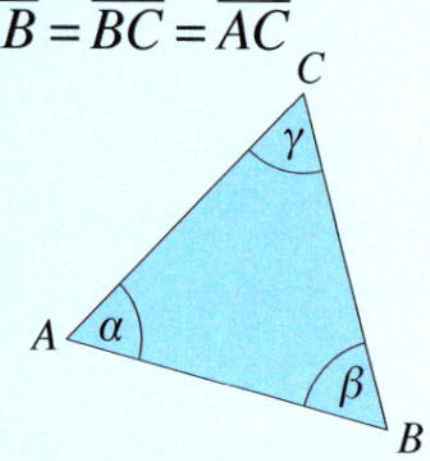

7 Berechne ausgehend von den zwei vorgegebenen Zerlegungen jeweils die Winkelsumme im Neuneck.

①

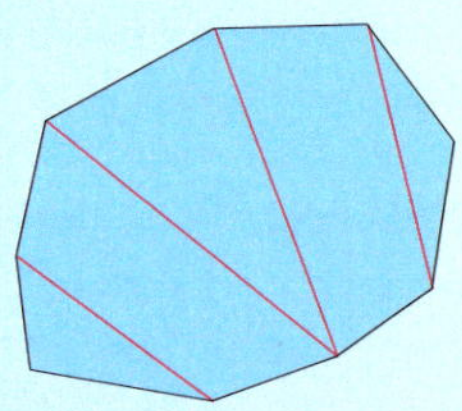

②

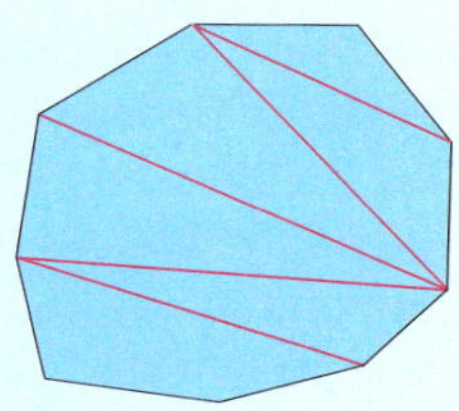

8 Zeichne in einem Koordinatensystem (Einheit 1 cm) aus den gegebenen Punkten ein Siebeneck. Bestimme mithilfe von drei Teilflächen die Winkelsumme des Siebenecks.
$A(1{,}5\,|\,1)$; $B(5\,|\,1{,}5)$; $C(7\,|\,3)$; $D(7{,}5\,|\,6{,}5)$; $E(5{,}5\,|\,8{,}5)$; $F(2{,}5\,|\,7)$ und $G(0{,}5\,|\,4)$

Vertiefen und Anwenden

9 Zeichne in dein Heft mithilfe des Kreises (Radius 5 cm) ein Dreieck ABM. Der Winkel α soll 140° betragen.

a)

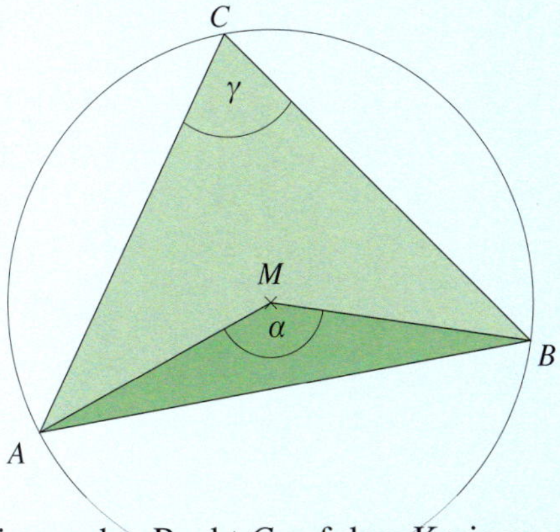

Bestimme den Punkt C auf dem Kreis so, dass das Dreieck ABC symmetrisch ist. Miss den Winkel γ und vergleiche ihn mit dem Winkel α.

b)

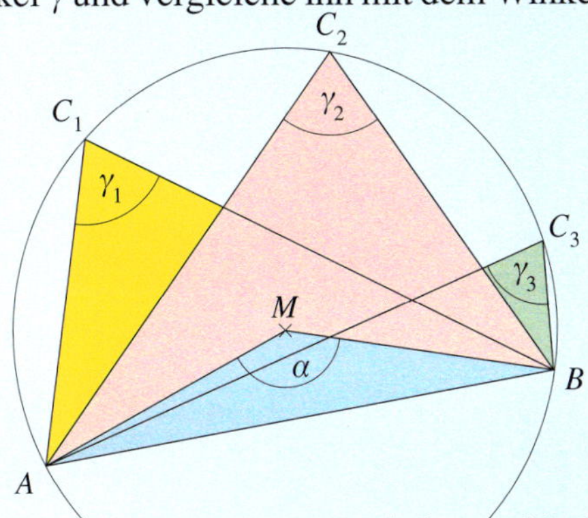

Wähle wie in der Zeichnung drei verschiedene Punkte C_1, C_2 und C_3 auf dem Kreis und zeichne die Dreiecke ABC_1, ABC_2 und ABC_3. Miss die Winkel γ_1, γ_2 und γ_3. Vergleiche sie mit dem Winkel α.

10 Berechne zunächst die Größen aller gekennzeichneten Winkel. Vergleiche dann jeweils δ_1 mit γ, δ_2 mit α und δ_3 mit β. Was stellst du fest?

$\delta_1 = 150°$
$\gamma_2 = 54°$

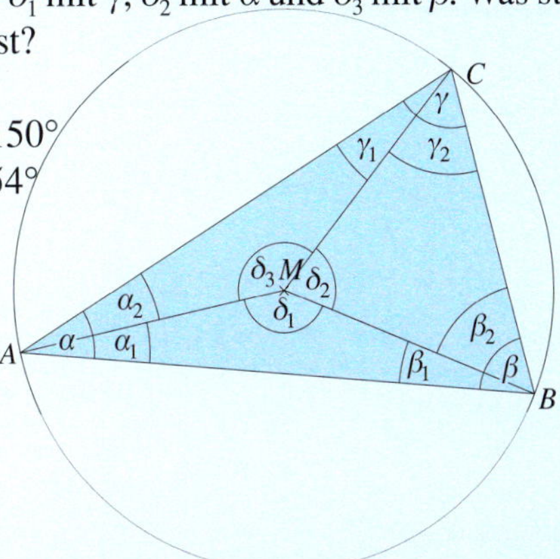

11 Die Figuren sind jeweils in gleich große Teildreiecke zerlegt worden.

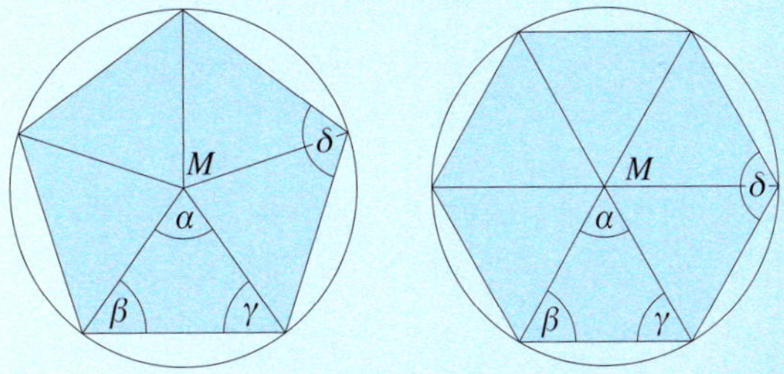

a) Berechne jeweils alle gekennzeichneten Winkelgrößen der Figur.
b) Welchen Anteil hat jeweils ein Teildreieck an der Gesamtfläche? Gib diesen in Bruchschreibweise, Dezimalbruchschreibweise und Prozentschreibweise an.

12 Berechne aus der Anzahl der Ecken die Winkelsumme im regelmäßigen
a) Fünfeck, b) Sechseck, c) Neuneck.

13 Zeichne ein regelmäßiges Fünfeck (Sechseck) mit der Seitenlänge 4,6 cm in dein Heft und zeichne alle möglichen Symmetrieachsen ein.

14 Welche der drei möglichen Symmetrieeigenschaften achsensymmetrisch, drehsymmetrisch, punktsymmetrisch sind bei einem gleichseitigen Dreieck erfüllt?

15 Gegeben ist ein regelmäßiges Fünfeck. Bei S liegen alle Teilwinkel des Winkels η (eta).

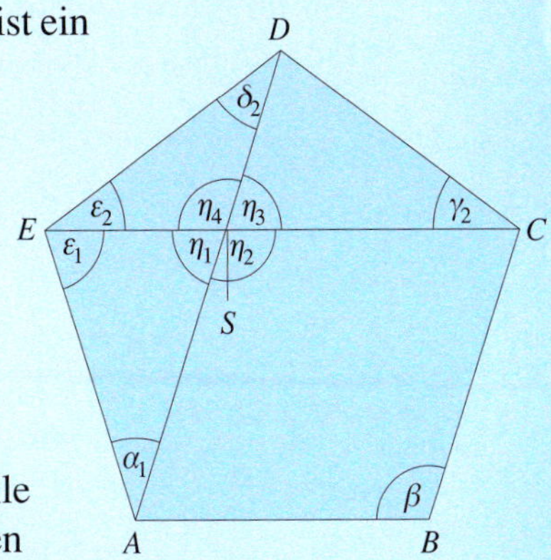

- Berechne alle bezeichneten Winkelgrößen in der Figur.
- Welche besonderen Teilfiguren sind durch die zwei im Fünfeck eingezeichneten Diagonalen entstanden?

Testrunde

1 Berechne die Winkelgrößen von β, γ und δ, wenn $\alpha = 41°$ ist.

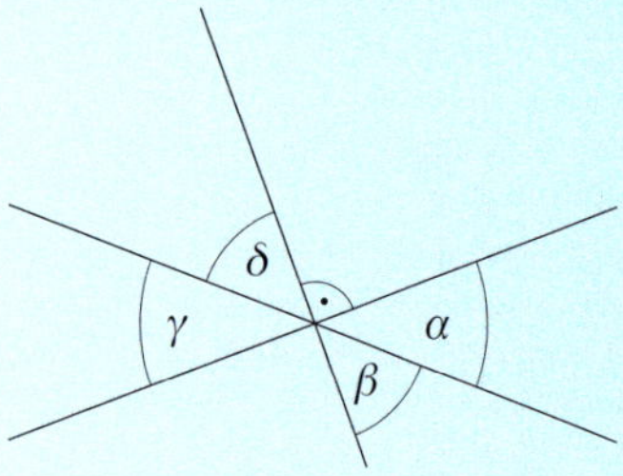

2 Berechne die Größen der gekennzeichneten Winkel.
$\alpha_1 = 53°$, $\beta_3 = 95°$

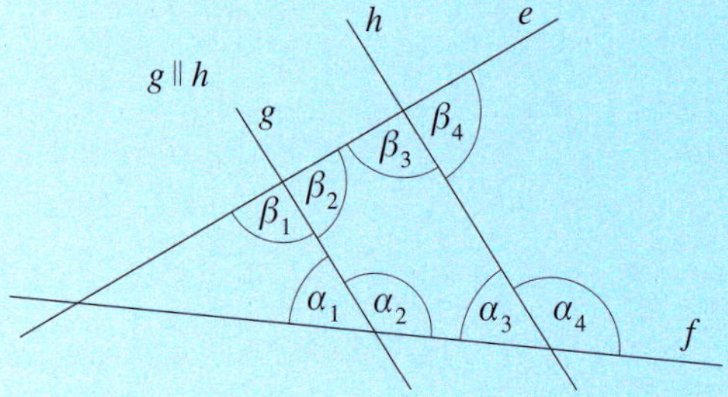

3 Berechne die fehlenden Winkelgrößen in dem gleichschenkligen Trapez.
$\alpha = 76°$

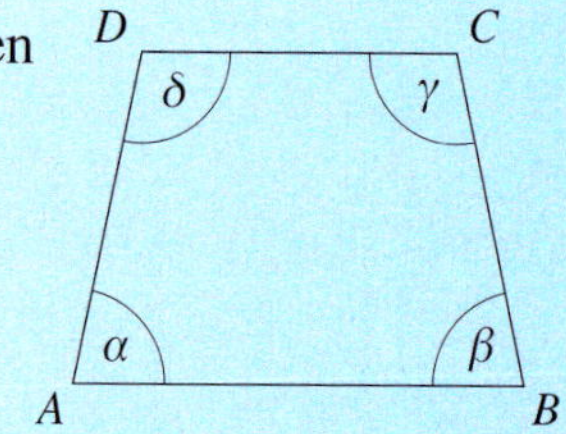

4 a) Berechne alle Größen der gekennzeichneten Winkel, wenn $\varepsilon_2 = 58°$.
b) Gib die Winkelsumme des Parallelogramms an.

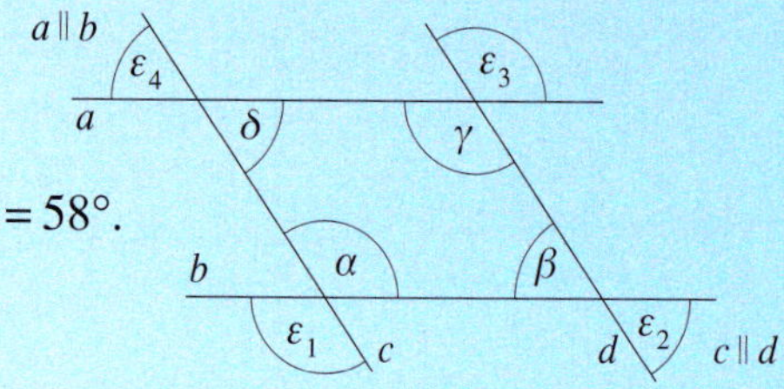

5 Bestimme die Winkelsumme in einem Neuneck. Zeichne dazu ein beliebiges Neuneck und zerlege es geeignet.

6 a) Zeichne das Dreieck ABC.
$\overline{AB} = 4$ cm; $\alpha = 120°$

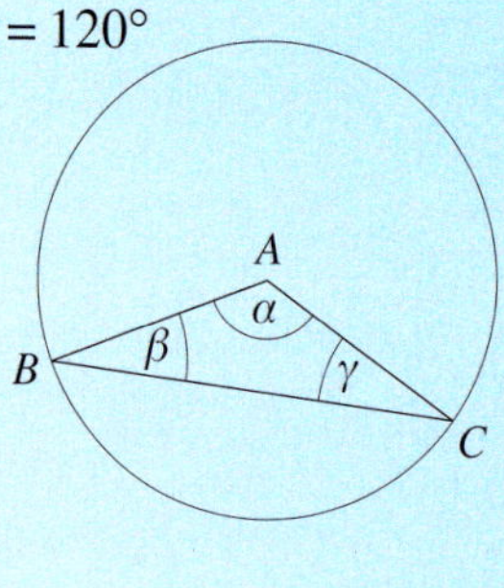

b) Berechne die Größen der fehlenden Winkel im Dreieck ABC.
c) Spiegele das Dreieck ABC einmal an $\overline{AB}$ und einmal an $\overline{AC}$. Ist die neu entstandene Gesamtfigur drehsymmetrisch?

Konstruktion von Dreiecken

Die Natur kann faszinierende geometrische Formen hervorbringen.
Das zeigen die Dreiecke im Querschnitt
dieses Turmalins besonders schön.
Nahezu geradlinig verlaufen die Begrenzungslinien
der unterschiedlichen Ablagerungen,
die durch verschiedene Färbungen erkennbar sind.
Besonders in Madagaskar entstehen solche Wunder der Natur.
Sie können allerdings nur mit viel Glück gefunden werden,
denn das Äußere eines solchen Turmalins ist meist
als ein einfacher Stein „getarnt".

Dreiecke aus Seiten und Winkeln

Mit einfachen Mitteln lässt sich ein „Bausatz" herstellen, sodass du damit Dreiecke „bauen" kannst. Du benötigst dazu nur etwas farbige Folie und ein paar Stäbe aus beliebigem Material.
Da ein Dreieck aus drei Seiten besteht, die drei Winkel einschließen, enthält unser Bausatz drei Winkelelemente (hier 60°, 70° und 50°) und drei Stäbe (hier 70 mm, 79 mm und 86 mm).

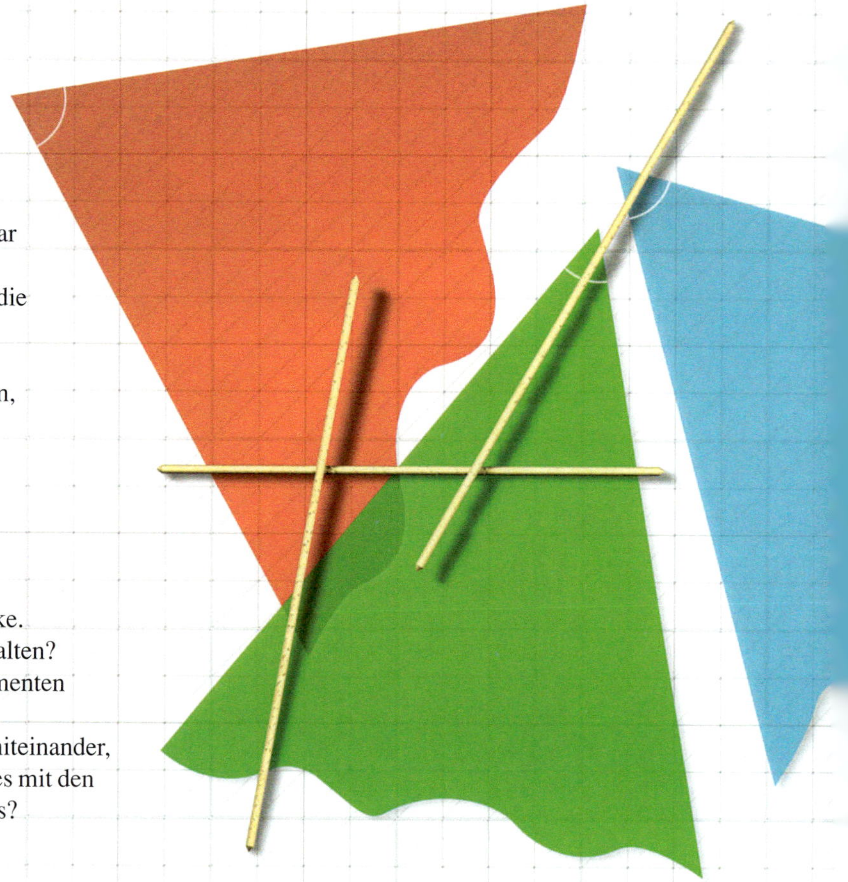

1 a) Legt nur aus den Stäben Dreiecke. Hat jeder ein gleiches Dreieck erhalten?
b) Untersucht, ob ihr nur mit Winkelelementen untereinander gleiche Dreiecke erhaltet.
Messt die Seitenlängen und vergleicht miteinander, ob eure Dreiecke gleich sind. Wie sieht es mit den Winkeln aller so gebildeten Dreiecke aus?

2 Nina und Jörg haben sich ihren eigenen Bausatz für ein Dreieck gebastelt. Nina hat die Stäbe zurecht geschnitten und Jörg die Winkelelemente.
a) Untersuche den „Bausatz". Was meinst du dazu?
b) Hätte Jörg auch statt des 100°-Elementes ein 70°-Element verwenden können? Begründe.

Wenn ihr aus allen sechs „Bauelementen“ Dreiecke „baut“, erhält jeder von euch ein gleiches Dreieck.

3 Untersucht, wie viele Teile wenigstens benötigt werden, sodass jeder von euch das gleiche Dreieck erhält.
Wie viele verschiedene Möglichkeiten habt ihr gefunden? Präsentiert in der Klasse.

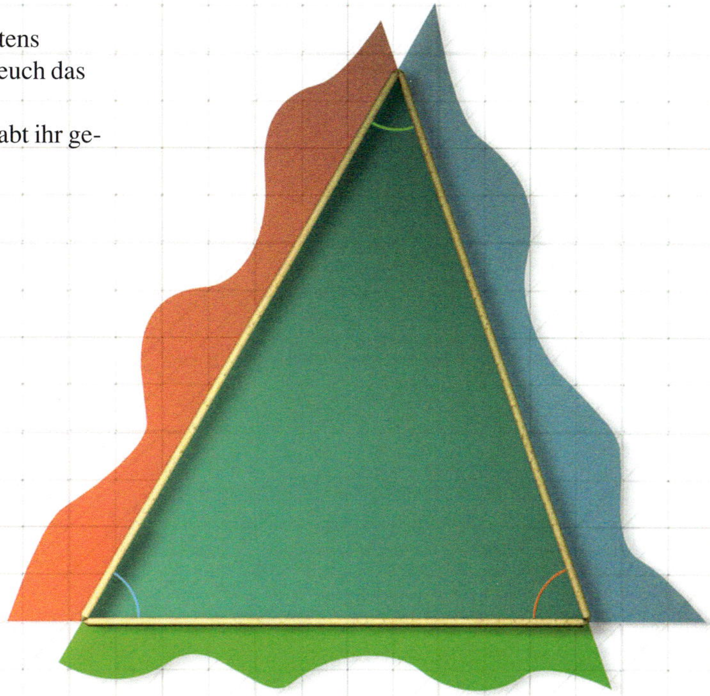

4 Der hier rot markierte Winkel ist der größte Winkel im Dreieck, der grün markierte Winkel ist der kleinste. Vergleiche diesen Sachverhalt mit den Längen der Stäbe, die gegenüber liegen. Was stellst du fest?

In der Geometrie sind im Zusammenhang mit Dreiecken auch die folgenden zwei Sätze formuliert worden.

Dreiecksungleichung
In jedem Dreieck ist die Summe der Längen zweier Dreiecksseiten stets größer als die Länge der dritten Seite.
$a + b > c$; $a + c > b$; $b + c > a$

Seiten-Winkel-Beziehung
Im Dreieck liegt der längsten Seite der Winkel mit der größten Winkelgröße und der kürzesten Seite der Winkel mit der kleinsten Winkelgröße gegenüber und umgekehrt.
Gilt zum Beispiel $a > b$, dann gilt auch $\alpha > \beta$.

5 Bestätige mithilfe der auf diesen Seiten gemachten Untersuchungen die zwei genannten Zusammenhänge bei Dreiecken.

SSS – Konstruktion aus drei Seiten

Info

Die Turmaline sind eine der schönsten und vielfältigsten Edelsteingruppen, die in der Natur vorkommen. Sie fallen besonders wegen ihrer Farbvielfalt auf und manche auch wegen ihrer geometrischen Formen auf.

Der Querschnitt dieses Turmalins hat ungefähr die Maße 20 cm × 22 cm.

Wir legen in dem verkleinerten Bild ein Dreieck ABC fest und entnehmen die Längen der Seiten: $\overline{AB}$ **= 3,2 cm;** $\overline{BC}$ **= 3,1 cm;** $\overline{AC}$ **= 30 cm**

Dieses Dreieck wird so konstruiert:
1. Zeichne $\overline{AB} = 3{,}2$ cm.
2. Zeichne um A den Kreis mit dem Radius $\overline{AC} = 3{,}0$ cm.
3. Zeichne um B den Kreis mit dem Radius $\overline{BC} = 3{,}1$ cm. Die beiden Kreise schneiden sich in C.
4. Verbinde A mit C und B mit C.

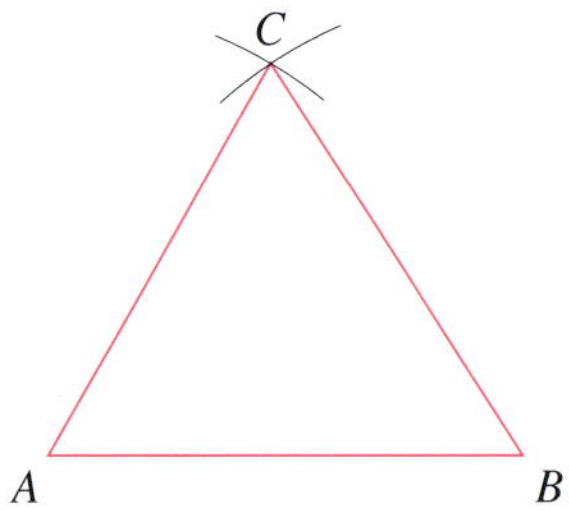

1 Das Bild des Turmalinquerschnitts entspricht ungefähr einer Verkleinerung im Maßstab 1 : 2,5 gegenüber der wirklichen Größe. Welche Längen haben die Seiten des hier festgelegten Dreiecks in Wirklichkeit? Vervollständige dazu die Tabelle im Heft.

Wirklichkeit	Zeichnung
1 cm	cm
cm	3,2 cm
cm	3,1 cm
cm	3,0 cm

Hinweis

Für die Bezeichnung von Dreiecken wurde vereinbart:
- Die Eckpunkte werden mit großen Buchstaben (gegen den Uhrzeigersinn) beschriftet.
- Die Seiten werden mit kleinen Buchstaben benannt.
- Dem Eckpunkt A liegt die Seite a gegenüber, usw.
- Die Winkel werden mit kleinen griechischen Buchstaben benannt.
- Der Eckpunkt A ist der Scheitelpunkt des Winkels α, usw.

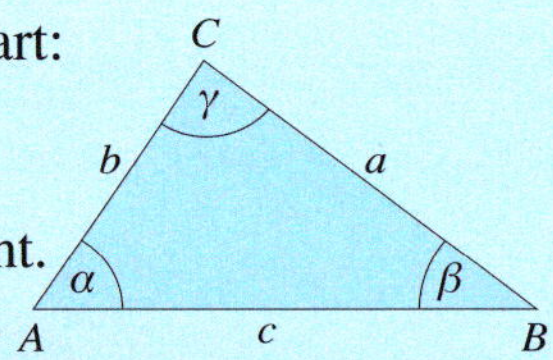

2 a) Konstruiere das Dreieck ABC mit $a = 5$ cm, $b = 4$ cm und $c = 7$ cm.
b) Lässt sich auch das Dreieck ABC mit $a = 5$ cm, $b = 4$ cm und $c = 10$ cm konstruieren? Begründe.

Planfiguren bei Konstruktionen nutzen **M**

Bei geometrischen Konstruktionen ist eine Planfigur hilfreich.
- Zeichne die in der Aufgabenstellung genannte Figur als Planfigur.
- Markiere alle gegebenen Größen farbig.
- Prüfe, ob alle im Text gegebenen Größen in der Planfigur enthalten sind.
- Überlege anhand der Planfigur, in welcher Reihenfolge du beim Konstruieren vorgehen willst. Müssen zur Konstruktion noch weitere Größen bestimmt werden? Musst du die Planfigur noch um weitere Punkte, Linien oder Winkel ergänzen? Ist es für die Konstruktion vielleicht nützlich, wenn du die Planfigur in Teilfiguren zerlegst?

Beispiel

Konstruiere das Dreieck *ABC* mit $a = 3{,}6$ cm, $b = 4{,}4$ cm und $c = 5{,}5$ cm.

Gegeben: $a = 3{,}6$ cm; $b = 4{,}4$ cm; $c = 5{,}5$ cm

Planfigur:

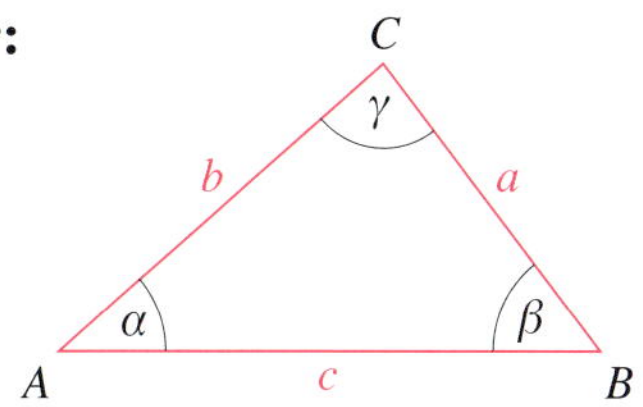

Konstruktion:

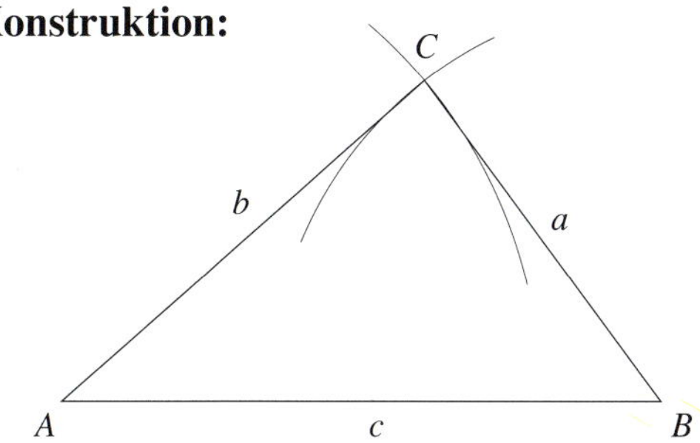

Hinweis

Beim Konstruieren eines Dreiecks kannst du in diesen Schritten vorgehen:
1. Schreibe auf, was gegeben ist.
2. Zeichne ein beliebiges Dreieck als Planfigur und beschrifte es (siehe Methode S. 114).
3. Konstruiere, nachdem du dein Vorgehen mithilfe der Planfigur geplant hast.

Konstruktionsbeschreibung:
1. Zeichne $c = 5{,}5$ cm.
2. Zeichne um *A* den Kreis mit dem Radius $b = 4{,}4$ cm.
3. Zeichne um *B* den Kreis mit dem Radius $a = 3{,}6$ cm. Die beiden Kreise schneiden sich in *C*.
4. Verbinde *A* mit *C* und *B* mit *C*.

115-1

Übungen

3 Zeichne das Dreieck *ABC*.
a) $a = 5{,}4$ cm; $b = 3{,}7$ cm; $c = 6{,}5$ cm
b) $a = 6{,}1$ cm; $b = 6{,}5$ cm; $c = 4{,}4$ cm
c) $a = 4{,}7$ cm; $b = 5{,}2$ cm; $c = 3{,}9$ cm
d) $a = 2{,}8$ cm; $b = 5{,}9$ cm; $c = 4{,}5$ cm
e) $a = 5{,}5$ cm; $b = 3{,}3$ cm; $c = 3{,}6$ cm

4 Zeichne das Dreieck *ABC* und miss die Größen der Winkel.
a) $a = 2{,}4$ cm; $b = 7$ cm; $c = 7{,}4$ cm
b) $a = 4{,}9$ cm; $b = 7{,}5$ cm; $c = 3{,}5$ cm
c) $a = 6{,}5$ cm; $b = 5{,}3$ cm; $c = 4{,}8$ cm
d) $a = 4{,}1$ cm; $b = 6{,}2$ cm; $c = 5{,}6$ cm

5 Zeichne das gleichschenklige Dreieck *ABC*.
a) $c = 4{,}8$ cm; $b = 5{,}7$ cm; $a = b$
b) $a = 6{,}2$ cm; $b = 4{,}4$ cm; $b = c$
c) $a = 3{,}5$ cm; $b = 4{,}2$ cm; $a = c$
d) $b = 2{,}9$ cm; $c = 3{,}8$ cm; $a = c$

6 Zeichne das gleichseitige Dreieck *ABC*.
a) $c = 5$ cm
b) $a = 3{,}6$ cm
c) $a = 6{,}7$ cm
d) $b = 4{,}1$ cm

7 Prüfe, ob sich aus den gegebenen Längen ein Dreieck konstruieren lässt. Begründe, wenn eine Konstruktion nicht möglich ist.

	a)	b)	c)	d)	e)	f)
Seite *a* in cm	9	8	2	3	6	2,5
Seite *b* in cm	4	3	4	5	3	5,4
Seite *c* in cm	7	5	7	6	2	2,9

8 Zeichne diese Figur. Alle erkennbaren Dreiecke sind gleichseitig.
a) $\overline{AB} = 6$ cm; $\overline{AD} = 3$ cm; $\overline{BE} = 3$ cm
b) $\overline{AB} = 4$ cm; $\overline{AD} = 3$ cm; $\overline{BE} = 3$ cm

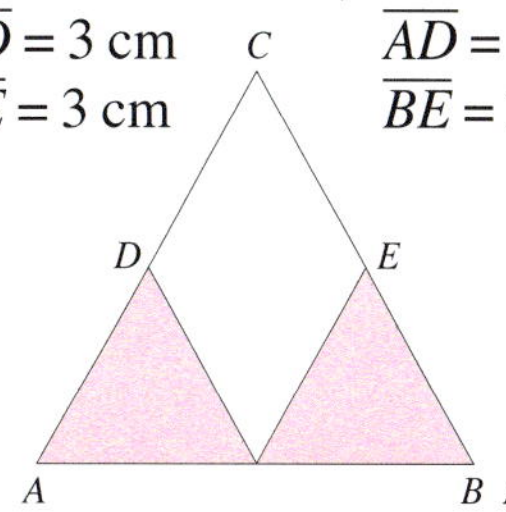

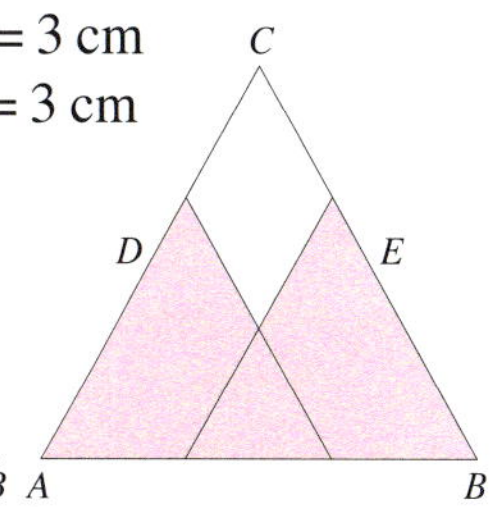

9 In einem gleichschenkligen Dreieck ist eine Seite mit 5 cm doppelt so lang wie die andere. Zeichne alle möglichen Dreiecke *ABC*.

SWS – Konstruktion aus zwei Seiten und dem eingeschlossenen Winkel

Die Zugspitzbahn ist eine Zahnradbahn, die vom Eibsee zum Zugspitzplatt 1588 m Höhenunterschied überwindet. Ihr steilster Streckenabschnitt hat 25% Steigung.

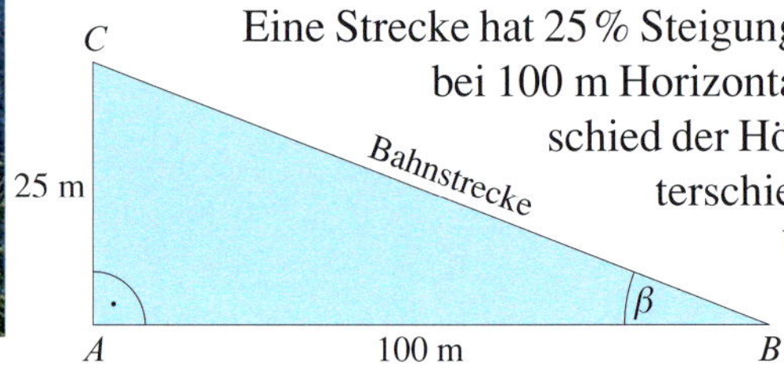

Eine Strecke hat 25 % Steigung, wenn bei 100 m Horizontalunterschied der Höhenunterschied 25 m beträgt.

Der Steigungswinkel β lässt sich mit einer Maßstabszeichnung bestimmen. Dazu verwenden wir den Maßstab 1:1000.

Wirklichkeit	Zeichnung
1 m = 1000 mm 25 m = 25 000 mm 100 m = 100 000 mm	1 mm = 0,1 cm 25 mm = 2,5 cm 100 mm = 10 cm

$c = 10$ cm; $b = 2{,}5$ cm; $\alpha = 90°$

Dieses Dreieck wird so konstruiert:

1. Zeichne $c = 10$ cm.
2. Zeichne an c in A den Winkel $\alpha = 90°$.
3. Markiere auf dem freien Schenkel von α den Punkt C, 2,5 cm von A entfernt.
4. Verbinde B mit C.

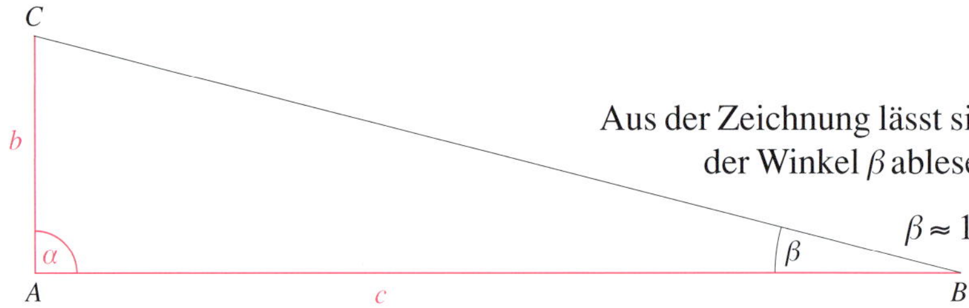

Aus der Zeichnung lässt sich der Winkel β ablesen.

$\beta \approx 14°$

Beträgt die Steigung 25 %, so ist der zugehörige Steigungswinkel ungefähr 14°.

1 a) Konstruiere das Dreieck ABC mit $a = 4{,}5$ cm, $c = 6$ cm und $\beta = 150°$.
b) Lässt sich auch das Dreieck mit $a = 4{,}5$ cm, $c = 6$ cm und $\beta = 180°$ konstruieren? Begründe.

Beispiel

Konstruiere das Dreieck ABC mit $a = 3{,}5$ cm, $b = 3$ cm und $\gamma = 105°$.

Gegeben: $a = 3{,}5$ cm; $b = 3$ cm; $\gamma = 105°$

Konstruktionsbeschreibung:
1. Zeichne $a = 3{,}5$ cm.
2. Zeichne an a in C den Winkel $\gamma = 105°$.
3. Markiere auf dem freien Schenkel von γ den Punkt A, 3 cm von C entfernt.
4. Verbinde A mit B.

Planfigur:

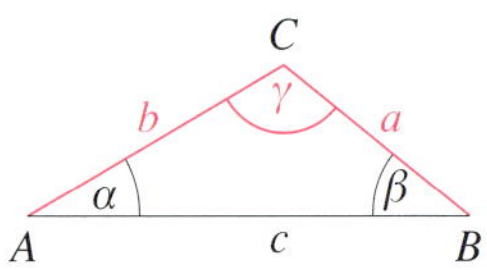

Konstruktion:

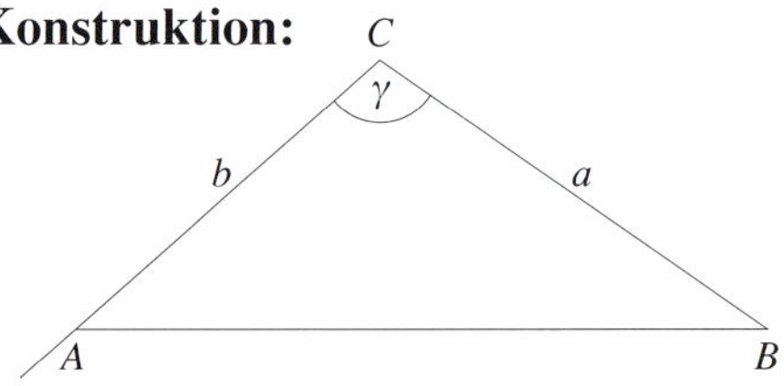

117-1

Übungen

2 Zeichne das rechtwinklige Dreieck *ABC*.
a) $a = 4$ cm; $b = 5{,}5$ cm; $\gamma = 90°$
b) $a = 4{,}7$ cm; $c = 4{,}2$ cm; $\beta = 90°$
c) $b = 5{,}1$ cm; $c = 3$ cm; $\alpha = 90°$

3 Zeichne das Dreieck *ABC*.
a) $b = 6{,}5$ cm; $c = 9{,}3$ cm; $\alpha = 83°$
b) $a = 3{,}5$ cm; $c = 4{,}2$ cm; $\beta = 57°$
c) $b = 2{,}1$ cm; $c = 6{,}2$ cm; $\alpha = 79°$
d) $a = 3{,}4$ cm; $b = 3{,}9$ cm; $\gamma = 65°$
e) $b = 5{,}4$ cm; $c = 4{,}3$ cm; $\alpha = 108°$

4 Zeichne das Dreieck *ABC* und miss die Größen der anderen Winkel.
a) $b = 7{,}2$ cm; $c = 9$ cm; $\alpha = 16°$
b) $a = 7{,}7$ cm; $c = 6{,}4$ cm; $\beta = 32°$
c) $a = 6{,}9$ cm; $b = 7{,}5$ cm; $\gamma = 54°$
d) $b = 5{,}1$ cm; $c = 6{,}2$ cm; $\alpha = 105°$

5 Zeichne das gleichschenklige Dreieck *ABC*.
a) $b = 6{,}1$ cm; $\alpha = 25°$; es gilt $b = c$
b) $a = 5{,}6$ cm; $\gamma = 50°$; es gilt $a = b$
c) $c = 4{,}9$ cm; $\alpha = 67°$; es gilt $b = c$
d) $b = 3{,}4$ cm; $\alpha = 58°$; es gilt $b = c$
e) $a = 4$ cm; $\beta = 48°$; es gilt $a = c$
f) $a = 4{,}6$ cm; $\gamma = 57°$; es gilt $a = b$

6 In dieser Figur sind alle Teildreiecke gleichschenklig.

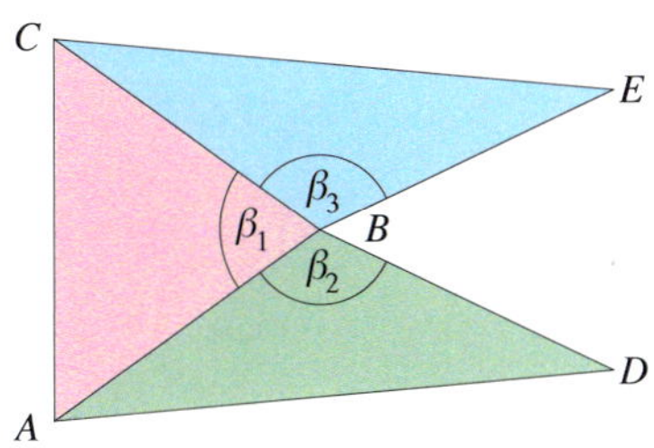

a) Zeichne diese Figur, in der gilt:
$\overline{AB} = \overline{BC} = \overline{BD} = \overline{BE} = 5{,}5$ cm und
$\beta_1 = 70°, \beta_2 = 120°, \beta_3 = 130°$.
Zeichne schrittweise zuerst das Dreieck *ABC*. Zeichne daran das Dreieck *ADB* und schließlich das Dreieck *BEC*.
b) Zeichne diese Figur, in der gilt:
$\overline{AB} = \overline{BC} = \overline{BD} = \overline{BE} = 5{,}5$ cm und
$\beta_1 = 120°, \beta_2 = 70°, \beta_3 = 150°$.

7 a) Mit einem Winkelmessgerät (Theodolit) wurde der Winkel 27° gemessen. Bestimme zeichnerisch den Abstand der Stäbe *A* und *C*. Zeichne verkleinert im Maßstab 1 : 1000.

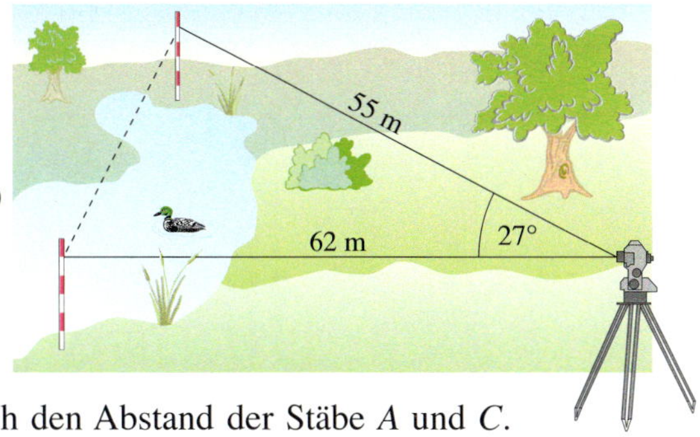

b) Wie weit sind die Messlatten voneinander entfernt?
Zeichne verkleinert im Maßstab 1 : 2000.

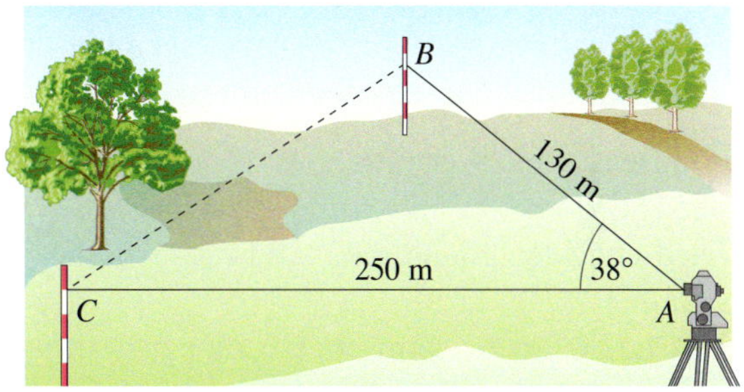

8 Von einem Messpunkt sieht man das Schloss Hausen und die Burgruine Berchingen unter einem Winkel $\alpha = 43°$. Er ist von Hausen 3,3 km und von Berchingen 5,2 km entfernt. Wie weit sind das Schloss und die Burgruine voneinander entfernt? Bestimme die Entfernung zeichnerisch. Zeichne verkleinert im Maßstab 1:100 000.

9 Auf einem See wird ein Segelturn um drei Bojen durchgeführt, die somit eine Dreiecksform *ABC* beschreiben. Start- und Zielpunkt ist der Punkt *A*. Die Punkte *B* und *C* sieht man von *A* aus unter einem Winkel von 23°, *B* ist 1,8 km von *A* entfernt. Von *C* nach *A* sind es 2,5 km.
- Zeichne das Dreieck verkleinert im Maßstab 1 : 50 000.
- Welche Gesamtlänge wird durch die Bojen bestimmt?

Rückblick

Berechne.
a) $\frac{18}{72} + \frac{35}{175}$ b) $\frac{14}{42} - \frac{3}{27}$ c) $\frac{26}{72} + \frac{26}{52}$

WSW – Konstruktion aus einer Seite und den zwei anliegenden Winkeln

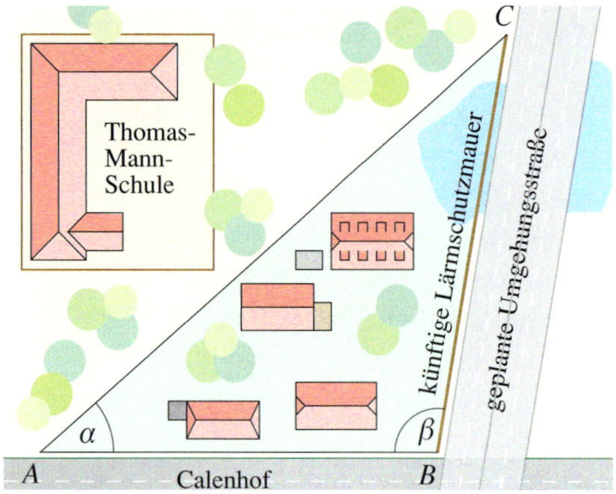

Die Stadt plant eine Umgehungsstraße, an der eine Lärmschutzmauer gebaut werden soll.

Die Vermessungsarbeitsgemeinschaft der benachbarten Schule will die Länge der Mauer bestimmen. Diese kann allerdings nicht mit dem Bandmaß direkt gemessen werden, weil dort ein kleiner See liegt. Um die Vermessung doch durchführen zu können, setzen die Schülerinnen und Schüler an die Endpunkte B und C der geplanten Mauer je einen Vermessungsstab. Außerdem markieren sie einen leicht zugänglichen Punkt A. So entsteht das Dreieck ABC.

Bei der Vermessung peilt die Arbeitsgemeinschaft mithilfe eines Theodoliten von den Endpunkten der „Standlinie“ $\overline{AB}$ aus den Vermessungsstab bei C an. Die folgenden Werte werden gemessen.

Am Messpunkt A ermittelt der Theodolit 40° als Größe des Winkels α. Am Messpunkt B ermittelt der Theodolit 105° als Größe des Winkels β.
Die Länge der „Standlinie“ $\overline{AB}$ beträgt 43 m.

Um die Länge der Lärmschutzmauer zu bestimmen, wird das Dreieck ABC im Maßstab 1 : 1000 verkleinert gezeichnet.

Wirklichkeit	Zeichnung
1 m = 1000 mm 43 m = 43 000 mm	1 mm = 0,1 cm 43 mm = 4,3 cm

$c = 4{,}3$ cm; $\alpha = 40°$; $\beta = 105°$

Dieses Dreieck wird so konstruiert:

1. Zeichne $c = 4{,}3$ cm.
2. Zeichne an c in A den Winkel $\alpha = 40°$.
3. Zeichne an c in B den Winkel $\beta = 105°$.
   Die freien Schenkel von α und β schneiden sich in C.

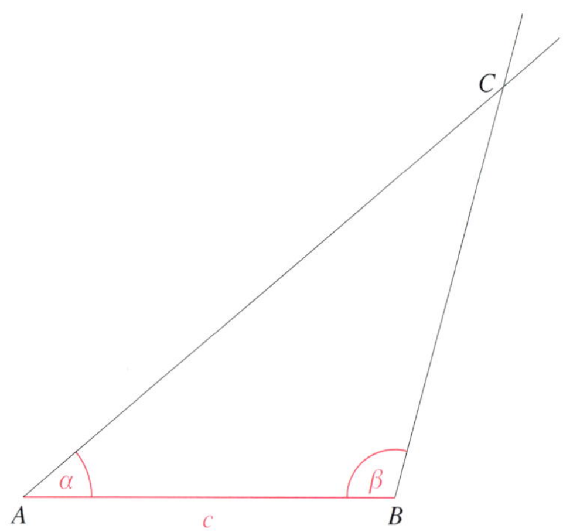

Aus der Zeichnung wird die Länge der Seite $\overline{BC}$ mit 4,8 cm gemessen.
48 mm in der Zeichnung sind 48 000 mm in der Wirklichkeit.
Die Lärmschutzmauer wird 48 m lang.

1 a) Konstruiere das Dreieck ABC mit $c = 5$ cm, $\alpha = 78°$ und $\beta = 53°$.
b) Lässt sich auch ein Dreieck mit $c = 5$ cm, $\alpha = 78°$ und $\beta = 112°$ konstruieren? Begründe.

A⇒B
2 a) Vor der Konstruktion eines Dreiecks wurde diese Planfigur gezeichnet. Beschreibe die einzelnen Konstruktionsschritte.
b) Wie müsste ein gleichseitiges Dreieck nach *WSW* konstruiert werden, wenn nur die Seite a gegeben ist?

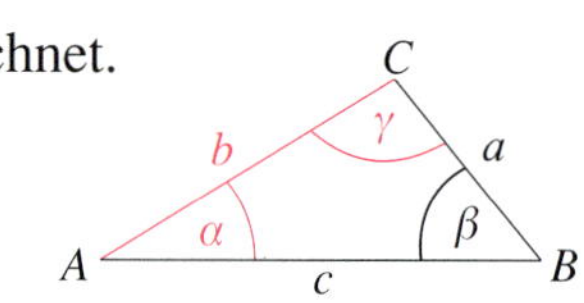

Beispiel

Konstruiere das Dreieck ABC mit $a = 4{,}3$ cm, $\beta = 47°$ und $\gamma = 70°$.

Gegeben: $a = 4{,}3$ cm; $\beta = 47°$; $\gamma = 70°$

Konstruktionsbeschreibung:
1. Zeichne $a = 4{,}3$ cm.
2. Zeichne an a in B den Winkel $\beta = 47°$.
3. Zeichne an a in C den Winkel $\gamma = 70°$. Die freien Schenkel von β und γ schneiden sich in A.

Planfigur:

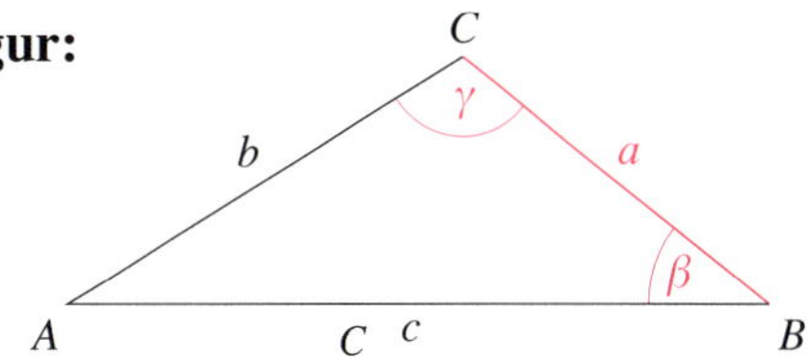

Konstruktion:

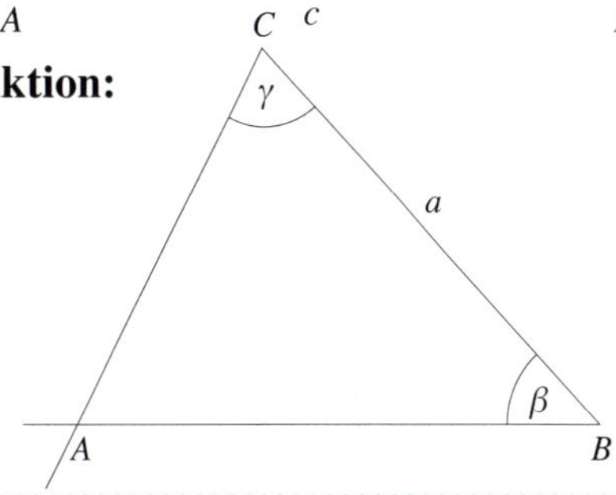

119-1

Übungen

3 Zeichne das Dreieck ABC.
a) $c = 3{,}9$ cm; $\alpha = 52°$; $\beta = 82°$
b) $c = 4{,}2$ cm; $\alpha = 100°$; $\beta = 45°$
c) $a = 6{,}2$ cm; $\beta = 37°$; $\gamma = 74°$
d) $a = 4{,}1$ cm; $\beta = 28°$; $\gamma = 105°$
e) $b = 5{,}4$ cm; $\alpha = 65°$; $\gamma = 79°$
f) $b = 3{,}9$ cm; $\alpha = 118°$; $\gamma = 35°$

4 Prüfe, ob die Konstruktion des Dreiecks möglich ist. Begründe.
a) $c = 4{,}5$ cm; $\alpha = 75°$; $\beta = 105°$
b) $b = 5{,}4$ cm; $\alpha = 48°$; $\gamma = 72°$
c) $a = 4{,}8$ cm; $\beta = 110°$; $\gamma = 90°$

5 Zeichne das Dreieck ABC.
a) $c = 5{,}1$ cm; $\alpha = 110°$; $\beta = 37°$
b) $b = 6{,}8$ cm; $\gamma = 126°$; $\alpha = 23°$
c) $a = 4$ cm; $\beta = 27°$; $\gamma = 140°$
d) $c = 4{,}8$ cm; $\alpha = 37°$; $\beta = 110°$
e) $b = 5{,}2$ cm; $\gamma = 23°$; $\alpha = 126°$

6 Zeichne das Dreieck ABC.
a) $a = 3{,}6$ cm; $\gamma = 90°$; $\beta = 60°$
b) $b = 5{,}9$ cm; $\gamma = 55°$; $\alpha = 90°$
c) $c = 4{,}7$ cm; $\alpha = 90°$; $\beta = 70°$

7 Zeichne das gleichseitige Dreieck nach *wsw*.
a) $c = 5$ cm
b) $a = 5{,}7$ cm
c) $b = 7{,}1$ cm
d) $c = 4{,}6$ cm

8 Zeichne das gleichschenklige Dreieck ABC.
a) $c = 4{,}9$ cm; $\alpha = 71°$; es gilt $a = b$
b) $a = 6{,}3$ cm; $\gamma = 48°$; es gilt $c = b$
c) $b = 5{,}2$ cm; $\alpha = 35°$; es gilt $a = c$
d) $c = 5{,}1$ cm; $\beta = 70°$; es gilt $a = b$
e) $a = 5{,}9$ cm; $\beta = 56°$; es gilt $b = c$

9 Zeichne diese Figur, die aus einem Quadrat und vier gleichen Dreiecken besteht, möglichst geschickt. Gegeben ist $c = 5{,}3$ cm, $\alpha = 59°$, $\beta = 31°$.

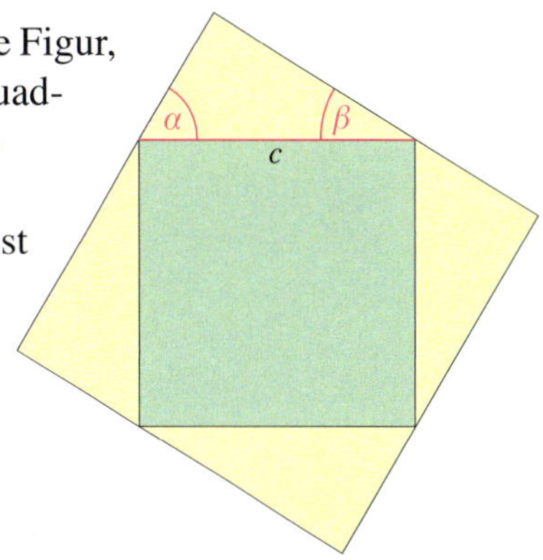

10 Das Land Guyana liegt in Südamerika. Die Flagge dieses Landes enthält gleichschenklige Dreiecke. Zeichne diese Flagge mit den gegebenen Maßen.
$a = 3$ cm;
$\alpha_1 = 61°$;
$\alpha_2 = 74°$
Recherchiere weitere Flaggen mit Dreiecken.

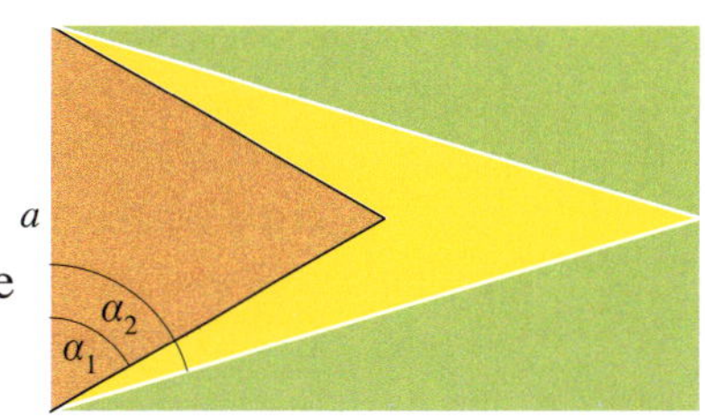

Info

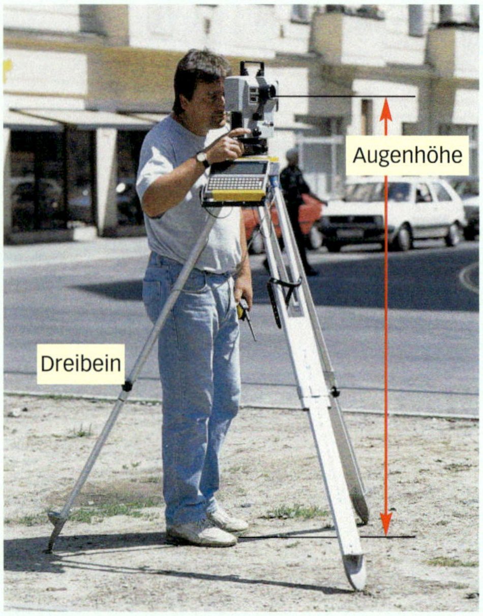

Da der Theodolit beim Messen immer auf einem Dreibein steht, muss man die Höhe vom Boden bis zum Fernrohr des Theodoliten bei allen Höhenmessungen berücksichtigen. Diese Höhe ist einheitlich festgelegt auf 1,50 m. Man nennt sie die Augenhöhe.

11 Die Wolkenhöhe über einem Flugplatz wird nachts bestimmt, indem ein Scheinwerfer senkrecht von der Erde aus die Wolken anstrahlt. Von einem Messpunkt A aus wird der Lichtfleck an der Wolkenunterseite angepeilt und der Winkel α gemessen.

Wie hoch ist die Wolkendecke über der Erde bei $\overline{AS} = 1$ km und $\alpha = 26°$? Zeichne verkleinert im Maßstab 1 : 10 000. Bei diesen Längenangaben kann die Augenhöhe vernachlässigt werden.

12 Die Höhe eines Bürogebäudes soll mit dem Theodoliten vermessen werden. Er wird in 50 m Entfernung vom Gebäude aufgestellt und der Winkel $\alpha = 35°$ gemessen.

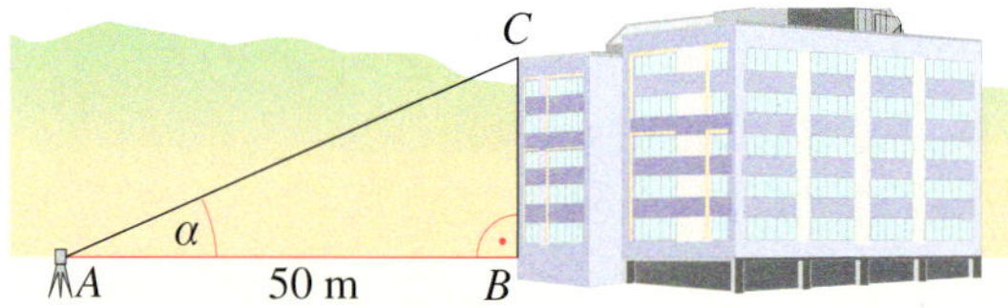

Fertige nach der Skizze eine verkleinerte Zeichnung im Maßstab 1: 500 an und bestimme aus der Zeichnung die Höhe des Bürogebäudes. Beachte dabei die Augenhöhe.

13 Es soll die Höhe eines Kirchturms bestimmt werden. Dazu hat man zwei geeignete Punkte A und B im Gelände gewählt.

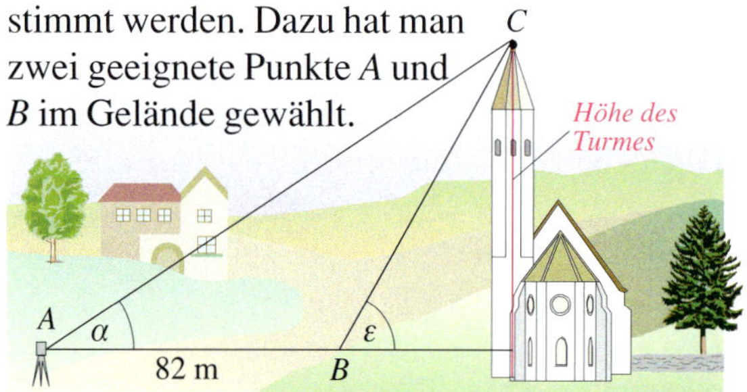

Die Entfernung der Punkte A und B beträgt 82 m. Von A und von B aus wird die Kirchturmspitze angepeilt. Die Messungen ergeben $\alpha = 27°$ und $\varepsilon = 57°$.
Fertige eine verkleinerte Zeichnung im Maßstab 1 : 1000 an und bestimme mithilfe der Zeichnung die Höhe des Turms in Wirklichkeit. Beachte dabei die Augenhöhe.

14 Von einem Punkt A aus wird die Spitze des Berliner Fernsehturms unter einem Winkel $\alpha = 40°$ angepeilt. Nähert man sich dem Turm um 330 m, so erscheint die Turmspitze unter einem Winkel $\varepsilon = 74°$. Die Augenhöhe kann man hier vernachlässigen.
Zeichne das Dreieck ABC verkleinert im Maßstab 1: 3000 und bestimme die Turmhöhe.

Rückblick

Berechne den Preis pro kg.
a) 2,41 kg Fleisch kosten 24,05 €.
b) $\frac{3}{4}$ kg Käse kosten 3,74 €.

Info

Eine Sternwarte kann für jeden Tag des Jahres den Sonnenstand angeben. Der Sonnenstand wird als Winkel angegeben. Es wird der Winkel α gemessen, den die Sonnenstrahlen mit der Erdoberfläche bilden. Der Sonnenstand ist auch abhängig von der geographischen Breite und von der Tageszeit. Angaben für den 51. Breitengrad 12 Uhr (auf dem 51. Breitengrad liegen z. B. Köln und Dresden).

1. Januar	$\alpha = 16°$	4. Juli	$\alpha = 62°$
5. Februar	$\alpha = 23°$	3. August	$\alpha = 56°$
1. März	$\alpha = 32°$	2. September	$\alpha = 47°$
5. April	$\alpha = 45°$	2. Oktober	$\alpha = 35°$
5. Mai	$\alpha = 55°$	1. November	$\alpha = 24°$
4. Juni	$\alpha = 62°$	1. Dezember	$\alpha = 17°$

15 Wie hoch ist die Pappel? Zeichne verkleinert im Maßstab 1 : 200.

a) Am 4. Juli war der Schatten 16 m lang.

b) Am 3. August war der Schatten 21 m lang.

16 Wie hoch sind die Bäume, wenn an den angegebenen Tagen der Schatten jeweils 20 m lang ist? Zeichne verkleinert im Maßstab 1 : 500 und fülle die Tabelle im Heft aus.

Datum	Baumhöhe
4. Juli	
2. Oktober	

Datum	Baumhöhe
1. Januar	
5. April	

Rückblick

Schreibe als Dezimalbruch.

a) $\frac{3}{5}$; $\frac{3}{4}$; $\frac{13}{50}$; $\frac{4}{25}$; $\frac{7}{8}$; $\frac{109}{125}$

b) $\frac{17}{2}$; $\frac{34}{5}$; $\frac{120}{25}$; $\frac{13}{4}$; $\frac{15}{6}$; $\frac{22}{8}$

c) $21\frac{3}{5}$; $15\frac{3}{4}$; $24\frac{9}{20}$; $18\frac{5}{8}$

17 Die Schweizer Bodenseeorte Kreuzlingen und Romanshorn sind 17,2 km entfernt (Luftlinie). Wird die Stadt Friedrichshafen am gegenüber liegenden deutschen Ufer von beiden Schweizer Orten angepeilt, können die in der Zeichnung angegebenen Winkel gemessen werden.

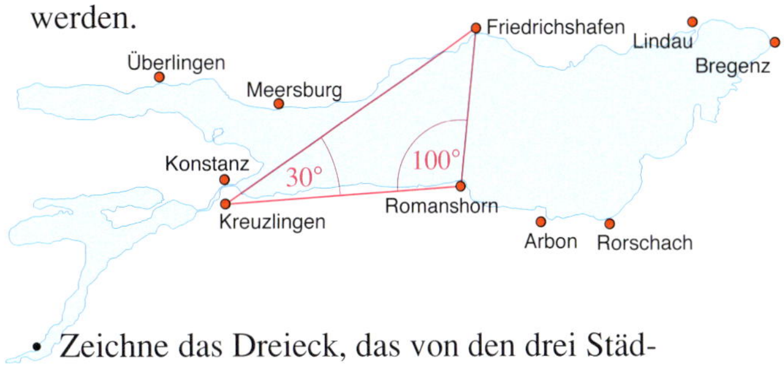

- Zeichne das Dreieck, das von den drei Städten gebildet wird, verkleinert im Maßstab 1 : 200 000.
- Bestimme mithilfe der Zeichnung die Länge der Strecke, die die Autofähre von Romanshorn nach Friedrichshafen zurücklegt, wenn sie geradlinig den Bodensee überquert.

18 Der Tempel der Athene Parthenos auf der Akropolis von Athen, wurde 447–432 v. Chr. errichtet und durch Beschießung im Jahr 1687 stark zerstört.

West- und Ostgiebel waren mit Skulpturen reich verziert. Der „Zierbereich“ ist etwa 29 m lang und wurde von den Dachkanten mit 13° Neigung begrenzt.
Fertige eine Maßstabszeichnung für den „Zierbereich“ an. Zeichne das Dreieck verkleinert im Maßstab 1 : 250 und bestimme mithilfe der Zeichnung die Längen der schrägen Kanten.

***SSW* – Konstruktion aus zwei Seiten und einem Winkel, der nicht davon eingeschlossen wird**

1. Fall Ein Dreieck ABC soll diese Maße haben: $b = 2{,}1$ cm; $c = 3{,}2$ cm; $\beta = 45°$

Planfigur:

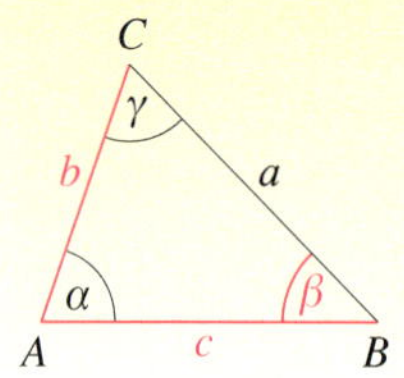

Konstruktion:

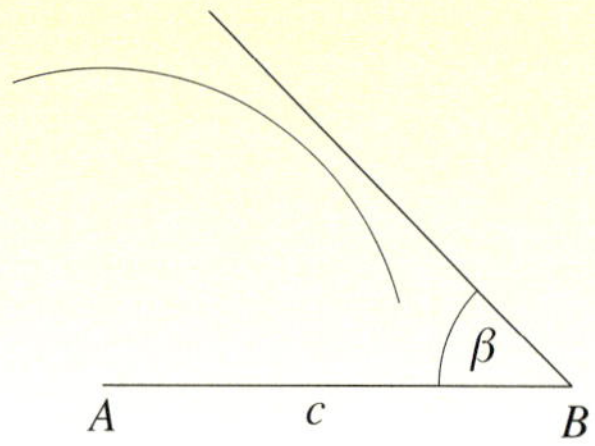

Konstruktionsbeschreibung:

1. Zeichne $c = 3{,}2$ cm.
2. Zeichne an c in B den Winkel $\beta = 45°$.
3. Zeichne um A den Kreis mit dem Radius $b = 2{,}1$ cm.

Der Kreis schneidet den freien Schenkel von β nicht.

In diesem Fall entsteht kein Dreieck.

2. Fall Wir verlängern die Seite b und zeichnen mit diesen Maßen:
$b = 2{,}5$ cm; $c = 3{,}2$ cm; $\beta = 45°$

Konstruktion:

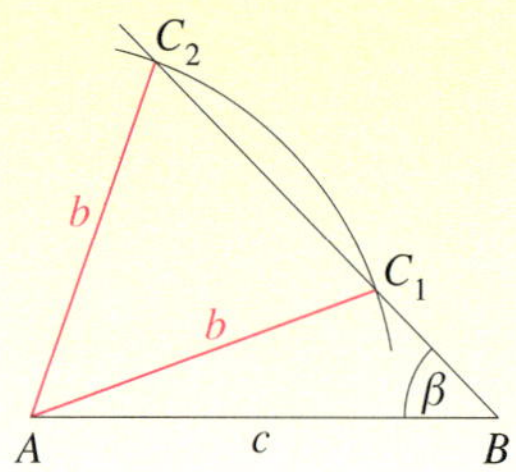

Konstruktionsbeschreibung:

1. Zeichne $c = 3{,}2$ cm.
2. Zeichne an c in B den Winkel $\beta = 45°$.
3. Zeichne um A den Kreis mit dem Radius $b = 2{,}5$ cm.

Der Kreis schneidet den freien Schenkel von β in zwei Punkten C_1 und C_2.

4. Verbinde A jeweils mit C_1 und C_2.

In diesem Fall entstehen zwei verschiedene Dreiecke ABC_1 und ABC_2.

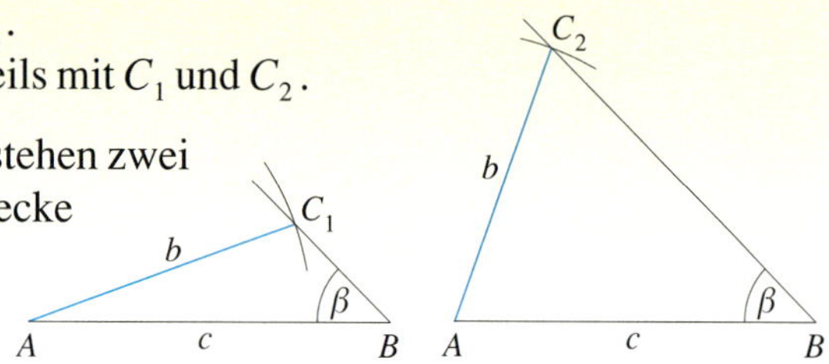

3. Fall Wir verlängern die Seite b noch mehr und zeichnen mit diesen Maßen:
$b = 3{,}4$ cm; $c = 3{,}2$ cm; $\beta = 45°$

Konstruktion:

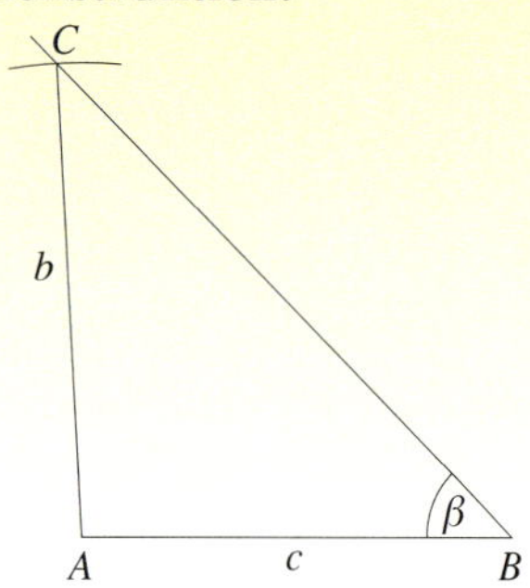

Konstruktionsbeschreibung:

1. Zeichne $c = 3{,}2$ cm.
2. Zeichne an c in B den Winkel $\beta = 45°$.
3. Zeichne um A den Kreis mit dem Radius $b = 3{,}4$ cm.

Der Kreis schneidet den freien Schenkel von β in C.

4. Verbinde A mit C.

In diesem Fall entsteht genau ein Dreieck. Der gegebene Winkel liegt bezogen auf die gegebenen Seiten der längeren Seite gegenüber.

Liegt der gegebene Winkel der längeren Seite gegenüber (SSW_ℓ), ergibt die Konstruktion stets nur ein Dreieck.

1 a) Konstruiere ein Dreieck ABC mit $a = 4{,}2$ cm, $b = 5{,}8$ cm und $\beta = 47°$.
b) Ändere die Länge von b so, dass zwei Dreiecke entstehen (kein Dreieck entsteht).

2 Wie viele Dreiecke entstehen? Begründe.
a) $a = 4{,}1$ cm; $b = 4{,}8$ cm; $\alpha = 52°$
b) $a = 6{,}3$ cm; $c = 4{,}7$ cm; $\gamma = 56°$
c) $b = 3{,}9$ cm; $c = 5{,}6$ cm; $\beta = 108°$

Beispiel

Konstruiere das Dreieck ABC mit $a = 3{,}3$ cm, $c = 4{,}7$ cm und $\gamma = 38°$.

Gegeben: $a = 3{,}3$ cm; $c = 4{,}7$ cm; $\gamma = 38°$

Konstruktionsbeschreibung:
1. Zeichne $a = 3{,}3$ cm.
2. Zeichne an a in C den Winkel $\gamma = 38°$.
3. Zeichne um B den Kreis mit dem Radius $c = 4{,}7$ cm.
   Der Kreis schneidet den freien Schenkel von γ in A.
4. Verbinde A mit B.

Planfigur:

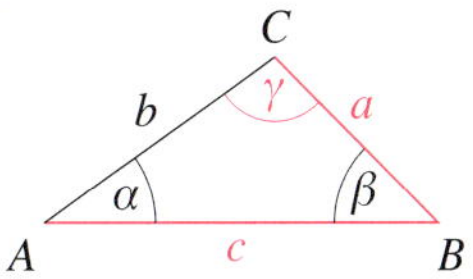

Konstruktion:

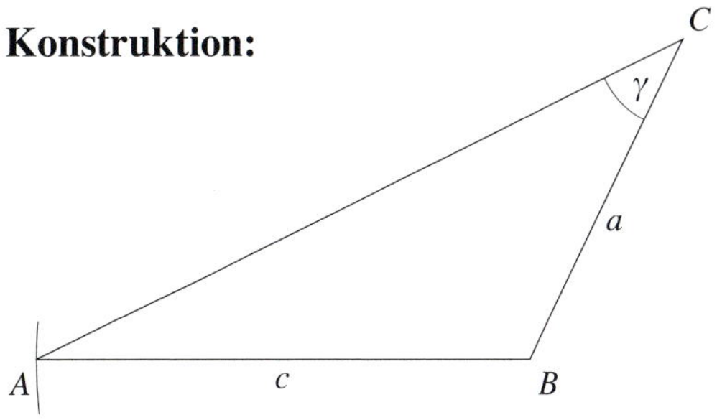

Übungen

123-1

3 Zeichne ein Dreieck ABC.
a) $a = 3{,}8$ cm; $c = 5{,}4$ cm; $\gamma = 70°$
b) $a = 3{,}9$ cm; $b = 6{,}4$ cm; $\beta = 54°$
c) $b = 5{,}5$ cm; $c = 4{,}7$ cm; $\beta = 48°$
d) $a = 3{,}3$ cm; $c = 5{,}8$ cm; $\gamma = 67°$
e) $b = 4{,}2$ cm; $c = 4{,}7$ cm; $\gamma = 40°$
f) $a = 5{,}7$ cm; $b = 4{,}1$ cm; $\alpha = 72°$

4 Zeichne ein Dreieck ABC. Gib vorher an, ob bei der Konstruktion ein Dreieck oder möglicherweise zwei Dreiecke entstehen.
a) $a = 3{,}7$ cm; $c = 4{,}9$ cm; $\gamma = 72°$
b) $c = 4{,}8$ cm; $b = 5{,}2$ cm; $\gamma = 55°$
c) $b = 4{,}5$ cm; $a = 3{,}7$ cm; $\beta = 68°$
d) $a = 3{,}5$ cm; $c = 5{,}6$ cm; $\alpha = 30°$
e) $b = 6{,}3$ cm; $c = 3{,}7$ cm; $\beta = 95°$
f) $c = 6{,}3$ cm; $a = 4{,}7$ cm; $\alpha = 27°$

5 Gegeben ist ein Dreieck ABC mit $a = 5$ cm, $c = 6$ cm und $\gamma = 51°$.
a) Konstruiere das Dreieck.
b) Gelingt es dir, ohne Zeichnung anzugeben, wie viele Dreiecke entstehen, wenn die Länge der Seite $c = 4$ cm ($c = 3$ cm) ist?

6 Eine Vermessung hatte die folgenden Ergebnisse. Der Standort C ist 500 m vom Standort A entfernt und 370 m vom Standort B. Von B aus erscheint die Strecke $\overline{AC}$ unter einem Winkel von 48°.
Wie lang ist die Entfernung der Standorte A und B? Zeichne eine Planfigur und konstruiere verkleinert im Maßstab 1 : 10 000.

7 Vom Aussichtsturm am Dreiländereck Niederlande-Belgien-Deutschland sieht man die Aachener Universitätsklinik und den Aachener Dom. In der Karte bilden die Luftlinien zu diesen beiden Orten einen Winkel von 41°. Die Entfernungen (Luftlinien) zwischen Klinik und Dom betragen 10,5 km und zwischen Aussichtsturm und Klinik 9 km. Zeichne verkleinert im Maßstab 1 : 100 000 und bestimme die Entfernung vom Aussichtsturm zum Dom.

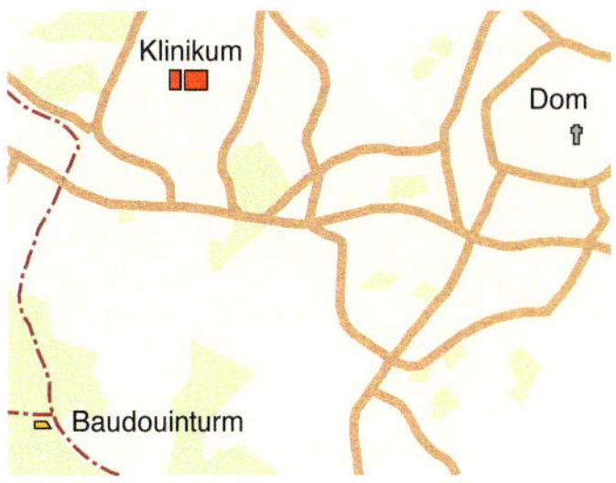

SWW – Konstruktion aus einer Seite und zwei Winkeln; einer liegt der Seite gegenüber

Da zwei Winkel gegeben sind, kann der dritte Winkel aus der Winkelsumme im Dreieck berechnet werden. Somit ist auch der zweite Winkel bekannt, der an der gegebenen Seite anliegt. Dieser Fall kann auf den Fall *WSW* zurückgeführt werden.

Wir konstruieren das Dreieck *ABC* mit $a = 3{,}2$ cm, $\alpha = 41°$ und $\beta = 73°$.

Gegeben: $a = 3{,}2$ cm, $\alpha = 41°$
$\beta = 73°$
$\gamma = 180° - \alpha - \beta$
$\gamma = 180° - 41° - 73°$
$\gamma = 66°$

Planfigur:

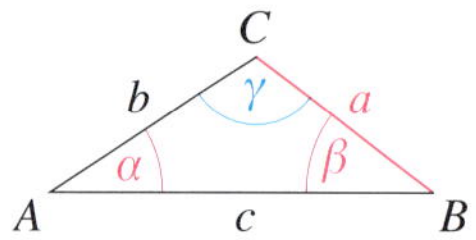

Konstruktion:

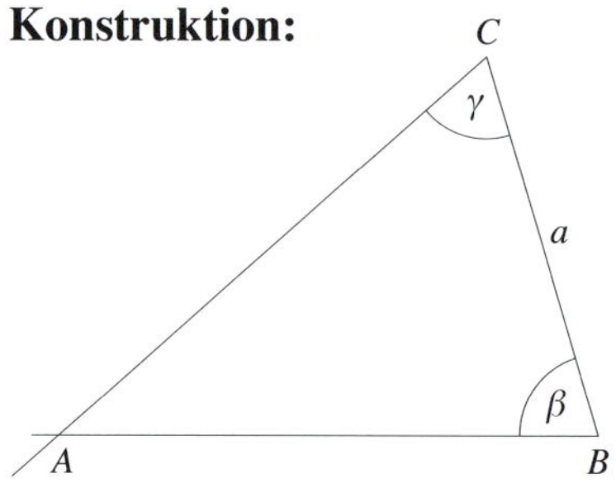

1 Beschreibe die Konstruktion dieses Dreiecks.

WWW – Konstruktion aus drei Winkeln

Da nur drei Winkel gegeben sind, ist die Wahl der Seitenlängen beliebig.

Wir konstruieren Dreiecke *ABC* mit $\alpha = 41°$, $\beta = 71°$ und $\gamma = 68°$.

Gegeben: $\alpha = 41°$; $\beta = 71°$
$\gamma = 68°$

Konstruktion:

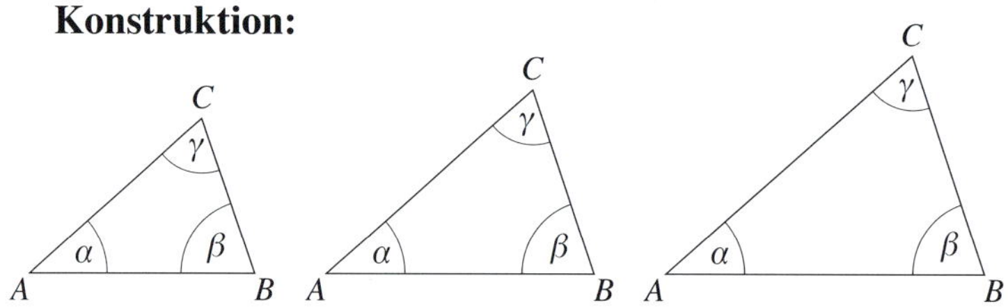

2 Beschreibe die Konstruktion eines dieser Dreiecke.

In allen drei Dreiecken ist $\alpha = 48°$, $\beta = 71°$ und $\gamma = 61°$. Die entsprechenden Seiten in den drei Dreiecken sind verschieden lang. Dreiecke, von denen drei Winkel bekannt sind, haben die gleiche Form, sie haben jedoch nicht die gleiche Größe.

Übungen

3 Berechne den dritten Winkel im Dreieck.

a) $\alpha = 58°$, $\beta = 45°$
b) $\beta = 39°$, $\gamma = 87°$
c) $\alpha = 115°$, $\gamma = 23°$
d) $\beta = 19°$, $\gamma = 124°$
e) $\alpha = 67°$, $\beta = 93°$
f) $\alpha = 101°$, $\gamma = 35°$

www 124-1

4 Zeichne das Dreieck *ABC*.

a) $b = 4{,}9$ cm; $\alpha = 61°$, $\beta = 46°$
b) $b = 5{,}3$ cm; $\gamma = 52°$, $\beta = 38°$
c) $c = 6{,}1$ cm; $\alpha = 106°$, $\gamma = 40°$
d) $c = 7{,}2$ cm; $\gamma = 26°$, $\beta = 132°$
e) $a = 3{,}9$ cm; $\alpha = 30°$, $\beta = 44°$
f) $a = 5{,}0$ cm; $\gamma = 51°$, $\alpha = 49°$
g) $c = 3{,}3$ cm; $\beta = 47°$, $\gamma = 25°$

5 Bei in Madagaskar gefundenen Turmalinen zeigen die Querschnitte häufig verschieden große Dreiecke mit gleicher Form. Zeichne vier Dreiecke mit den Winkelgrößen $\alpha = 53°$, $\beta = 62°$ und $\gamma = 65°$, die wie beim hier abgebildeten Turmalin angeordnet sind.

gegebene Größen	Planfigur	Anzahl der Dreiecke
drei Seiten Fall ***SSS***	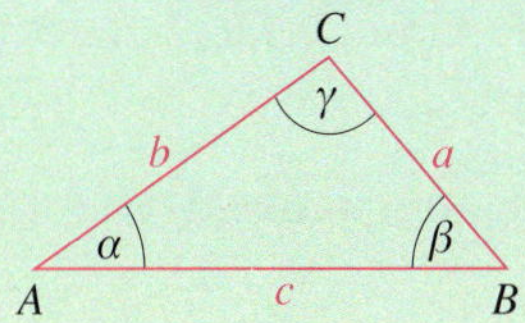	Jede Konstruktion führt zum gleichen Dreieck. 1 Dreieck
zwei Seiten und der eingeschlossene Winkel Fall ***SWS***	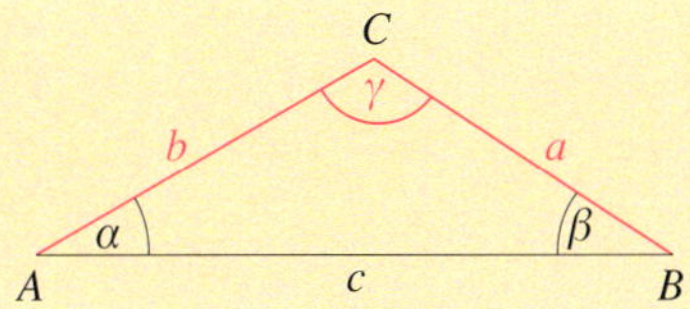	Jede Konstruktion führt zum gleichen Dreieck. 1 Dreieck
eine Seite und die zwei anliegenden Winkel Fall ***WSW***	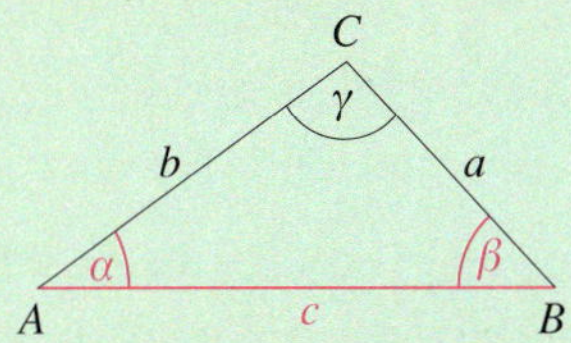	Jede Konstruktion führt zum gleichen Dreieck. 1 Dreieck
eine Seite und zwei Winkel, ein Winkel liegt der Seite gegenüber Fall ***SWW*** wird ***WSW***	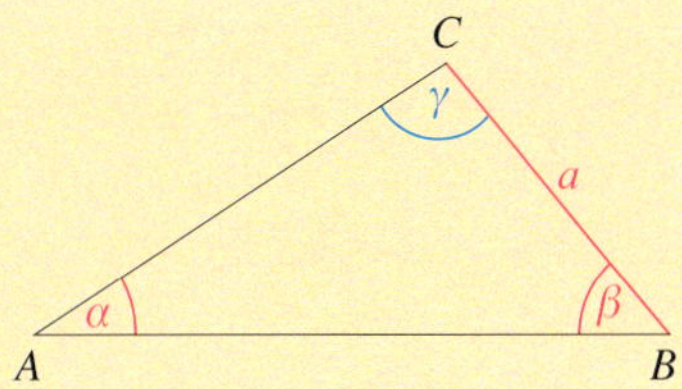	Jede Konstruktion führt zum gleichen Dreieck. 1 Dreieck
zwei Seiten und ein Winkel, der nicht davon eingeschlossen wird Fall ***SSW***	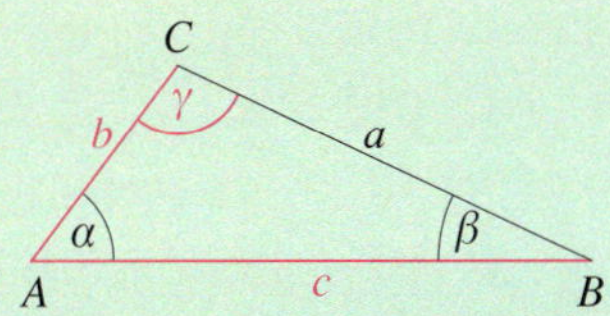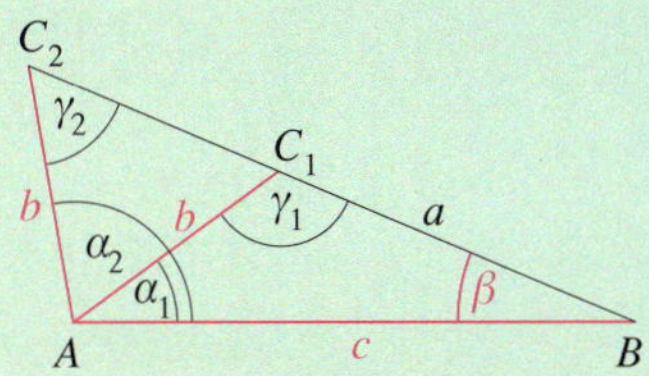	Der Winkel liegt der längeren Seite gegenüber (Fall $\boldsymbol{SSW_\ell}$). 1 Dreieck **Sonderfall:** Der Winkel liegt der kürzeren der zwei Seiten gegenüber. 2 verschiedene Dreiecke
drei Winkel Fall ***WWW***	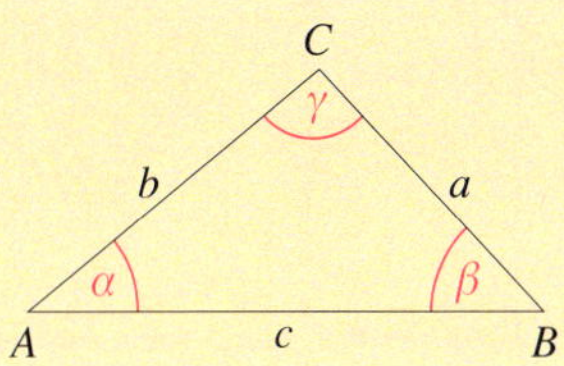	Die Dreiecke haben gleiche Formen aber verschiedene Größe. beliebig viele Dreiecke

Merke

Dreiecke, die aus den gleichen gegebenen Größen nach den Fällen *SSS*, *SWS*, *WSW* oder SSW_ℓ konstruiert werden, stimmen in allen Seiten und Winkeln überein.
Sie haben dann die gleiche Form und die gleiche Größe. Man nennt sie **kongruente** (**deckungsgleiche**) Dreiecke.

Wir haben bei der Konstruktion von Dreiecken erkannt, dass unter bestimmten Voraussetzungen von sechs möglichen Größen (drei Seitenlängen und drei Winkelgrößen) schon drei ausreichen, um kongruente Dreiecke zu konstruieren. Entsprechend reicht es aus, nur drei Größen der Dreiecke zu vergleichen, um ihre Kongruenz festzustellen.

Es gibt vier Möglichkeiten, die in vier **Kongruenzsätzen** formuliert werden können.

Merke

Kongruenzsatz *SSS*	Stimmen zwei Dreiecke in allen drei Seiten überein, sind sie kongruent.
Kongruenzsatz *SWS*	Stimmen zwei Dreiecke in zwei Seiten und dem eingeschlossenen Winkel überein, sind sie kongruent.
Kongruenzsatz *WSW*	Stimmen zwei Dreiecke in einer Seite und den beiden anliegenden Winkeln überein, sind sie kongruent.
Kongruenzsatz SSW_ℓ	Stimmen zwei Dreiecke in zwei Seiten und dem der längeren Seite gegenüberliegenden Winkel überein, sind sie kongruent.

Übungen

1 Welche Dreiecke sind kongruent? Gib eine Begründung an.

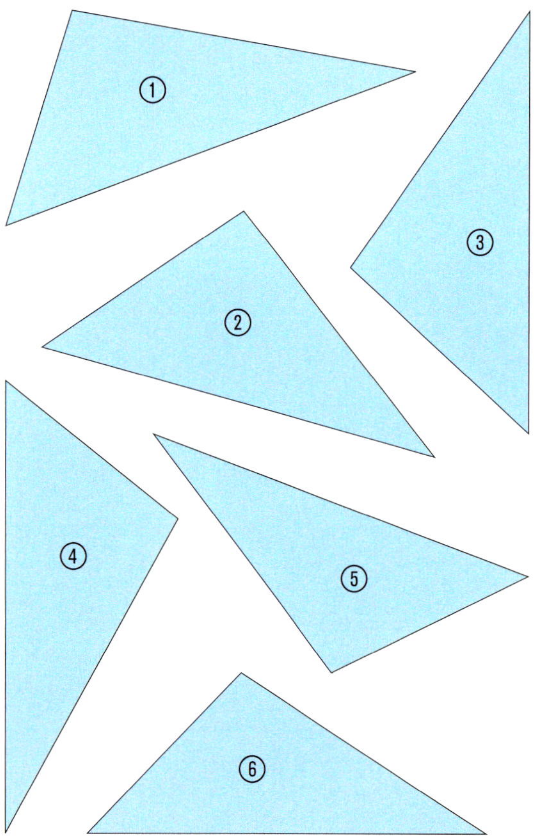

2 Suche in dieser Figur so viele Dreiecke wie möglich. Schreibe die kongruenten Dreiecke wie im Beispiel auf.

Beispiel: $\triangle ABD \cong \triangle BCD$
(Das Zeichen $\triangle$ bedeutet: „Das Dreieck …“, das Zeichen $\cong$ bedeutet: „… ist kongruent zu …“.)

Die Vierecke *ABCD* und *DGCE* sind Quadrate.

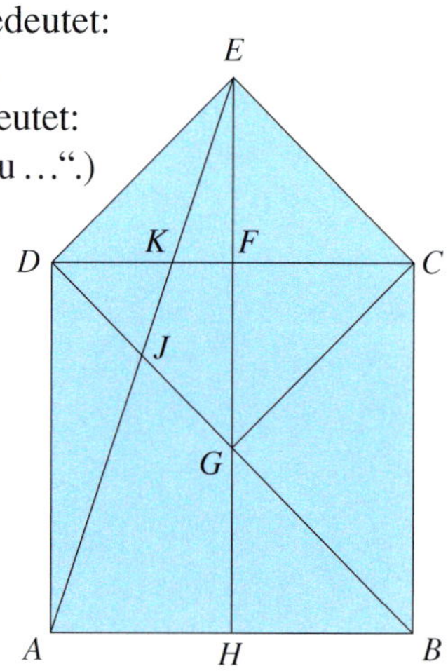

3 Die Geraden *g* und *h* sind parallel. Der Punkt *C* liegt genau in der Mitte zwischen *g* und *h*.
Begründe, dass die Dreiecke *ABC* und *CDE* kongruent sind.

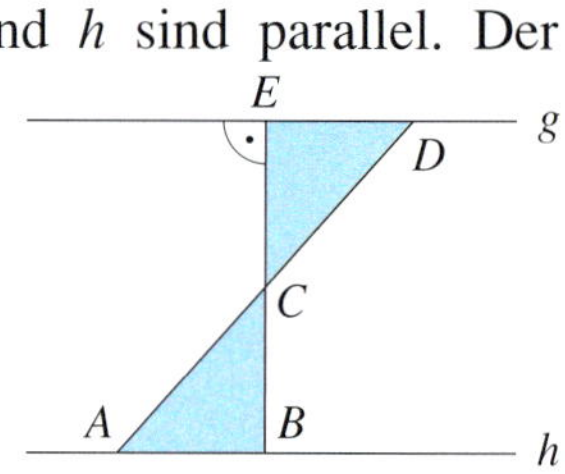

127-1

1 Zeichne das Dreieck *ABC*. Nach welchem der drei Fälle *SSS*, *SWS*, *WSW* musst du es konstruieren?

a) $a = 3$ cm; $b = 6$ cm; $c = 5$ cm
b) $c = 5{,}3$ cm; $\alpha = 43°$; $\beta = 62°$
c) $b = 2{,}9$ cm; $c = 5{,}3$ cm; $\alpha = 36°$
d) $a = 4$ cm; $b = 6$ cm; $\gamma = 47°$

2 Kann mit diesen Angaben ein Dreieck gezeichnet werden? Begründe.

a) $c = 5$ cm; $\alpha = 111°$; $\beta = 79°$
b) $a = 1{,}5$ cm; $b = 4$ cm; $c = 6$ cm
c) $a = 2{,}7$ cm; $b = 4{,}2$ cm; $c = 1{,}2$ cm
d) $b = 5{,}3$ cm; $\beta = 87°$; $\gamma = 93°$

3 Zeichne das gleichschenklige Dreieck *ABC*. Berechne vor der Konstruktion die Größen der anderen Winkel des Dreiecks.

a) $a = 2{,}3$ cm; $\alpha = 45°$; $a = b$
b) $b = 3{,}4$ cm; $\alpha = 56°$; $b = c$

4 Zeichne das Dreieck *ABC*.

a) $c = 4{,}4$ cm; $\alpha = 47°$; $b = 3{,}8$ cm
b) $a = 3$ cm; $b = 4{,}6$ cm; $c = 5{,}5$ cm
c) $a = 3{,}4$ cm; $\beta = 38°$; $\gamma = 129°$
d) $a = 2{,}7$ cm; $c = 5{,}1$ cm; $\gamma = 101°$
e) $c = 4$ cm; $\alpha = 15°$; $\beta = 138°$
f) $a = 3{,}6$ cm; $\gamma = 70°$; $b = 2$ cm
g) $b = 4{,}9$ cm; $a = 3{,}5$ cm; $\beta = 22°$
h) $a = 2{,}9$ cm; $b = 4{,}8$ cm; $c = 3{,}4$ cm

5 Zeichne das Dreieck *ABC*.

a) $a = 4{,}5$ cm; $b = 6$ cm; $c = 7{,}5$ cm
b) $b = 4{,}8$ cm; $c = 5{,}6$ cm; $\alpha = 90°$
c) $c = 5{,}5$ cm; $\alpha = 55°$; $\beta = 35°$
d) $a = 6{,}3$ cm; $b = 4{,}2$ cm; $\gamma = 105°$
e) $a = 2{,}7$ cm; $b = 3{,}9$ cm; $c = 3{,}4$ cm

6 Nach welchem Fall muss das Dreieck gezeichnet werden? Prüfe, ob kongruente Dreiecke entstehen oder nicht. Zeichne das Dreieck *ABC*.

a) $c = 3$ cm; $a = 4{,}2$ cm; $\alpha = 72°$
b) $c = 3{,}5$ cm; $b = 5{,}5$ cm; $\beta = 135°$
c) $b = 4{,}7$ cm; $a = 3{,}3$ cm; $\beta = 73°$
d) $b = 2{,}9$ cm; $a = 4{,}8$ cm; $\alpha = 120°$
e) $a = 3{,}9$ cm; $c = 5{,}3$ cm; $\gamma = 129°$
f) $b = 4{,}7$ cm; $c = 6{,}1$ cm; $\gamma = 114°$

7 Der Hautarzt empfiehlt: Wenn die Schattenlänge kürzer als die Körpergröße ist, sollte man sich ungeschützt nur wenig in der Sonne aufhalten.

a) Bei welcher Tageszeit muss auf jeden Fall die Empfehlung des Hautarztes erfüllt werden?
b) Unter welchem Winkel scheint die Sonne auf die Erde, wenn die Schattenlänge gleich der Körpergröße ist?
c) Marie ist 1,60 m groß. Die Sonne scheint in einem Winkel von 50° auf die Erde. Sollte sie die Empfehlung beachten? Zeichne gegebenenfalls verkleinert im Maßstab 1 : 20.

8 Zeichne diese Figur, die aus acht rechtwinkligen Dreiecken besteht. Beginne mit dem kleinsten Dreieck. Bei genauer Konstruktion muss die längste Seite im größten Dreieck 3 cm lang sein.

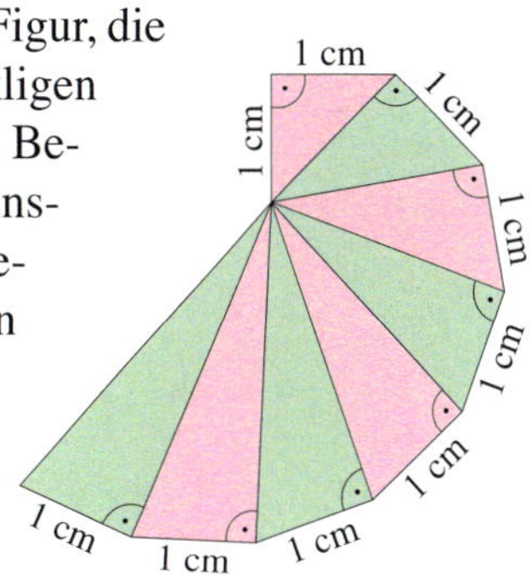

9 a) Im gleichseitigen Dreieck *ABC* ist $\overline{AB} = 5$ cm. Weiter gilt $\overline{AD} = \overline{BD} = 3{,}5$ cm und $\overline{AE} = \overline{BE} = 2{,}7$ cm. Zeichne die hier blauen Dreiecke.
b) Die Figur der blauen Dreiecke wurde an $\overline{AB}$ gespiegelt. Zeichne auch diese Figur.

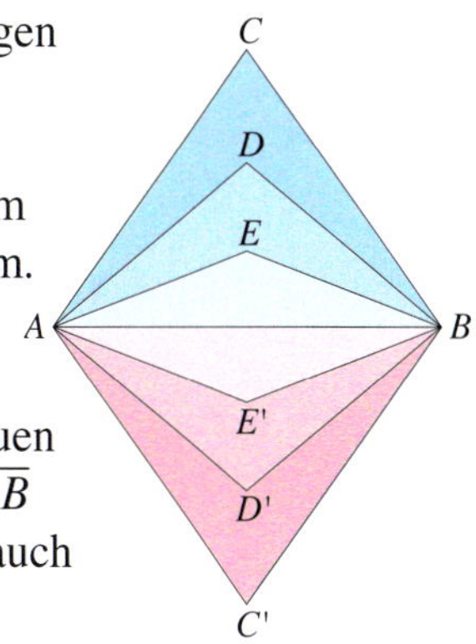

Rückblick

Ein Jugendzimmer wird für 1249 € angeboten. Die Einzelpreise betragen für den Schreibtisch 439 €, den Schrank 329 €, das Bett 309 € und den Stuhl 239 €.

10 Zeichne diese symmetrische Figur, indem du die Dreiecke ABC und $AB'C'$ zeichnest. Im Dreieck ABC sind $a = 4{,}1$ cm, $b = 9{,}3$ cm und $c = 5{,}4$ cm bekannt. Im Dreieck $AB'C'$ gilt $c' = 9{,}3$ cm und $b' = 5{,}4$ cm.

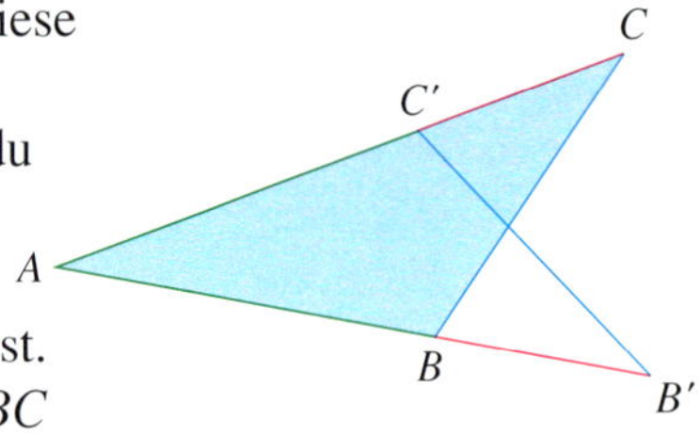

11 Zeichne diesen Stern in folgenden Schritten.

- Zeichne die zueinander senkrechten Geraden g und h.
- Zeichne das Dreieck ABC mit $a = 3{,}8$ cm, $b = 5{,}1$ cm und $c = 2{,}4$ cm.
- Ergänze nun die anderen sieben kongruenten Dreiecke.

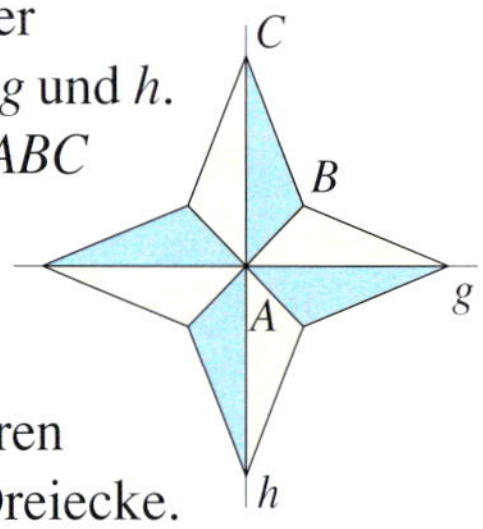

12 Das Dreieck ABC ist gleichseitig. Die Dreiecke ABD, BCE und AFC sind deckungsgleich und gleichschenklig. Zeichne die Figur. Zeichne dazu zuerst das gleichseitige Dreieck ABC mit $c = 6$ cm.

a) Weiter gilt $\overline{AD} = 3{,}3$ cm.

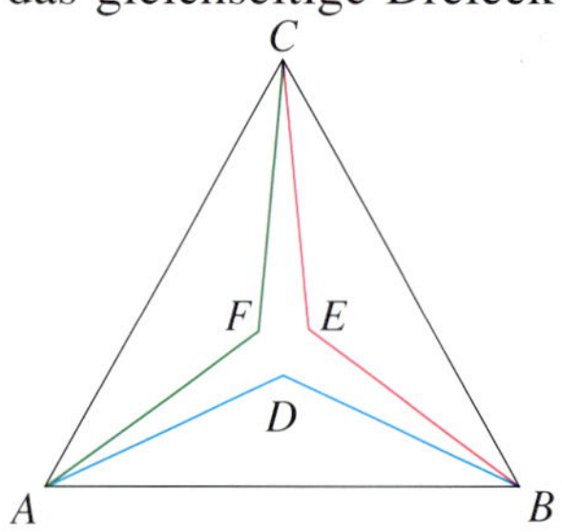

b) Weiter gilt $\overline{AF} = 4{,}2$ cm.

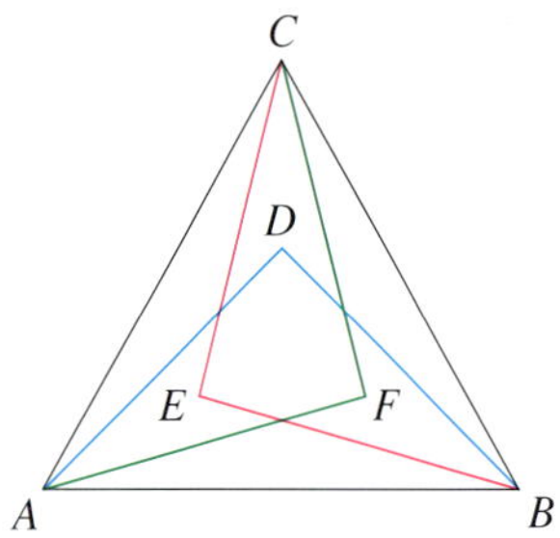

Rückblick

a) Der ggT zweier Zahlen ist 5. Gib drei Beispiele an.
b) Das kgV dreier Zahlen ist 42.

13 Ein Firmenlogo hat diese symmetrische Form.

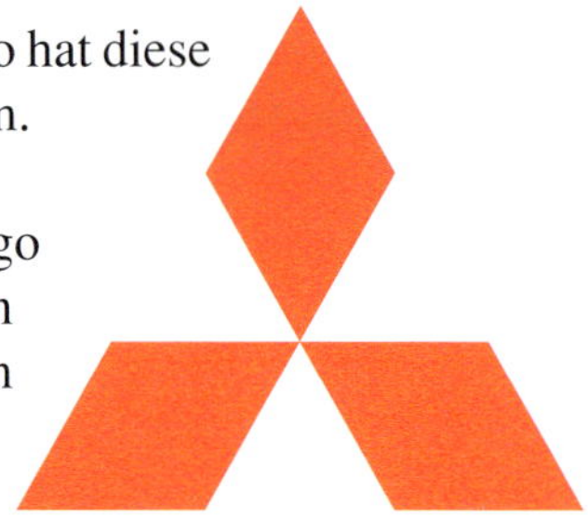

a) Zeichne das Logo nach der gegebenen Skizze in folgenden Schritten.

- Zeichne das gleichseitige Dreieck ABC mit $c = 6{,}9$ cm.
- Zeichne das gleichseitige Dreieck DEF mit der Seitenlänge d.
- Verlängere $\overline{DF}$ und $\overline{EF}$ über F hinaus.
- Zeichne durch F die Parallele zu $\overline{DE}$.

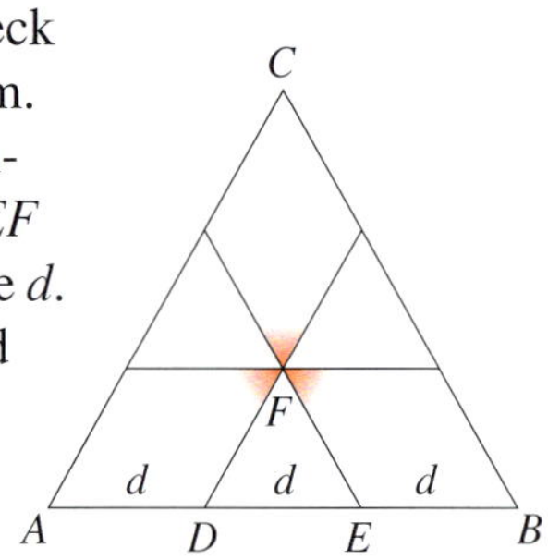

b) Welche Figuren erkennst du in der Zeichnung des Logos?

14 Ein Firmenlogo hat diese symmetrische Form.

a) Zeichne das Logo nach der gegebenen Skizze in folgenden Schritten.

- Zeichne das gleichseitige Dreieck ABC mit $c = 6$ cm.
- D, E und F sind Mittelpunkte der Seiten des Dreiecks ABC. Zeichne das Dreieck DEF.
- G, H und I sind Mittelpunkte der Seiten des Dreiecks DEF. Zeichne das Dreieck GHI.
- Verlängere $\overline{GH}$ bis $\overline{AB}$, $\overline{HI}$ bis $\overline{BC}$ und $\overline{GI}$ bis $\overline{AC}$.

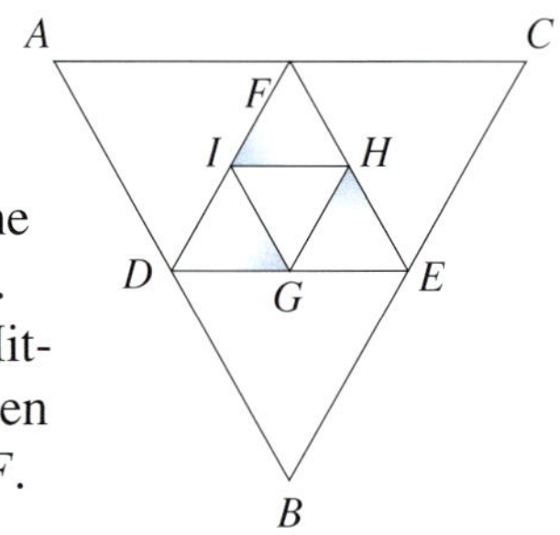

b) Welche Figuren erkennst du in der Zeichnung des Logos?

1 Die *steilste Zahnradbahn der Welt* ist die Pilatusbahn bei Luzern in der Schweiz. Sie wurde 1889 eröffnet. Auf ihrem steilsten Streckenabschnitt erreicht sie eine Steigung von 48 %.

Zeichne nach dieser Planfigur ein Dreieck *ABC* (Steigungsdreieck) verkleinert im Maßstab 1 : 1000 und bestimme den Steigungswinkel α.

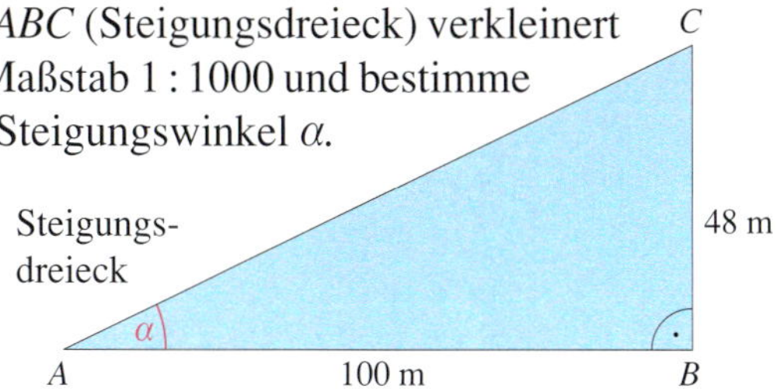

2 Die *steilste Seilbahn Europas* befindet sich im Sankt-Gotthard-Gebiet. Die Bahn fährt auf Schienen und wird von Seilen gezogen. Auf ihrem steilsten Streckenabschnitt überwindet sie eine Steigung von 80 %. Zeichne das Steigungsdreieck und miss den Steigungswinkel α.

3 Die *steilste Eisenbahnstrecke im Netz der Deutschen Bahn* muss bei Boppard am Rhein auf dem Weg in den Hunsrück hinauf überwunden werden. Auf dieser Strecke beträgt die Steigung 6,1 %. Zeichne ein Steigungsdreieck und miss den Steigungswinkel.

Rückblick

Berechne.

a) $\frac{2}{5} \cdot \frac{5}{3}$ c) 0,4 · 0,3 e) $\frac{3}{4} \cdot \frac{3}{4}$ g) 2,5 · 3,2 i) $3\frac{1}{4} \cdot 2\frac{1}{3}$

b) $\frac{1}{5} : \frac{1}{3}$ d) 0,5 : 0,2 f) $\frac{2}{7} : \frac{2}{7}$ h) 2,8 : 70 j) $2\frac{1}{7} : 1\frac{1}{5}$

4 Die *steilste Straße der Welt* ist die Baldwin Street in Dunedin (Neuseeland). Vermessungen ergaben, dass sie eine Steigung von 79 % hat. Bestimme den Steigungswinkel.

5 a) Wenn man von Österreich nach Slowenien über den Loibl-Pass gelangen will, musste man früher die *steilste Strecke Europas* fahren. Zwischen Klagenfurt in Österreich und Ljubljana in Slowenien hat die Passstraße auf ihrem steilsten Abschnitt eine Steigung von 29 %. Zeichne ein Steigungsdreieck und miss den Steigungswinkel.

b) Durch eine neue Tunnelstrecke ist die Steigung inzwischen auf 17 % verringert worden. Wie groß ist jetzt der Steigungswinkel?

6 Die *steilste Ortsstraße der Bundesrepublik Deutschland* ist die Schriesheimergasse in Schönau bei Heidelberg (Baden-Württemberg). Sie hat 27 % Steigung. Bestimme den Steigungswinkel.

b) 1988 galt noch die Herrenstraße in St. Andreasberg im Harz (Niedersachsen mit 20 % Steigung als die steilste Ortsstraße Deutschlands. Bestimme auch für diese Steigung den Steigungswinkel.

Körper basteln

Bei den hier abgebildeten Körpern wurden Motive von M. C. Escher verwendet, um ihren regelmäßigen Aufbau noch mehr hervorzuheben.

M. C. Escher lebte von 1898 bis 1972. Er war ein niederländischer Grafiker. In seinen Zeichnungen verwendete er oft regelmäßige Wiederholungen, sodass die Zeichnungen in ihrem Grundaufbau symmetrisch wurden.

Um so einen Körper selbst zu basteln, musst du zunächst das Netz zeichnen. Verwende nach Möglichkeit Tonpapier.

Oktaeder
(Achtflach)

1 Das Netz eines Tetraeders wird aus vier gleichseitigen Dreiecken gebildet.
- Zeichne das Netz ab. Beachte die Klebefalze.
- Das Netz kannst du nach deinen Vorstellungen bemalen.
- Schneide das Netz aus und klebe es zu dem Tetraeder zusammen.

Tetraeder
(Vierflach)

2 Das Netz eines Oktaeders wird am besten mithilfe von vier Parallelen gezeichnet. Auch beim Oktaeder sind alle acht Seiten gleichseitige Dreiecke.
Verfahre wie in Aufgabe 1, um das Oktaeder zu basteln.

3 Mithilfe der vorgegebenen Netzdarstellung kannst du auch ein Ikosaeder ohne Probleme basteln.

Ikosaeder
(Zwanzigflach)

Papierball

Genauigkeit und Ausdauer!

①

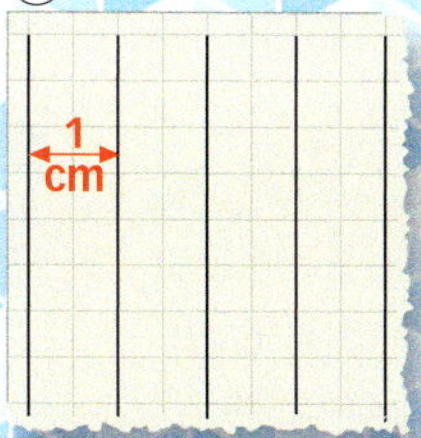

②

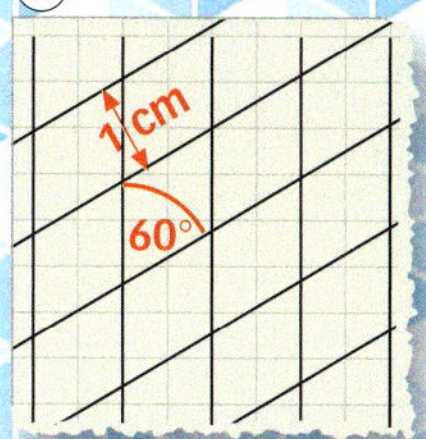

③

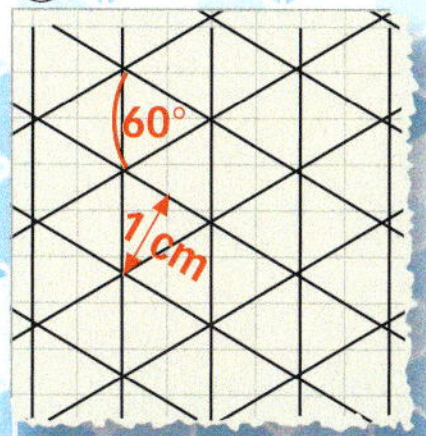

4 Nach dieser Anleitung kannst du einen Papierball herstellen.

- Zeichne ein Raster aus gleichseitigen Dreiecken auf ein kariertes DIN-A4-Blatt. Verfahre wie es in den Abbildungen dargestellt ist.
- Markiere auf dem Raster alle Sechsecke des abgebildeten Bauplans und färbe sie mit gleicher Farbe ein, zum Beispiel blau.
- Zeichne die roten Schnittlinien dick ein und schneide das eingefärbte Muster aus.
- Knicke alle sich berührenden Sechseckkanten nach innen.
- Klebe zunächst die Sechsecke aufeinander, die eine gemeinsame rote Schnittlinie hatten. Achte darauf, dass die Sechsecke genau aufeinander kleben. Dann erhältst du immer ein fünfeckiges Loch.
- Die Fertigstellung des Papierballs ergibt sich fast „wie von selbst".

Bauplan für den Papierball

5 a) Wie viele Löcher hat der fertige Papierball?
b) Aus wie vielen regelmäßigen Sechsecken setzt sich die Oberfläche des Papierballs zusammen?
c) Wie viele gleichseitige Dreiecke lassen sich auf der Oberfläche des Papierballs abzählen?

Zusammenfassung

- Dreiecke, die aus den gleichen gegebenen Größen nach den Fällen SSS, SWS, WSW oder SSW_ℓ konstruiert werden, stimmen in allen Seiten und Winkeln überein. Sie sind dann kongruent (deckungsgleich), das heißt, sie haben die gleiche Form und die gleiche Größe.
- Dreiecke sind schon kongruent, wenn sie in den folgenden drei Stücken übereinstimmen.
  – drei Seiten (SSS)
  – zwei Seiten und dem eingeschlossenen Winkel (SWS)
  – einer Seite und den beiden anliegenden Winkeln (WSW)
  – zwei Seiten und dem der längeren Seite gegenüberliegenden Winkel (SSW_ℓ)

Training

1 Begründe zunächst, dass bei der Konstruktion tatsächlich ein Dreieck entsteht. Zeichne dann das Dreieck ABC.
a) $c = 4{,}2$ cm; $\alpha = 100°$; $\beta = 45°$
b) $a = 2{,}4$ cm; $b = 4{,}7$ cm; $c = 3{,}5$ cm
c) $a = 3{,}9$ cm; $b = 4{,}5$ cm; $\gamma = 54°$
d) $c = 4$ cm; $b = 5{,}1$ cm; $\beta = 85°$

2 Zeichne das Dreieck ABC. Welcher Kongruenzsatz ist erfüllt?
a) $b = 5{,}4$ cm; $c = 3{,}6$ cm; $\beta = 57°$
b) $a = 5{,}2$ cm; $b = 3{,}8$ cm; $c = 4{,}2$ cm
c) $b = 3{,}9$ cm; $\alpha = 118°$; $\gamma = 35°$
d) $a = 6{,}4$ cm; $c = 2{,}7$ cm; $\beta = 126°$

3 Zeichne das Dreieck ABC.
a) $c = 4{,}8$ cm; $\alpha = 37°$; $\beta = 110°$
b) $b = 5{,}9$ cm; $c = 4{,}7$ cm; $\alpha = 100°$
c) $a = 3{,}4$ cm; $b = 4{,}9$ cm; $c = 5{,}3$ cm
d) $a = 4{,}7$ cm; $c = 5{,}5$ cm; $\gamma = 135°$

4 Der Berggipfel Birkkarspitze hat nach einer Karte ca. 43,5 km Entfernung zum Berggipfel Kreuzjoch, der wiederum ca. 42 km Entfernung zum Berggipfel Wilder Kaiser hat. Der Wilde Kaiser ist nach der Karte ca. 63,4 km von der Birkkarspitze entfernt.
Konstruiere ein entsprechendes Dreieck im Maßstab 1 : 1 000 000 und bestimme damit annähernd die Winkel, unter denen man von jedem Gipfel aus die anderen beiden Berggipfel sehen kann.

5 Ein Schiff wird von den zwei 12 km entfernten Orten Juist und Norderney gleichzeitig angepeilt.

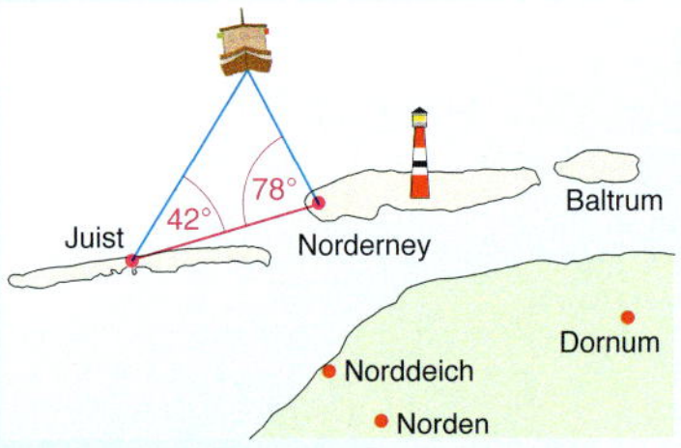

Entnimm der Zeichnung die Peilwinkel, konstruiere ein entsprechendes Dreieck im Maßstab 1 : 100 000 und bestimme so, wie weit das Schiff von den beiden Orten zum Zeitpunkt der Peilung entfernt ist.

6 Damit eine Leiter sicher steht, warnen die Sicherheitshinweise, dass der Winkel α nicht größer als 70° sein darf. Im Handel werden Leitern mit 4 m, 5 m und 6 m Länge angeboten.
Fertige maßstabsgerechte Zeichnungen an, mit deren Hilfe du bestimmen kannst, bis in welche Höhe jede Leiter bei dem größtmöglichen Neigungswinkel reicht.

7 Wie lang muss eine Leiter nach den Sicherheitsangaben aus der Aufgabe 6 mindestens sein, damit sie an einer Hauswand bis in eine Höhe von 4,5 m reicht?

Vertiefen und Anwenden

8 Ein Schiff fährt in 9 km Entfernung an einem Leuchtturm vorbei. Der Peilwinkel zwischen der Fahrtrichtung und dem Leuchtturm beträgt 85°. Nach einer halben Stunde wird wieder der Winkel zwischen Fahrtrichtung und Leuchtturm gemessen und 122° ermittelt.

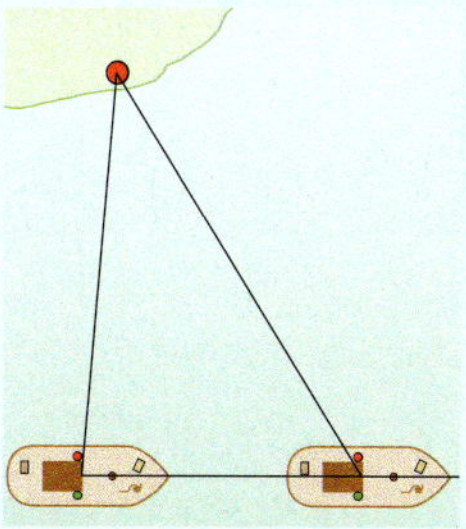

- Zeichne ein entsprechendes Dreieck in einem geeigneten Maßstab und bestimme, wie weit das Schiff in der halben Stunde gefahren ist.
- Mit welcher Durchschnittsgeschwindigkeit in $\frac{\text{km}}{\text{h}}$ ist das Schiff gefahren?

9 Familie Schenk bewohnt ein Einfamilienhaus, dessen Dachstuhl 9,4 m breit und 7 m lang ist. Jeder Dachbalken ist 6,4 m lang und überragt die Hauswand um 0,5 m.

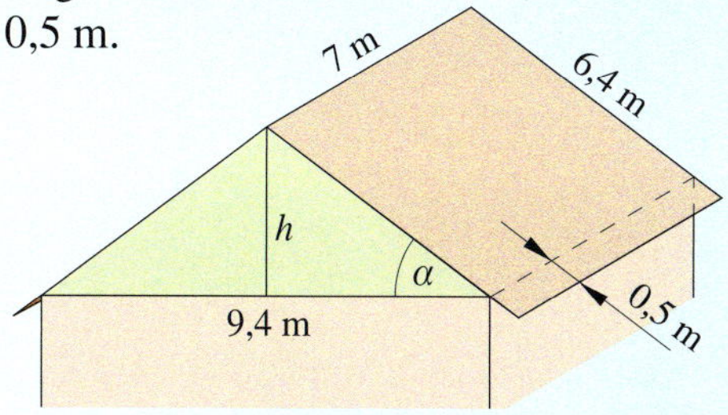

- Bestimme den Winkel α der Dachbalken durch Konstruktion.
- Welche Giebelhöhe h hat das Dach?
- Unter dem Dach soll in 2,1 m Höhe eine Decke eingezogen werden. Bestimme mithilfe der Zeichnung, welche Fläche diese Decke ungefähr hat.

10 Die Diagonalen eines Rechtecks sind 13 cm lang. Eine Seite des Rechtecks hat eine Länge von 5 cm.

- Bestimme mithilfe einer Zeichnung die Länge der anderen Rechteckseite.
- Welcher Kongruenzsatz wird erfüllt?
- Bestimme den Flächeninhalt des Rechtecks.

11 a) Bestimme die Länge der Raumdiagonale $\overline{CE}$. Konstruiere dazu zuerst das Dreieck ABC und dann das Dreieck ACE.

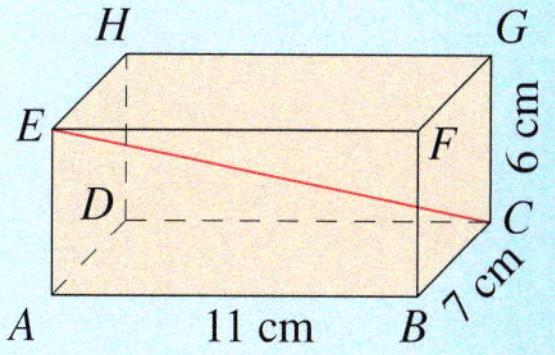

b) Zeichne ein Schrägbild des Quaders.
c) Berechne die Oberfläche und das Volumen des Quaders.

12 Ein Quader wird diagonal wie in der Zeichnung angegeben zerschnitten.

a)

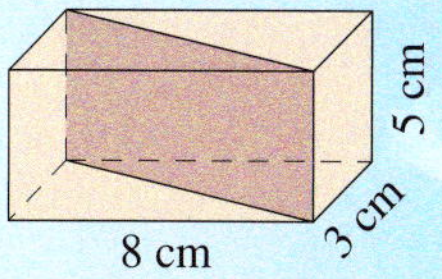

b)

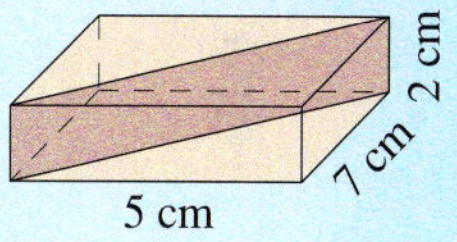

- Zeichne die farbig markierte rechteckige Schnittfläche des Quaders. Konstruiere zuerst die Diagonale der Grundfläche.
- Berechne den Flächeninhalt dieser Schnittfläche.

13 Stefan plant, im Technikunterricht eine Kiste für seine Zaubermaterialien zu bauen. Die Dicke der Bretter beträgt 2 cm.

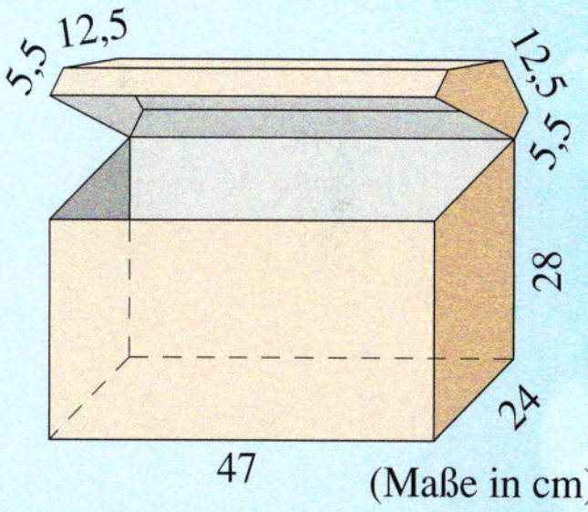

(Maße in cm)

a) Stefan will seinen Zauberstab später in der Kiste verstauen.
- Gib die Innenmaße der Kiste ohne Deckel an.
- Kann er den 49 cm langen Zauberstab auf dem Boden der Kiste unterbringen, oder kann er ihn innen schräg an die Vorder- bzw. Rückwand legen? Fertige die nötigen Zeichnungen verkleinert im Maßstab 1 : 10 an.

b) Stefan will die Kiste außen zweimal komplett streichen. Stefan schätzt, dass die beiden Seitenteile des Deckels zusammen eine Fläche von 4 dm^2 haben. Kommt er mit einer Dose Farbe aus, die 375 ml enthält und für 4 m^2 bis 5 m^2 Fläche reichen soll?

Testrunde

1 Zeichne das Dreieck ABC mithilfe einer Planfigur.
a) $c = 6{,}3$ cm; $b = 4{,}5$ cm; $\alpha = 84°$
b) $a = 4{,}8$ cm; $\alpha = 36°$; $\gamma = 120°$
c) $a = 5{,}1$ cm; $b = 5{,}5$ cm; $c = 3{,}4$ cm
d) $a = 5{,}3$ cm; $b = 6{,}1$ cm; $\beta = 42°$

2 a) Fertige aus der Planskizze eine Zeichnung im Maßstab 1 : 1000.
b) Wie lang ist die Strecke $\overline{BC}$ in Wirklichkeit?

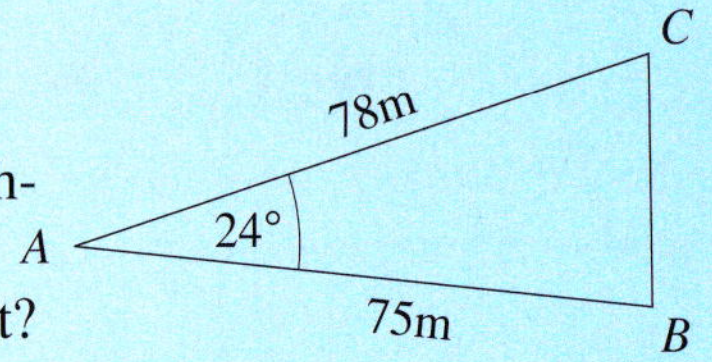

3 Welche Entfernung haben die Vermessungsstäbe voneinander?
In der Zeichnung im Maßstab 1 : 1000 müssen $c = 5{,}5$ cm; $a = 6{,}3$ cm; $\alpha = 48°$ betragen.

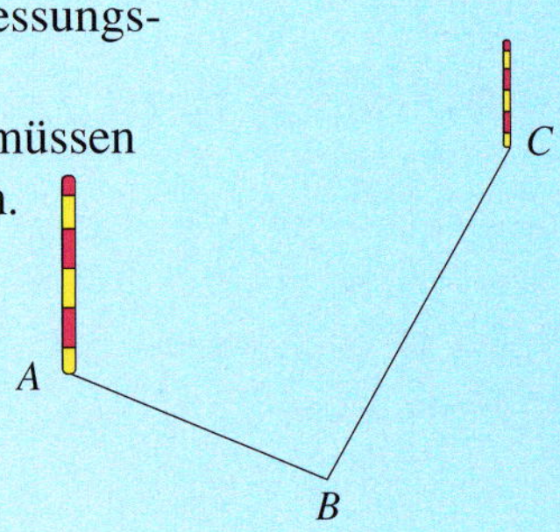

4 Auf einem Verkehrsschild steht der Hinweis „15 % Steigung“.
Zeichne ein Steigungsdreieck im Maßstab 1 : 1000 und entnimm der Zeichnung den Steigungswinkel.

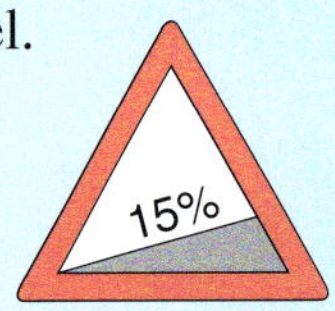

5 Von zwei Beobachtungspunkten A und B (siehe Skizze) wurde ein Heißluftballon angepeilt. Vom Punkt A aus erschien er unter dem Winkel $\alpha' = 82°$, vom Punkt B aus unter dem Winkel $\beta = 28°$.
a) Zeichne im Maßstab 1 : 20 000.
b) Wie hoch flog der Ballon zum Zeitpunkt der Messung?

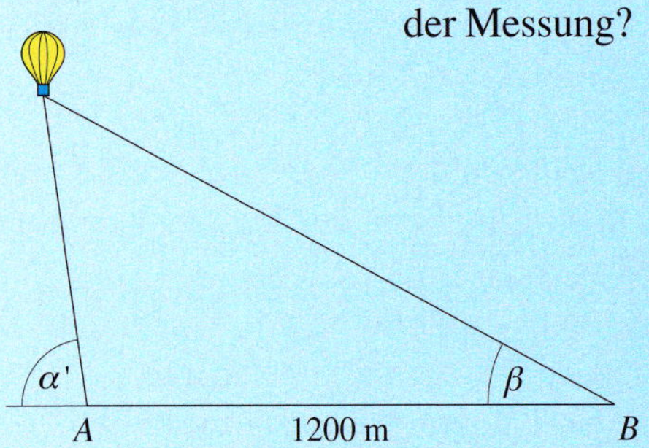

Rationale Zahlen

Das Motiv zeigt eine Seeidylle am Baikalsee in Sibirien mit angrenzenden Gebirgen und Wäldern, eine nahezu unberührte Natur. Der See ist 25 Millionen Jahre alt und somit einer der ältesten Seen der Erde. Die größte Tiefe liegt bei ca. 1,2 km unter Normalnull.

Skalen

Entlang der Ruderregattastrecke sind in regelmäßigen Abständen Markierungen angebracht.

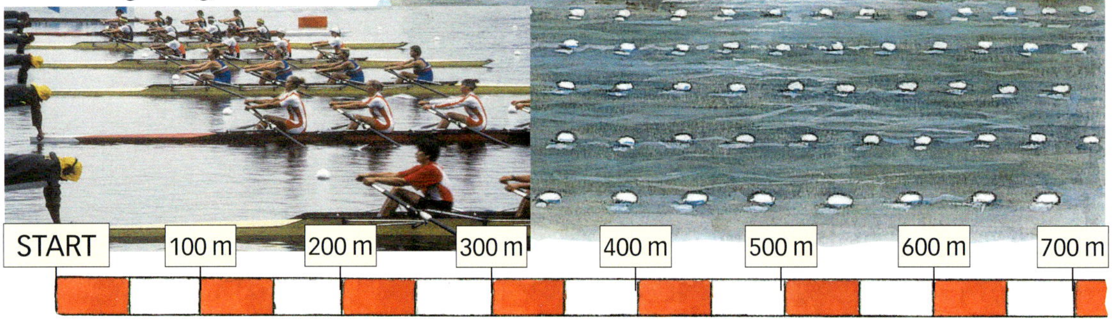

Die so entstandene **Längenskala** dient den Ruderern und Zuschauern als Orientierung während des Rennens.

1 Stelle eine Ruderstrecke von 2000 m in einer Längenskala dar.
5 cm entsprechen 1000 m. Markiere 500 m, 1000 m und 1500 m.

2 Zeichne den Ausschnitt einer Längenskala von 1500 m bis 2500 m.
10 cm entsprechen 1000 m. Markiere 1600 m, 1750 m und 2250 m.

Übungen

3 Übertrage die Zeichnung in dein Heft. Die Strecke, die in Wirklichkeit 500 m lang ist, soll in deinem Heft 5 cm lang sein. Abgekürzt schreibt man: 5 cm ≙ 500 m.
(5 cm entsprechen 500 m)

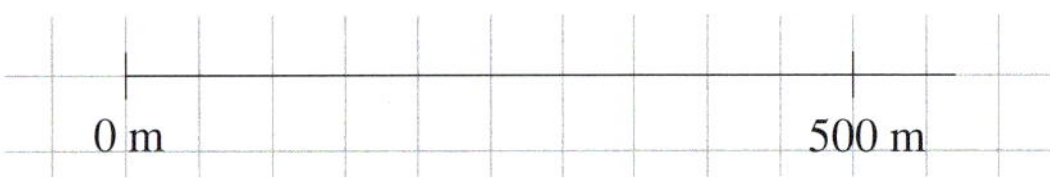

a) Erweitere die Zeichnung zu einer Skala, auf der man 1500 m eintragen kann.
b) Markiere auch 1000 m und 1300 m.
c) Markiere 200 m, 750 m, 1100 m und 1450 m.

4 Übertrage die Zeichnung in dein Heft.
4 cm ≙ 1000 m. Markiere 250 m, 500 m, 750 m, 1250 m und 1500 m.

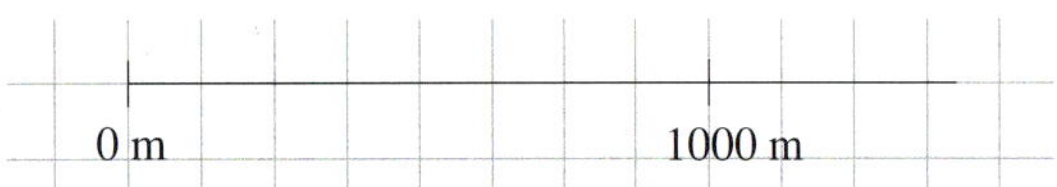

5 Bei internationalen Leichtathletikwettkämpfen ist an der Weitsprunggrube ein Ausschnitt einer Längenskala angebracht.

a) Zeichne den Ausschnitt einer Längenskala von 6 m bis 7 m. Dieser Abstand von 1 m soll in deinem Heft 10 cm lang sein.
b) Markiere mit einem Farbstift folgende Sprungweiten als Punkte auf der Skala: 6 m; 6,10 m; 6,50 m; 6,75 m; 6,93 m.

6 Zeichne den Ausschnitt einer Längenskala von 6 m bis 8 m (5 cm ≙ 1 m) und markiere 7 m; 6,20 m; 6,40 m; 6,90 m; 7,50 m; 7,75 m.

Rückblick

Ein Quader hat die Maße $a = 4{,}8$ cm, $b = 2$ cm und $c = 3{,}5$ cm. Zeichne ein Netz und ein Schrägbild.

7 Im Kölner Zoo lebte der Giraffenbulle „Mischa“. Neben seinem Gehege war eine Messlatte angebracht. An ihr konnte man Mischas Wachstum ablesen.

a) Lies Mischas Größe ab und schreibe Größe und Datum in einer Tabelle auf.
b) Um wie viel Meter ist Mischa in seinem ersten Jahr im Kölner Zoo gewachsen?
c) Wie viel Meter ist Mischa in den ersten 5 Jahren (10 Jahren) seit seiner Ankunft im Zoo gewachsen?

8 Zeichne eine Messlatte von 2 m bis 5 m. Der Abstand zwischen diesen Skalenwerten soll in deiner Zeichnung 7,5 cm groß sein.
a) Wie groß ist der Abstand in der Zeichnung zwischen den Skalenwerten 3 m und 4 m?
b) Wie groß ist der Abstand in der Zeichnung zwischen den Skalenwerten $2\frac{1}{4}$ m und $4\frac{3}{4}$ m?

Rückblick

Herr Franz kauft im Supermarkt $3\frac{1}{2}$ kg Kartoffeln, $1\frac{3}{4}$ kg Möhren, $2\frac{1}{4}$ kg Äpfel und $\frac{3}{4}$ kg Rosenkohl. Seine Tragetasche ist für maximal 7,5 kg geeignet.

9 Das Barometer ist ein Gerät, mit dem man den Luftdruck misst. Da der Zeiger eine Drehbewegung macht, ist die Skala kreisförmig angeordnet.
Moderne Barometer zeigen den Luftdruck in der Maßeinheit hPa (Hektopascal) an. Der normale Luftdruck beträgt 1013 hPa.

a) Der Luftdruck fällt um 30 hPA unter den normalen Luftdruck. Welchen Wert kann man dann an der Skala ablesen?
b) Mit dem kleinen Zeiger wurde am Vortag der Luftdruck markiert. Um wie viel hPa ist seitdem dem der Luftdruck gefallen?

10 Den Überdruck der Luft in einem Autoreifen misst man mit einem Manometer. Die Skala des Gerätes reicht von 0 bar bis 10 bar.

a) Welcher Überdruck herrscht im Reifen?
b) Der Reifen muss einen Überdruck von 1,9 bar haben. Um wie viel bar muss der Druck erhöht werden?

Höhenskalen

Info

Der Baikalsee ist 636 km lang und 79 km breit. Er ist der größte Gebirgssee Asiens, einer der wasser- und fischreichsten Süßwasserseen. Seine Wasserfläche ist mit 31 500 km² nur wenig kleiner als die von Baden-Württemberg.
In den See münden 544 Bäche und Flüsse. Sein Wasser erwärmt sich im Sommer auf höchstens 12 °C. Der Baikalsee ist von Ende Dezember bis Anfang Mai zugefroren. Der südsibirische See ist von hohen, waldreichen Gebirgen umgeben. Das Bargusingebirge mit 2840 m über dem Meeresspiegel (über Normalnull: ü. NN) ist davon das höchste. Die Wasseroberfläche des Baikalsees liegt 455 m ü. NN, die größte Tiefe beträgt 1637 m. Er ist der tiefste Binnensee der Erde.

Bei der Höhenmessung von Orten auf der Erdoberfläche wird die Höhenlage des Meeresspiegels als Nullpunkt festgelegt. Auf diesen Nullpunkt bezieht man sich bei Höhen- und Tiefenmessungen.

1 a) Gib die maximale Tiefe des Baikalsees bezogen auf den Meeresspiegel an.
b) Berechne den Höhenunterschied zwischen dem höchsten Punkt des Bargusingebirges und dem tiefsten Punkt des Baikalsees.

2 Freiburg im Breisgau hat eine Höhenlage von 278 m ü. NN. Berechne den Höhenunterschied zum Wasserspiegel des Baikalsees.

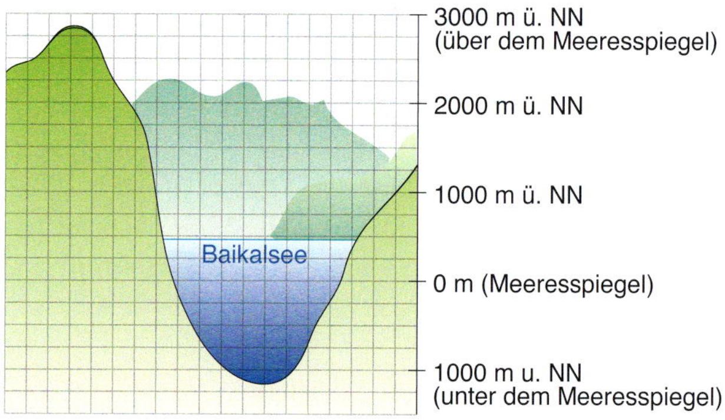

Übungen

3 Der Mount Everest ist mit 8848 m der höchste Berg der Erde. Die größte Meerestiefe ist mit 11 022 m im Pazifischen Ozean. Wie groß ist der Höhenunterschied?

4 Die Wasseroberfläche des Toten Meers liegt 397 m unter dem Meeresspiegel (u. NN), seine tiefste Stelle bei 829 m u. NN.
a) Wie tief ist das Tote Meer?
b) Um wie viel m liegt der Wasserspiegel des Baikalsees höher?

5 Bestimme alle möglichen Höhenunterschiede zwischen den Gewässern.

Ijsselmeer 5 m u. NN	Kaspisches Meer 28 m u. NN
Titicacasee 3812 m ü. NN	Aralsee 53 m ü. NN
Bodensee 396 m ü. NN	Eyresee (Australien) 12 m u. NN
See Genezareth 21 m u. NN	Titisee 840 m ü. NN

Info

Die Römer berechneten ihre Jahre immer von der Gründung der Stadt Rom aus.

Sie schrieben „Gaius Julius Caesar wurde im Jahre 653 a. u. c. geboren“ (a. u. c. bedeutet „ab urbe condita“ und heißt übersetzt „seit Gründung der Stadt“).

Das römische Reich verlor später immer mehr an Bedeutung und das Christentum breitete sich in Europa aus.

Deshalb wurde die römische durch eine **christliche Zeitrechnung** abgelöst.

Papst Johannes I. beauftragte den römischen Mönch Dionysius Exiguus damit, die Zeitrechnung neu festzulegen. Er legte den Anfang der Zeitrechnung auf das Jahr fest, in dem er die Geburt Christi vermutete. Dieser Zeitpunkt wurde zum Nullpunkt unserer heutigen Zeitskala. Die Festlegung nahm der Mönch im Jahre 525 n. Chr. vor.

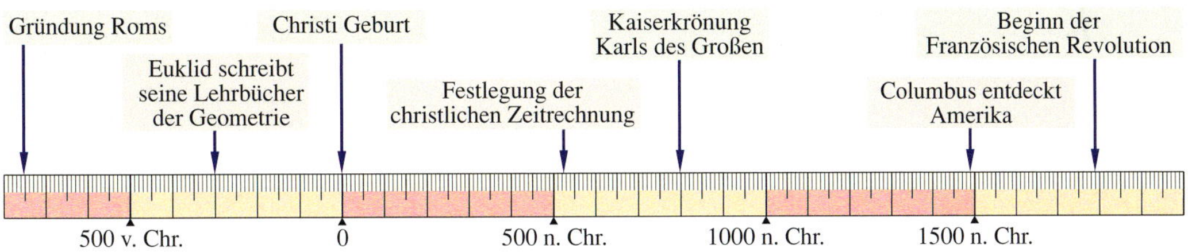

Übungen

1 In der Zeitskala sind verschiedene historische Ereignisse angegeben. Welche liegen unter dem Nullpunkt der Zeitrechnung, welche darüber? Gib auch deren Jahreszahlen an.

2 Wie alt wurde Caesar?

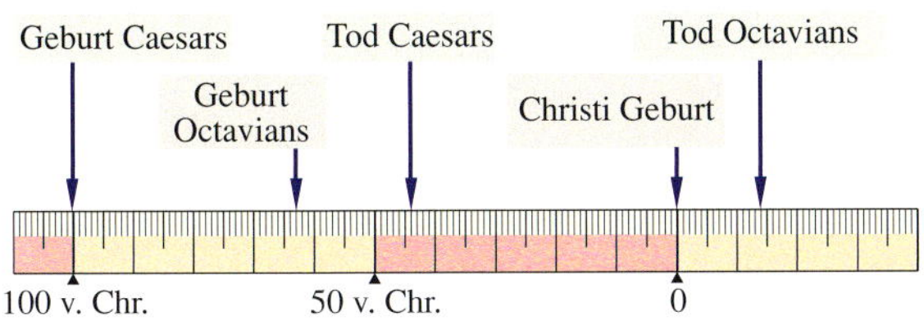

3 Octavian, der Adoptivsohn Caesars, lebte von 63 v. Chr. bis 14 n. Chr.

a) Wie alt wurde Octavian?

b) Octavian führte 41 Jahre lang bis zu seinem Tod den Ehrennamen „Augustus“. Wann wurde ihm der Ehrenname verliehen?

c) Wie alt war „Augustus“, als Christus geboren wurde?

4 Der griechische Mathematiker Thales von Milet erkannte als erster die mathematische Begabung des jungen Pythagoras.
Hier wurden die Lebenszeiträume von Thales und Pythagoras dargestellt.

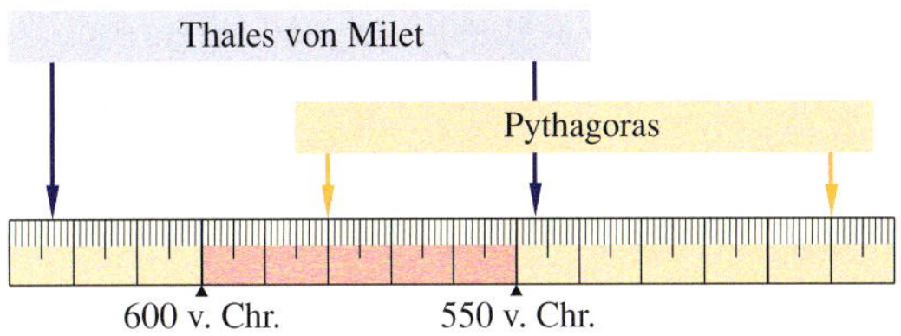

a) Gib die Geburts- und Sterbejahre der beiden Mathematiker an.

b) Wie alt war Thales bei der Geburt von Pythagoras?

c) Wie alt war Pythagoras als Thales von Milet starb?

5 Erstelle selbst Zeitskalen von historischen Ereignissen oder Persönlichkeiten oder anderen Sachverhalten, die du gerne vorstellen willst.

Zeitzonen

Nach einer internationalen Vereinbarung ist die Erde in verschiedene Zeitzonen unterteilt. In Gebieten innerhalb einer Zeitzone gilt dieselbe Uhrzeit. Die Skala gibt an, um wie viele Stunden die jeweilige Zonenzeit von der sogenannten Weltzeit (UTC: Universal Time Coordinated) abweicht. Durch die Drehung der Erde um sich selbst entsteht der Wechsel von Tag und Nacht und somit die Einteilung der Zeit in Tage und Tageszeiten. Eine Volldrehung der Erde dauert 24 h. Für eine Drehung um 1° werden 4 min benötigt.

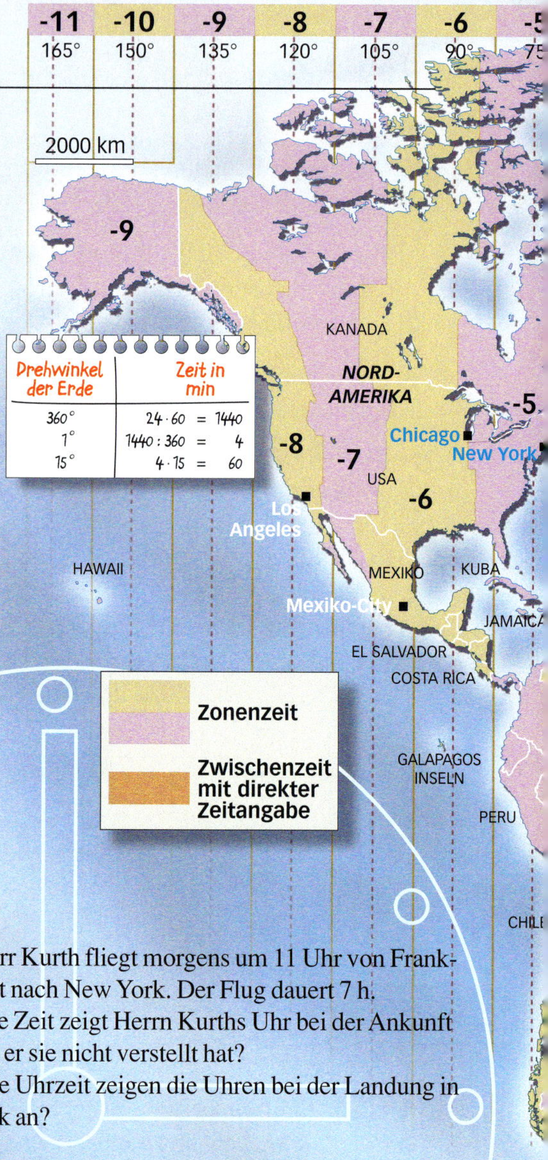

Drehwinkel der Erde	Zeit in min
360°	24 · 60 = 1440
1°	1440 : 360 = 4
15°	4 · 15 = 60

1 a) Nenne drei europäische Hauptstädte mit derselben Uhrzeit wie Berlin.
b) Gib den Zeitunterschied zwischen Berlin und New York an.

2 Wie groß ist der Zeitunterschied zwischen Deutschland und der
a) Ostküste Australiens, b) Westküste Australiens?

3 In Berlin ist es genau 12 Uhr mittags. Welche Zeit zeigen die Uhren in der folgenden Stadt an?

a) Johannesburg
b) Los Angeles
c) Mexico City
d) New York
e) Peking
f) Rio de Janeiro
g) Sydney
h) Tokio
i) Tunis

4 Gib den Zeitunterschied an. Vervollständige die Tabelle im Heft.

	Tokio	Sydney	Peking	L. Angeles
Berlin				
New York				
Moskau				
Johannisburg				

Bis Ende des 19. Jahrhunderts zeigten in Deutschland in unterschiedlichen Städten die Uhren unterschiedliche Uhrzeiten an. War es zum Beispiel in München 12:00 Uhr, dann zeigten in Berlin die Uhren 12:07 Uhr an. Da Berlin etwa 1,8° östlicher als München liegt, entspricht das einem Zeitunterschied von 7 min. Bei Reisen mit der Bahn erwies sich das als besonders verwirrend, denn die Uhren mussten auf einer Reise immer verstellt werden.
Erst 1893 wurde die Ortszeit am 15. östlichen Längengrad als Zeit für ganz Deutschland festgelegt. Die Zeitzonen umfassen heute größere Gebiete als nur ein einziges Land. So ist zum Beispiel für ganz Mitteleuropa die mitteleuropäische Zeit (MEZ) vereinbart worden. In der Regel sind Zeitzonen 15 Längengrade breit. Manche sind wesentlich breiter oder schmaler, damit wirtschaftlich stark verbundene Staaten eine einheitliche Zeit haben.

5 Herr Kurth fliegt morgens um 11 Uhr von Frankfurt nach New York. Der Flug dauert 7 h.
a) Welche Zeit zeigt Herrn Kurths Uhr bei der Ankunft an, wenn er sie nicht verstellt hat?
b) Welche Uhrzeit zeigen die Uhren bei der Landung in New York an?

6 Mrs. Miller fliegt um 2 Uhr mittags von New York nach Tokio. Der Flug dauert 11 Stunden.
a) Welche Zeit zeigen die Uhren bei der Landung in Tokio an?
b) Um wie viele Stunden geht die Uhr von Mrs. Miller vor oder nach ?

In einem Flugplan wurde für die Flüge von Frankfurt aus unter anderem auch die Zugehörigkeit zu Zeitzonen angegeben. Zum Beispiel liegt Frankfurt in der Zone +1, das Flugziel Chicago in der Zeitzone –6. Der Zeitunterschied zwischen beiden Städten beträgt also 7 h. Die Abflug- und Ankunftszeiten sind in der jeweiligen Ortszeit angegeben. Täglich gibt es drei Direktflüge von Frankfurt nach Chicago, der erste um 8:15 Uhr (Ortszeit Frankfurt). Das Flugzeug landet in Chicago um 10:29 Uhr (Ortszeit Chicago).

Flugplan

Dep	Arr	Flight	Aircraft	Stops
Frankfurt				**+01:00**
—> Chicago ORD				**-06:00**
0815 –	1029	9152 (UA)		0
1040 –	1300	430e)	747	0
1410 –	1635	9150 (UA)		0
—> Detroit DTW				**-05:00**
1315 –	1635	442e)	340	0
1410 –	2250	9:50 (UA)CHI/9100 (UA)		C
—> Seattle SEA				**-08:00**
0815 –	1358	9152(UA)CHI/9142(UA) C		
1020 –	1952	454SFO/9226(UA)		C
1040 –	1734	430CHI/9342(UA)		C
1230 –	1625	492YVR/9622(ZX)		C
1235 –	1635	6222(SK)CPH/6292(SK) C		
1305 –	1951	418WAS/9060(UA)		C
—> Singapur SIN				**+08:00**
1200 –	0650+	9762 (SQ)		0
2045 –	1535+	9764 (SQ)		0
2220 –	1700+	778e)	744	0
—> St. Louis STL				**-06:00**
1040 –	1639	430CHI/9122(UA)		C
1410 –	2038	9150(UA)CHI/9124(UA) C		
—> St. Petersburg LED				**+03:00**
0855 –	1350	3284	737	0
1330 –	1820	3264	737	0

7 Beantworte mithilfe des Flugplanausschnitts.
a) Welche Uhrzeit zeigen jeweils die Uhren in Chicago an, wenn das Flugzeug in Frankfurt startet?
b) Welche Uhrzeit zeigen jeweils die Uhren in Frankfurt an, wenn das Flugzeug nach Flugplan in Chicago landet?
c) Wie lange dauerte jeweils die Reise nach Flugplan vom Abflug bis zum Zielflughafen?

8 Beantworte mithilfe des Flugplanausschnitts die folgenden Fragen für die Flüge von Frankfurt nach Detroit sowie nach Sankt Petersburg.
a) Wie groß ist jeweils der Zeitunterschied zwischen Frankfurt und dem Zielflughafen?
b) Gib jeweils die Ankunftszeiten in der Ortszeit von Frankfurt an.
c) Wie lange dauerte jeweils die Reise nach Flugplan vom Abflug bis zum Zielflughafen?

Temperaturskalen

Die Wetterkarte zeigt die Temperaturen in einigen europäischen Städten an einem Wintertag.

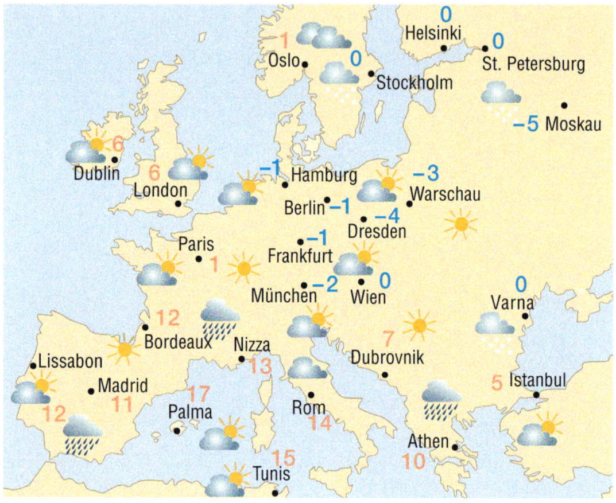

Von acht europäischen Städten sind die angegebenen Temperaturen an Thermometern dargestellt.

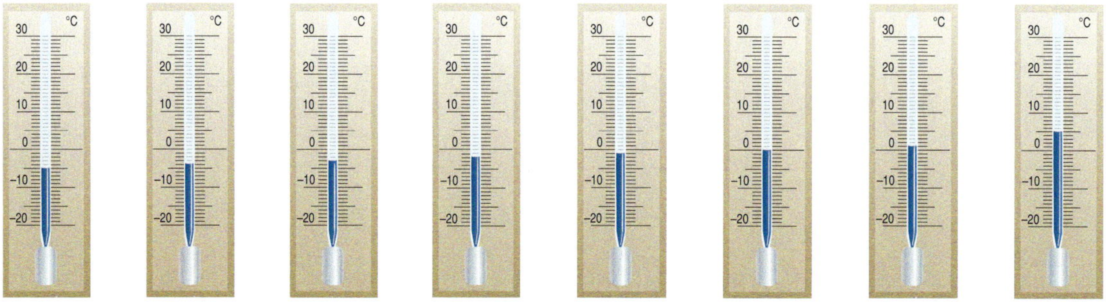

Temperaturen „**unter Null**" werden wie bei der Wetterkarte und beim Thermometer durch ein Minuszeichen gekennzeichnet. Temperaturen „**über Null**" können durch ein Pluszeichen gekennzeichnet sein.

Wir tragen die Temperaturen der acht Städte in eine Temperaturskala ein.

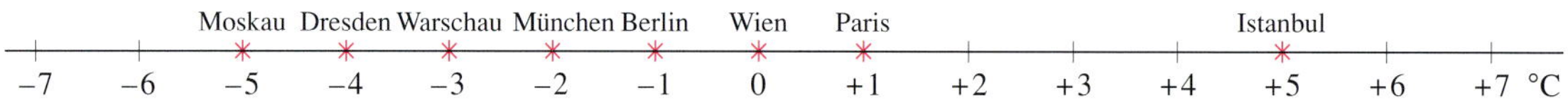

Merke

Die Temperaturskala zeigt Skalenpunkte für positive und negative Temperaturen.

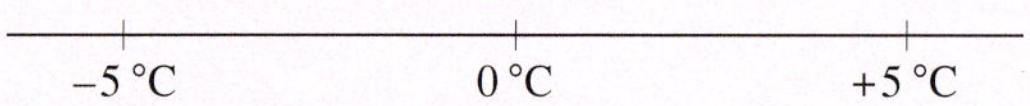

−5 °C und +5 °C liegen gleich weit vom Nullpunkt entfernt.

1 Bei der Celsius-Temperaturskala hat man die Temperatur von gefrierendem Wasser als Nullpunkt festgelegt, den *Gefrierpunkt*. Betrachte die Wetterkarte.

a) In welchen Städten sank die Temperatur unter den Gefrierpunkt?

b) Nenne das Minimum, das Maximum und die Spannweite der Temperaturen.

2 Welche Unterschiede bestanden zwischen den Temperaturen in

a) Paris und Nizza,
b) Hamburg und Dresden,
c) Berlin und Warschau,
d) Dresden und München,
e) München und Berlin,
f) Hamburg und München,
g) Berlin und Paris,
h) Hamburg und London,
i) Wien und Dresden,
j) Wien und Frankfurt,
k) Warschau und Dubrovnik,
l) London und Berlin?

Übungen

3 • Markiere die gegebenen Temperaturen auf einer Temperaturskala (1 °C ≙ 1 Kästchen). Bei positiven Temperaturen lässt man das Pluszeichen meist weg.

London	5 °C	Moskau	–10 °C
Paris	7 °C	Amsterdam	0 °C
Stockholm	–6 °C	Madrid	10 °C
Hamburg	–1 °C	Rom	12 °C
Helsinki	–8 °C	Athen	15 °C

• Vergleiche die Anordnung der Städte mit ihrer geografischen Lage. Was fällt dir auf?

4 In einem Wetterbericht wird die tiefste Temperatur –3 °C und die Tageshöchsttemperatur 8 °C gemeldet. Markiere die Angaben auf einer Skala und bestimme den Unterschied zwischen den Temperaturangaben.

5 Zeichne eine Temperaturskala, die von –15 °C bis 15 °C geht (1 °C ≙ 5 mm). Benutze diese Skala als Hilfe beim Lösen folgender Aufgaben.

a) 0 °C —7° wärmer→ ☐ g) ☐ ←7° kälter— 0 °C
b) –3 °C —7° wärmer→ ☐ h) ☐ ←7° kälter— –3 °C
c) 4 °C —10° wärmer→ ☐ i) ☐ ←10° kälter— 4 °C
d) ☐ —4° wärmer→ 0 °C j) 0 °C ←4° kälter— ☐
e) ☐ —9° wärmer→ 2 °C k) 2 °C ←9° kälter— ☐
f) ☐ —5° wärmer→ –5 °C l) –5 °C ←5° kälter— ☐

6 Ein Flugzeug fliegt von Düsseldorf nach Florida (USA). Beim Start werden am Boden –7 °C gemessen. Laut Flugplan hat das Flugzeug dreizehn Minuten später eine Höhe von 9500 m erreicht. In dieser Höhe herrscht an diesem Tag eine Temperatur von –54 °C.
a) Zeichne eine Temperaturskala und trage die Temperaturen ein (1 °C ≙ 2 mm).
b) Wie hat sich die Temperatur in den ersten dreizehn Minuten des Fluges geändert?
c) Über dem Atlantik fällt die Temperatur um sechs Grad auf ihren niedrigsten Wert. Was ergeben sich daraus für mögliche Fragen und wie lauten die Antworten?

7 Übertrage die Tabelle ins Heft und fülle aus.

Nacht-temperatur	Tageshöchst-temperatur	Temperatur-änderung
–5 °C	4 °C	9° wärmer
–1 °C	3 °C	
–15 °C	–4 °C	
0 °C		3° kälter
–8 °C		5° wärmer
	7 °C	8° kälter
	–1 °C	8° wärmer

8 An speziellen Thermometern kann man die höchste (maximale), die niedrigste (minimale) und die momentane Temperatur eines Tages ablesen.

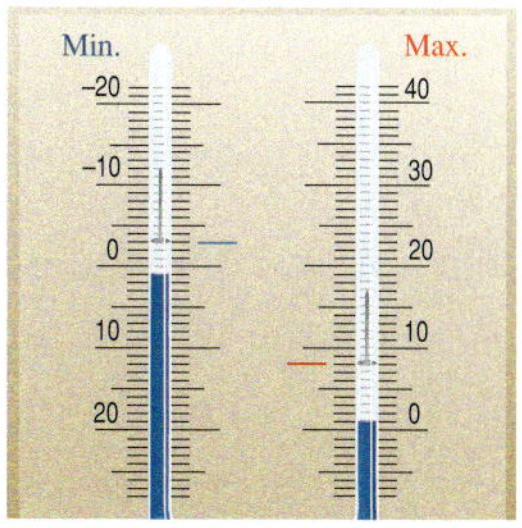

Dieses Minimum-Maximum-Thermometer zeigt an: Maximaltemperatur: 8 °C
Minimaltempertaur: –3 °C
Der Temperaturunterschied beträgt 11 °C.

Lies bei der folgenden Darstellung am Thermometer alle möglichen Temperaturwerte ab und bestimme den größten Temperaturunterschied.

a) 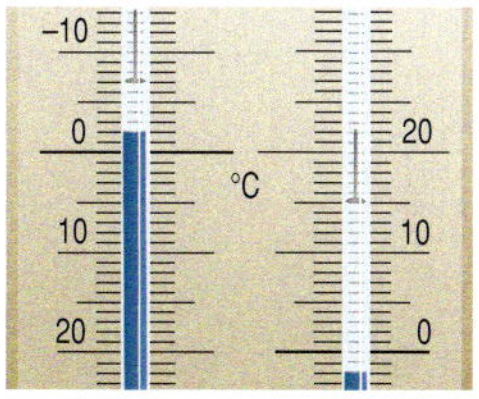

c) 

b) 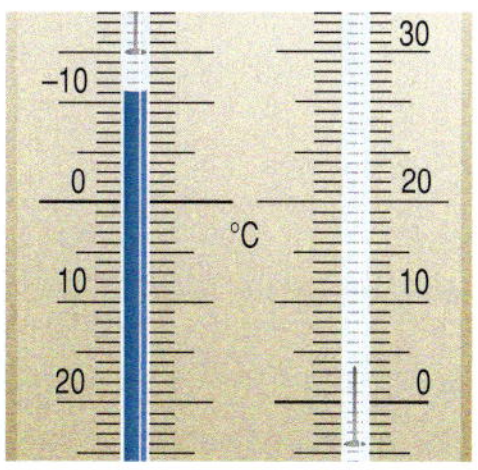

d) 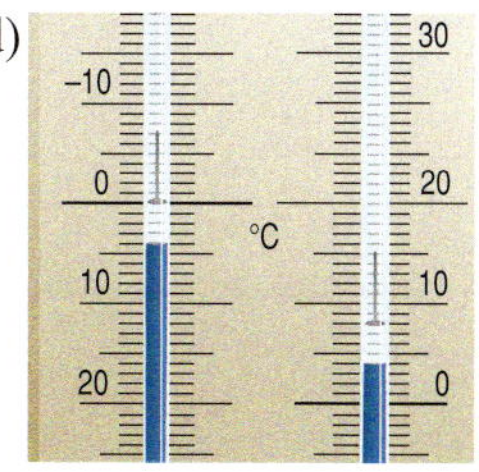

Rückblick

Berechne.
a) 800 : 15 b) 67 : 1,25 c) 0,08 : 0,25

Kontostände

Die Teilnahme am bargeldlosen Zahlungsverkehr setzt voraus, dass man bei einer Bank oder Sparkasse ein Girokonto unterhält. Zahlungseingänge führen zu Gutschriften und erhöhen den Kontostand (Saldo).
Zahlungsausgänge belasten das Konto und verringern den Saldo. Das Abschreiben und Zuschreiben der Beträge sowie den alten und neuen Saldo erkennt der Kunde auf den Kontoauszügen.

Info

Giro ist ein Wort aus der italienischen Sprache und bedeutet Kreis bzw. Umlauf. Der Ursprung ist griechisch (gyros: Kreis).
Die Entwicklung des Giroverkehrs begann im 12. Jahrhundert in Genua und Venedig. Einer der wichtigsten Gründe, den bargeldlosen Verkehr einzuführen, war wohl die Unsicherheit beim Münzgeldtransport.

alter Saldo:	+ 2,50
Fahrgelderstattung	+ 10,00
neuer Saldo:	+ 12,50

alter Saldo:	+ 12,50
Spende Tierschutzverein	– 15,00
neuer Saldo:	– 2,50

Die Bank kennzeichnet einen positiven Kontostand mit einem Pluszeichen und einen negativen Kontostand mit einem Minuszeichen.

Bei Zahlungseingang wird addiert. Dies veranschaulichen wir auf einer Euroskala.

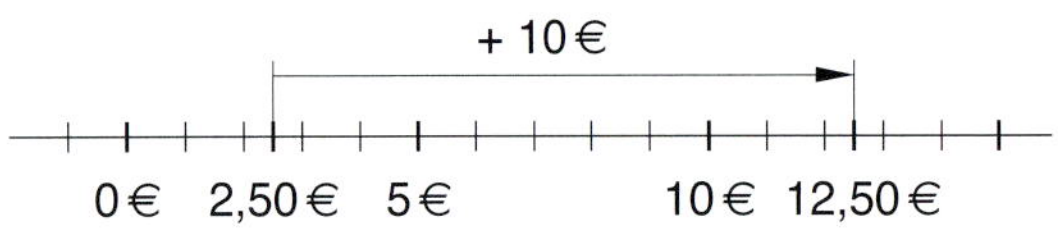

Bei Zahlungseingang vergrößert sich der Saldo.

Bei Zahlungsausgang wird subtrahiert. Dies veranschaulichen wir auf einer Euroskala.

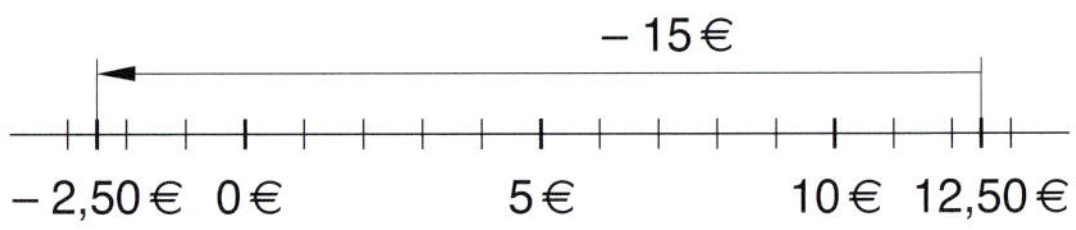

Bei Zahlungsausgang verkleinert sich der Saldo.

1 Ein Konto hat einen negativen Saldo von 6,40 €. Ein Betrag von 7,50 € wird eingezahlt. Berechne den neuen Saldo.

2 Ein Konto hat einen negativen Saldo von 6,40 €. Berechne den neuen Saldo nach einem Zahlungsausgang von 7,60 €.

Übungen

3 Übertrage die Tabelle ins Heft und fülle aus.

alter Saldo	Zahlungseingang oder Zahlungsausgang	neuer Saldo
+ 19,00 €	+ 23,00 €	
	+ 23,00 €	+ 6,00 €
– 17,00 €		+ 12,00 €
– 15,00 €		– 2,60 €
	– 11,00 €	+ 44,00 €
+ 48,40 €		– 17,40 €
– 31,80 €	– 49,50 €	
	– 72,75 €	0,00 €

4 Übertrage die Tabelle ins Heft und fülle aus.

Zahlungseingang – Zahlungsausgang		Saldo
9,50 €		
	29,30 €	
	22,40 €	
18,00 €		
46,10 €		
10,80 €		+ 23,30 €
		– 8,00 €
75,80 €		
		+ 53,70 €

Wie bei Skalen kann man auch am Zahlenstrahl Aufgaben darstellen.

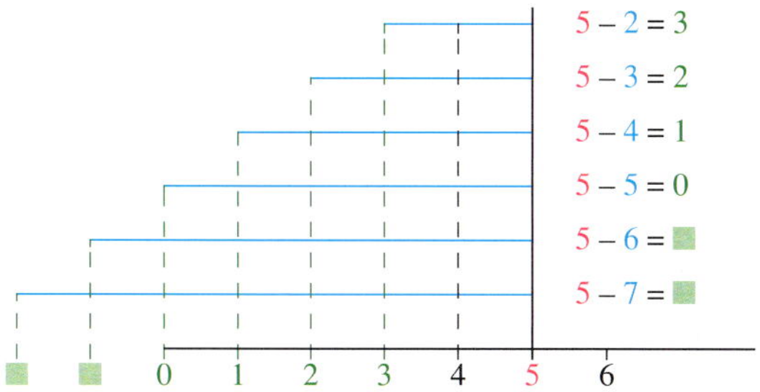

Die Ergebnisse der Aufgaben 5 – 6 und 5 – 7 lassen sich nicht mehr auf dem Zahlenstrahl ablesen.

5 – 6 = ▪

5 – 7 = ▪

Die Ergebnisse sind **kleiner als Null**.

Um aber auch Ergebnisse dieser Aufgaben ablesen zu können, wird der Zahlenstrahl über Null hinweg zur **Zahlengeraden** erweitert.

Auf der Zahlengeraden können die Ergebnisse der Aufgaben 5 – 6 und 5 – 7 abgelesen werden.

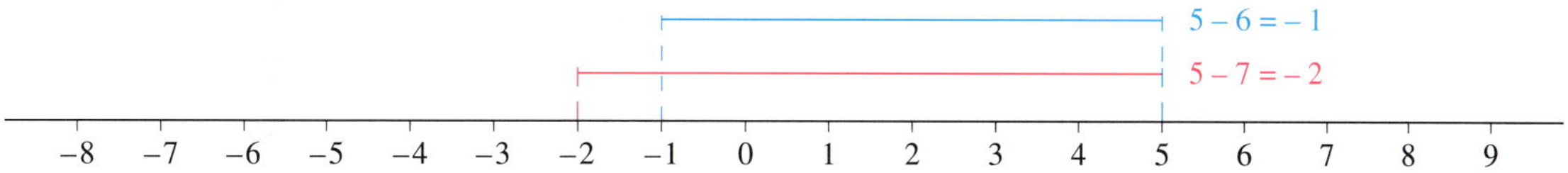

Wegen der Symmetrie der Zahlengeraden sind zum Beispiel die Zahlen 3 und – 3 gleich weit von Null entfernt.

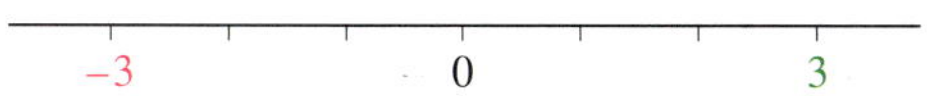

Wir sagen: 3 ist **Gegenzahl** von – 3
– 3 ist **Gegenzahl** von 3

Die Zahlen, die auf der Zahlengeraden links von Null liegen, nennen wir **negative Zahlen**. Wir kennzeichnen sie mit einem Minuszeichen.
Die Zahlen, die auf der Zahlengeraden rechts von Null liegen, nennen wir **positive Zahlen**.

Positive Zahlen sind zum Beispiel: 5; 2,5; $\frac{3}{4}$; $5\frac{1}{2}$.

Negative Zahlen sind zum Beispiel: – 3; – 4,5; $-\frac{1}{2}$; $-6\frac{1}{2}$.

1 Zeichne eine Zahlengerade und markiere – 8, 6, – 5, 3 und – 1,5.

2 Zeichne eine Zahlengerade und markiere $4\frac{1}{2}$, – 9, 3 und – 2 sowie ihre Gegenzahlen.

Merke

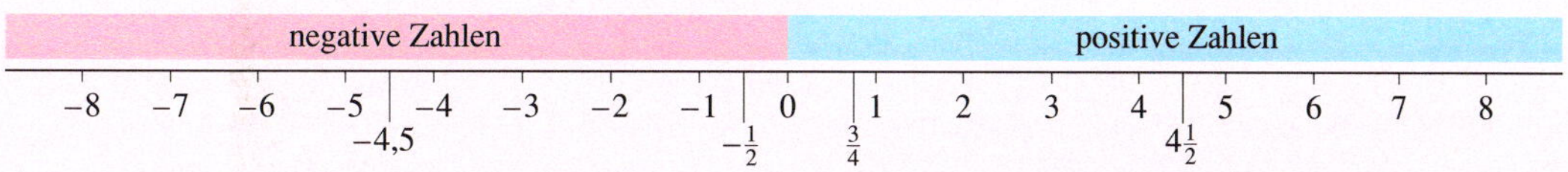

$-\frac{2}{5}$ ist die **Gegenzahl** von $\frac{2}{5}$ $\frac{2}{5}$ ist die **Gegenzahl** von $-\frac{2}{5}$

Negative Zahlen und positive Zahlen bilden zusammen mit der Null die **rationalen Zahlen**.
Natürliche Zahlen und ihre Gegenzahlen bilden zusammen die **ganzen Zahlen**.

An der Zahlengeraden können wir rationale Zahlen vergleichen.

Von zwei Zahlen ist diejenige größer, die auf der Zahlengeraden weiter rechts liegt. Auf der Zahlengeraden wurden in Blau und in Rot je zwei rationale Zahlen markiert.

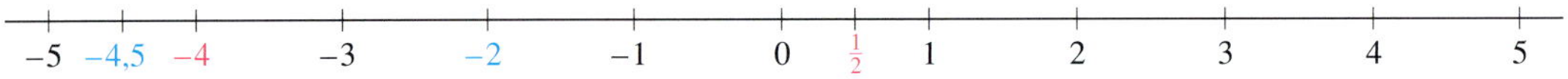

Auf der Zahlengeraden liegt – 2 rechts von – 4,5, d. h. – 2 ist größer als – 4,5

$$-2 > -4{,}5$$

– 4 liegt auf der Zahlengeraden links von $\frac{1}{2}$, d. h. – 4 ist kleiner als $\frac{1}{2}$

$$-4 < \frac{1}{2}$$

Übungen

3 Welche Zahlen sind auf der Zahlengeraden rot markiert?

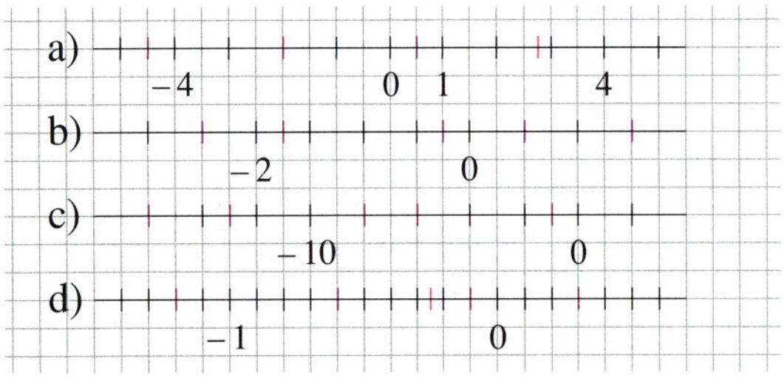

4 Markiere folgende Zahlen auf einer Zahlengeraden mit der Längeneinheit 1 cm (1 LE ≙ 1 cm):
-6; $3{,}5$; $-5{,}0$; $-3\frac{1}{2}$; $\frac{14}{2}$; $-\frac{7}{7}$

5 Übertrage die Tabelle in dein Heft und fülle sie aus.

Zahl	3,8	–8,3			–0,7
Gegenzahl			–15	51	

6 Übertrage die Zahlengerade mit den markierten Zahlen in dein Heft und markiere dann die zugehörigen Gegenzahlen mit einer anderen Farbe.

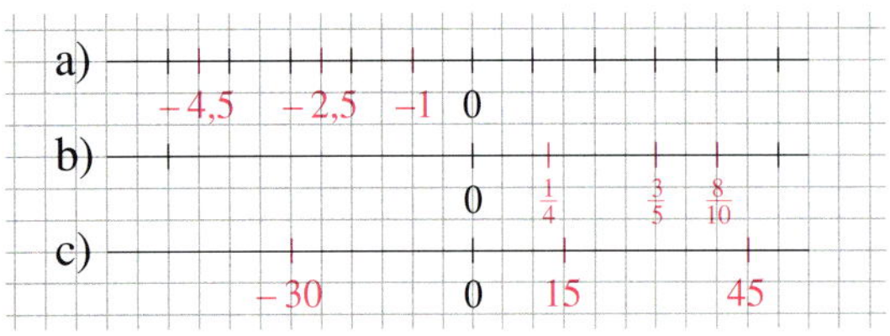

7 Zeichne eine Zahlengerade und vergleiche.
a) -3 und $-3{,}5$
b) $0{,}5$ und -5
c) $-\frac{2}{3}$ und $-0{,}75$
d) $0{,}5$ und $-\frac{3}{4}$

8 Setze im Heft das richtige Zeichen ein (< oder >).

a) 8 ▢ 5; –8 ▢ 5; 8 ▢ –5; –8 ▢ –5
c) 10 ▢ 10,5; –10 ▢ –10,5; 10 ▢ –10,5; –10 ▢ 10,5
e) 2 ▢ 0; –4 ▢ 0; –7 ▢ 0; 12 ▢ 0
b) 1 ▢ 9; –1 ▢ –9; –1 ▢ 9; 1 ▢ –9
d) $\frac{1}{5}$ ▢ $-\frac{3}{5}$; $\frac{1}{5}$ ▢ $\frac{3}{5}$; $-\frac{1}{5}$ ▢ $\frac{3}{5}$; $-\frac{1}{5}$ ▢ $-\frac{3}{5}$
f) 3 ▢ –12; –7 ▢ –10; $-\frac{6}{7}$ ▢ $\frac{5}{7}$; $-\frac{4}{7}$ ▢ $\frac{4}{7}$

9 Ordne die Zahlen der Größe nach.
a) –5; 6; –4; 5; –10; 1
b) 85; –36; –87; 37; 0; –25
c) –98; 174; –225; 364; –654; 408
d) 17; –155; 156; –1; 0; –11
e) 13,5; 15,3; –13,6; 15,5; –15,2
f) 0,47; –0,74; –0,47; –0,407; 0,047

10 **Zahlen-Domino**
Ordne die Dominosteine.

Beispiel:

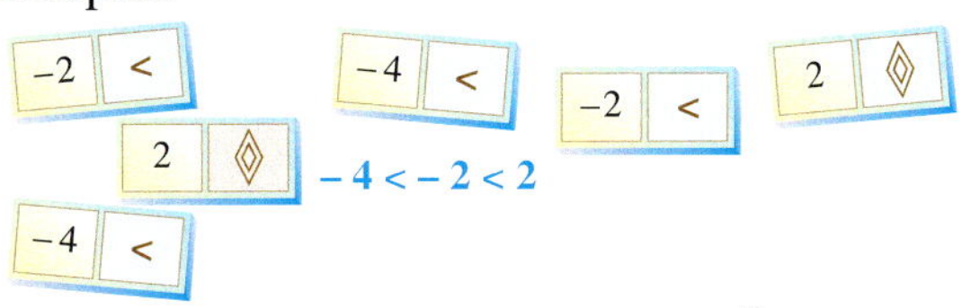

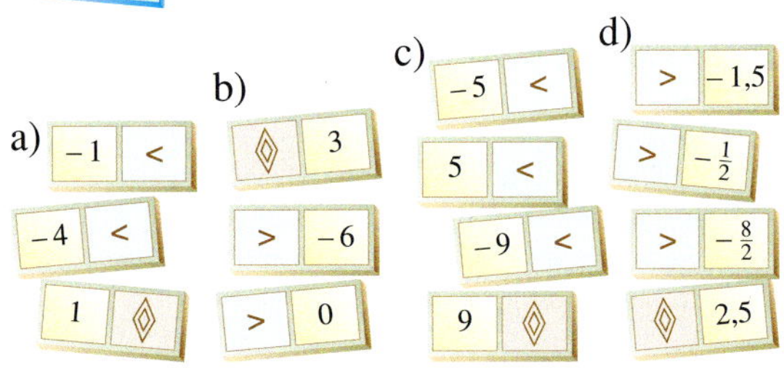

Mit Zahlen spielen

Positiv und negativ

Zwei Personen benötigen je einen Spielstein und mindestens einen Würfel. Es kann der dargestellte Spielplan verwendet oder ein entsprechender Spielplan angefertigt werden. Die Spielsteine werden auf das Feld 0 gestellt. Wer beim ersten Wurf die höchste Augenzahl gewürfelt, beginnt. Die Spieler würfeln abwechselnd zweimal. Der Spielstein wird nach der Augenzahl des ersten Wurfes nach rechts (positive Zahl) gezogen und anschließend nach der Augenzahl des zweiten Wurfes nach links (negative Zahl). Wer zuerst das rechte bzw. linke Ende erreicht, hat gewonnen.

–10 –9 –8 –7 –6 –5 –4 –3 –2 –1 0 1 2 3 4 5 6 7 8 9 10

–10 –9 –8 –7 –6 –5 –4 –3 –2 –1 0 1 2 3 4 5 6 7 8 9 10

Pluspunkte und Minuspunkte

Zwei bis sechs Personen können spielen. Neben dem Spielplan sind 42 Spielsteine nötig. (Der Spielplan kann auch mit anderen Zahlen angelegt werden.) Jeder Mitspieler erhält die gleiche Anzahl Spielsteine. Bei vier oder fünf Mitspielern werden die übrigen zwei Steine auf die beiden markierten Punkte auf dem Spielplan gesetzt. Dann wird reihum jeweils ein Spielstein auf eine beliebige Ecke irgendeines Dreieckfeldes gesetzt. Dabei darf sich niemand übergehen lassen. Wer an der Reihe ist, muss setzen. Schließt ein Stein ein oder mehrere Dreiecke (ein Stein auf jeder Ecke) ein, so werden dem Spieler, der diesen Stein gesetzt hat, die Punkte aller durch den Stein geschlossenen Dreiecke zugeschrieben. Dabei bringen die Felder Pluspunkte bzw. Minuspunkte. Wer am Ende die meisten (wenigsten) Punkte hat, nachdem alle Steine gesetzt sind, hat gewonnen.

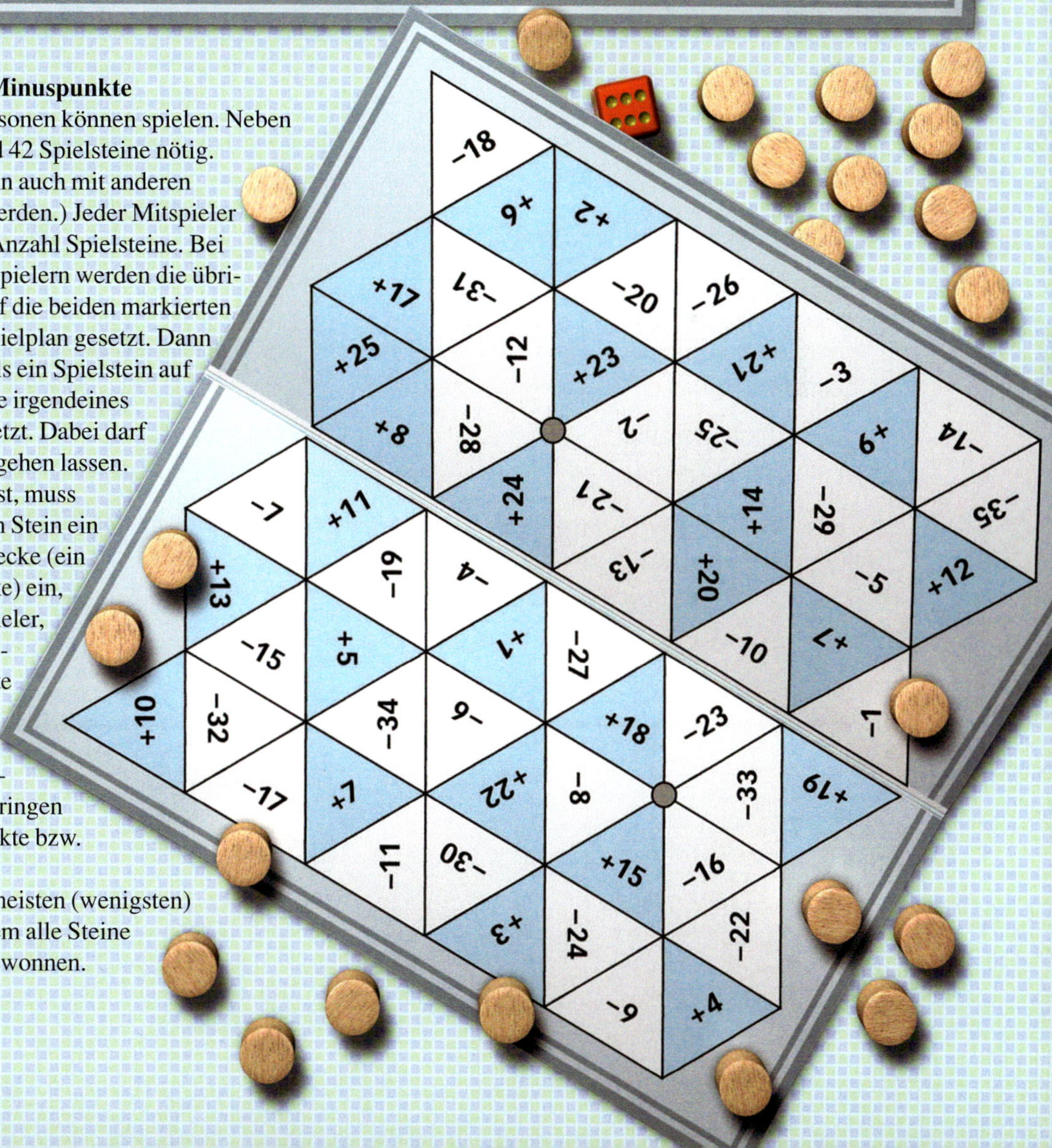

Wir unterscheiden bei der Addition und Subtraktion rationaler Zahlen vier verschiedene Fälle.

$4 + 3 = 7$

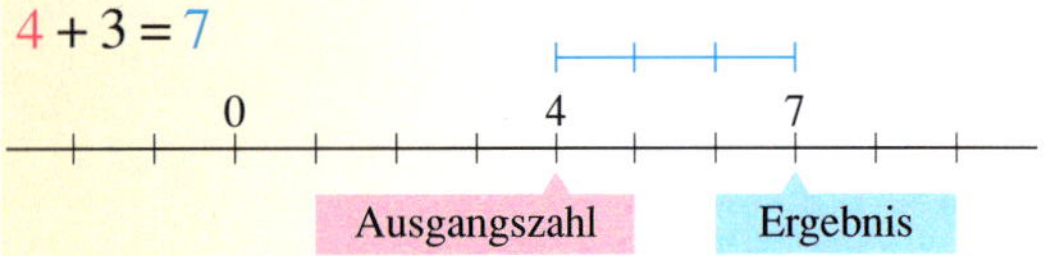

Wenn man eine **positive Zahl addiert**, liegt das Ergebnis rechts von der Ausgangszahl.

$4 - 3 = 1$

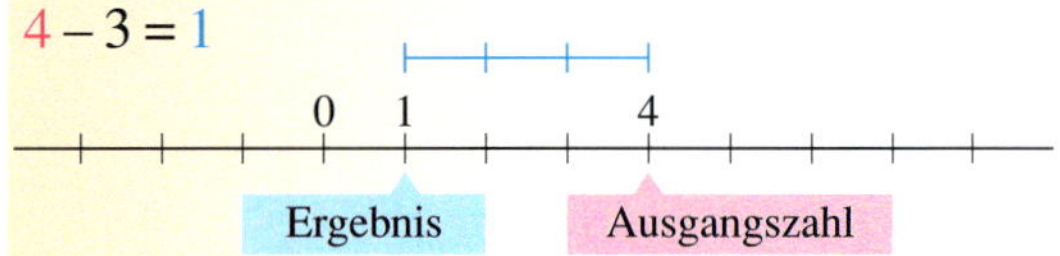

Wenn man eine **positive Zahl subtrahiert**, liegt das Ergebnis links von der Ausgangszahl.

$4 + (-3) = 1$

Da wir nicht 3, sondern die Gegenzahl -3, addieren, gehen wir, um das Ergebnis zu finden, nicht nach rechts, sondern in die Gegenrichtung, nämlich nach links.

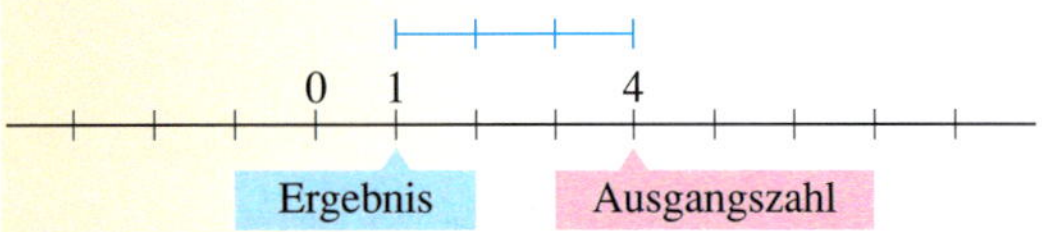

Wenn man eine **negative Zahl addiert**, liegt das Ergebnis links von der Ausgangszahl.

$4 - (-3) = 7$

Da wir nicht 3, sondern die Gegenzahl -3, subtrahieren, gehen wir, um das Ergebnis zu finden, nicht nach links, sondern in die Gegenrichtung, nämlich nach rechts.

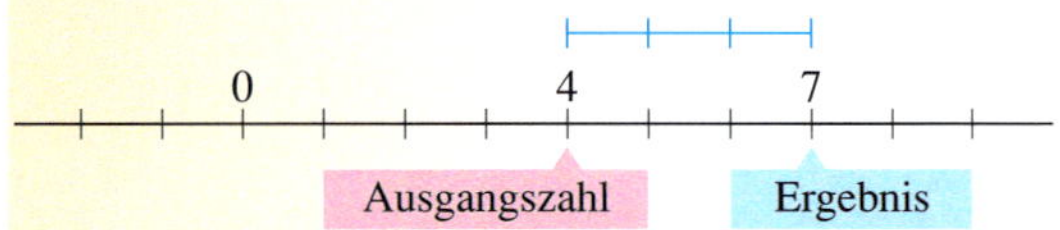

Wenn man eine **negative Zahl subtrahiert**, liegt das Ergebnis rechts von der Ausgangszahl.

1 Berechne mithilfe der Zahlengeraden.
a) $-2 + 6$ b) $-4 + (-3)$ c) $-5 + 9$

2 Berechne mithilfe der Zahlengeraden.
a) $2 - 8$ b) $-2 - 4$ c) $3 - (-7)$

Merke

Wir ersetzen
- die Addition einer negativen Zahl durch die Subtraktion der positiven Gegenzahl.
  zum Beispiel: $4 + (-3) = 4 - 3 = 1$; $-7 + (-3) = -7 - 3 = -10$
- die Subtraktion einer negativen Zahl durch die Addition der positiven Gegenzahl.
  zum Beispiel: $4 - (-3) = 4 + 3 = 7$; $-7 - (-3) = -7 + 3 = -4$

Wir können also so umformen, dass wir nur noch positive Zahlen addieren oder positive Zahlen subtrahieren.

Übungen

3 Berechne.

a) $-7 + 6$
b) $-9 + 12$
c) $12 - 13$
d) $17 - 21$
e) $-24 + 13$
f) $-6 - 5$
g) $-8 + 4$
h) $8 - 14$
i) $-12 - 4$
j) $-17 - 13$
k) $-15 - 5$
l) $-23 - 25$
m) $-39 - 14$
n) $-57 + 33$
o) $-18 + 22$
p) $-28 + 12$
q) $21 - 37$
r) $-14 - 26$
s) $-19 - 31$
t) $4 - 49$
u) $-29 - 14$
v) $-47 - 53$
w) $56 - 78$
x) $-111 - 121$

4 Berechne.

a) $4 + (-3)$
b) $6 + (-7)$
c) $7 + (-8)$
d) $5 + (-7)$
e) $-4 + (-3)$
f) $-6 + (-7)$
g) $-7 + (-8)$
h) $-5 + (-7)$
i) $-7 + (-5)$

5 Berechne.

a) $3 - (-4)$
b) $5 - (-3)$
c) $1 - (-9)$
d) $8 - (-6)$
e) $-3 - (-4)$
f) $-5 - (-3)$
g) $-1 - (-9)$
h) $-8 - (-6)$
i) $-6 - (-8)$

6 Rechne mit der Gegenzahl.

a) $-3+(-7)$
b) $2+(-6)$
c) $9+(-17)$
d) $-15-(-13)$
e) $-24-(-12)$
f) $16-(-19)$
g) $-39-(-77)$
h) $-97-(-38)$
i) $-29-(-37)$
j) $56-(-63)$
k) $83-(-83)$
l) $-25-(-18)$

7 Berechne.

a) $27-56$
b) $58-67$
c) $-35-98$
d) $-87-(-13)$
e) $33+(-97)$
f) $-55+(-59)$
g) $-83-(-75)$
h) $29+(-68)$
i) $51-(-39)$
j) $-57+(-97)$
k) $-19-(-59)$
l) $97-(-67)$

8 Berechne. Die Schlange hat die Lösungen geschluckt ohne Berücksichtigung der Reihenfolge.

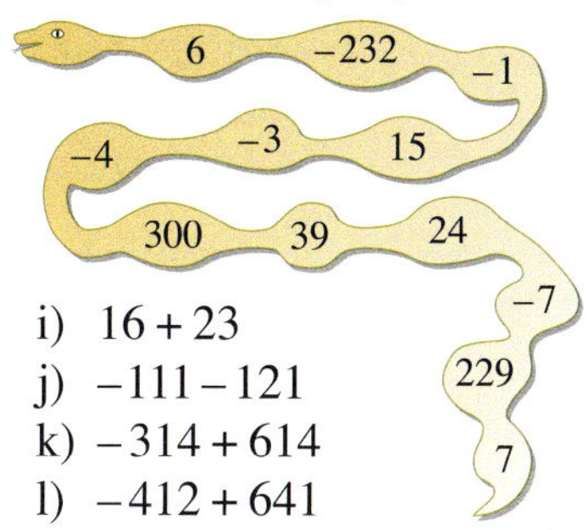

a) $18+6$
b) $24-9$
c) $36-37$
d) $22-25$
e) $-12+18$
f) $-15+11$
g) $16-23$
h) $-16+23$
i) $16+23$
j) $-111-121$
k) $-314+614$
l) $-412+641$

www 149-1

9 Übertrage die Tabelle in dein Heft und vervollständige sie.

+	7	−21	19	−56		−210
13						
−9						
54			73			
		−55				
−79					26	
						−165

10 Berechne.

a) $0{,}8-(-0{,}5)$
b) $-0{,}5+0{,}7$
c) $-1{,}4-0{,}6$
d) $2{,}1+(-3{,}6)$
e) $3{,}5-1{,}5$
f) $-2{,}4-(-2{,}1)$
g) $-1{,}7+(-0{,}1)$
h) $2{,}64+3{,}49$
i) $2{,}81-3{,}72$
j) $4{,}03-(-5{,}72)$
k) $-7{,}39-5{,}41$
l) $-9{,}08-(-9{,}08)$
m) $6{,}55-(-7{,}45)$
n) $8{,}27-(-3{,}73)$

11 An einem Wintertag und in der folgenden Nacht wurden diese Höchst- und Tiefsttemperaturen gemessen. Wie groß war jeweils der Temperaturunterschied zwischen Tag und Nacht?

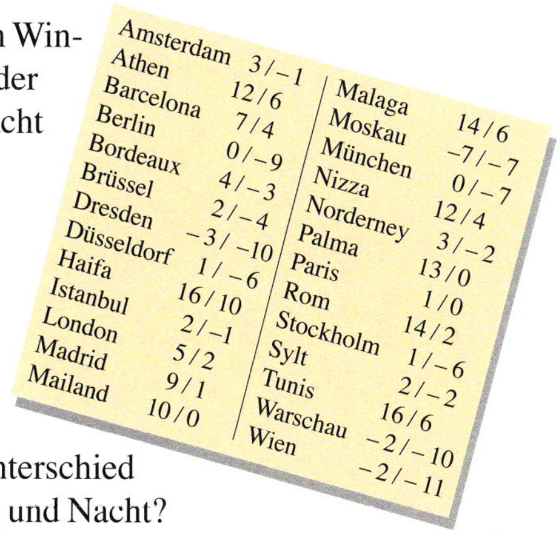

Amsterdam	3/−1	Malaga	14/6
Athen	12/6	Moskau	−7/−7
Barcelona	7/4	München	0/−7
Berlin	0/−9	Nizza	12/4
Bordeaux	4/−3	Norderney	3/−2
Brüssel	2/−4	Palma	13/0
Dresden	−3/−10	Paris	1/0
Düsseldorf	1/−6	Rom	14/2
Haifa	16/10	Stockholm	1/−6
Istanbul	2/−1	Sylt	2/−2
London	5/2	Tunis	16/6
Madrid	9/1	Warschau	−2/−10
Mailand	10/0	Wien	−2/−11

12 Übertrage ins Heft und fülle aus.

a)

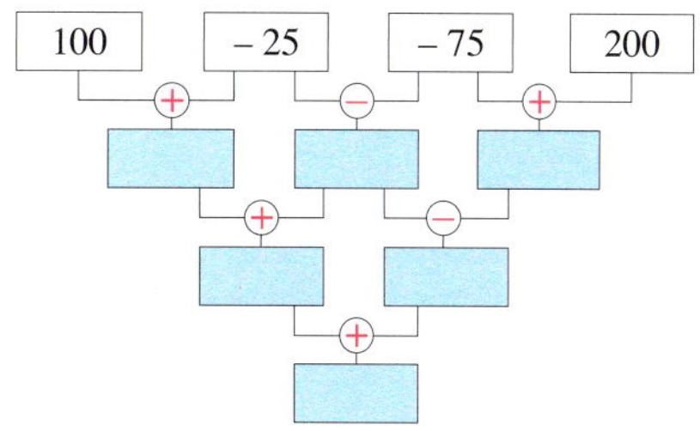

b)

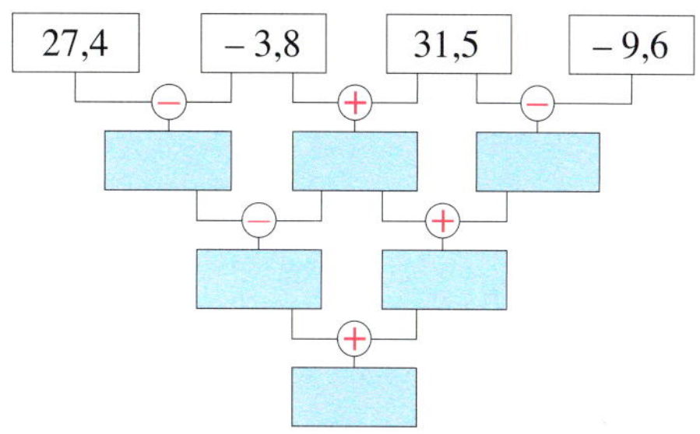

13 Berechne.

a) $\frac{3}{7}+\frac{5}{7}$
b) $\frac{3}{7}-\frac{5}{7}$
c) $\frac{3}{7}+(-\frac{5}{7})$
d) $\frac{3}{7}-(-\frac{5}{7})$
e) $\frac{2}{3}+\frac{3}{4}$
f) $\frac{2}{3}-\frac{3}{4}$
g) $\frac{2}{3}+(-\frac{3}{4})$
h) $\frac{2}{3}-(-\frac{3}{4})$

14 Berechne.

a) $-\frac{3}{8}+(-\frac{1}{6})$
b) $\frac{7}{10}-(-\frac{4}{5})$
c) $-\frac{7}{8}+(-\frac{5}{6})$
d) $-\frac{2}{7}-(-\frac{2}{5})$
e) $-\frac{3}{8}+1\frac{1}{2}$
f) $4\frac{1}{4}+(-6{,}5)$
g) $4{,}25-(-6\frac{3}{8})$
h) $4\frac{2}{3}-(-9\frac{5}{12})$
i) $\frac{5}{10}+(-0{,}5)$
j) $-\frac{3}{5}-(-0{,}8)$
k) $1{,}4-(-2\frac{3}{5})$
l) $-\frac{4}{25}+1{,}2$

Rückblick

Zeichne ein Dreieck mit dieser Eigenschaft.
a) achsensymmetrisch
b) dreh- und achsensymmetrisch

15 Löse mithilfe eines Tabellenkalkulationsprogramms.

	A	B	C	D
1	*a*	*b*	*a* + *b*	*a* - *b*
2	18	25		
3	-36	17		
4	13	-20		
5	-72	-38		
6	-47	86		
7	-173	-96		
8	235	-178		
9	-384	-456		

a) Welche Formeln hast du in die Zellen C2 und D2 eingetragen?
b) Wie erreichst du, dass auch die Ergebnisse ab der dritten Zeile schnell berechnet werden?
c) Erweitere deine Tabelle um ein paar Zeilen und überprüft euch gegenseitig, ob ihr solche Aufgaben auch im Kopf lösen könnt.

16 Kannst du auch diese Tabelle mithilfe eines Tabellenkalkulationsprogramms ausfüllen? Wie heißen die Ergebnisse?

a	b	$a+b$	$a-b$
$\frac{1}{2}$	0,3		
$1\frac{1}{5}$	$-0{,}7$		
$-4\frac{3}{4}$	1,3		
$-6{,}1$	$-2\frac{1}{4}$		
$\frac{1}{100}$	$-3{,}8$		
$-\frac{3}{40}$	-4		

Bestimme jeweils x.

17 a) $23+x=17$ b) $x+38=92$ c) $-47+x=-15$ d) $x-56=-129$

18 a) $x-32=-23$ b) $-15-x=-28$ c) $127-x=-156$ d) $x-45\frac{5}{6}=-112$ e) $-34-x=12$ f) $x-(-27)=34$ g) $-12\frac{3}{5}-x=-72$ h) $x-(-243)=-243$

19 a) $x-62=-31$ b) $-32-x=-14$ c) $x-131=184$ d) $143+x=-25$ e) $-93\frac{1}{3}-x=-201$ f) $73-x=81$ g) $215-x=133$ h) $x-(-125)=-189$ i) $144-x=-179$ j) $x-(-301)=-701$

20 a) $3\frac{1}{5}-x=5$ b) $x-4{,}8=-7{,}2$ c) $x-8\frac{1}{2}=-2{,}9$ d) $-1{,}25-x=-2$ e) $-9{,}5+x=-5{,}75$ f) $x-(-1{,}6)=6{,}7$ g) $x-5{,}2=4{,}4$ h) $-16{,}7-x=-19{,}5$ i) $34{,}5-x=78{,}5$ j) $109\frac{1}{4}-x=100\frac{3}{4}$

21 Übertrage die Tabelle ins Heft und fülle sie aus.

150-1

x	y	$x+y$	$x-y$
-23	18		
-36		-23	
	-31	-67	
-36			-117
	-122		289

22 Übertrage die Tabelle ins Heft und fülle sie aus.

x	y	$x+y$	$x-y$
0,1	$-0{,}7$		
$-2{,}9$		4,5	
	$-12{,}4$	$-6{,}7$	
$7\frac{1}{5}$			12,4
$-10\frac{1}{3}$			-25
	$5\frac{3}{4}$		$-8{,}1$
	$-9{,}3$		$-4\frac{1}{2}$

23 Übertrage das Rechennetz vereinfacht in dein Heft und ergänze dabei die fehlenden Zahlen.

a)

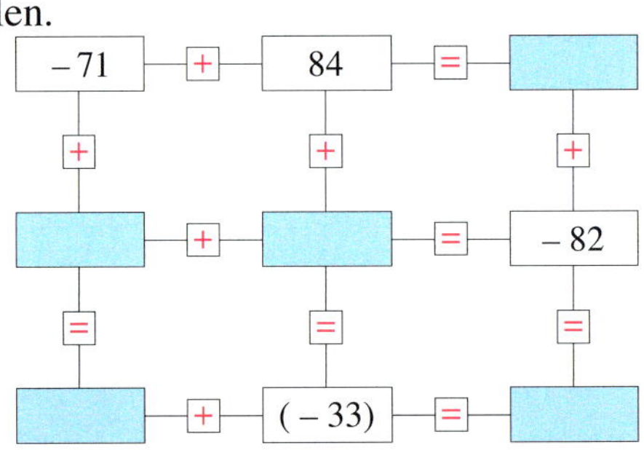

b)

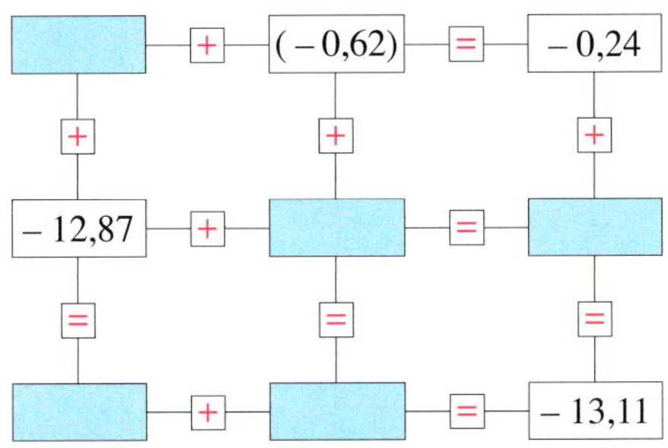

Rückblick

Berechne den Flächeninhalt und den Umfang eines Rechtecks mit $a = 2{,}34$ m und $b = 1{,}82$ m.

1 Haus vom Nikolaus

Beginne mit einer beliebigen Strecke und durchfahre ohne abzusetzen jede Strecke nur einmal. Wenn du auf deinem Weg alle Zahlen addierst, an denen du vorbeikommst, erhältst du die Hausnummer.

a)

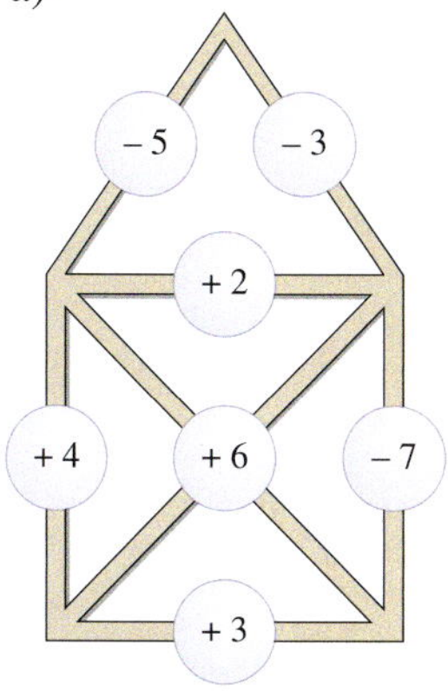

b)

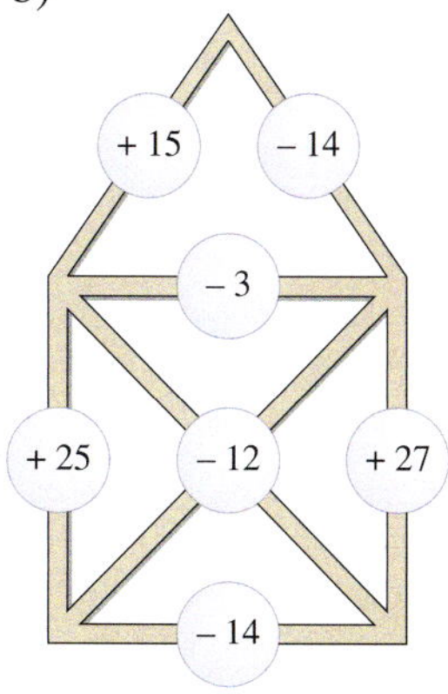

2 Rechengitter

Die Aufgaben stehen in den Vierecken. Das richtige Ergebnis findest du in einem der angrenzenden Kreise. Die nächste Aufgabe grenzt an das richtige Ergebnis. Mit welcher Zahl endet das Rechengitter?

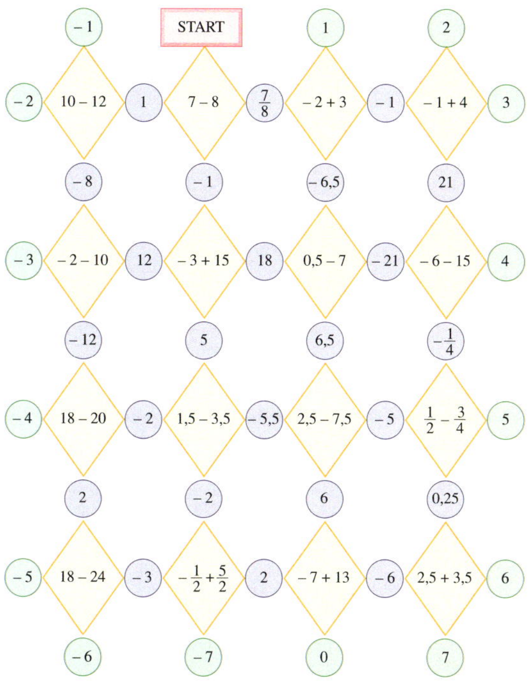

3 Magische Quadrate

Bei jedem magischen Quadrat haben die Summen der Zahlen in jeder Zeile, in jeder Spalte und in jeder der beiden Diagonalen den gleichen Wert. Dieser Wert der Summe heißt magische Zahl. Überprüfe durch Rechnung, ob folgende Zahlenquadrate magische Quadrate sind.

a)

– 2	– 9	– 4
– 7	– 5	– 3
– 6	– 1	– 8

b)

0	– 0,2	0,2
0,4	– 0,1	– 0,3
– 0,4	0,3	0,1

4 Übertrage ins Heft und ergänze zu magischen Quadraten.

a)

– 0,5		
	0,7	– 0,9
		1,9

b)

0		1
	$\frac{1}{4}$	
$-\frac{1}{2}$		

5 Verrücktes Knobeln

Es wird mit zwei verschiedenfarbigen Würfeln gespielt.

Die Augenzahl des roten Würfels wird als positive Zahl aufgefasst, die Augenzahl des grünen Würfels als negative.

Die beiden Zahlen werden im Spiel addiert.

Beispiel: $(+2) + (-5) = (-3)$

a) Mit welchem Wurf erzielt man die höchste Punktzahl mit welchem die niedrigste?

b) Mit welchen Wurf erzielt man + 2, mit welchem – 1?

c) Entwickelt weitere Spielideen für ein Würfelspiel mit zwei Würfeln und testet die Spiele. Entscheidet dann, welches Spiel am interessantesten gewesen ist.

Multiplikation rationaler Zahlen

Bei der Multiplikation rationaler Zahlen kann man vier verschiedene Fälle voneinander unterscheiden.

$3 \cdot 5 =$ ▢	$3 \cdot (-5) =$ ▢	$-3 \cdot 5 =$ ▢	$-3 \cdot (-5) =$ ▢

Produkt aus zwei positiven Zahlen

Den Wert eines Produktes aus zwei positiven Zahlen können wir bestimmen.
$3 \cdot 5 = 5 + 5 + 5 = 15.$

Der Wert des Produktes aus zwei positiven Zahlen ist positiv.

Produkt aus einer positiven und einer negativen Zahl

Den Wert eines Produktes aus einer positiven und einer negativen Zahl können wir auch bestimmen, denn $3 \cdot (-5) = (-5) + (-5) + (-5) = -5 - 5 - 5 = -15.$

Der Wert des Produktes aus einer positiven und einer negativen Zahl ist negativ.

Produkt aus einer negativen und einer positiven Zahl

Der Wert des Produktes $-3 \cdot 5$ lässt sich aus einer „Reihe“ ableiten.

1 Wie ändert sich der erste Faktor von Aufgabe zu Aufgabe und wie ändert sich entsprechend der Wert des Produktes?

Der Wert des Produktes aus einer negativen und einer positiven Zahl ist negativ.

$3 \cdot 5 = 15$
$2 \cdot 5 = 10$
$1 \cdot 5 = 5$
$0 \cdot 5 = 0$
$-1 \cdot 5 = -5$
$-2 \cdot 5 = -10$
$-3 \cdot 5 = -15$

Produkt aus zwei negativen Zahlen

Auch der Wert des Produktes $-3 \cdot (-5)$ lässt sich aus einer „Reihe“ ableiten.

2 Wie ändert sich der erste Faktor von Aufgabe zu Aufgabe und wie ändert sich entsprechend der Wert des Produktes?

Der Wert des Produktes aus zwei negativen Zahlen ist positiv.

$3 \cdot (-5) = -15$
$2 \cdot (-5) = -10$
$1 \cdot (-5) = -5$
$0 \cdot (-5) = 0$
$-1 \cdot (-5) = 5$
$-2 \cdot (-5) = 10$
$-3 \cdot (-5) = 15$

Merke

Multiplikationsregel für zwei rationale Zahlen

Der Wert des Produktes ist	**positiv**, wenn beide Zahlen gleiche Vorzeichen haben.	**negativ**, wenn beide Zahlen verschiedene Vorzeichen haben.
zum Beispiel:	$(+5) \cdot (+3) = +15$ $(-5) \cdot (-3) = +15$	$(+5) \cdot (-3) = -15$ $(-5) \cdot (+3) = -15$
kurz:	zwei gleiche Vorzeichen Produkt positiv	zwei verschiedene Vorzeichen Produkt negativ

Beispiele

1. $3 \cdot 17 = 51$

2. $\frac{1}{2} \cdot (-4) = -2$

3. $-0{,}8 \cdot 10 = -8$

4. $-10 \cdot (-11) = 110$

5. $\frac{1}{32} \cdot (-1) = -\frac{1}{32}$

6. $0 \cdot (-6{,}01) = 0$

Hinweis

Multipliziert man mit dem Faktor – 1, ist der Wert des Produkts die Gegenzahl des anderen Faktors.

Übungen

3 Berechne.

a) $4 \cdot 18$
b) $-5 \cdot 9$
c) $8 \cdot (-7)$
d) $-3 \cdot (-5)$
e) $7 \cdot (-3)$
f) $3 \cdot 12$
g) $-4 \cdot 5$
h) $-6 \cdot (-2)$
i) $8 \cdot (-13)$
j) $12 \cdot (-\frac{1}{4})$
k) $-18 \cdot \frac{1}{9}$
l) $-\frac{2}{3} \cdot (-\frac{3}{2})$

153-1

4 Übertrage die Tabelle in dein Heft und fülle sie aus.

·	6	−4	−9	−13	22	−25
−7						
11						
−8						
−1						
25						

5 Berechne im Kopf.

a) $5 \cdot 17$
b) $-18 \cdot 18$
c) $-4 \cdot (-8)$
d) $-13 \cdot (-6)$
e) $-14 \cdot (-8)$
f) $15 \cdot 15$
g) $-15 \cdot (-15)$
h) $-100 \cdot (-100)$
i) $-1000 \cdot (-100)$

6 Berechne im Kopf.

a) $4 \cdot (-7)$
b) $-8 \cdot 7$
c) $-10 \cdot 103$
d) $12 \cdot (-11)$
e) $-16 \cdot 5$
f) $17 \cdot (-17)$
g) $-10 \cdot 1000$
h) $100 \cdot (-100)$
i) $-11 \cdot 1000$

7 Multipliziere.

a) $-5 \cdot 118$
b) $9 \cdot 999$
c) $-30 \cdot (-30)$
d) $-30 \cdot 31$
e) $-35 \cdot (-6)$
f) $30 \cdot (-29)$
g) $-70 \cdot (-75)$
h) $-300 \cdot 2000$
i) $500 \cdot (-750)$

8 Berechne.

a) $0{,}5 \cdot 2{,}4$
b) $-0{,}6 \cdot (-4{,}2)$
c) $-0{,}5 \cdot (-3{,}5)$
d) $-0{,}7 \cdot 4{,}2$
e) $-0{,}02 \cdot (-8{,}5)$
f) $0{,}53 \cdot (-0{,}4)$
g) $0{,}5 \cdot (-350)$
h) $0{,}8 \cdot 7{,}2$
i) $-0{,}5 \cdot 2400$
j) $-0{,}9 \cdot (-7{,}2)$
k) $0{,}74 \cdot (-0{,}03)$
l) $-0{,}085 \cdot (-0{,}4)$

9 Übertrage in dein Heft und ergänze.

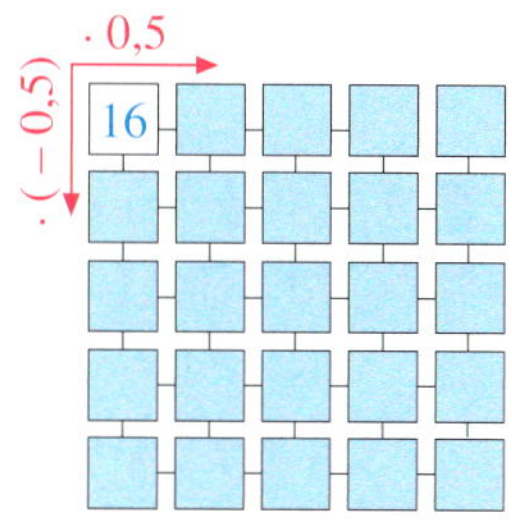

10 Übertrage in dein Heft und fülle aus.

a)

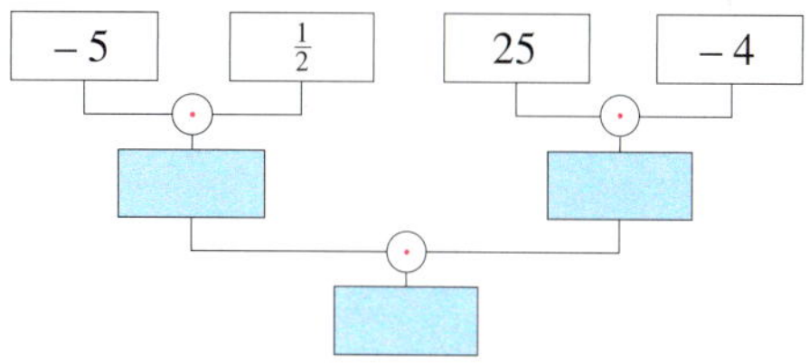

b)

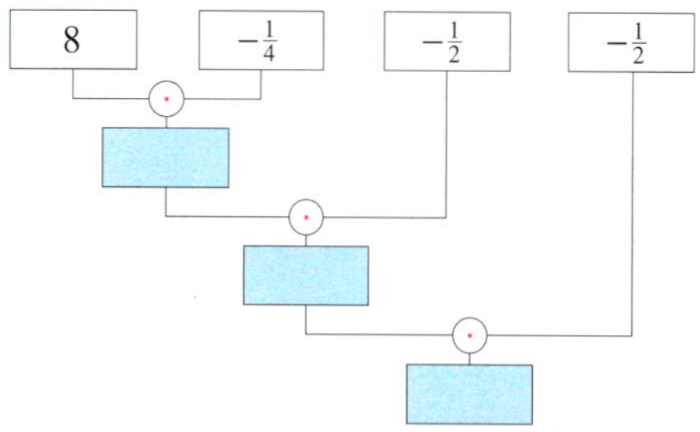

c)

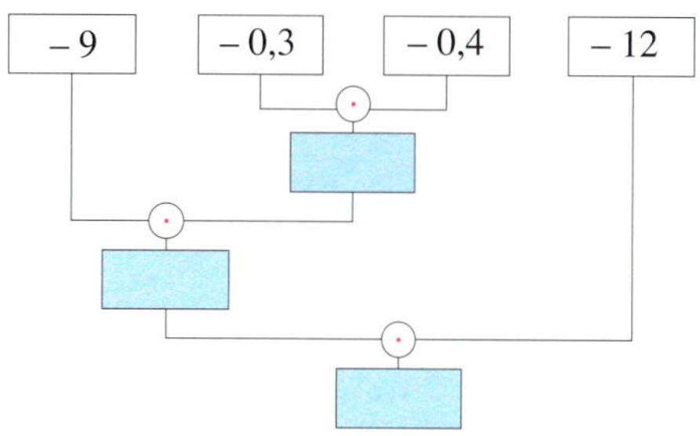

Rückblick

Berechne die Oberfläche des Quaders.

a) $a = 2{,}7$ cm; $b = 1{,}8$ cm; $c = 3{,}9$ cm
b) $a = 4{,}3$ cm; $b = 17$ mm; $c = 29$ mm

11 Bringe die ungeordneten „Rechendominosteine“ in die richtige Reihenfolge.

a)

b)

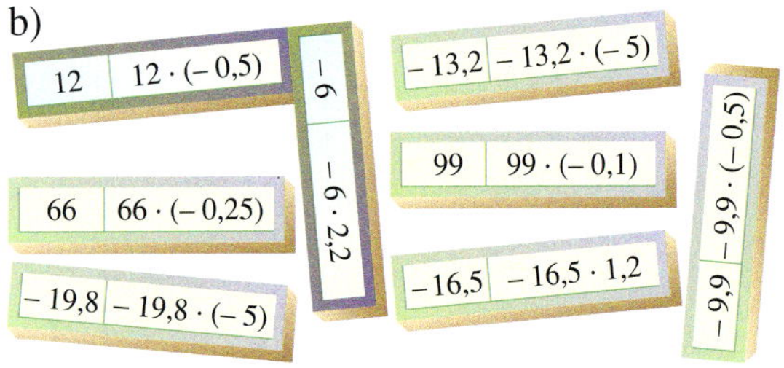

154-1

12 Übertrage in dein Heft und ergänze durch Multiplizieren.

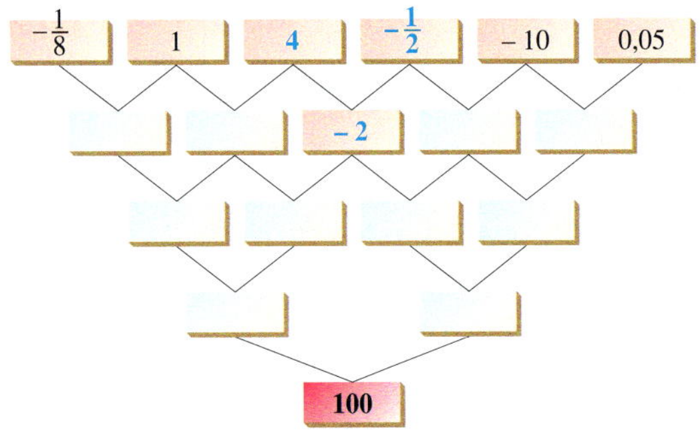

13 Berechne wie im Beispiel durch Multiplikation die Zahlen für die freien Felder.

a)

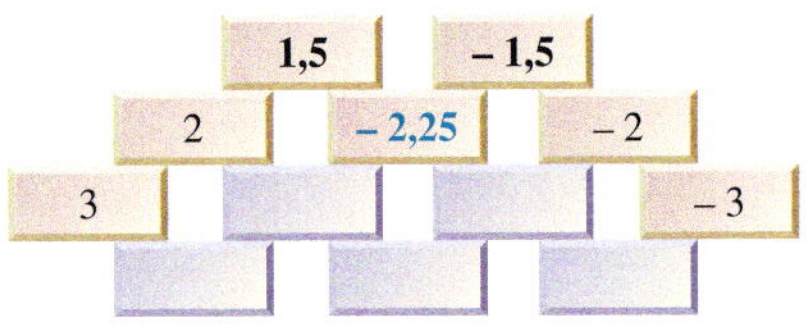

b)

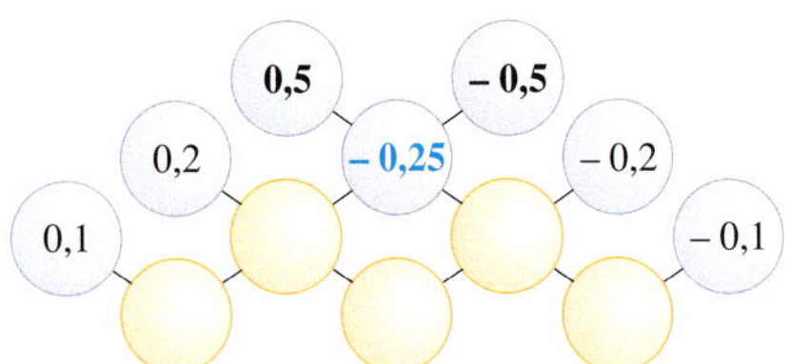

14 Multipliziere.

Beispiel: $7 \cdot (-9) \cdot (-3) \cdot 2$
$= -63 \cdot (-3) \cdot 2$
$= 189 \cdot 2 = 378$

a) $5 \cdot (-3) \cdot 7$
b) $-10 \cdot 12 \cdot (-4)$
c) $15 \cdot (-3) \cdot 12$
d) $-100 \cdot 50 \cdot 10$
e) $-10 \cdot (-20) \cdot (-30)$
f) $20 \cdot (-40) \cdot 60$
g) $5 \cdot (-10) \cdot (-15)$
h) $16 \cdot (-10) \cdot (-3)$

15 Berechne.

a) $-12 \cdot (-1) \cdot 9$
b) $-0{,}2 \cdot (-5) \cdot (-1{,}5)$
c) $0{,}25 \cdot (-4) \cdot (-0{,}05)$
d) $-0{,}25 \cdot 5 \cdot (-4{,}4)$
e) $-0{,}02 \cdot (-4) \cdot 4{,}5$
f) $0{,}1 \cdot (-0{,}1) \cdot (-15)$
g) $0{,}5 \cdot (-0{,}1) \cdot (-1{,}5)$
h) $-2 \cdot (-0{,}5) \cdot (-1{,}05)$

16 Multipliziere in diesem Zahlenquadrat jeweils die Zahlen jeder Zeile, jeder Spalte und jeder Diagonale miteinander. Was stellst du fest?

– 0,4	0,5	– 5
12,5	1	0,08
– 0,2	2	– 2,5

17 Vervollständige das Zahlenquadrat im Heft so, dass es Eigenschaften wie in Aufgabe 16 hat.

a)

– 0,2		
	– 2	
	0,4	– 20

b)

– 4	– 1,25	– 0,2
	– 1	

c)

0,8		
5	– 4	3,2

d)

80	– 0,25	
– 0,16		– 100
– 5		

Rückblick

Für 650 Schweizer Franken mussten bei einer Bank 433,70 € bezahlt werden. Wie teuer war der Skipass in Euro, wenn er 170 SFR kostete?

Division rationaler Zahlen

Wie bei der Multiplikation können auch bei der Division vier Fälle auftreten.

$35 : 7 = \square$ $35 : (-7) = \square$ $-35 : 7 = \square$ $-35 : (-7) = \square$

Quotient aus zwei positiven Zahlen

Den Quotienten 35 : 7 können wir bestimmen.

$$35 : 7 = 35 \cdot \tfrac{1}{7} = 5$$

Die Division durch eine Zahl können wir durch die Multiplikation mit ihrem Kehrbruch ersetzen. $35 : 7 = 5$

Der Wert des Quotienten aus zwei positiven Zahlen ist positiv.

Quotient aus einer positiven und einer negativen Zahl

$$35 : (-7) = \square$$

Wir ersetzen die Division durch die Multiplikation mit dem Kehrbruch.

$$35 : (-7) = 35 \cdot (-\tfrac{1}{7}) = -5$$

Der Wert des Quotienten aus einer positiven und einer negativen Zahl ist negativ.

Quotient aus einer negativen und einer positiven Zahl

$$-35 : 7 = \square$$

Wir ersetzen die Division durch die Multiplikation mit dem Kehrbruch.

$$-35 : 7 = -35 \cdot \tfrac{1}{7} = -5$$

Der Wert des Quotienten aus einer negativen und einer positiven Zahl ist negativ.

Quotient aus zwei negativen Zahlen

$$-35 : (-7) = \square$$

Wir ersetzen die Division durch die Multiplikation mit dem Kehrbruch.

$$-35 : (-7) = -35 \cdot (-\tfrac{1}{7}) = 5$$

Der Wert des Quotienten aus zwei negativen Zahlen ist positiv.

1 Berechne.
a) $39 : (-3)$ b) $-45 : 15$ c) $-60 : (-12)$

2 Berechne.
a) $-\tfrac{3}{4} : \tfrac{1}{3}$ b) $0{,}5 : (-\tfrac{1}{6})$ c) $-1\tfrac{1}{3} : (-\tfrac{2}{5})$

Merke

Divisionsregel für zwei rationale Zahlen

Der Wert des Quotienten ist	**positiv**, wenn beide Zahlen gleiche Vorzeichen haben.	**negativ**, wenn beide Zahlen verschiedene Vorzeichen haben.
zum Beispiel:	$(+35) : (+7) = +5$ $(-35) : (-7) = +5$	$(+35) : (-7) = -5$ $(-35) : (+7) = -5$
kurz:	zwei gleiche Vorzeichen Quotient positiv	zwei verschiedene Vorzeichen Quotient negativ

Die Division durch Null ist nicht möglich.

Beispiel

1. $42 : (-7) = -6$
2. $-64 : (-8) = 8$
3. $-63 : 9 = -7$
4. $-3 : 5 = \frac{-3}{5} = -\frac{3}{5}$
5. $3 : (-5) = \frac{3}{-5} = -\frac{3}{5}$
6. $-5{,}4 : (-9) = 0{,}6$
7. $2 : (-0{,}5) = -4$
8. $0 : (-4) = 0$

Übungen

3 Berechne.

a) 12 : (– 6) e) 84 : (–7) i) –39 : (–13)
b) –36 : 12 f) 56 : (–8) j) 51 : (–17)
c) –42 : (–7) g) –72 : (–9) k) –98 : 14
d) 85 : (–5) h) –84 : 21 l) –68 : (–4)

4 Übertrage ins Heft und fülle aus.

:	5	–15	9	–3
90				
–45			–5	
135				
–405				
270				
–945				

5 Schreibe die Divisionsaufgaben auf und vervollständige sie.

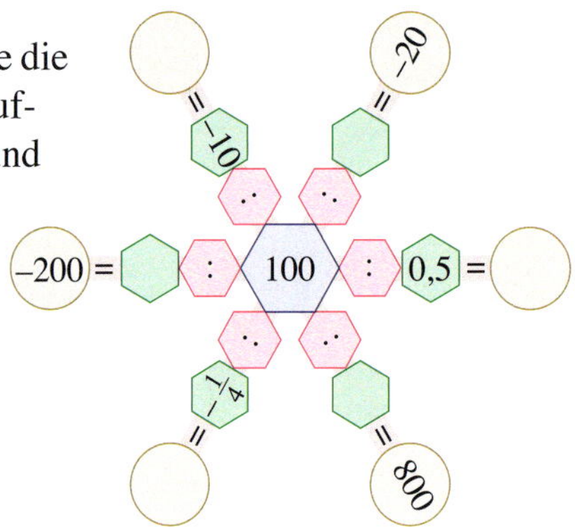

6 Berechne.

a) 0,25 : (– 0,125) e) 7,25 : 0,25
b) –1,5 : 0,1 f) 125 : (–0,01)
c) 5,5 : (–0,25) g) 0,125 : (–0,5)
d) 10 : (–0,1) h) –0,125 : (–0,25)

7 Dividiere schriftlich wie im Beispiel. Runde das Ergebnis an der Zehntelstelle.

Beispiel: 366 : (– 14) ≈ ▢

366 : 14 = 26,14 …
28 ≈ 26,1
86
84
20
14
60
56
4

Also:
366 : (– 14) ≈ – 26,1

a) 455 : 12
b) –445 : 12
c) –326 : (–18)
d) –268 : (–12)
e) 694 : (–14)
f) 478 : (–19)
g) 2468 : (–23)
h) –3691 : 420
i) 3967 : (–340)
j) –4715 : (–580)

8 Dividiere schriftlich wie in Aufgabe 7. Runde das Ergebnis an der Hundertstelstelle.

a) –13 : 7 e) –235 : 23
b) 56 : (–13) f) 457 : 51
c) 88 : (–14) g) –448 : 234
d) –134 : (–18) h) –568 : (–865)

9 Berechne und runde das Ergebnis an der Tausendstelstelle. Die Lösungen liegen im Korb.

a) 33 : (–16) d) 46 : (–15)
b) –32 : 7 e) –63 : (–16)
c) –54 : 13 f) –73 : 12

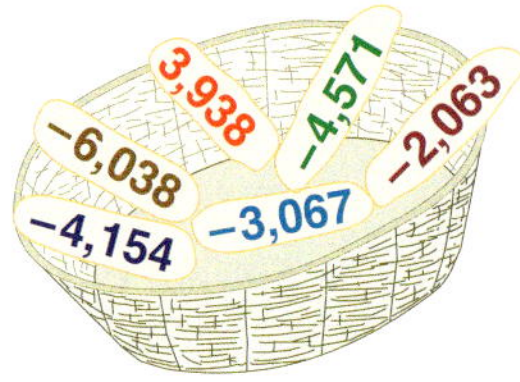

10 Berechne wie im Beispiel.

Beispiel: 28,06 : (–2,3) = ▢

28,06 : 2,3 =
280,6 : 23 = 12,2
23
50
46
46
46
0

Also:
28,06 : (–2,3) = –12,2

a) 24,48 : (–7,2) e) –6,825 : (–2,1)
b) –24,2 : (–5,5) f) 10,08 : (–2,4)
c) 13,44 : (–2,1) g) 24,48 : (–5,44)
d) –8,652 : 4,2 h) –35,7 : 10,2

11 **Vier gewinnt** (für zwei Personen)

Benötigt werden Spielplättchen in zwei Farben. Dividiere irgendeine Zahl aus dem Kreis durch irgendeine Zahl aus dem Rechteck und setze dein Plättchen auf das Feld mit dem entsprechenden Ergebnis. Bei vier Plättchen in einer Reihe (waagerecht, senkrecht oder diagonal) ist das Spiel gewonnen.

6	0,48	–80	24	–1,2	15
–2,4	–0,75	0,4	0,06	0,8	9,6
16	–0,04	–2	–3	–0,5	–64
–48	–0,3	–5	4	0,24	20
–3,2	0,1	–0,08	0,2	0,12	–4,8
12	–1,25	32	–60	–1,6	–8

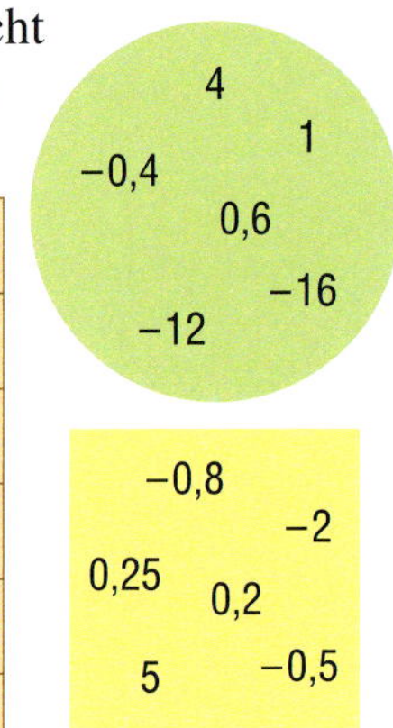

12 Ordne die Rechendominosteine.

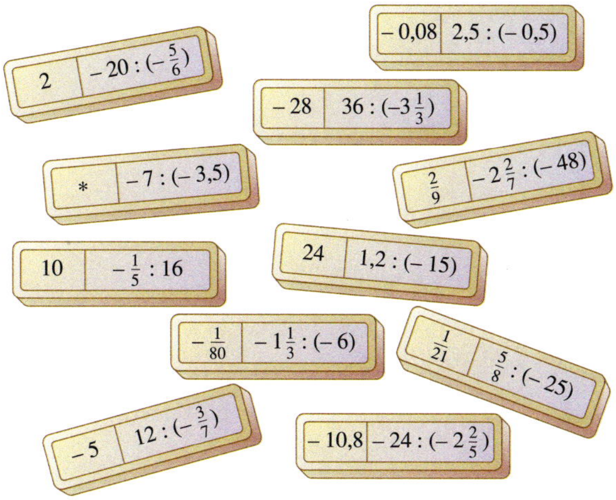

13 Berechne.

a) $-3 : \frac{3}{8}$ e) $\frac{6}{7} : (-18)$ i) $-24 : 1\frac{1}{3}$
b) $-\frac{4}{9} : (-12)$ f) $-20 : (-\frac{5}{6})$ j) $2\frac{2}{7} : (-48)$
c) $-18 : (-\frac{3}{8})$ g) $-\frac{7}{11} : 28$ k) $36 : (-3\frac{1}{3})$
d) $-\frac{5}{8} : 25$ h) $-9 : (-\frac{6}{11})$ l) $-3\frac{3}{4} : (-25)$

14 Kürze.

a) $\frac{-15}{5}$ c) $\frac{16}{-8}$ e) $\frac{77}{-11}$ g) $\frac{-84}{-21}$ i) $\frac{-156}{40}$
b) $\frac{-6}{-3}$ d) $\frac{-42}{-21}$ f) $\frac{-51}{17}$ h) $\frac{64}{-24}$ j) $\frac{-175}{-90}$

15 Übertrage die Tabelle in dein Heft und fülle sie aus.

:	-2	5		$\frac{1}{5}$
-2				
				25
$-\frac{1}{4}$				
$\frac{1}{5}$			$-\frac{4}{5}$	
$-0{,}3$				

16 Berechne. Runde das Ergebnis an der Hundertstelstelle.

a) $-8{,}63 : (-0{,}23)$ g) $7{,}65 : (-4{,}2)$
b) $3{,}45 : (-0{,}29)$ h) $-8{,}99 : (-5{,}5)$
c) $-6{,}39 : (-3{,}1)$ i) $-9{,}01 : (-8{,}9)$
d) $-4{,}76 : 5{,}7$ j) $5{,}44 : (-0{,}73)$
e) $7{,}04 : (-8{,}3)$ k) $-6{,}28 : 3{,}9$
f) $-6{,}18 : (-7{,}8)$ l) $-7{,}93 : (-7{,}8)$

17 Hier wurden Fehler gemacht. Prüfe nach.

a) $-0{,}001 : 0{,}1 = -0{,}01$
b) $-6793 : (-1) = 6793$
c) $-6{,}47 : 6{,}47 = 1$
d) $77\,493 : (-1000) = -77{,}4$
e) $-0{,}48 : 0{,}008 = -600$
f) $-30\,291 : (-3) = -10\,097$
g) $1 : (-0{,}25) = -4$
h) $-3462 : (-3462) = -1$
i) $6{,}93 : (-13{,}86) = -0{,}5$
j) $-0{,}33 : (-0{,}11) = 30$

18 Mache zuerst einen Überschlag, berechne dann das Ergebnis.

a) $-180\,895 : 605$ c) $5\,035\,712 : (-622)$
b) $-13\,374\,795 : 4109$ d) $-696\,873 : (-745)$

19 Rechne die „Startaufgabe“ aus. Suche das Ergebnis in den inneren Feldern, rechne die nächste Aufgabe außen usw. Notiere die Ergebnisse der Reihe nach.

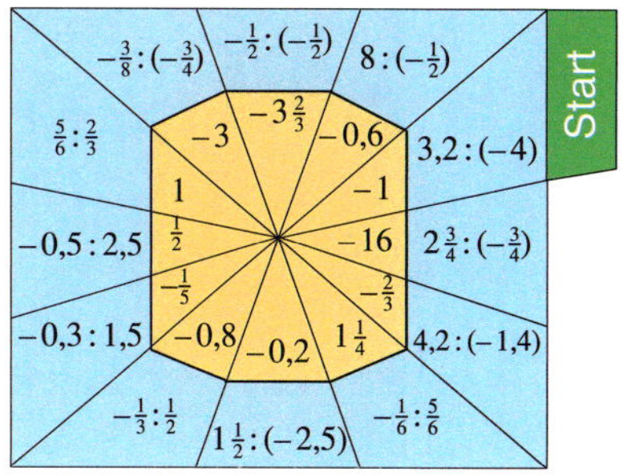

20 Welche Zahl muss man durch $-\frac{1}{4}$ dividieren, um -2 zu erhalten?

21 Berechne.

a) $-\frac{1}{3} : \frac{1}{9}$ d) $\frac{2}{3} : (-\frac{1}{6})$ g) $\frac{2}{5} : (-\frac{5}{7})$
b) $-\frac{1}{2} : (-\frac{1}{4})$ e) $-\frac{1}{5} : (-\frac{1}{2})$ h) $-\frac{1}{5} : (-\frac{1}{6})$
c) $-\frac{3}{4} : (-\frac{2}{5})$ f) $-\frac{1}{9} : \frac{1}{4}$ i) $\frac{5}{8} : (-\frac{1}{6})$

22 Berechne.

a) $-2{,}5 : \frac{1}{2}$ g) $-1\frac{1}{4} : (-0{,}001)$
b) $\frac{1}{3} : (-0{,}6)$ h) $2\frac{3}{4} : (-0{,}1)$
c) $-\frac{1}{5} : 0{,}3$ i) $-1{,}5 : (-\frac{3}{8})$
d) $\frac{2}{7} : (-0{,}25)$ j) $3{,}125 : (-\frac{1}{4})$
e) $-1{,}75 : \frac{1}{8}$ k) $-2\frac{2}{5} : 0{,}75$
f) $0{,}125 : (-\frac{4}{5})$ l) $-1{,}8 : (-3\frac{3}{4})$

Rückblick

Wie viele Symmetrieachsen hat ein Kreis? Begründe.

Rätsel unterm Regenbogen

1 Dieses alte Rätsel wurde schon dem Kaiser Karl dem Großen um 750 v. Chr. von seinem Lehrer Alkuin gestellt.

Ein Fährmann muss mit seinem Boot eine Ziege, einen Kohlkopf und einen Wolf heil über den Fluss setzen. Er kann in seinem Nachen aber immer nur eines transportieren.
Wenn er den Wolf übersetzt, frisst währenddessen am Ufer die Ziege den Kohlkopf. Transportiert er zuerst den Kohlkopf, frisst der Wolf die Ziege. Was soll er tun.

2 Ein DIN A4-Blatt wird dreimal in der Mitte gefaltet und dann mit dem Locher gelocht. Wie viele Löcher hat das A4-Blatt nach dem Auffalten?

3 Von 21 Kugeln ist eine schwerer als alle anderen. Kann man mit höchstens dreimaligem Wiegen feststellen, welche Kugel das ist, wenn nur eine alte Balkenwaage zur Verfügung steht?

4 Welchen Winkel schließen die beiden Linien in Wirklichkeit ein?

5 Vier Geschwister haben ein quadratisches Grundstück geerbt. Der Plan liegt auf dem Tisch.
Nun streiten sie sich, denn alle wollen gleich große Grundstücke mit Baum und Teich erhalten. Der Notar überlegt, ob er den Streit schlichten kann. Hilf ihm.

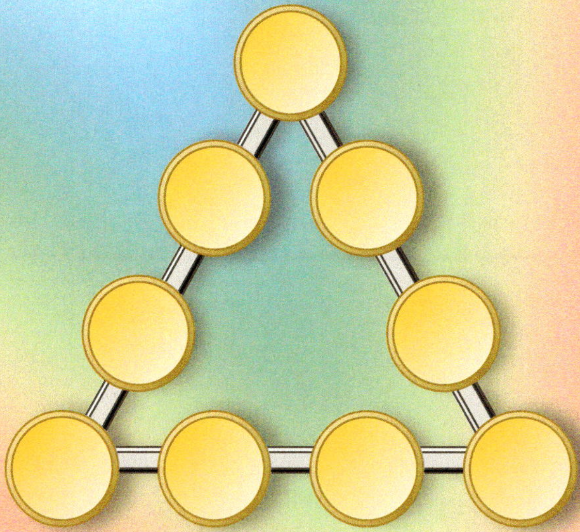

6 Auf dem Feld A sind vier Münzen gestapelt (1 €, 20 Cent, 10 Cent, 1 Cent). Der Turm soll nach der folgenden Regel auf das Feld C bewegt werden.

- Es darf immer nur jeweils eine Münze, die oben liegt, bewegt werden.
- Es darf immer nur eine Münze zur gleichen Zeit bewegt werden.
- Das Feld B darf benutzt werden, es darf aber nie eine Münze mit größerem Durchmesser über einer Münze mit kleinerem Durchmesser liegen.

Wie viele Einzelbewegungen sind wenigstens nötig?

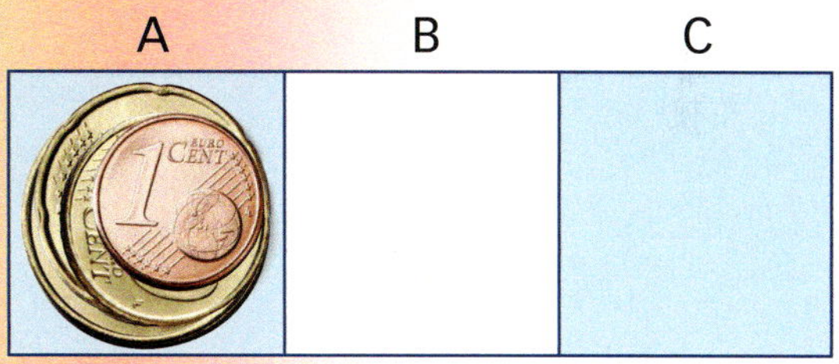

7 Welche Zahl muss anstelle des Platzhalters eingesetzt werden?

Beispiel:

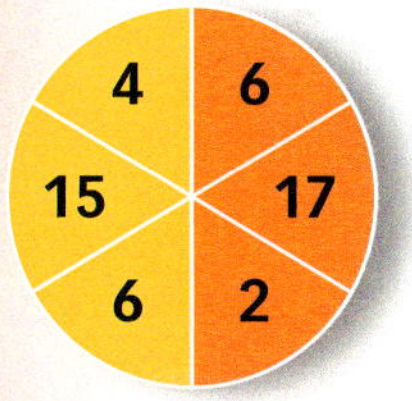

a)

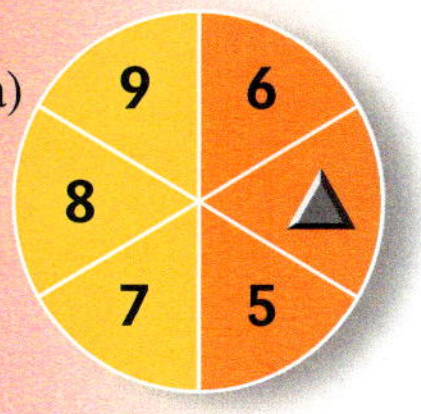

b)

8 a) Die Zahlen 1 bis 9 lassen sich so in den Kreisen verteilen, dass jede Summe entlang der Dreiecksseiten den gleichen Wert hat.
b) Lassen sich die Zahlen in den Kreisen so verteilen, dass die Summen der Quadrate entlang der Dreiecksseiten gleich sind?

Rechengesetze der Addition

Hinweis

Bei natürlichen Zahlen und bei Brüchen dürfen wir

– Summanden vertauschen.

Es gilt das Kommutativgesetz (Vertauschungsgesetz) der Addition.

$a + b = b + a$

– Summanden beliebig durch Klammern zusammenfassen.

Es gilt das Assoziativgesetz (Verbindungsgesetz) der Addition.

$(a + b) + c = a + (b + c)$

Die Rechengesetze der Addition gelten auch für die rationalen Zahlen.

Wir wenden das Kommutativgesetz der Addition an.

Die Addition einer negativen Zahl können wir durch die Subtraktion ihrer Gegenzahl ersetzen. Um das Kommutativgesetz der Addition anzuwenden, gehen wir den umgekehrten Weg. Wir ersetzen die Subtraktion einer positiven Zahl durch die Addition ihrer Gegenzahl.

Die Subtraktion einer Zahl ist gleich der Addition ihrer Gegenzahl.		Die Summanden darf man vertauschen.		Die Addition einer Zahl ist gleich der Subtraktion ihrer Gegenzahl.
$-4-6$	=	$-4+(-6) = -6+(-4)$	=	$-6-4$
$8-7$	=	$8+(-7) = -7+8$	=	$-7+8$
$3-5+9$	=	$3+(-5)+9 = -5+3+9$	=	$-5+3+9$
$-4+7-2$	=	$-4+7+(-2) = 7+(-4)+(-2)$	=	$7-4-2$

1 Berechne und überprüfe, bei welcher Aufgabe durch Anwendung der Rechengesetze vorteilhaft gerechnet werden kann. ① $-17+13-23+27$ ② $6-35+14-16$ ③ $154-96-24+46$

Merke

Da man jede Subtraktion als Addition schreiben kann und man Summanden vertauschen darf, ist die Reihenfolge des Addierens und Subtrahierens beliebig.

Übungen

Rechne in den Aufgaben 2 bis 4 vorteilhaft.

2 Beispiel:
$43-19-13 = 43-13-19 = 30-19 = 11$

a) $47-28-37$
b) $-56+104+26$
c) $89-231-19$
d) $-68+134+18$
e) $-32+84+12$
f) $-13+21-7+29$
g) $35+17-55+21$
h) $-47+19-23+71$
i) $104+78-54+13$
j) $203-88+17+58$

3 a) $8{,}2-4{,}3+1{,}8$
b) $5{,}7+4{,}5-9{,}7$
c) $8{,}7-6{,}5-2{,}7$
d) $14{,}6+12{,}8-13{,}6$
e) $-13{,}9-15{,}3+17{,}9$
f) $-3{,}5+3{,}7-5{,}5$

4 a) $-24+18+37-58+23$
b) $-67-56+71+83+89$
c) $225+374-215+56-335$
d) $-176-324+255-224+324$
e) $237-81+504-137-119+146$

Hinweis

Bei natürlichen Zahlen und Brüchen darf man

– Faktoren vertauschen.

Es gilt das Kommutativgesetz (Vertauschungsgesetz) der Multiplikation.

$a \cdot b = b \cdot a$

– Faktoren beliebig durch Klammern zusammenfassen.

Es gilt das Assoziativgesetz (Verbindungsgesetz) der Multiplikation.

$(a \cdot b) \cdot c = a \cdot (b \cdot c)$

Die Rechengesetze der Multiplikation gelten auch für die rationalen Zahlen.

Wir wenden das Kommutativgesetz der Multiplikation an.

$3 \cdot (-2) = -2 \cdot 3 = -6$

$-\frac{4}{5} \cdot (-5) = -5 \cdot (-\frac{4}{5}) = 4$

Wir wenden das Assoziativgesetz der Multiplikation an.

$[3 \cdot (-8)] \cdot (-5) = 3 \cdot [-8 \cdot (-5)]$
$-24 \quad \cdot (-5) = 3 \cdot \quad 40$
$120 = 120$

Diese Gesetze haben besondere Bedeutung für vorteilhaftes Rechnen.

1 Prüfe, bei welcher Aufgabe durch Anwendung der Rechengesetze vorteilhaft gerechnet werden kann und rechne aus. ① $4 \cdot (-250) \cdot 9$ ② $3 \cdot (-8) \cdot (-125) \cdot 7$ ③ $-25 \cdot 2 \cdot (-4) \cdot (-50)$

Merke

Durch die Anwendung der Rechengesetze der Multiplikation lassen sich auch beim Rechnen mit rationalen Zahlen Rechenvorteile nutzen.

Beispiel

1. $-2 \cdot 4 \cdot (-5)$
$= [-2 \cdot (-5)] \cdot 4$
$= 10 \cdot 4$
$= 40$

2. $-0{,}8 \cdot (-7) \cdot 12{,}5$
$= (-0{,}8 \cdot 12{,}5) \cdot (-7)$
$= -10 \cdot (-7)$
$= 70$

3. $\frac{3}{4} \cdot \frac{7}{8} \cdot (-\frac{8}{9})$
$= [\frac{3}{4} \cdot (-\frac{8}{9})] \cdot \frac{7}{8}$
$= -\frac{2}{3} \cdot \frac{7}{8}$
$= -\frac{7}{12}$

Übungen

2 Fülle die Tabelle im Heft aus.

	a	b	c	$a \cdot b$	$b \cdot c$	$(a \cdot b) \cdot c$	$a \cdot (b \cdot c)$
a)	–6	–11	–2				
b)	1,2	–5	0,1				
c)	–27	–9	$\frac{1}{3}$				

3 Rechne vorteilhaft.

a) $-2 \cdot 9 \cdot (-5)$
b) $-12 \cdot (-5) \cdot (-7)$
c) $9 \cdot (-8) \cdot (-5)$
d) $-5 \cdot 16 \cdot (-1{,}2)$
e) $-2 \cdot 0{,}5 \cdot (-0{,}7)$
f) $-0{,}2 \cdot (-0{,}3) \cdot (-2{,}5)$
g) $-7 \cdot (-5) \cdot (-0{,}4)$
h) $2 \cdot (-3{,}6) \cdot 0{,}5$

4 Wende Rechenvorteile an.

a) $30 \cdot (-2) \cdot (-3) \cdot 7 \cdot (-5)$
b) $3 \cdot (-4) \cdot (-2) \cdot (-5)$
c) $0{,}2 \cdot (-0{,}3) \cdot (-0{,}4) \cdot 0{,}5$
d) $-0{,}8 \cdot 1{,}5 \cdot (-0{,}25) \cdot (-0{,}4)$
e) $0{,}34 \cdot (-5) \cdot 1{,}2 \cdot (-0{,}01)$
f) $0{,}002 \cdot (-50) \cdot (-1{,}7) \cdot (-3)$

5 Berechne.

a) $-\frac{2}{3} \cdot (-\frac{3}{4}) \cdot (-\frac{5}{6})$
b) $-\frac{5}{9} \cdot 5 \cdot (-1\frac{2}{3})$
c) $-1\frac{1}{2} \cdot 2 \cdot (-3\frac{1}{4})$
d) $-\frac{1}{5} \cdot 13 \cdot (-1\frac{2}{13})$

Hinweis

Bei natürlichen Zahlen und bei Brüchen gilt das Distributivgesetz (Verteilungsgesetz).

Man multipliziert eine Summe mit einer Zahl, indem man jeden Summanden mit der Zahl multipliziert. $(a+b)\cdot c = a\cdot c + b\cdot c$

Dieses Gesetz gilt auch für die rationalen Zahlen, wie auch die Vereinbarung, dass **Punktrechnung vor Strichrechnung** ausgeführt wird.

1 Berechne.
a) $(-8-12)\cdot(-14)$ b) $(5-18)\cdot(-13)$

2 Berechne.
a) $2{,}8\cdot(-0{,}3)+1{,}4\cdot(-0{,}3)$ b) $-\frac{2}{3}\cdot\frac{1}{2}-\frac{5}{6}\cdot\frac{1}{2}$

Beispiel

1. Beachte die Punkt-vor-Strichrechnung.

a) $-56:8-(-5)\cdot 4 = \square$
$= -7-(-20)$
$= -7+20$
$= 13$

b) $-12-4\cdot(-2+15) = \square$
$= -12-4\cdot 13$
$= -12-52$
$= -64$

2. Wende das Distributivgesetz an.

a) $9\cdot(100+12) = \square$
$= 9\cdot 100 + 9\cdot 12$
$= 900 + 108$
$= 1008$

b) $-3{,}5\cdot(-7)+1{,}5\cdot(-7) = \square$
$= (-3{,}5+1{,}5)\cdot(-7)$
$= -2 \cdot(-7)$
$= 14$

Übungen

3 Berechne.
a) $-3+8\cdot 4$
b) $-3\cdot 8+4$
c) $-3-8:4$
d) $(-3+8)\cdot 4$
e) $-3\cdot(8+4)$
f) $(-3-8):4$

Rechne die Aufgaben 4 bis 9 vorteilhaft. Wende das Distributivgesetz an.

4 a) $85\cdot(-6)+15\cdot(-6)$
b) $273\cdot(-8)+27\cdot(-8)$
c) $156\cdot(-13)+44\cdot(-13)$
d) $17\cdot(-3)-7\cdot(-3)$
e) $-17\cdot(-9)-83\cdot(-9)$
f) $-158\cdot 64-42\cdot 64$

5 a) $-23\cdot\frac{3}{4}-17\cdot\frac{3}{4}$ c) $122\cdot\frac{8}{15}-32\cdot\frac{8}{15}$
b) $-87\cdot\frac{2}{3}+27\cdot\frac{2}{3}$ d) $\frac{1}{3}\cdot 64+\frac{1}{3}\cdot(-4)$

6 a) $7\cdot(100+8)$
b) $12\cdot(-100-11)$
c) $-4\cdot(-500-8)$
d) $-4\cdot(-25+9)$
e) $(50-7)\cdot 8$
f) $(-61+125)\cdot(-8)$
g) $(-15-200)\cdot 40$
h) $(2000-34)\cdot 5$

7 a) $(46-100)\cdot(-15)$ c) $(160-400)\cdot 50$
b) $(13-20)\cdot(-500)$ d) $(27+25)\cdot(-40)$

8 Die Lösungen ergeben in richtiger Reihenfolge ein Lösungswort.
a) $-12\cdot 25+(-12)\cdot 18$
b) $-42\cdot(-15)+(-42)\cdot(-18)$
c) $-37\cdot 31+(-63)\cdot 31$
d) $2{,}5\cdot(-3{,}6)+1{,}4\cdot(-3{,}6)$
e) $-5{,}4\cdot 0{,}8-(-6{,}8)\cdot 0{,}8$
f) $9{,}8\cdot(-8{,}9)-6{,}8\cdot(-8{,}9)$
g) $-\frac{2}{7}\cdot(-7)-(-\frac{2}{7})\cdot 14$
h) $\frac{1}{3}\cdot(-5)+\frac{1}{3}\cdot 5$

−6,2	U
6	S
0	S
15,21	N
−516	M
−3100	T
1,12	E
1386	A
615	M
−26,7	A
−14,4	H

9 a) $3\cdot(-1{,}2)-(-1{,}2)\cdot 5+6\cdot(-1{,}2)$
b) $-12{,}2\cdot 6{,}4-6{,}4\cdot 5{,}3+6{,}4\cdot 4{,}8$
c) $-9\cdot 2{,}8+12\cdot 2{,}8-2{,}8\cdot(-19)$
d) $5{,}7\cdot(-\frac{1}{2})+(-\frac{1}{2})\cdot 6-12\cdot(-\frac{1}{2})$
e) $10{,}7\cdot(-2{,}5)-10{,}7\cdot 5{,}5+11{,}2\cdot 10{,}7$
f) $-7{,}4\cdot 2{,}4+4{,}6\cdot(-7{,}4)+9{,}5\cdot(-7{,}4)$
g) $8{,}2\cdot(-4{,}6)-4{,}6\cdot 8{,}2-8{,}2\cdot(-12{,}2)$
h) $\frac{1}{6}\cdot(-2)+\frac{1}{6}\cdot 0{,}2-20\cdot\frac{1}{6}$

1 Ordne die Zahlen der Größe nach.

a) −6,5; 0,7; 3,1; −0,3; −7,2; 8,5

b) −0,02; 0,3; 0,9; −0,9; −1; 1; 1,1

c) $\frac{1}{2}$; $-\frac{1}{2}$; $-3\frac{3}{4}$; $3\frac{3}{4}$; 0; $-2\frac{2}{3}$; $1\frac{1}{2}$

www 163-1

2 Übertrage die Tabelle ins Heft und fülle aus.

−	9	−14	72	−47	215	−320
16						
−8		6				
−28						
85						
−43						

3 Berechne die fehlenden Ergebnisse.

+	$\frac{1}{2}$	$-\frac{3}{8}$	$\frac{5}{6}$	$-1\frac{3}{4}$	$2\frac{2}{3}$	$-3\frac{7}{8}$
0,1						
−0,5						
1,75						
−2,25						
0,125						

4 Multipliziere.

a) 0,2 · 0,2
b) −0,2 · (−0,2)
c) −0,2 · 0,2
d) 3,2 · 1,8
e) 3,2 · (−1,8)
f) −3,2 · (−3,2)

5 Vier gewinnt (für zwei Personen)
Benötigt werden Spielplättchen in zwei Farben. Multipliziere zwei Zahlen aus den Kreisen miteinander und setze dein Plättchen auf das Feld mit dem entsprechenden Ergebnis. Bei vier Plättchen in einer Reihe (waagerecht, senkrecht oder diagonal) ist das Spiel gewonnen.

−0,2	0,6	1,25	−26,6	2,4	−1,35
−12,6	84	−16	−560	36	−2,85
1,71	−240	−7	−1	−35	5,6
−11,4	20	−3	9	100	−5,4
0,95	76	21	−15	−60	0,45
−3,75	2,25	−0,75	4,75	−0,76	−0,36

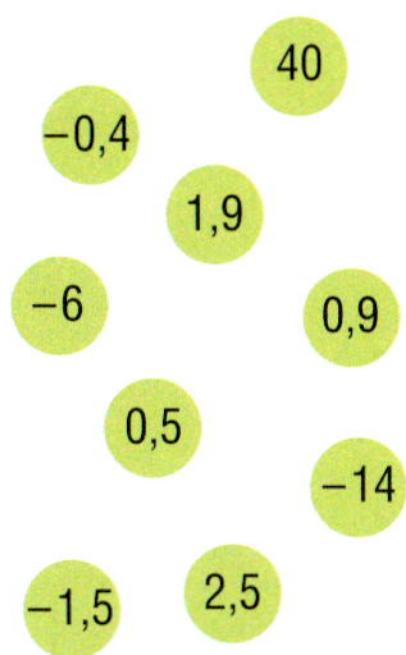

6 Fülle das Kreuzzahlrätsel im Heft aus.

①			⑤	⑥	
		③			
②	④			⑦	⑧
			⑨		
⑩					

waagerecht
① 125 · 0,2
② −56,25 · (−4)
③ 2,88 : 0,02
⑤ −1100 · (−0,1)
⑦ −107,5 · (−0,4)
⑩ −250 : (−0,0025)

senkrecht
① −16,16 · (−12,5)
③ −55,5 : (−3,7)
④ −200,2 : (−0,1)
⑤ 17,5 · 0,8
⑥ −120 · (−1,2)
⑧ 30,03 : 0,01
⑨ −75,75 : (−0,75)

7 Übertrage die Multiplikationstabelle in dein Heft und fülle sie aus.

·	7	$-\frac{2}{5}$	−3,5	−1,9	−2,2	
−0,5						
−0,8						
3,5						
				−3,61		
−2,2						
−1,3						1,69

8 Übertrage den „Rechenkreisel" in dein Heft und ergänze ihn.

a)
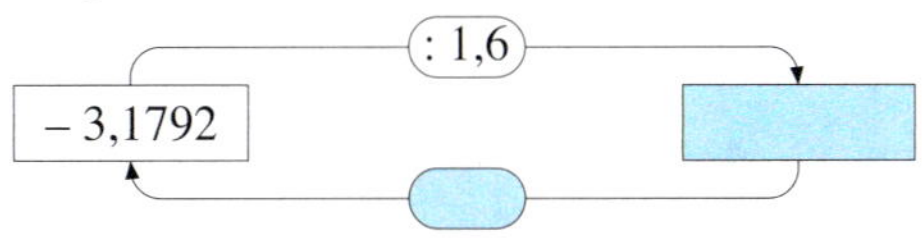

b)
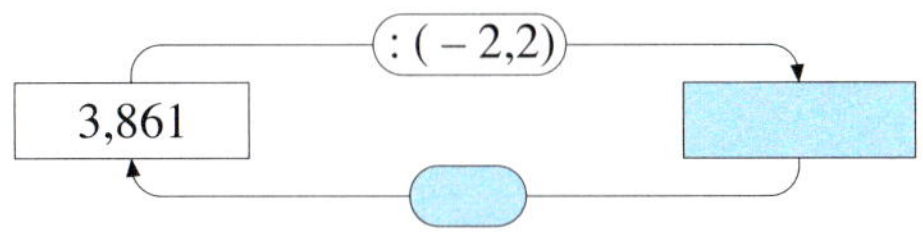

c)
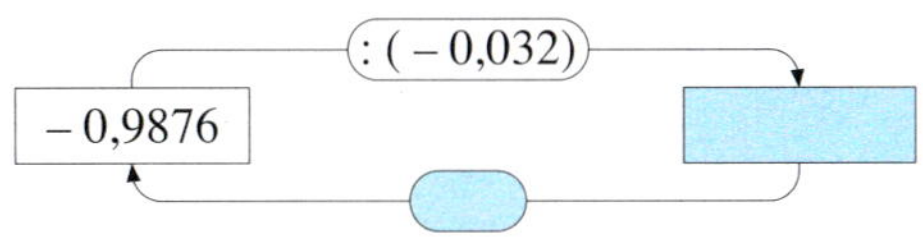

d)
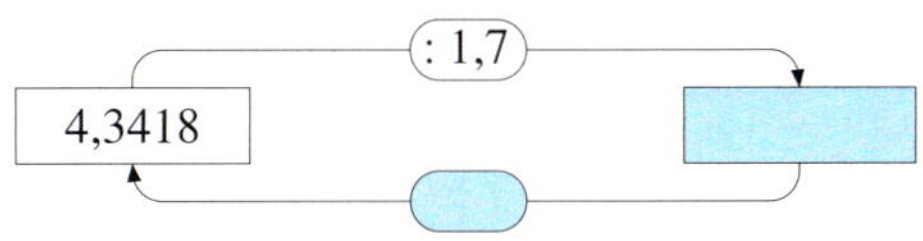

9 Berechne.

a) 32 : (−4)
b) 18 : (−9)
c) −30 : (−5)
d) 121 : (−11)
e) −48 : 12
f) −56 : (−14)
g) −40 : (−8)
h) −84 : 12
i) −13 : (−13)
j) −5 : 10
k) −5 : (−15)
l) 3 : (−9)

10 Notiere die zugehörigen Divisionsaufgaben ins Heft und berechne.

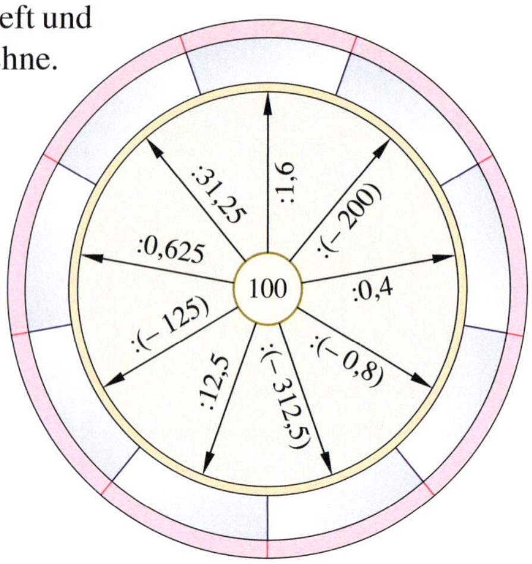

www 164-1

11 Übertrage und ergänze.

a)

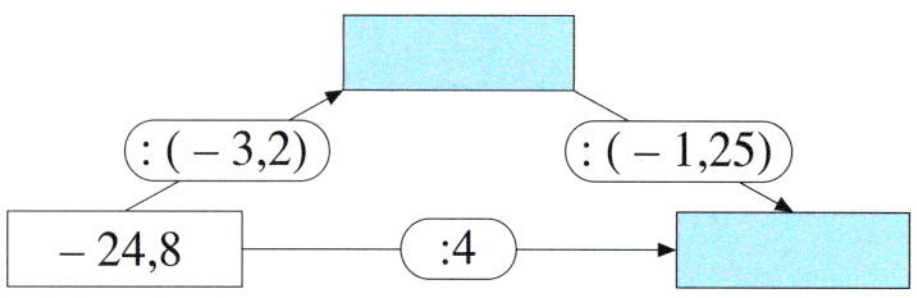

b)

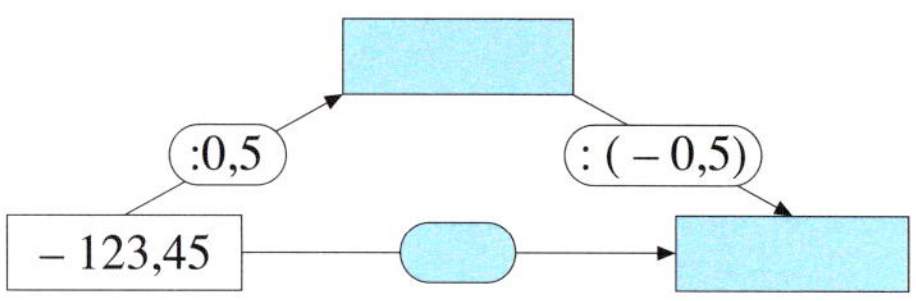

c)

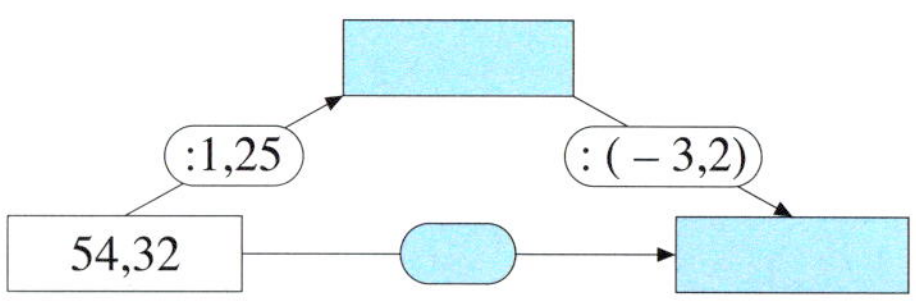

12 Berechne die fehlenden Ergebnisse.

:	0,4	$-\frac{1}{3}$	– 0,9	$\frac{1}{7}$	$1\frac{4}{5}$	$-2\frac{1}{6}$
– 2						
5						
– 15						

13 Berechne die fehlenden Ergebnisse.

:	–1,5	$1\frac{1}{2}$	0,125	$-\frac{1}{8}$	0,375	$-\frac{3}{8}$
3,5						
$-\frac{1}{5}$						
$2\frac{3}{4}$						
0,125						
$-4\frac{1}{2}$						

14 Berechne.

a) $-0{,}7 \cdot (-0{,}2) + 4$
b) $-8 + (-10) \cdot 0{,}5$
c) $0{,}2 - 3 \cdot (-5)$
d) $0{,}8 \cdot (-3{,}5) - 4$
e) $-2{,}1 + (-1{,}5) \cdot 3$
f) $5 - (-12) \cdot (-4)$

15 Berechne.

a) $5 \cdot (12 - 13)$
b) $(-8 + 7) \cdot (-2)$
c) $-6 \cdot [-4 + (-7) - 5]$
d) $-0{,}3 \cdot [0{,}1 + (-2{,}3)]$
e) $(2{,}1 - 6{,}6) \cdot (-0{,}5)$
f) $-\frac{4}{9} \cdot [7 + (-1\frac{3}{8})]$

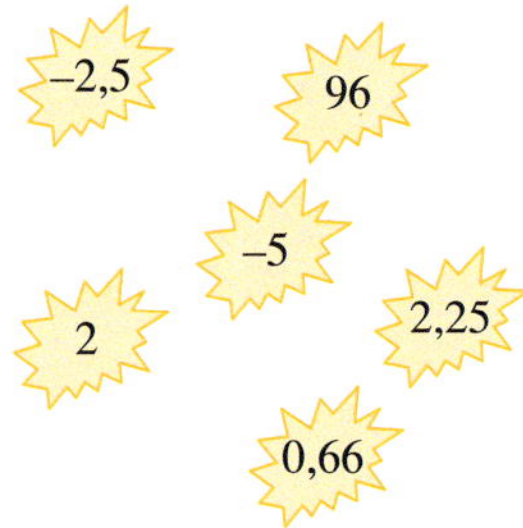

16 Berechne.

a) $15 \cdot (-\frac{1}{3}) + 2 \cdot 15$
b) $-\frac{1}{2} \cdot 3 + (-\frac{1}{2}) \cdot (-\frac{2}{3})$
c) $-\frac{1}{91} \cdot 13 - (-\frac{1}{91}) \cdot (-65)$
d) $0{,}8 \cdot 2 + (-0{,}8) \cdot 2$
e) $24 \cdot (-\frac{1}{2}) - 6 \cdot (-\frac{1}{2})$

17 Berechne.

a) $[-5 - (-5)] : (-5)$
b) $(36 - 48 + 72) : (-12)$
c) $[-3 + (-12)] : (-9)$
d) $-14 : (-2) + (-36) : 2$
e) $0{,}25 : (-0{,}5) - (-1{,}25) : (-0{,}5)$

18 a) Multipliziere die Summe der Zahlen –15 und –45 mit 12.
b) Multipliziere die Differenz der Zahlen – 3,5 und –1,5 mit 0,2.
c) Dividiere die Summe von 3,2 und 4,8 durch die Zahl –4.
d) Dividiere das Produkt der Zahlen 5,8 und 9,4 durch –0,5.

19 a) Dividiere die Summe der Zahlen $-1\frac{1}{4}$ und 0,75 durch 1,25.
b) Multipliziere die Summe der Zahlen $-\frac{1}{8}$ und –1,75 mit –8.
c) Dividiere das Produkt der Zahlen 1,6 und $\frac{2}{3}$ durch $-\frac{1}{6}$.
d) Multipliziere den Quotienten der Zahlen 2,75 und 3,2 mit $-6\frac{2}{5}$.

1 Die Wunderlampen
Bilde das Produkt der drei „wunderbaren Zahlen“, die du auf jeder Lampe erkennst.

2 Die geheimnisvollen Zahlen am Palast
Multipliziere jede der vier Zahlen von der Palastmauer mit allen drei Zahlen 7, 11 und 13.

3 Der magische Zahlenrauch
Dividiere jede im Rauch erschienene Zahl durch die Magiezahl 1001.

4 Die Zahlenschlangen
Vergleiche die Aufgaben auf den Schlangenrücken miteinander und berechne.

5 Die fliegenden Teppiche
Der Großwesir besitzt zwei fliegende Teppiche. Jeder Teppich besteht aus 16 kleinen Dreiecken mit Zahlen. Jeweils vier kleine Dreiecke bilden ein großes Dreieck. Jedes dieser großen Dreiecke besteht also aus vier kleinen Dreiecken.

a) „Additionsteppich“: Die Summe der Zahlen in jedem großen Dreieck ist gleich.

Welche Zahl verdeckt der Wesir?

b) „Multiplikationsteppich“: Das Produkt der Zahlen in jedem großen Dreieck ist gleich.

Welche beiden Zahlen verdeckt der Wesir?

Zusammenfassung

- Negative und positive Zahlen bilden zusammen mit der Null die rationalen Zahlen.
- Natürliche Zahlen und ihre Gegenzahlen bilden zusammen die ganzen Zahlen.
- Die Addition (Subtraktion) einer negativen Zahl wird durch die Subtraktion (Addition) ihrer positiven Gegenzahl ersetzt.
- Beim Addieren (Subtrahieren) einer positiven Zahl gehen wir auf der Zahlengeraden weiter nach rechts (links).
- Die Reihenfolge des Addierens und Subtrahierens ist beliebig.
- Der Wert eines Produktes (Quotienten) ist positiv, wenn beide Zahlen gleiche Vorzeichen haben. Er ist negativ, wenn die Zahlen verschiedene Vorzeichen haben.
- Auch für das Rechnen mit rationalen Zahlen gilt die Vereinbarung Punkt-vor-Strichrechnung.

Training

1 Die der Sonne zugewandte Seite des Mondes (Tagseite) ist mit etwa 120 °C um rund 250 °C wärmer als die Temperatur auf der Nachtseite des Mondes. Bestimme die Oberflächentemperatur auf der Nachtseite.

2 Berechne den neuen Saldo eines Girokontos.
a) Der alte Saldo ist 6,48 €. Es werden 100 € am Geldautomaten abgeholt.
b) Der alte Saldo ist – 2,90 €. Es wird das Gehalt in Höhe von 1458,50 € gut geschrieben.

3 Herr Clemens darf sein Konto um höchstens 2500 € überziehen. Wie viel darf er noch abheben, wenn sein Konto ein Guthaben von 658 € aufweist?

4 Im Jahr 776 v. Chr. fanden die ersten antiken Olympischen Spiele statt; 2672 Jahre vor der ersten Olympiade der Neuzeit.
Wann veranstaltete man die ersten Olympischen Spiele der Neuzeit?

5 Addiere.
a) $-15+23$ c) $-3{,}7+6{,}2$ e) $-\frac{1}{3}+\frac{7}{8}$
b) $-28+17$ d) $-8{,}4+5{,}7$ f) $-\frac{7}{9}+\frac{3}{4}$

6 Subtrahiere.
a) $37-49$ c) $-4{,}1-1{,}8$ e) $\frac{5}{6}-\frac{2}{3}$
b) $-16-32$ d) $-7{,}2-4{,}5$ f) $-\frac{3}{8}-\frac{1}{12}$

7 Berechne.
a) $24-(-12)$ d) $-17+(-32)$ g) $68+(-52)$
b) $-32+(-16)$ e) $25-(-42)$ h) $-37-(-63)$
c) $17-(-34)$ f) $-34+(-31)$ i) $-58+(-39)$

8 Berechne.
a) $23-16-18$ e) $12-25-16+14$
b) $-14+25-17$ f) $-28+13-15+17$
c) $-27-19+24$ g) $-35+17-14+23-15$
d) $13-24+12$ h) $16-26+22-32-19$

9 Berechne.
a) $1{,}4-2{,}5+0{,}8$ e) $-0{,}5+1{,}4-1{,}8+2{,}1$
b) $-1{,}7+0{,}9-2{,}8$ f) $1{,}5-2{,}3+0{,}6-1{,}9$
c) $-0{,}9-2{,}6+1{,}3$ g) $-2{,}4-1{,}3+1{,}8-0{,}6$
d) $1{,}6-3{,}5-0{,}7$ h) $-0{,}1+3{,}7-2{,}8-2{,}3$

10 Berechne.
a) $\frac{1}{2}-\frac{1}{3}-\frac{1}{4}$ c) $\frac{2}{3}-\frac{7}{8}+\frac{1}{6}$ e) $-\frac{1}{7}+0{,}8-\frac{1}{2}$
b) $-\frac{3}{4}+\frac{2}{7}-\frac{1}{14}$ d) $\frac{1}{2}-\frac{1}{3}-0{,}5$ f) $1\frac{1}{3}-4{,}1+2{,}7$

11 Berechne.
a) $2736-4901$ d) $-2988-2736$
b) $-3647+1298$ e) $827-10\,299$
c) $983-1287$ f) $-18\,277+2837$

12 Multipliziere.
a) $3\cdot(-8)$ d) $17\cdot(-4)$ g) $-24\cdot5$
b) $-4\cdot14$ e) $-9\cdot26$ h) $36\cdot(-8)$
c) $-16\cdot(-5)$ f) $-15\cdot(-11)$ i) $-19\cdot(-12)$

13 Multipliziere.

a) $0{,}4 \cdot (-7)$ d) $1{,}6 \cdot (-5)$ g) $-2{,}1 \cdot 0{,}6$
b) $-5 \cdot 1{,}3$ e) $-0{,}4 \cdot 1{,}6$ h) $2{,}7 \cdot (-1{,}8)$
c) $-12 \cdot (-0{,}8)$ f) $-1{,}5 \cdot (-1{,}1)$ i) $-0{,}7 \cdot (-1{,}2)$

14 Multipliziere.

a) $\frac{1}{4} \cdot (-\frac{1}{7})$ d) $\frac{1}{6} \cdot (-\frac{1}{5})$ g) $-\frac{3}{5} \cdot \frac{2}{7}$
b) $-\frac{1}{5} \cdot \frac{1}{3}$ e) $-\frac{3}{4} \cdot \frac{1}{6}$ h) $\frac{2}{7} \cdot (-\frac{5}{8})$
c) $-\frac{1}{2} \cdot (\frac{1}{8})$ f) $-\frac{1}{5} \cdot (-\frac{1}{9})$ i) $-\frac{6}{7} \cdot (-\frac{1}{2})$

15 Dividiere.

a) $84 : (-7)$ e) $78 : (-13)$ i) $115 : (-23)$
b) $-70 : (-5)$ f) $-96 : 16$ j) $-175 : (-25)$
c) $-64 : 4$ g) $-102 : (-17)$ k) $-224 : 32$
d) $54 : (-3)$ h) $126 : (-18)$ l) $-280 : 35$

16 Dividiere.

a) $9{,}8 : (-7)$ c) $8{,}4 : (-14)$ e) $-102 : (-1{,}7)$
b) $-7 : (-0{,}5)$ d) $-\frac{2}{9} : (-\frac{1}{3})$ f) $-\frac{3}{8} : \frac{3}{4}$

17 Rechne vorteilhaft.

a) $-16 + 23 - 34 - 53$ e) $50 \cdot (-7) \cdot (-2)$
b) $67 - 128 - 197 + 68$ f) $-25 \cdot (-13) \cdot 4$
c) $1{,}7 - 2{,}9 + 4{,}9 - 8{,}7$ g) $-250 \cdot (-9) \cdot (-4)$
d) $-\frac{1}{3} + \frac{4}{7} - 2\frac{2}{3} + \frac{6}{7}$ h) $-8 \cdot (-3) \cdot (-125)$

18 Berechne.

a) $-14 + 38 \cdot 2 - 15 - 48 : (-3)$
b) $39 : (-13) + 49 - 62 \cdot 2 + 54$
c) $120 - (36 + 29) : 13 - 180 + 70 : (-2)$
d) $-100 + (-125) \cdot (-8) + (175 - 325 - 650)$

Vertiefen und Anwenden

19 Im März wurden innerhalb von 24 Stunden in Nordrhein-Westfalen folgende Höchst- und Tiefsttemperaturen gemessen:

	Höchstwert	Tiefstwert
Aachen	10 °C	-1 °C
Köln/Bonn	8 °C	-5 °C
Düsseldorf	8 °C	-3 °C
Essen	7 °C	-1 °C
Bocholt	9 °C	-4 °C
Münster	8 °C	-2 °C
Lüdenscheid	5 °C	-4 °C
Kahler Asten	0 °C	-5 °C
Bad Lippspringe	6 °C	-1 °C

a) Berechne für jeden Ort den Temperaturunterschied zwischen Höchst- und Tiefstwert.
b) Bestimme Minimum, Maximum und Spannweite der Höchstwerte (Tiefstwerte).

20 Auf einem Kontoauszug ist ein positiver Saldo in Höhe von 265,03 € aufgeführt. Folgende Buchungen werden durchgeführt: Wohnungsmiete 674,80 €, Mitgliedsbeitrag Sportverein 128,00 €, Gehaltsgutschrift 2047,58 €. Berechne den neuen Saldo nach diesen drei Buchungen.

21 Der Caymangraben gehört mit einer Tiefe von 7680 m zu den vier tiefsten Gräben im Atlantischen Ozean. Der Romanchegraben ist noch 78 m tiefer. Der Süd-Sandwich-Graben ist weitere 506 m tiefer als der Romanchegraben. Die größte Tiefe im Atlantik hat allerdings der Puerto-Rico-Graben. Er ist 1539 m tiefer als der Caymangraben.
Berechne die Tiefe jedes Grabens und erstelle eine geordnete Tabelle. Nenne den Graben mit der größten Tiefe zuerst.

22 Von zwei Städten liegen die aus einem längeren Zeitraum bestimmten monatlichen Durchschnittstemperaturen (in °C) vor.

München

Jan.	Feb.	Mrz.	Apr.	Mai	Jun.	Jul.	Aug.	Sep.	Okt.	Nov.	Dez.
−2,1	−0,2	2,9	8,4	12,4	15,9	17,6	16,7	14,0	9,0	3,6	−1,2

Moskau

Jan.	Feb.	Mrz.	Apr.	Mai	Jun.	Jul.	Aug.	Sep.	Okt.	Nov.	Dez.
−1,0	−8,4	−3,7	5,5	13,0	16,5	18,5	16,6	10,6	5,2	−1,6	−6,8

a) Bestimme den langjährigen Jahresdurchschnitt beider Städte.
b) Bestimme für beide Städte nach den Tabellen den Anteil der Monate im Jahr, in denen Temperaturen unter dem Gefrierpunkt liegen.

Testrunde

1 Rechne im Kopf

a) $-68+96$ d) $-\frac{3}{4}+\frac{1}{2}$ g) $-0{,}75:(-0{,}25)$

b) $-34-69$ e) $\frac{2}{5}:(-\frac{2}{3})$ h) $-1{,}25\cdot 4$

c) $15\cdot(-8)$ f) $1{,}5-2\frac{1}{2}$ i) $-1\frac{1}{4}-\frac{5}{8}$

2 Rechne vorteilhaft.

a) $-123+36-27-26$

b) $-8\cdot(-6)\cdot 0{,}25\cdot\frac{1}{6}$

3 Berechne.

a) $-42+54:(-18)+(-5)\cdot(-9)$

b) $(1-\frac{1}{8}):(-7)+\frac{2}{3}$

4 Gegenüber der Tageshöchsttemperatur fällt die Tiefsttemperatur in der Nacht um 7 °C auf −3 °C. Bestimme die Tageshöchsttemperatur.

5 Berechne die fehlenden Größen zu folgenden deutschen Binnenseen. (ü. NN: über dem Meeresspiegel; u. NN: unter dem Meeresspiegel)

		Höhe des Meerespiegels	größte Tiefe	Höhenlage der tiefsten Stelle
a)	Bodensee	396 m ü. NN		144 m ü. NN
b)	Schweriner See	38 m ü. NN	51 m	
c)	Großer Plörer See		60 m	39 m u. NN
d)	Schaalsee	35 m ü. NN		37 m u. NN
e)	Ratzeburger See		24 m	20 m u. NN
f)	Werbellinsee	43 m ü. NN	54 m	

6 In der gegebenen „Rechenkette“ wird von links nach rechts mit dem Ergebnis der vorherigen Teilrechnung die folgende Rechnung durchgeführt.

-6 ■ $\frac{2}{5}$ ■ 4 ■ $-\frac{1}{4}$ ■ $0{,}8$

a) Füge jeweils einmal die Rechenzeichen +, –, · und : ein, sodass ein möglichst großes (kleines) Ergebnis entsteht.

b) Wähle aus den Rechenzeichen +, –, · und : beliebig aus, sodass ein Ergebnis entsteht, das kleiner als −70 (größer als 290) ist.

Terme

Die Antennen, wie sie für den Mobilfunk nötig sind, ermöglichen die Übertragung von Daten, deren Umfang immer größer wird. Zahlen und Größen sind hier auch bei der Berechnung von Kosten von Bedeutung. Sie können mathematisch mit Termen beschrieben und berechnet werden.

In einem Informationsblatt eines Gesundheitsamtes an Eltern wird auf die Bedeutung der Rötelnschutzimpfung besonders für Mädchen im schulpflichtigen Alter hingewiesen.

Röteln sind meist eine harmlose Infektionskrankheit und führen häufig bereits im Schulalter zu einem lebenslangen Schutz gegen erneute Ansteckung.

Wenn jedoch die Infektion erstmals bei ungeschützten Frauen im ersten Drittel der Schwangerschaft erfolgt, besteht die Gefahr einer Schädigung des noch ungeborenen Kindes mit der Folge von Missbildungen an den Augen, Ohren, am Herzen und anderem mehr.

Der günstigste Zeitraum für die Impfung liegt vor der Pubertät. Eine Schwangerschaft muss ausgeschlossen sein.

Einverständniserklärung Datum

Bitte beantworten Sie folgende Fragen.

Hat Ihre Tochter eine akute oder chronisch entzündliche oder fieberhafte Krankheit? ☐ ja ☐ nein
Leidet sie an einer Allergie? ☐ ja ☐ nein
Wenn ja, an welcher? ____________________

Hat Ihre Tochter in den letzten 4 Wochen eine Pocken- Masern-, Mumps- oder Polioimpfung bekommen? ☐ ja ☐ nein

Besteht eine Schwangerschaft? ☐ ja ☐ nein

Nimmt Ihre Tochter irgendwelche Medikamente ein? ☐ ja ☐ nein
Bekommt sie Spritzen? ☐ ja ☐ nein
Wenn ja, welche? ____________________

Ich habe die Information zur Kenntnis genommen.
Ich möchte, dass meine Tochter gegen Röteln geimpft wird.

Name: Vorname:

Geburtsdatum: Anschrift:

Schule: Klasse:

Unterschrift der Erziehungsberechtigten:

(Eine Unterschrift bestätigt, dass der andere Erziehungsberechtigte ebenfalls die Impfung des Kindes wünscht.)

In dem Formular zur Rötelnschutzimpfung ist Platz für Eintragungen gelassen worden.

In mathematischen Ausdrücken benutzen wir meist Buchstaben als Platzhalter. Diese nennt man **Variablen**. Variablen und Zahlen können durch Rechenzeichen miteinander verbunden werden oder mit anderen Zeichen, wie zum Beispiel Klammern. Mathematische Ausdrücke nennt man **Terme**. In Termen können Zahlen und Variablen zum Beispiel auch als Exponenten vorkommen.

Beispiele für Terme: 12; m; $x+2$; $y-6$; $3 \cdot x$; $4:z$; $12:4 \cdot n$; y^2; $(r+s)-2$

1 a) Bilde mit den angegebenen Zahlen und Variablen Additionsterme.
b) Bilde aus der Auswahl von Zahlen und Variablen Subtraktionsterme.

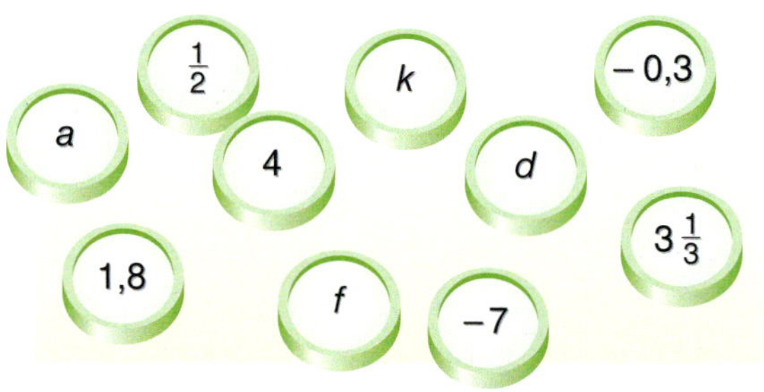

2 Bilde mit den angegebenen Zahlen und Variablen verschiedene Terme. Nutze dabei die gegebenen Zeichen.

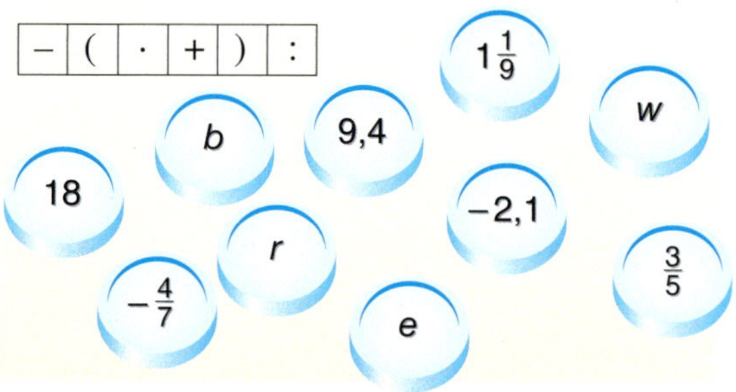

Merke

Als Platzhalter benutzen wir in der Mathematik meist Buchstaben. Diese nennt man Variablen. Variablen, Zahlen, Rechenzeichen und andere mathematische Zeichen können in mathematischen Ausdrücken verbunden werden. Mathematische Ausdrücke nennt man Terme.

Werte von Termen berechnen

Der Wert eines Terms wird berechnet, indem die Variablen dieses Terms durch Zahlen ersetzt werden. Für gleiche Variablen müssen gleiche Zahlen eingesetzt werden.

Beispiele

1. $4 \cdot x + 4;\ x = 2$
$4 \cdot \mathbf{2} + 4 = 8 + 4 = 12$

2. $4 \cdot a - 5 \cdot b + 3 \cdot a;\ a = 1;\ b = 2$
$4 \cdot \mathbf{1} - 5 \cdot \mathbf{2} + 3 \cdot \mathbf{1} = 4 - 10 + 3 = -3$

3. $0{,}5 \cdot r - 3{,}5 \cdot s;\ r = -1;\ s = -2$
$0{,}5 \cdot \mathbf{(-1)} - 3{,}5 \cdot \mathbf{(-2)} = -0{,}5 - (-7) = 6{,}5$

4. $(n - 2) \cdot 3 \cdot m;\ n = 4;\ m = 2$
$(\mathbf{4} - 2) \cdot 3 \cdot \mathbf{2} = 2 \cdot 6 = 12$

Übungen

1 Berechne den Wert des Terms $4 \cdot x$.

a) $x = 5$ c) $x = 0{,}7$ e) $x = 2{,}7$
b) $x = 25$ d) $x = -3{,}5$ f) $x = -1\frac{1}{2}$

2 Berechne den Wert des Terms $2 \cdot a + 4$.

a) $a = 13$ c) $a = 0$ e) $a = -1\frac{3}{4}$
b) $a = 24$ d) $a = -0{,}4$ f) $a = -0{,}245$

171-1

3 Übertrage die Tabelle in dein Heft und berechne die Werte der Terme.

a)

x	1	2	−1	0,6	$-\frac{1}{4}$
$x + 4$					
$x + 11$					

b)

x	5	6	−2	0,9	$-\frac{1}{8}$
$x - 5$					
$x - 9$					

c)

x	1	3	−3	−0,2	$1\frac{1}{2}$
$4 \cdot x$					
$7 \cdot x$					

d)

x	1	2	−4	−0,5	$\frac{1}{3}$
$36 : x$					
$48 : x$					

4 Übertrage die Tabelle ins Heft und ergänze.

x	0	1	−2	0,3	$\frac{1}{4}$	−0,8
$3 \cdot x + 2$						
$4 \cdot (x + 1)$						

5 Übertrage die Tabelle in dein Heft und berechne die Werte der Terme.

x	0	1	2	−3	0,4	$-\frac{1}{5}$
$x + 10$						
$x + 2{,}5$						
$8 \cdot x$						
$3{,}5 \cdot x$						
$\frac{1}{2} \cdot x$						

6 Übertrage ins Heft und fülle aus.

a)

x	4	6		9		48
$x + 28$			35		42	

b)

x	25		32		100	
$x - 16$		14		34		100

c)

x		5		11		17
$5 \cdot x$	15		35		65	

7 Setze die gegebenen Zahlen für die Variablen in jeden Term ein und rechne aus. Überprüfe, ob die Summen in den Zeilen, Spalten und Diagonalen wie beim magischen Quadrat stets gleich sind.

a) $a = 5$
$b = 3$
$c = 1$

$a + b$	$a - b - c$	$a + c$
$a - b + c$	a	$a + b - c$
$a - c$	$a + b + c$	$a - b$

b) $a = 1$
$b = 2$
$c = 10$

$c + a$	$c - 2 \cdot b$	$c + b + a$
$c + b$	c	$c - b$
$c - b - a$	$c + 2 \cdot b$	$c - a$

Rückblick

Kürze, sodass Zähler und Nenner teilerfremd sind.

a) $\frac{32}{48}$ b) $\frac{63}{84}$ c) $\frac{26}{130}$ d) $\frac{90}{315}$

172-1

8 Übertrage ins Heft und ergänze die fehlenden Werte des Terms.

a)

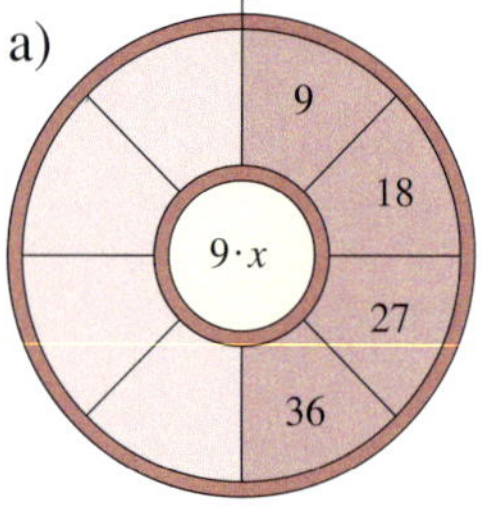

c)

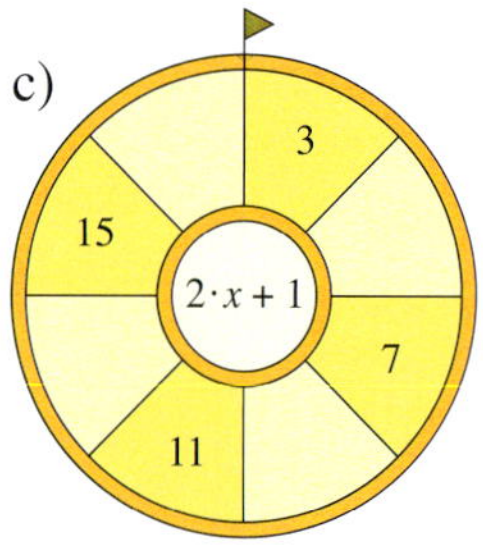

b)

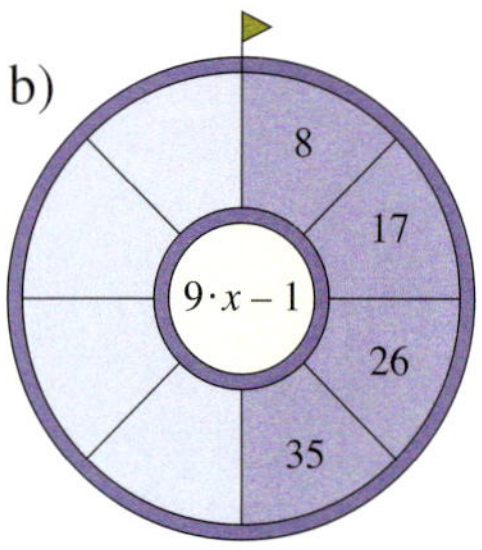

d)

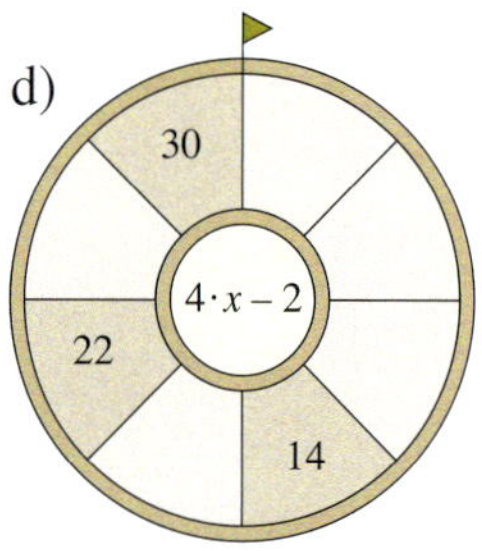

9 Verfolge den Weg der Kugel durch den „Term-Flipper“. Beim ersten Anstoß wird für die Variable x die Zahl 0 eingesetzt. Berechne den ersten Termwert.
Beim zweiten Anstoß wird für x der Wert des ersten Terms eingesetzt, usw.
Welchen Wert zeigt das Gerät am Ende an?

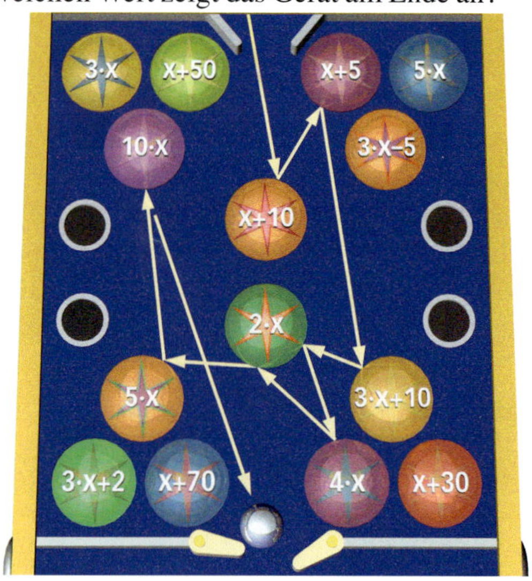

Rückblick

Berechne den Umfang eines 4,5 m langen Rechtecks, dessen Flächeninhalt 15,75 m² beträgt.

10 Die neue Mathematiklehrerin wird in der Schülerzeitung vorgestellt. Ihre persönlichen Daten hat sie nur als Terme angegeben.
Sie gibt den Tipp: „Setzt für x die größte einstellige Primzahl ein!“

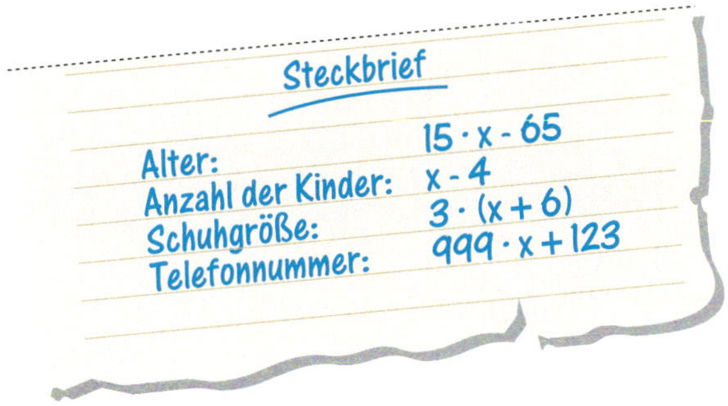

11 Übertrage das Kreuzzahlrätsel in dein Heft und fülle es aus.

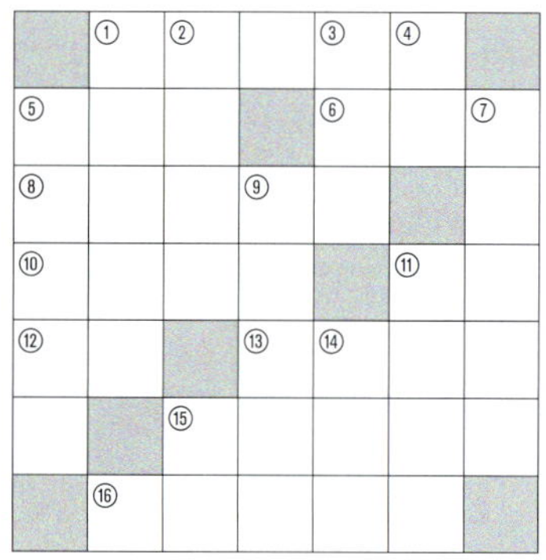

waagerecht:
- ① $4 \cdot a - 1972$; $a = 4000$
- ⑤ $-15 \cdot a$; $a = -15$
- ⑥ $1{,}5 \cdot a + 38$; $a = 50$
- ⑧ $124 \cdot a$; $a = 160$
- ⑩ $18 \cdot (a - 37)$; $a = 300$
- ⑪ $\frac{1}{2} \cdot a + 5$; $a = 22$
- ⑫ $-14 \cdot a$; $a = -2{,}5$
- ⑬ $15 \cdot a + 100$; $a = 180$
- ⑮ $34 \cdot a + 1$; $a = 900$
- ⑯ $161 \cdot a + 100$; $a = 71$

senkrecht:
- ① $173 \cdot b$; $b = 75$
- ② $7 \cdot b + 5$; $b = 654$
- ③ $-3{,}5 \cdot b$; $b = -60$
- ④ $9 \cdot (b + 4)$; $b = 5$
- ⑤ $1429 \cdot b$; $b = 15$
- ⑦ $47 \cdot b + 1$; $b = 800$
- ⑨ $421 \cdot b$; $b = 105$
- ⑪ $125 \cdot b + 1$; $b = 8$
- ⑭ $-30 \cdot b - 37$; $b = -30$
- ⑮ $15 \cdot b - 11$; $b = 2{,}8$

12 Ersetze die Variablen so durch Zahlen, dass in jeder Zeile und in jeder Spalte als Ergebnisse die Zahlen rechts und unten entstehen. Gleiche Variablen bedeuten gleiche Zahlen.

a)

a	+	b	+	b	**9**
+	□	+	□	+	
c	+	d	+	b	**8**
+	□	+	□	+	
d	+	a	+	d	**11**
14		**10**		**4**	

b)

u	·	v	·	w	**12**
·	□	·	□	·	
t	·	v	·	w	**15**
·	□	·	□	·	
u	·	t	·	t	**100**
80		**45**		**5**	

Um Berechnungen zu Sachsituationen durchführen zu können, ist es sinnvoll und nötig, die inhaltlichen Aussagen in Terme umzuformen.
In der Mathematik begegnen uns in diesem Zusammenhang zum Beispiel Zahlenrätsel oder Aufgaben aus der Geometrie.

Beispiele

1. Subtrahiere vom Dreifachen einer Zahl das Zweifache einer anderen Zahl.

„eine Zahl"; „eine andere Zahl"	$x; y$
„Dreifaches der einen Zahl"	$3 \cdot x$
„Zweifaches der anderen Zahl subtrahieren"	$-2 \cdot y$

Term: $3 \cdot x - 2 \cdot y$

2. Gib einen Term für den Umfang eines Rechtecks an, bei dem die Breite ein Drittel der Länge beträgt.

„Länge"	a
„Breite"	$\frac{1}{3} \cdot a$

Term: $2 \cdot a + 2 \cdot \frac{1}{3} \cdot a$

Übungen

1 a) Eva benötigt x Sekunden, um eine Stadionrunde zu laufen. Sarah braucht 3 Sekunden länger. Stelle ohne Maßeinheit den Term für Sarahs Zeit auf.
b) Max läuft 100 m in x Sekunden. Philipp ist 1,4 Sekunden schneller. Stelle ohne Maßeinheit den Term für Philipps Zeit auf.

2 a) Jessica wiegt y Kilogramm. Lea wiegt 4,5 Kilogramm weniger. Stelle für Leas Gewicht den Term ohne Maßeinheit auf.
b) Michaela besitzt x DVDs, Andrea nur die Hälfte davon. Welcher Term steht für Andreas DVD-Anzahl?
c) Maria ist x Jahre alt. Ihre Oma ist viermal so alt. Welcher Term steht für das Alter der Oma?

3 Schreibe den zugehörigen Term auf.
a) Subtrahiere von einer Zahl x die Zahl 6.
b) Dividiere eine Zahl durch 2.
c) Addiere zu 20 eine Zahl a.
d) Multipliziere eine Zahl mit 10.
e) Bilde das Produkt von zwei Zahlen und addiere zum Ergebnis 7.

Rückblick

In einem Büro reichen 5000 Blatt Papier durchschnittlich für 4 Tage. Für welchen Zeitraum können 100 000 Blatt reichen?

4 Schreibe einen Term zu dem Text.
a) Vom Achtfachen einer Zahl wird das Dreifache einer anderen Zahl subtrahiert.
b) Der Quotient zweier Zahlen wird um 5 vermindert.
c) Addiere zu einer Zahl das Doppelte dieser Zahl und addiere zu dieser Summe 20.

5 Zeichne die Figur in dein Heft. Beschrifte die Seiten mit Variablen. Dabei sollen Seiten mit gleichen Längen dieselbe Variable erhalten. Schreibe den Term auf, nach dem der Umfang dieser Figur berechnet werden kann.

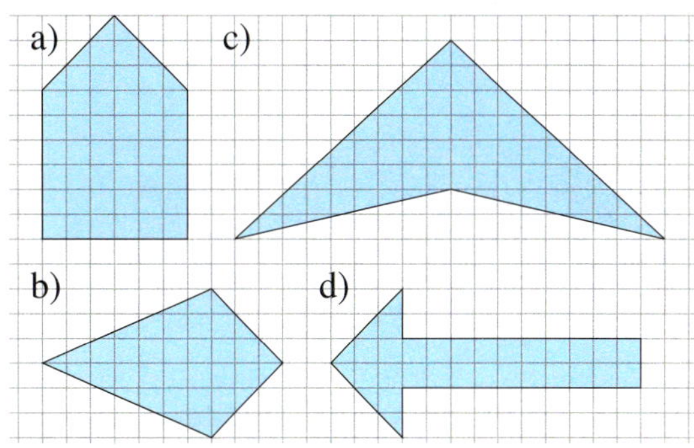

6 Michaela hat von ihrem Taschengeld x Euro gespart. Sie kauft sich eine Musik-CD ihrer Lieblingsgruppe für y Euro. Wie viel Euro bleiben übrig? Wähle den zutreffenden Term aus. Begründe deine Wahl.
① $x + y$ ② $y - x$ ③ $x - y$ ④ $x \cdot y$

7 In einem Zoo sind x Löwen und doppelt so viele Bären. Wie viele Löwen und Bären sind es insgesamt? Wähle passende Terme aus und begründe deine Wahl.

① $x - y$ ② $x + y$ ③ $x + 2 \cdot x$ ④ $x \cdot y$

8 Finde die passenden Terme für die Umfänge der Figuren.

① $2 \cdot a + b$ ③ $2 \cdot a + 2 \cdot b$ ⑤ $3 \cdot a + 2 \cdot b$
② $a + 2 \cdot b$ ④ $2 \cdot a + 3 \cdot b$ ⑥ $a + 3 \cdot b$

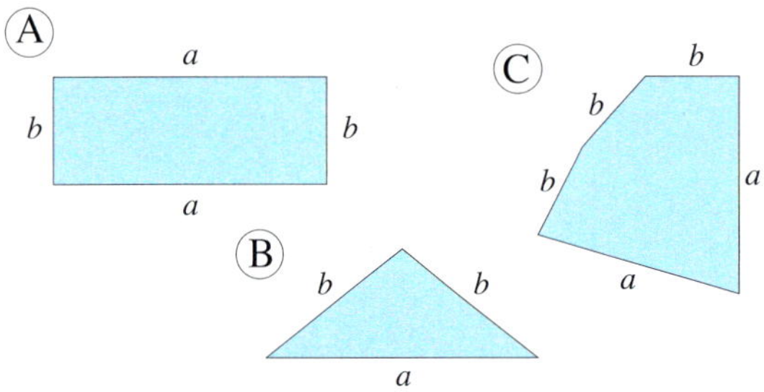

9 Miss die Seitenlängen der Figur und gib einen Term an; mit dessen Hilfe der Umfang berechnet werden kann.

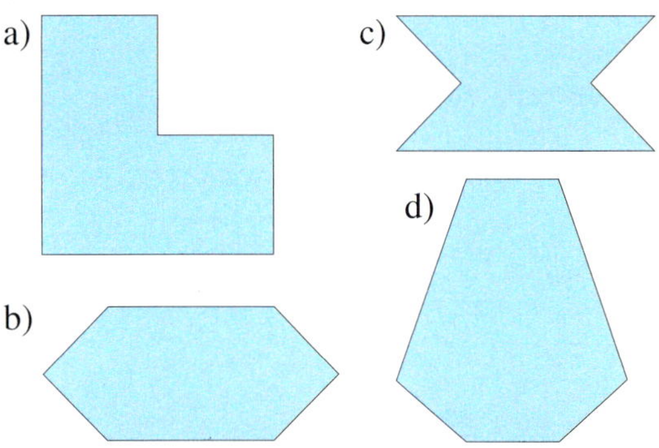

10 Welcher der angegebenen Terme beschreibt jeweils den Flächeninhalt der gezeichneten Fläche?

① a^2 ③ $2 \cdot a \cdot b$ ⑤ $a^2 + b^2$
② $a \cdot b$ ④ $a \cdot b + a^2$ ⑥ $2 \cdot a^2 + a \cdot b$

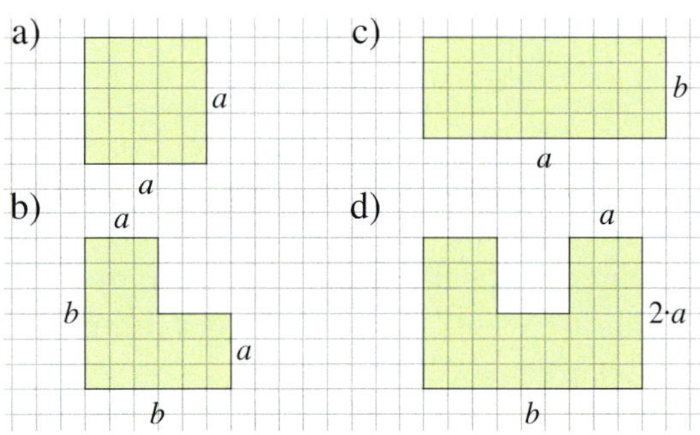

11 Eine Wasserrechnung setzt sich aus 15,40 € Grundpreis und dem Wasserverbrauch mit 2,40 € pro m³ zusammen. Welcher Term trifft für diese Sachsituation zu? Begründe deine Entscheidung.

① $15{,}40 + 2{,}40 + x$ ③ $15{,}40 + 2{,}40 \cdot x$
② $15{,}40 \cdot x + 2{,}40$ ④ $15{,}40 - 2{,}40 \cdot x$

12 Stelle aus den zur Auswahl stehenden „Termbausteinen" einen zum Text passenden Term zusammen.

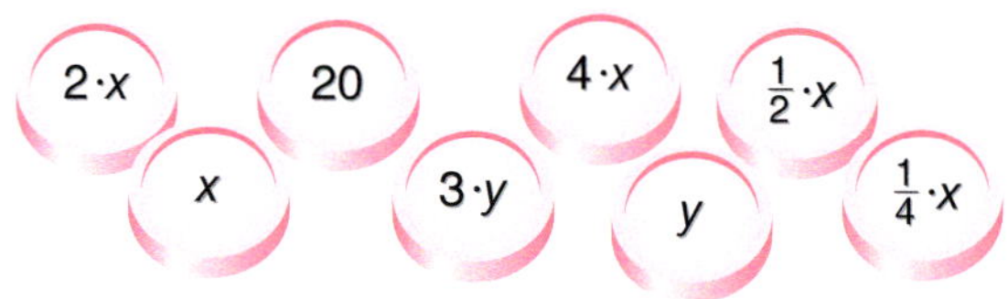

a) Die Klasse 7 wird von x Jungen und y Mädchen besucht. Wie viele Jungen und Mädchen sind in dieser Klasse?

b) Ehepaar Witt geht mit drei Kindern in ein Konzert in der Düsseldorfer Tonhalle.
Der Eintritt kostet für Erwachsene x Euro und für Kinder y Euro. Wie viel muss an der Kasse bezahlt werden?

c) Bei der Rückgabe von Leergut erhält man für einen Getränkekasten mit 20 Flaschen x Euro Pfand für den Kasten zurück und jeweils y Euro Pfand pro Flasche. Wie viel Pfand wird insgesamt zurückgezahlt?

d) Bestimme das Vierfache einer Zahl vermindert um die Hälfte der Zahl.

e) Zum Viertel einer Zahl wird ihr Vierfaches addiert.

f) Vom Quotienten zweier Zahlen wird das Vierfache der zweiten Zahl subtrahiert.

13 Formuliere eine Aufgabe zu dem Term.

a) $z + 2$ c) $2 \cdot x - 4$ e) $x \cdot y + 10$
b) $m - 8$ d) $3 \cdot y - 5$ f) $r : 4 - 3$

Rückblick

50 l frisch gepresster Apfelsaft sollen in 0,75-l-Flaschen gefüllt werden. Wie viele Flaschen sind nötig?

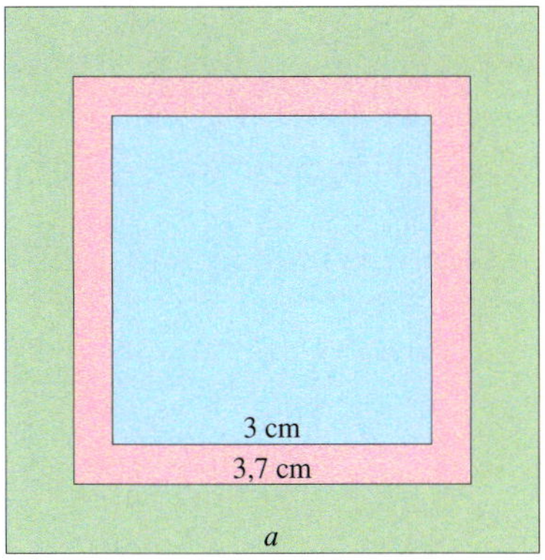

Der Umfang der dargestellten Quadrate wird so berechnet:

$u = 3 + 3 + 3 + 3$
$u = 4 \cdot 3 = 12$ 12 cm Umfang

$u = 3{,}7 + 3{,}7 + 3{,}7 + 3{,}7$
$u = 4 \cdot 3{,}7 = 14{,}8$ 14,8 cm Umfang

Umfang eines beliebigen Quadrats:

$u = a + a + a + a$
$u = 4 \cdot a$

1 Berechne den Umfang eines Quadrats mit 4,25 m Seitenlänge mithilfe der Addition und mithilfe der Multiplikation.

Merke

Wenn gleiche Summanden addiert werden, kann man diese Addition durch eine Multiplikation ersetzen.

Beispiele

1. $7 + 7 + 7 + 7 + 7 + 7 = 6 \cdot 7$
2. $x + x + x + x + x = 5 \cdot x$
3. $0{,}8 + 0{,}8 + 0{,}8 = 3 \cdot 0{,}8$
4. $-3 + (-3) + (-3) + (-3) = 4 \cdot (-3)$
5. $\frac{2}{9} + \frac{2}{9} + \frac{2}{9} + \frac{2}{9} + \frac{2}{9} = 5 \cdot \frac{2}{9}$

Übungen

2 Schreibe als Multiplikation.

a) $m + m + m + m + m + m + m$
b) $e + e + e + e + e + e + e + e + e$
c) $r + r + r + r + r$
d) $s + s + s + s + s + s + s + s + s + s$
e) $\frac{3}{4} + \frac{3}{4} + \frac{3}{4} + \frac{3}{4}$
f) $2{,}3 + 2{,}3 + 2{,}3 + 2{,}3 + 2{,}3$
g) $-0{,}03 + (-0{,}03) + (-0{,}03) + (-0{,}03)$

3 Schreibe als Addition.

a) $4 \cdot x$ d) $5 \cdot z$ g) $7 \cdot p$ j) $3 \cdot a$
b) $3 \cdot y$ e) $6 \cdot t$ h) $2 \cdot s$ k) $5 \cdot b$
c) $5 \cdot \frac{1}{2}$ f) $4 \cdot 5$ i) $5 \cdot (-2)$ l) $3 \cdot (-1{,}5)$

4 Fasse zusammen.

a) $z + z + z + z + z + z + z + z + z$
b) $0{,}9 + 0{,}9 + 0{,}9 + 0{,}9 + 0{,}9 + 0{,}9$
c) $-\frac{2}{3} + (-\frac{2}{3}) + (-\frac{2}{3}) + (-\frac{2}{3}) + (-\frac{2}{3})$
d) $-\frac{1}{6} + (-\frac{1}{6}) + (-\frac{1}{6}) + (-\frac{1}{6})$

5 Fasse zusammen.

Beispiel: $5 \cdot b + 4 \cdot b$
$= b + b + b + b + b + b + b + b + b$
$= 9 \cdot b$

a) $6 \cdot a + 3 \cdot a$ g) $3 \cdot y + 5 \cdot y$
b) $5 \cdot 6 + 4 \cdot 6$ h) $a + 6 \cdot a$
c) $2 \cdot (-1) + 3 \cdot (-1)$ i) $6 \cdot m + 4 \cdot m$
d) $4 \cdot x + 7 \cdot x$ j) $2 \cdot a + 9 \cdot a$
e) $3 \cdot \frac{1}{8} + 2 \cdot \frac{1}{8}$ k) $-\frac{1}{6} + 4 \cdot (-\frac{1}{6})$
f) $5t + 3t$ l) $3 \cdot (-0{,}3) + (-0{,}3)$

6 Fasse zusammen.

Beispiel: $4 \cdot b + b + b + b = 4 \cdot b + 3 \cdot b$
$= 7 \cdot b$

a) $4 \cdot b + b + b$ f) $a + 3 \cdot a + a$
b) $5 \cdot y + y + y$ g) $0{,}8 + 0{,}8 + 6 \cdot 0{,}8$
c) $4 \cdot x + x + x + x$ h) $5 \cdot b + b + b + b$
d) $2 \cdot 3 + 3 + 3$ i) $\frac{1}{3} + 2 \cdot \frac{1}{3} + \frac{1}{3} + \frac{1}{3}$
e) $-5 + 4 \cdot (-5) + (-5)$ j) $k + k + k + 7 \cdot k$

Schmuck aus Silberdraht

Mit Silberdraht kannst du Schmuck herstellen, der einmalig ist, genau deinen Vorstellungen entspricht, und nicht teuer ist.
Die hier vorgestellten Schmuckstücke wurden im Original aus Silberdraht mit 0,8 mm Durchmesser gefertigt, der 2,95 € für 6 m kostete. Damit der Schmuck auch möglichst stabil ist, sollte der Silberdraht mindestens 0,8 mm Durchmesser haben. Das nötige Werkzeug sowie Hilfsmittel wie Rundstab oder auch eine Biegeschablone wurden auf dieser Seite abgebildet.

Schlüsselringe

Als wichtige Grundelemente zum Verbinden der Einzelteile dienen hier Schlüsselringe, die zwei Windungen haben. Sie werden hergestellt, indem der Silberdraht zweimal um einen Rundstab gewickelt wird. Der Rundstab hat 4 mm Durchmesser, sodass für einen Schlüsselring ca. 25 mm Silberdraht benötigt werden.

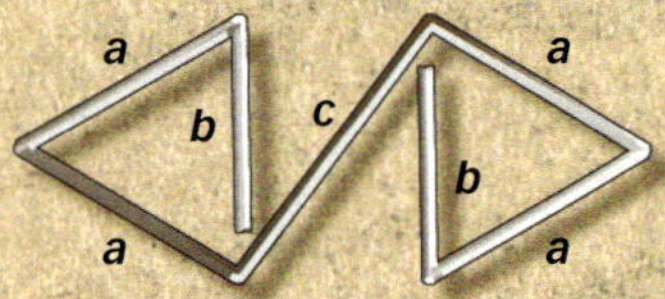

a = 8 mm
b = 7 mm
c = 10 mm

1 Die offene Kette besteht aus 18 Kettengliedern, die mit Schlüsselringen verbunden sind. Die Form und Größe jedes Kettenglieds ist in der Zeichnung angegeben.
- Welche Länge Silberdraht wurde für diese Kette mindestens verarbeitet?
- Wie viele dieser Ketten kann man aus 6 m Silberdraht herstellen?
- Welche Materialkosten entstehen dann bei einer Kette?

2 Die geschlossene Kette besteht aus 15 Kettengliedern, die mit einfachen Ringen verbunden sind. Jeder Verbindungsring entstand aus ca. 13 mm langem Silberdraht. Die Drahtlänge für das Kettenglied beträgt ca. 29 mm.
Welche Kosten für den Silberdraht sind bei dieser Kette entstanden?

„Nagelbrett“, auf dem Nägel für Grundelemente als „Biegeschablone“ verwendet werden.

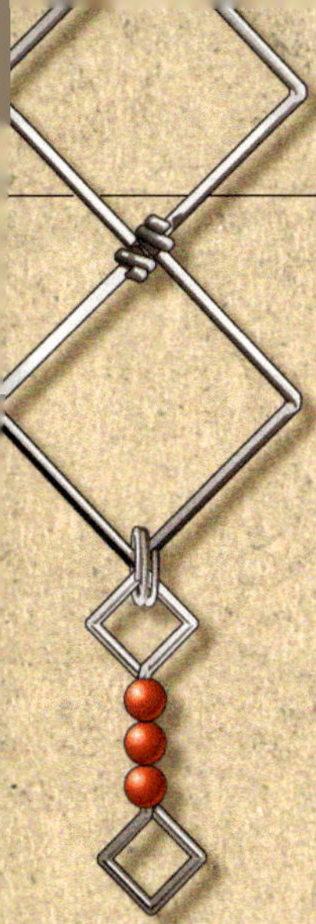

Jeder Ohrring besteht aus vier Einzelteilen, die in der Zeichnung abgebildet sind.
Mithilfe der Flachzange wurde der Silberdraht in die entsprechende Form gebogen.
Bei den Einzelteilen mit den Perlen wurde zuerst ein quadratischer Abschnitt gebogen, dann die Perlen aufgezogen und anschließend am anderen Ende der zweite quadratische Abschnitt gebogen.

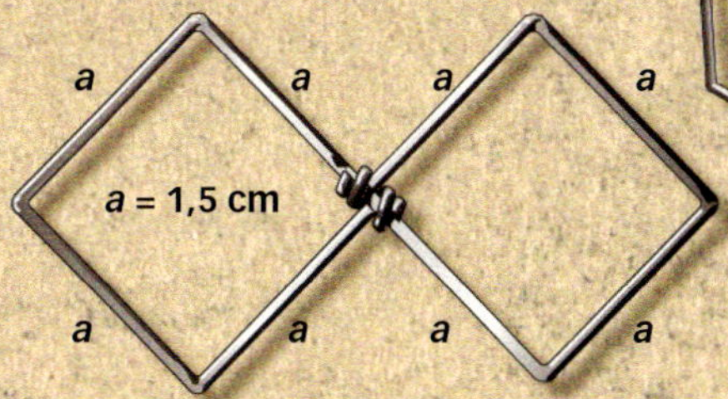

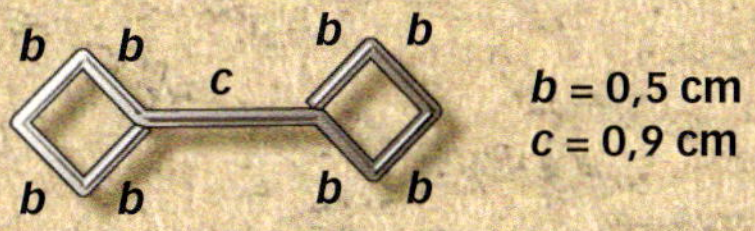

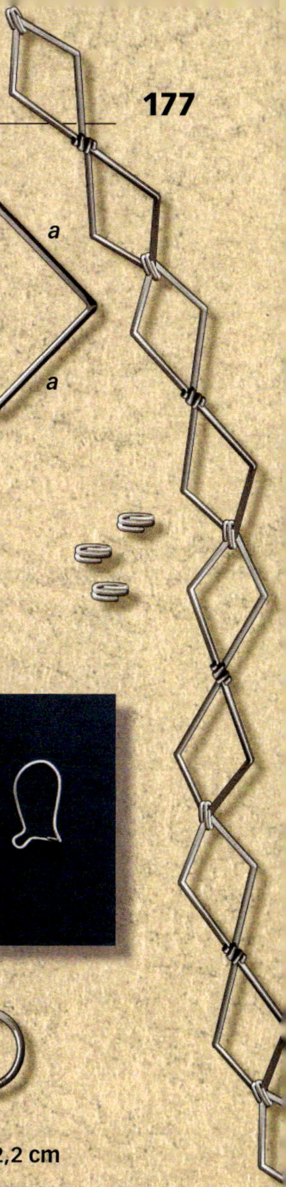

3 Kommst du für ein Paar Ohrringe mit 50 cm Silberdraht aus?

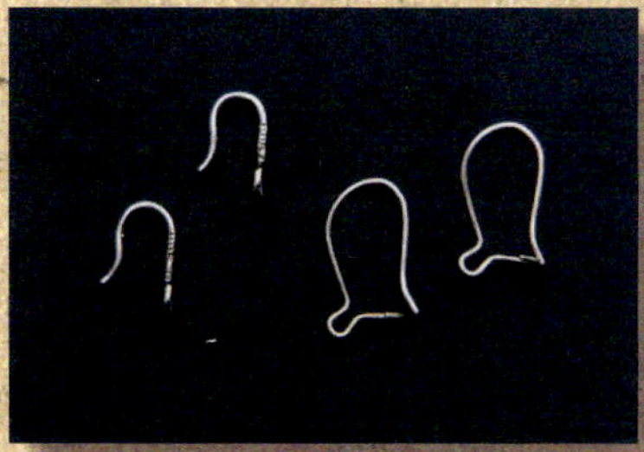

Nachdem die Einzelteile miteinander verbunden sind, können sie mit Ohrfedern an das Ohr gehängt werden.

4 Eine Kette soll wie hier gezeichnet aus 16 Kettengliedern gebastelt werden, die mit Schlüsselringen verbunden sind. Welche Silberdrahtlänge wird dazu mindestens benötigt?

a)

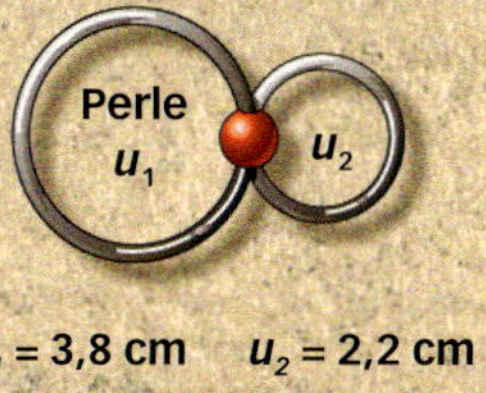

$u_1 = 3{,}8$ cm $\quad u_2 = 2{,}2$ cm

b)

$a = 0{,}8$ cm
$b = 1{,}2$ cm

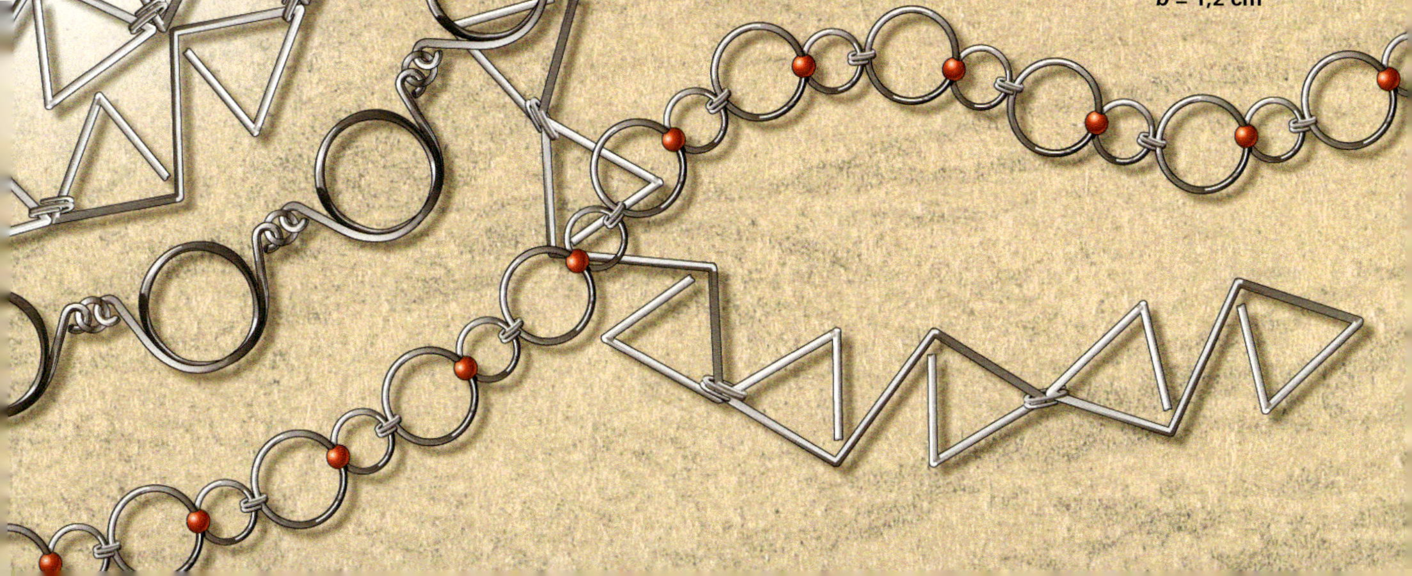

Merke

Die Mathematiker haben vereinbart: In Termen darf man vor den Variablen das Multiplikationszeichen weglassen.

Beispiele

1. $3 \cdot a = 3a$
2. $3 \cdot x + 2 \cdot x = 5 \cdot x = 5x$
3. $9 \cdot b - 7 \cdot b = 2 \cdot b = 2b$

Sonderfälle:
4. $6 \cdot x - 5 \cdot x = 1 \cdot x = 1x = x$
5. $4 \cdot m - 4 \cdot m = 0 \cdot m = 0m = 0$

Übungen

1 Schreibe das Ergebnis nach der Vereinbarung auf.

a) $5 \cdot m + 8 \cdot m = \square$
b) $17 \cdot m - 11 \cdot m = \square$
c) $57 \cdot x + 58 \cdot x = \square$
d) $15 \cdot a - 18 \cdot a = \square$
e) $7 \cdot e - 7 \cdot e = \square$
f) $9 \cdot a - 8 \cdot a = \square$
g) $39 \cdot r - 40 \cdot r = \square$
h) $48 \cdot s - 48 \cdot s = \square$

2 Berechne den Wert des Terms für $y = 18$.

a) $10y + 12y - 9y$
b) $45y - 28y + 12y - 23y$
c) $9y + 12y + 21y + 5y$
d) $10y + 20y + 35y + 65y$
e) $15y + 35y - 49y$
f) $17y + 62y - 79y$
g) $67y + 78y + 80y$
h) $73y + 87y + 15y$

3 Vereinfache den Term und setze für x die Zahl 2 (3; 5; 3,5) ein.

a) $23x + 17x + 37x$
b) $75x - 33 - 12x$
c) $67 - 15x + 52x$
d) $117 + 35x + 16 + 80x$
e) $44x - 19x + 98 - 4x$
f) $93 + 36x - 85 - 17x$

4 Übertrage die Tabelle in dein Heft und fülle sie aus.

a)

x	0	2	5	0,9	13	18
$4x - 2$						

b)

x	1	3	0,5	7	9	11
$3x + 6$						

c)

x	2	0,3	$\frac{1}{2}$	7	$\frac{3}{4}$	$1\frac{1}{2}$
$2x + 1{,}5$						

5 Berechne den Wert des Terms für $x = \frac{1}{5}$.
Wie gehst du vor?

a) $5x + 4x + 6 + 12 + x$
b) $7x - 3x - 12 + 14$
c) $24x + 36x - 24 + 36$
d) $15x + 7 \cdot 18 + 11x - 8x$

6 Übertrage die Tabelle in dein Heft. Vereinfache dabei die Terme im Tabellenkopf und vervollständige die Tabelle.

a)

b	$17 \cdot b - 12 \cdot b$	$145 + 33 \cdot b - 23 \cdot b - 45$
2		
−8		
33		

b)

x	$5 \cdot 18 \cdot x - 3 \cdot x \cdot 9$	$23 \cdot x + 23 + 17 \cdot x - 17$
3		
−1,5		
$\frac{1}{3}$		

7 Berechne den Wert des Terms für $b = 7{,}6$.

a) $24 - 15b + 23b - 9 = \square$
b) $31b - 25b + 7b - 3{,}4 + 7{,}1 = \square$
c) $28b - 13b + 37 - 12{,}5 + 31{,}7 = \square$
d) $105 : 35 + 17b + 4{,}2 \cdot 19{,}4 - 8b = \square$

8 Übertrage ins Heft. Denke dir für x eine Zahl aus und ergänze. Setze für x noch andere Zahlen ein und vergleiche die Ergebnisse.

a)

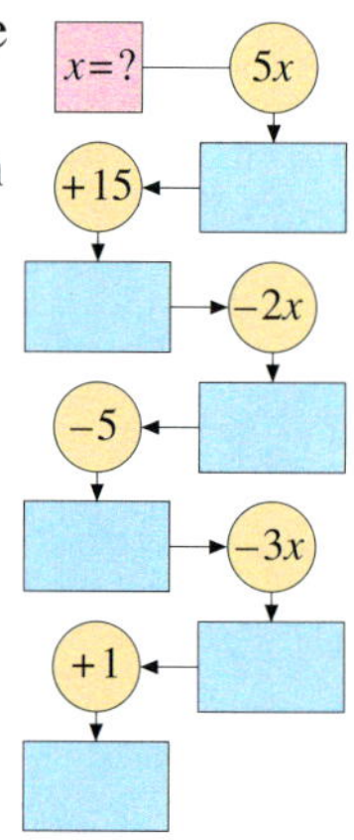

b)

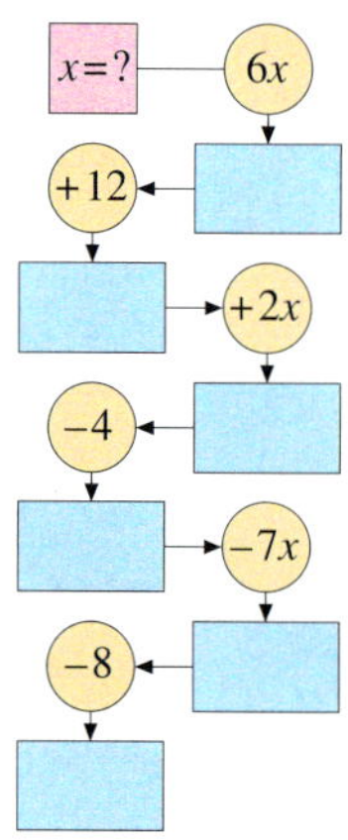

Beim Zusammenfassen von Termen wird das Distributivgesetz angewendet. Dabei wird die gemeinsame Variable **ausgeklammert**.

Beispiele

1. $5a + 3a = (5+3)a = 8a$
2. $7{,}5b - 3{,}2b = (7{,}5 - 3{,}2)b = 4{,}3b$
3. $\frac{2}{7}c + \frac{4}{7}c = (\frac{2}{7} + \frac{4}{7})c = \frac{6}{7}c$
4. $1\frac{2}{5}x - \frac{4}{5}x = (\frac{7}{5} - \frac{4}{5})x = \frac{3}{5}x$

Übungen

1 Fasse zusammen.
a) $7c + 8c - 11c + 13c - 4c$
b) $49n - 33n + 4n + 17n + 12n$
c) $33x - 14x + 45x - 11x + 5x$
d) $83y + 24y - 13y + 34y - 25y$

2 Fasse zusammen.
a) $7{,}5p + 8{,}3p + 1{,}2p$
b) $9{,}4r + 7{,}1r + 6{,}2r$
c) $12{,}1w + 13{,}2w + 17{,}7w$
d) $34{,}5a + 12{,}9a + 65{,}2a$

3 Welche der angegebenen Terme musst du addieren, um $6{,}25x$ zu erhalten?

$0{,}25x$	$3{,}7x$	$4{,}2x$	$4{,}5x$
$2{,}5x$	$2{,}25x$	$0{,}3x$	$0{,}75x$

4 Fasse zusammen.
a) $0{,}5s + 0{,}8s - 0{,}7s$
b) $0{,}03r + 2{,}05r + 0{,}6r$
c) $1{,}24x + 0{,}8x - 1{,}04x$
d) $2{,}5y + 0{,}49y + 1{,}31y - 0{,}79y$

5 Fasse zusammen.
a) $5z - 0{,}7z - 4{,}3z + 11z + 9{,}3z.$
b) $7{,}3x - 4{,}2x + 12x + 3{,}8x - 11x$
c) $1{,}04y + 6y + 7{,}4y - 3{,}04y$
d) $15{,}85d - 3{,}35d - 0{,}7d - 3{,}8d$

6 Fasse zusammen.
a) $0{,}4e + 3{,}09e - 0{,}88e - 1{,}16e - 0{,}9e$
b) $1{,}07c - 0{,}34c + 7{,}22c - 0{,}8c - 2{,}13c$
c) $8{,}1t + 3{,}09t - 2{,}7t - 1{,}25t + 0{,}7t$
d) $0{,}05u + 0{,}1u + 3{,}05u - 2u - 0{,}04u$

7 Wende das Distributivgesetz an.
a) $\frac{1}{3}x + \frac{1}{3}x$
b) $\frac{2}{5}y + \frac{1}{5}y$
c) $\frac{3}{7}d + \frac{2}{7}d$
d) $\frac{7}{9}a - \frac{5}{9}a$
e) $\frac{3}{11}z - \frac{2}{11}z$
f) $\frac{5}{8}t - \frac{5}{8}t$
g) $\frac{2}{9}e + \frac{5}{9}e$
h) $\frac{7}{13}h - \frac{4}{13}h$
i) $\frac{3}{8}k + \frac{7}{8}k$

8 Fasse zusammen.
a) $\frac{3}{100}m + \frac{7}{100}m + \frac{9}{100}m + \frac{17}{100}m$
b) $\frac{1}{15}x + \frac{2}{15}x + \frac{4}{15}x + \frac{7}{15}x + \frac{11}{15}x$
c) $\frac{1}{12}y + \frac{5}{12}y + \frac{7}{12}y + \frac{11}{12}y$
d) $\frac{3}{20}s + \frac{7}{20}s + \frac{1}{20}s + \frac{9}{20}s + \frac{11}{20}s$

9 Wende das Distributivgesetz an.
Beispiel: $\frac{3}{4}x + \frac{2}{3}x = (\frac{3}{4} + \frac{2}{3})x = (\frac{9}{12} + \frac{8}{12})x = \frac{17}{12}x$
a) $\frac{4}{5}a - \frac{2}{3}a$
b) $\frac{5}{6}z + \frac{3}{8}z$
c) $\frac{3}{4}m - \frac{3}{8}m$
d) $\frac{5}{9}m + \frac{2}{3}m$
e) $\frac{7}{10}b + \frac{3}{8}b$
f) $\frac{7}{5}c - \frac{4}{7}c$
g) $\frac{5}{6}x - \frac{3}{4}x$
h) $\frac{7}{12}t + \frac{5}{28}t$
i) $\frac{13}{16}y - \frac{1}{2}y$

10 Wende das Distributivgesetz an.
Beispiel: $2\frac{3}{5}y + 1\frac{3}{4}y = (\frac{13}{5} + \frac{7}{4})y = (\frac{52}{20} + \frac{35}{20})y = \frac{87}{20}y = 4\frac{7}{20}y$
a) $1\frac{1}{4}z + 3\frac{1}{2}z$
b) $4\frac{3}{5}x - 2\frac{3}{4}x$
c) $2\frac{3}{10}a + 3\frac{3}{20}a$
d) $5\frac{5}{8}b - 3\frac{5}{6}b$
e) $3\frac{3}{4}y + 2\frac{1}{3}y$
f) $4\frac{4}{9}k - 2\frac{5}{6}k$

11 Finde Paare von Termen, die du zusammenfassen kannst. Rechne dann.

$-1{,}5a$ $-\frac{1}{2}b$ $2\frac{1}{2}c$ $0{,}2b$ $-2\frac{3}{4}c$ $0{,}6c$ $-b$ $-3a$ $1\frac{2}{5}b$ $\frac{2}{3}a$ $-1{,}25c$ $0{,}4a$

Vereinfachen von Termen in Summen und Differenzen

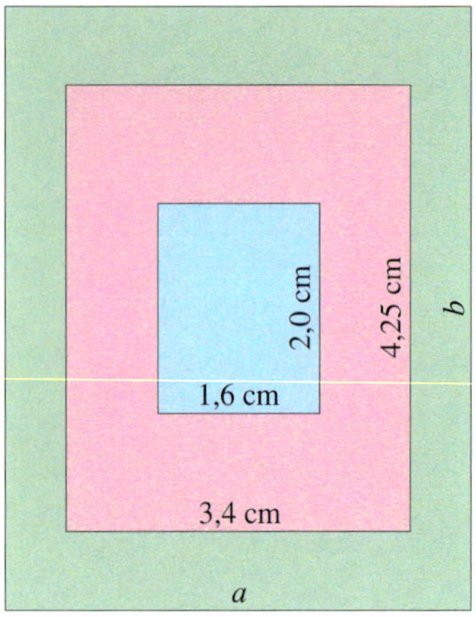

Der Umfang der dargestellten Rechtecke wird so berechnet:

$u = 1{,}6 + 2 + 1{,}6 + 2$
$u = 1{,}6 + 1{,}6 + 2 + 2$
$u = 2 \cdot 1{,}6 + 2 \cdot 2 = 3{,}2 + 4 = 7{,}2$
Umfang: 7,2 cm

$u = 3{,}4 + 4{,}25 + 3{,}4 + 4{,}25$
$u = 3{,}4 + 3{,}4 + 4{,}25 + 4{,}25$
$u = 2 \cdot 3{,}4 + 2 \cdot 4{,}25 = 6{,}8 + 8{,}5 = 15{,}3$
Umfang: 15,3 cm

Umfang eines beliebigen Rechtecks:

$u = a + b + a + b$
$u = a + a + b + b$
$u = 2a + 2b$ ausgeklammert: $u = 2(a + b)$

1 Berechne den Umfang eines Rechtecks mit 7,3 m Länge und 3,8 m Breite mithilfe der Addition und mithilfe der Multiplikation.

Merke

In einer Summe oder Differenz dürfen **nur gleiche Variablen** zusammengefasst werden.

Beispiele

1. $3a + 2b + 5a - 6b + 2a = 3a + 5a + 2a + 2b - 6b = 10a - 4b$
2. $x + y - x - 2y = 0x - 1y = -y$
3. $0{,}4s + 1{,}3t - 4{,}2u + 0{,}9s - 2{,}9t + 0{,}8u = 0{,}4s + 0{,}9s + 1{,}3t - 2{,}9t - 4{,}2u + 0{,}8u$
$= 1{,}3s - 1{,}6t - 3{,}4u$

Übungen

2 Fasse zusammen.

a) $b + b + b + x + x$
b) $g + g + 2h + g + h$
c) $5m + 3n + 4m + 7n$
d) $7s + 2t + 5t + 3s$
e) $15s + 32a + 78a$
f) $13e + 57f + 126e$
g) $37p + 28q + 152p$
h) $57d + 56f + 118d$
i) $89r + 13t + 25r$
j) $17a + 16b + a + 4b$

3 Fasse zusammen.

a) $4a + 7b + 8c + 3a + 4b + 6c$
b) $9u + 11w + 13v + 5v + 11w + 23u$
c) $286p + 341q + 387p + 451q + 132p$
d) $751d + 643e + 12f + 456d + 864f + 114e$
e) $367m + 872n + 421m + 467n + 578k + k$
f) $1003x + 981y + 753x + 1782y + 321y$
g) $536r + 477s + 283t + 97s + 104t + 83r$

4 Fasse zusammen.

a) $12a + 27b - 8b + 6a + 11b + 3a$
b) $23x - 8x + 17y + 34x - 9x + 58y$
c) $19m - 7m - 4m + 18n - 7n + 26m - 13m$
d) $89p + 79q - 79q - 12p + 17q + 4q$
e) $145r - 75r + 204s + 55r - 196s$
f) $47e + 123g + 144f + 47e - 11g - 56f$

5 Vereinfache den Term.

a) $3{,}5a + 0{,}6b + 2{,}7a + 1{,}3b$
b) $2{,}4c + 3{,}4d + 0{,}9d + 7{,}8c$
c) $0{,}75g - 4{,}05h + 7{,}84g + 0{,}01h$
d) $7{,}3x + 5{,}9y - 2{,}8y + 3{,}4x$
e) $12{,}9s - 4{,}2s + 13{,}8t - 7{,}4s$
f) $25{,}5w + 8{,}7v - 5{,}9v - 21{,}3w - 2{,}7w$

6 Fasse zusammen.

a) $3a + 5b + 6a - 7b$
b) $7u - 3v - 4u + 6v$
c) $5c + 6d - 15c - 7d + 11c$
d) $1{,}7x + 0{,}2y - 2{,}1x + 0{,}1y + 0{,}4x$
e) $4m + 0{,}4n - 0{,}4m - 4n + m$
f) $14s - 9t - 8s - 2t - 6s$

7 Vereinfache, wenn das möglich ist.

a) $7x - x$
b) $3x - 5y$
c) $20t - 5u - 22t$
d) $s - 4s + 3$
e) $4a - 2b + 3c$
f) $5m - 3n - 4m$
g) $4s - 5r + 3r$
h) $6q + 8v - 6q$

8 Schreibe vereinfacht.

a) $3a + 2b - 3c + 3b + 4a - 2c$
b) $a - 2b + b - 2c + a - 3c$
c) $1{,}5x + 2y - 3z - 2y - 2x$
d) $0{,}1a - 3m + 2v + 4m - v - \frac{1}{2}a$
e) $2{,}3a - 4{,}7b - 3{,}1c + 2{,}6b - 4a$
f) $x + y - z - 3x - 2y + z$

9 Welche der angegebenen Terme musst du addieren, um den Term $\frac{9}{10}x + \frac{14}{15}y$ zu erhalten. Schreibe die Addition auf.

$\frac{2}{3}y$ $\frac{3}{10}x$ $\frac{4}{15}y$

$\frac{1}{2}x$ $\frac{3}{5}y$ $\frac{2}{5}x$

10 Fasse zusammen.

a) $\frac{1}{7}a + \frac{2}{5}b + \frac{5}{7}a + \frac{1}{5}b$
b) $\frac{1}{3}b + \frac{2}{9}c + \frac{5}{9}c + \frac{1}{3}b$
c) $\frac{1}{4}a + \frac{2}{5}b + \frac{3}{8}a + \frac{1}{3}b$
d) $\frac{1}{3}a + \frac{3}{4}b + \frac{1}{12}b + \frac{4}{9}a$
e) $\frac{2}{7}s + \frac{1}{2}t + \frac{3}{14}s + \frac{1}{4}t$
f) $\frac{5}{8}u + \frac{1}{4}v + \frac{1}{2}v + \frac{1}{4}u$

Rückblick

Eine quadratische Tischplatte hat 258 cm Umfang. Berechne die Länge einer Tischkante und die Tischfläche.

11 Vereinfache.

a) $\frac{1}{2}x + \frac{1}{5}y + \frac{2}{3}y + \frac{3}{7}x$
b) $\frac{5}{9}e + \frac{5}{6}f + \frac{2}{5}e + \frac{1}{7}f$
c) $\frac{5}{6}m + \frac{2}{9}n + \frac{1}{8}m + \frac{5}{12}n$
d) $\frac{3}{7}p + \frac{7}{10}q + \frac{2}{15}q + \frac{3}{14}p$
e) $\frac{5}{12}a + \frac{7}{12}b + \frac{5}{18}a + \frac{7}{30}b$
f) $\frac{5}{16}y + \frac{7}{12}z - \frac{1}{4}y - \frac{5}{6}z + \frac{1}{8}y$
g) $\frac{12}{17}s - \frac{2}{7}t - \frac{4}{51}s + \frac{5}{6}t + \frac{1}{3}s$

12 Vereinfache den Term.

a) $2\frac{3}{5}a + 9\frac{1}{2}b + 1\frac{1}{6}a + 1\frac{2}{5}b$
b) $6\frac{1}{4}v + 9\frac{3}{8}w + 2\frac{2}{3}v + 2\frac{3}{5}w$
c) $4\frac{7}{11}x + 3\frac{7}{8}y + 2\frac{1}{6}x + 2\frac{1}{4}y + 1\frac{2}{3}x$
d) $7\frac{5}{12}a + 3\frac{1}{8}b + 1\frac{1}{4}a + \frac{1}{4}b + \frac{1}{3}a + b$

13 Welche Terme haben den gleichen Wert?

$a + 12b + 18a - 2b + c - 8b - c$

0

$4b + 7a$

$a - b$

$3{,}5b + 7a - 3\frac{1}{2}b - 7a$

$\frac{1}{4}a + \frac{1}{8}a + a - \frac{3}{8}a + b$

$3b + 7a + 4 - 2b + 3b - 4$

$\frac{1}{4}a - \frac{1}{5}b + \frac{3}{4}a + \frac{1}{5}b$

$19a + 2b$

a

$a + b$

14 Überprüfe, ob wie bei magischen Quadraten die Summen in den Zeilen, Spalten und Diagonalen jeweils gleich sind.

a)

$m + r + 2s$	m	$m + 2r + s$
$m + 2r$	$m + r + s$	$m + 2s$
$m + s$	$m + 2r + 2s$	$m + r$

b)

$a - b$	$a + b - c$	$a + c$
$a + b + c$	a	$a - b - c$
$a - c$	$a - b + c$	$a + b$

15 Vereinfache den Term.

a) $12{,}01a - 10{,}01b + 1{,}2c + 0{,}001b - 1{,}2a - 2c$
b) $0{,}003x + 2y - 10z - 0{,}09x - 1{,}99y + 9{,}99z$
c) $m - r - s + 0{,}01m + 0{,}001s - 0{,}02r$
d) $\frac{1}{10}q - 0{,}5r + \frac{5}{8}t - 0{,}85q + \frac{3}{10}r - 0{,}375t$

16 Fasse zusammen.

a) $0{,}5a - \frac{1}{4}b + 0{,}7a - 4{,}5b - 1\frac{1}{2}a$
b) $-x + 0{,}25y - \frac{1}{5}z - 0{,}74x - \frac{1}{8}y + z$
c) $\frac{1}{2}m - 2{,}4s + 3{,}1r - 0{,}5m + 2\frac{2}{5}s + \frac{1}{2}m$
d) $1{,}01u + 2{,}02v - 1\frac{2}{100}u + 2\frac{1}{100}v - v$

Vereinfachen von Termen in Produkten und Potenzen

Wir berechnen von einem Quader mit quadratischer Grundfläche Schritt für Schritt die Flächeninhalte der einzelnen Begrenzungsflächen bis die Oberfläche dieses Quaders ermittelt ist.

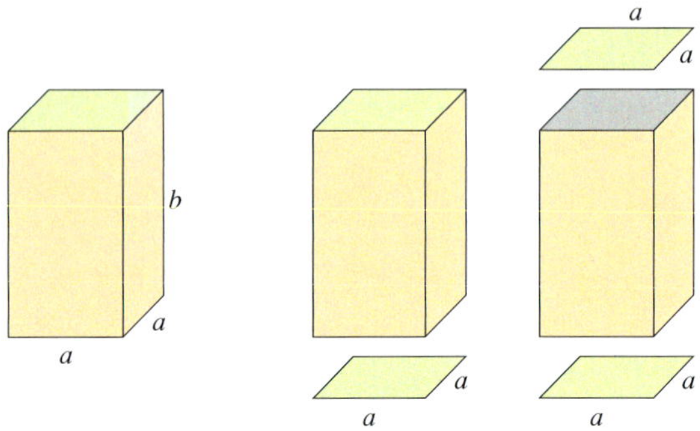

Die quadratische Grundfläche des Quaders hat die Länge a.

Der Flächeninhalt ergibt sich aus: $a \cdot a = a^2$

Die Deckfläche des Quaders ist gleich der Grundfläche. Der Flächeninhalt beider Flächen beträgt zusammen also: $a^2 + a^2 = 2\,a^2$

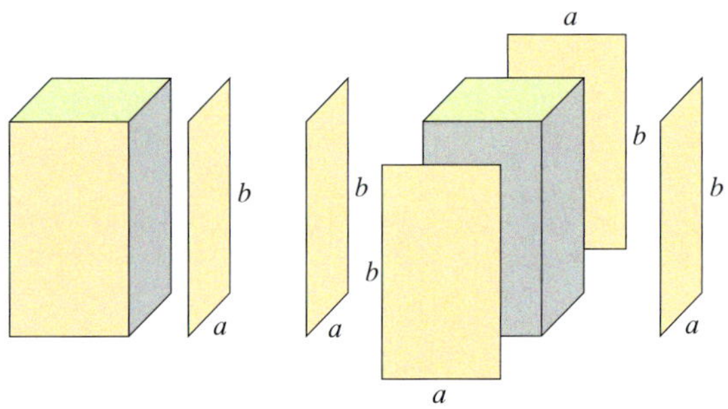

Eine rechteckige Seitenfläche des Quaders hat die Länge a und die Breite b.

Der Flächeninhalt ergibt sich aus: $a \cdot b = a\,b$

Alle Seitenflächen des Quaders sind gleich groß. Der Flächeninhalt der vier Flächen beträgt zusammen also: $a\,b + a\,b + a\,b + a\,b = 4\,a\,b$

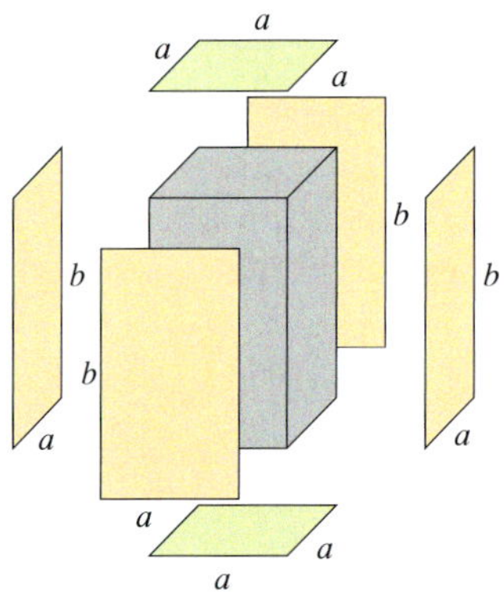

Die Oberfläche des Quaders mit der Grundkantenlänge a und der Höhe b ergibt sich aus diesen Flächeninhalten:

$$a^2 + a^2 + a\,b + a\,b + a\,b + a\,b = 2\,a^2 + 4\,a\,b$$

1 Ein Quader hat eine quadratische Grundfläche mit 3,2 cm Seitenlänge. Er ist 4,7 cm hoch. Schreibe einen Term ohne Potenzen, mit dem die Oberfläche berechnet werden kann, und bestimme das Ergebnis.

Merke

Ein Term, in dem gleiche Faktoren multipliziert werden, kann als Potenz geschrieben werden.

Ein Term, in dem gleiche Potenzen addiert werden, kann zusammengefasst werden.

Ein Term, in dem gleiche Produkte addiert werden, kann zusammengefasst werden.

Berechnet man den Wert von Termen, in denen Potenzen vorkommen, muss man zuerst den Wert der Potenz berechnen.

Beispiele

1. $x \cdot x \cdot x = x^3$
2. $0{,}5 \cdot 0{,}5 \cdot 0{,}5 \cdot 0{,}5 = 0{,}5^4$
3. $r^3 + r^3 + r^3 + r^3 = 4r^3$
4. $(-7)^2 + (-7)^2 + (-7)^2 = 3 \cdot (-7)^2$
5. $st + st + st + st + st = 5st$
6. $a^3 + ab + ab + a^3 + 2ab = 2a^3 + 4ab$
7. $x^4 + 5x^4 = 6x^4$
8. $8a^2$; $a = 3$; $8 \cdot 3^2 = 8 \cdot 9 = 72$
9. $5r^3$; $r = 2$; $5 \cdot 2^3 = 5 \cdot 8 = 40$
10. $2y^4$; $y = -2$; $2 \cdot (-2)^4 = 2 \cdot 16 = 32$

Übungen

2 Schreibe das gegebene Produkt der Zahlen als Potenz.

a) $8 \cdot 8$
b) $5 \cdot 5 \cdot 5 \cdot 5 \cdot 5$
c) $3 \cdot 3 \cdot 3 \cdot 3 \cdot 3 \cdot 3$
d) $0{,}4 \cdot 0{,}4 \cdot 0{,}4 \cdot 0{,}4$
e) $(-6) \cdot (-6) \cdot (-6)$
f) $1{,}2 \cdot 1{,}2 \cdot 1{,}2 \cdot 1{,}2$
g) $\frac{1}{2} \cdot \frac{1}{2} \cdot \frac{1}{2} \cdot \frac{1}{2} \cdot \frac{1}{2}$
h) $102 \cdot 102$

3 Schreibe Produkte gleicher Variablen als Potenzen.

a) $b \cdot a \cdot b$
b) $y \cdot x \cdot y \cdot x \cdot x$
c) $z \cdot z \cdot v \cdot z \cdot z$
d) $p \cdot m \cdot m \cdot p \cdot m$
e) $k \cdot l \cdot l \cdot l \cdot k \cdot k$
f) $p \cdot p \cdot q \cdot q \cdot p \cdot q \cdot q$
g) $r \cdot r \cdot s \cdot r \cdot r \cdot r$
h) $c \cdot c \cdot c \cdot d \cdot d \cdot c$

4 Die Technische Hochschule in Aachen feierte 1995 ihr langjähriges Bestehen nach dem Motto „fünf hoch drei“.

a) Wie lange bestand die Hochschule 1995?
b) Wann wurde sie gegründet?

5 Schreibe die Potenz ausführlich als Produkt und rechne aus.

a) 3^2
b) 4^3
c) 8^2
d) 5^2
e) 1^3
f) 3^4
g) 6^3
h) 5^3
i) 1^7
j) 7^5
k) 8^6
l) 6^8

6 Berechne den Wert des Terms für $x = 2$.

a) x^2
b) x^4
c) x^3
d) x^5
e) x^6
f) x^7
g) x^8
h) x^9

7 Berechne die fehlenden Werte der Terme.

	a)	b)	c)	d)	e)	f)
y	1	3	6	2	2,1	$\frac{2}{3}$
y^2						
y^3						
y^4						

8 Fasse die Potenzen zusammen.

a) $x^2 + x^2 + x^2 + x^2$
b) $r^2 + r^2 + r^2 + r^2 + r^2 + r^2$
c) $y^4 + y^4 + y^4 + y^4$
d) $z^3 + z^3 + z^3 + z^3 + z^3 + z^3$

9 Fasse die Produkte zusammen.

a) $ab + ab + ab + ab$
b) $xy + xy + xy + xy + xy$
c) $uv + uv + uv + uv + uv + uv$
d) $rs + rs + rs + rs$

10 Fasse zusammen.

a) $xy + ab + xy + ab$
b) $rs + uv + rs + uv + rs$
c) $cd + a - a + cd + a$
d) $vw + x + vw - vw + x + x$
e) $x + xy + x + xy + x + xy - xy$

Rückblick

Setze das richtige Zeichen (<; >; =).

a) $5\frac{2}{3}$ ▢ 5,6
b) 59 % ▢ $\frac{115}{200}$
c) $\frac{4}{5}$ ▢ 80 %
d) $11\frac{4}{9}$ ▢ 11,4

11 Fasse zusammen.

a) $xy + 3ab + 6xy + ab$
b) $4yz + uv + yz + 5uv$
c) $2ab + 3cd + 8ab + 7cd$
d) $14mn + 17pq + 21pq + 34mn$
e) $37vw - 14vw + 19kl - 5kl + 8vw$

12 Vereinfache.

a) $3c^2 + c^2$
b) $2x^3 + x^3 + x^3$
c) $a^2 + 2a^2 + a^2 + a^2$
d) $b^2 + b^2 + 3b^2 + b^2$
e) $y^4 + 4y^4 + y^4 + y^4 + y^4 + y^4$

13 Vereinfache.

a) $2x^2 + 3x^2$
b) $5a^2 - 6a^2$
c) $5b^3 + 6b^3$
d) $9v^2 - 15v^2$
e) $17s^5 - 14s^5$
f) $34y^7 - 35y^7$

14 a) Aus wie vielen Einzelfeldern besteht das Spielfeld eines Schachbretts?
b) Gib einen Term zur Berechnung des Flächeninhalts eines Einzelfeldes an.
c) Gib einen Term an, mit dem der Flächeninhalt des gesamten Spielfeldes aus den Einzelflächen berechnet werden kann.

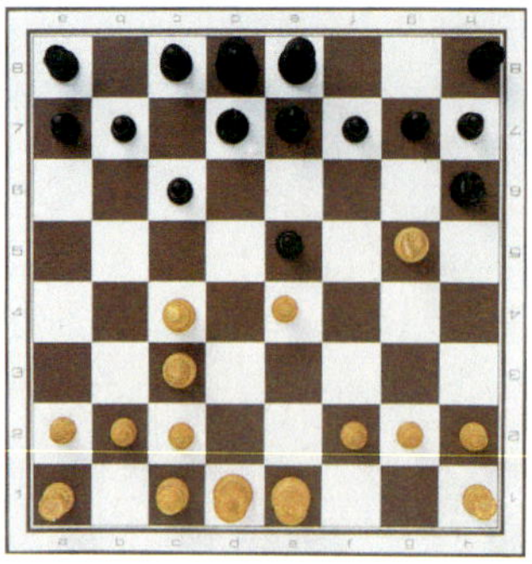

15 In einer Parkanlage befindet sich ein großes Schachspiel. Es wurden nicht nur für das Spielfeld quadratische Betonplatten mit 40 cm Kantenlänge verwendet.
a) Gib den Term zur Berechnung des Flächeninhalts einer Betonplatte an.
b) Gib den Term zur Berechnung der gesamten Fläche an, die mit diesen Platten belegt ist.
c) Berechne den gesamten Flächeninhalt der Fläche in m^2, die mit quadratischen Platten belegt wurde.

16 Fasse zusammen.
a) $x^2 + y^2 + x^2 - x^2 + y^2 + x^2$
b) $m^2 + n^3 + m^2 + n^3 - n^3 + m^2$
c) $y^3 - y^2 + y^3 + y^2 - y^2 + y^3 - y^3$

Rückblick

Runde an der Zehntel-(Hundertstel-)Stelle.
a) $7,\overline{3}$ c) $245,571$ e) $2,\overline{461}$
b) $1,\overline{49}$ d) $5,5\overline{27}$ f) $12,\overline{80}$

Fasse in den folgenden Aufgaben die Terme so weit wie möglich zusammen.

17 a) $2a^2 + 4b^2 + 3a^2$
b) $4t^2 + 6s^3 - 2s^3 + 5t^2$
c) $2u^2 + 3w^3 - 2u^2 + w^3$
d) $14x^3 - 6x^3 + 14x^2 - 16x^2 + 2x^3$
e) $3x^2 + 2y^2 - 8z + 2x^2 - 3y^2 + 4z - y^2$
f) $2x + 2x^2 + 3x^3 - 2x^3 - 3x^2 - 3x + x$

18 a) $48rs + 19r^2 - 20r^2 + 27s^2 - 6s^2 + 5rs$
b) $9pq + 4p^2 - 5p^2 + 7qp + 5q^2 - 3q^2$
c) $23s^2 + 15t^2 + 6s^2t - t^2 + 16s^2 - 7ts^2$
d) $16k^2 - 31kl + 7kl - 27k^2 - 14kl - 5k^2$
e) $6x^2y + 5xy + 6y - 5x^2y - 2xy - 8y$

19 a) $3,4y^2 + 7,8x^3 + 2,8x^3 + 1,4y^2$
b) $1,08a^4 + 0,75b^4 + 3,25b^4 + 2,38a^4$
c) $0,07b + 0,32a^2 - 0,15a^2 + 1,05a^2$
d) $\frac{1}{8}u^2 + \frac{1}{4}v^3 + \frac{3}{8}u^2 + \frac{3}{4}v^3$
e) $\frac{4}{7}x^2 + \frac{3}{9}y^2 + \frac{1}{3}x^2 + \frac{1}{6}y^2$

20 a) $x^2 + xy + 2x^2 + xy$
b) $3ab + 4a^2 + 2ab + 5a^2$
c) $13pq - 5pq + 8p^2 + 6pq + 7p^2$
d) $7mn + 4n^2 + 5mn + 13mn + 6n^2$
e) $48rs + 19r^2 - 12r^2 + 27s^2 - 6s^2 + 5rs$
f) $32uv - 16uv + 26a^2 + 4uv - 15a^2$
g) $16k^2 - 31kl + 7kl - 27k^2 - 14kl - 5k^2$

21 a) $a + 2a + 3ab - ab + b^2 + 2a$
b) $2uv + 3u + 5v^2 + 6uv + v^2 + 6u$
c) $8mn + 4m^2 + n^2 + 6n^2 - 7m^2 + 17mn$
d) $14xy + 7xy - 2xy + x^2 + y^2 + 5x^2 + 2y^2$
e) $6x^2y + 5xy + 6y + 5x^2y + 2xy + 4y$
f) $9pq + 4p^2 - 2p^2 + 7pq + 5q^2 - 8q^2$
g) $23s^2 - 15t^2 + 6s^2t + 5t^2 + 16s^2 - 7s^2t$

22 a) $4,2ab + 5,1cd + 6,7ab + 8,6cd$
b) $1,85x - 4,28xy + 1,27x + 3,54xy$
c) $0,28r - 0,01r + 4,72rs - 3,08rs$
d) $\frac{1}{5}ax + \frac{1}{6}bx - \frac{3}{4}ax + \frac{1}{3}bx$
e) $\frac{7}{8}uv + \frac{1}{8}rs + \frac{1}{3}uv - \frac{2}{3}rs$
f) $\frac{4}{9}pq + \frac{2}{7}yz + \frac{2}{3}pq - \frac{3}{14}yz + \frac{5}{6}pq$
g) $\frac{5}{8}a^2 - \frac{2}{7}ab + \frac{1}{4}a^2 + \frac{1}{2}a^2 + \frac{1}{4}ab$

1 a) Übertrage die Tabelle für ein Quadrat in dein Heft und berechne die fehlenden Werte.

a in cm	1	2	4	8	16	32
u in cm	4	8				
A in cm²	1					

b) Stelle einen Term auf, mit dem du den Umfang (den Flächeninhalt) eines Quadrats berechnen kannst, wenn die Seitenlänge a verdoppelt wird.

2 a) Übertrage die Tabelle für einen Würfel in dein Heft und berechne die fehlenden Werte.

a in cm	1	2	4	8	16	32
O in cm²	6	24				
V in cm³	1					

b) Stelle einen Term auf, mit dem du die Oberfläche (das Volumen) eines Würfels berechnen kannst, wenn die Länge der Seitenkante a verdoppelt wird.

A⇒B

3 a) Der Flächeninhalt eines Quadrats hat sich vervierfacht. Was wurde an den Seitenlängen des Quadrats verändert?

b) Das Volumen eines Würfels hat sich verachtfacht. Was könnte sich an den Längen der Seitenkanten verändert haben?

4 a) Schreibe einen Term auf, mit dem der Umfang der gegebenen Figur berechnet werden kann.

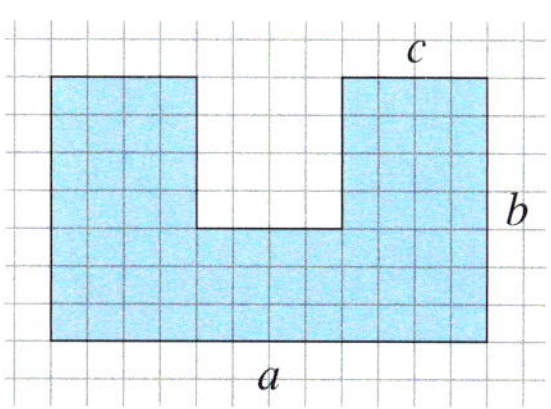

b) Schreibe einen Term auf, mit dem der Flächeninhalt der Figur berechnet werden kann.

c) Berechne den Umfang und den Flächeninhalt der Figur, wenn $a = 9{,}45$ m, $b = 6{,}30$ m und $c = 3{,}15$ m betragen.

d) Gib einen Term für den Flächeninhalt an, wenn die Länge b verdoppelt wird.

e) Gib einen Term für den Flächeninhalt an, wenn die Längen a und b verdoppelt werden, wobei die rechten Winkel erhalten bleiben.

f) Gib einen Term an, nach dem sich der Flächeninhalt der gegebenen Figur vervierfacht.

5 a) Stelle einen Term auf, mit dem das Volumen des skizzierten Körpers berechnet werden kann.

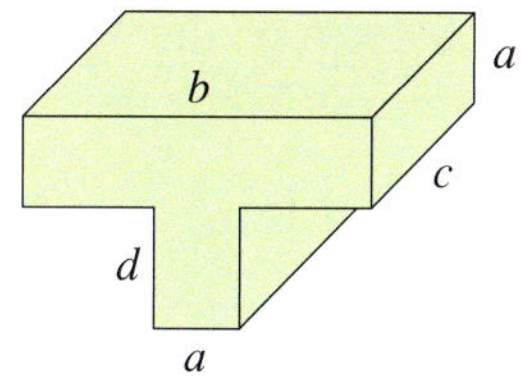

b) Berechne das Volumen des Körpers, wenn die Längen der Kanten $a = 1{,}2$ cm, $b = 4{,}8$ cm, $c = 4$ cm und $d = 2{,}7$ cm betragen.

6 a) Stelle einen Term auf, mit dem der Umfang der skizzierten Figur berechnet werden kann.

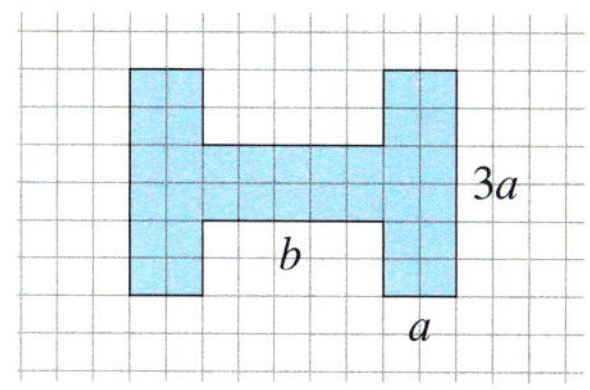

b) Berechne den Umfang der Figur, wenn für a und b diese Längen gegeben sind: $a = 1{,}56$ dm und $b = 5{,}05$ dm.

c) Stelle einen Term auf, mit dem der Flächeninhalt der skizzierten Figur berechnet werden kann.

d) Berechne den Flächeninhalt der Figur für $a = 3{,}7$ m und $b = 4{,}9$ m.

e) Gib einen Term für den Umfang der Figur an, wenn die Länge von a verdoppelt wird.

f) Gib einen Term für den Umfang der Figur an, wenn die Länge von b verdreifacht wird.

7 a) Gib für die skizzierte Figur einen Term an, mit dem die Oberfläche berechnet werden kann.

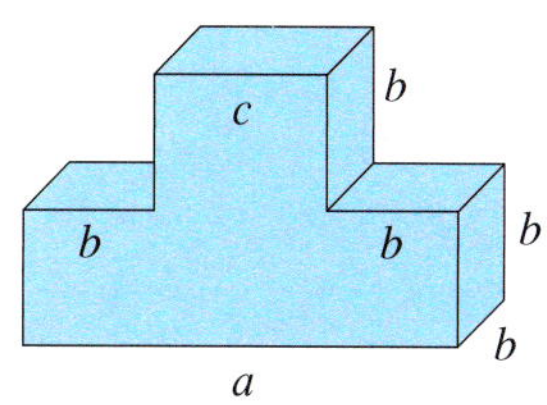

b) Berechne die Oberfläche des Körpers für $a = 5{,}8$ cm, $b = 1{,}7$ cm und $c = 2{,}4$ cm.

8 a) Gib für den skizzierten Körper einen Term an, mit dem das Volumen berechnet werden kann.

b) Gib für den Körper einen Term an, mit dem die Oberfläche berechnet werden kann.

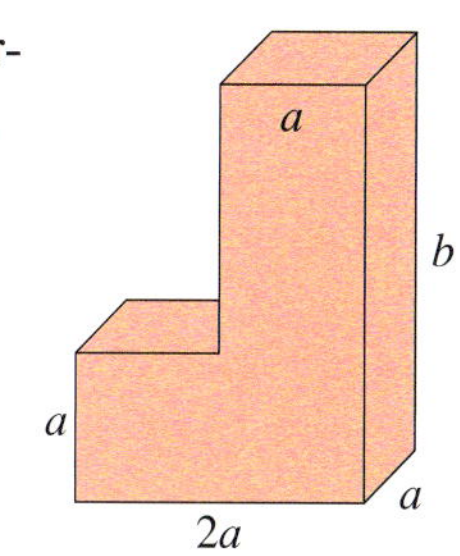

1 Übertrage die Tabelle in dein Heft und berechne die Werte der Terme.

a	b	c	$15-c$	$5+a$	$6a+b$	$7a+8b-2c$
5	2	3				
8,2	3	3,4				
$4\frac{1}{2}$	2	$\frac{1}{3}$				
7	1,5	$\frac{1}{4}$				

2 Von einem Quader wurden Angaben über Länge, Breite und Höhe gemacht.

	Länge	Breite	Höhe
a)	x	$0{,}7\,y$	$0{,}5\,z$
b)	$1{,}5\,x$	$3{,}8\,y$	$0{,}2\,z$
c)	$3{,}5\,x$	$3{,}45\,y$	$0{,}75\,z$

Schreibe den Term zur Berechnung des Quadervolumens auf und bestimme das Volumen für $x = 4$ cm, $y = 3{,}2$ cm und $z = 9{,}01$ cm.

3 Schreibe einen entsprechenden Term auf.

a) Bilde die Hälfte einer Zahl.
b) Berechne das Fünffache einer Zahl.
c) Vom Dreifachen einer Zahl wird ihr Doppeltes subtrahiert.
d) Vermindere das Sechsfache einer Zahl um ihre Hälfte.

4 Fasse zusammen.

a) $x + 2y + 3xy - 2xy + x + 3y$
b) $14ab + 5ab - 3ab + a^2 + 2b^2 + 5ab^2 - 4a^2$
c) $0{,}28\,m - 0{,}01\,r + 0{,}29\,ms + 0{,}1\,m - 0{,}01\,r$
d) $\frac{1}{4}uv - \frac{1}{8}rs + \frac{2}{3}m - \frac{1}{5}uv - \frac{1}{6}rs + \frac{1}{9}m$

5 Die Seite a eines Rechtecks ist doppelt so lang wie die Seite b. Stelle einen Term für die Berechnung des Umfangs (Flächeninhalts) auf.

6 Eine Kante eines Würfels hat die Länge x. Diese Länge wird vervierfacht, sodass ein größerer Würfel entsteht.

a) Gib einen Term zur Berechnung der Gesamtlänge aller Würfelkanten an.
b) Wie muss der Term zur Volumenberechnung dieses Würfels lauten?
c) Wie heißt der Term zur Berechnung der Oberfläche dieses Würfels?

7 Eine Kette wird aus dem hier skizzierten Grundelement zusammengefügt. Wie viel Draht ist mindestens nötig, wenn 16 Grundelemente zusammengefügt werden?

a) $a = 1{,}2$ cm
$b = 0{,}6$ cm
$u = 2{,}4$ cm

b) $a = 0{,}9$ cm
$b = 0{,}5$ cm
$c = 0{,}6$ cm

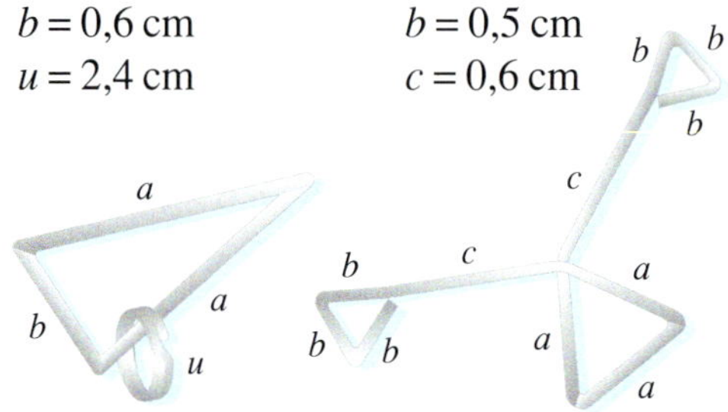

8 Eine Kette wird aus zwei Grundelementen zusammengesetzt. Wie viel Draht wird mindestens verbraucht, wenn jeweils 13 dieser Einzelteile verwendet werden? Für die Längen a und b gilt: $a = 1{,}2$ cm; $b = 2{,}3$ cm.

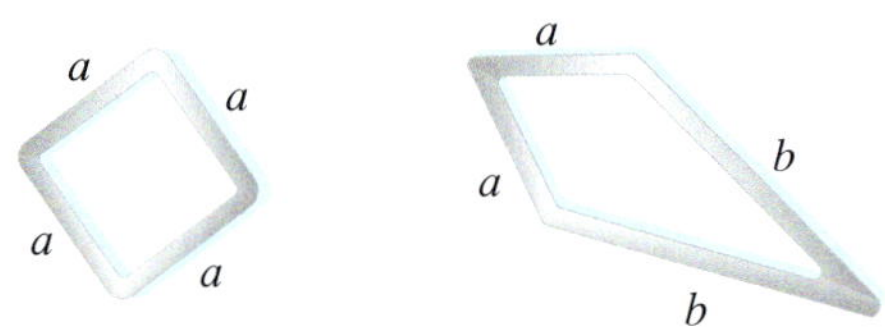

9 Berechne den Wert des Terms für die Zahlen 2, −2, 3, −3, 0 und −1.

a) $a+2$ c) $12+a$ e) $\frac{a}{4}$ g) $2a(a+5)$
b) $6a$ d) $3-2a$ f) $9:a$ h) $6a(1-a)$

10 Berechne den Wert des Terms für die Zahlen 2,4; −1,5; $1\frac{1}{2}$; 0,8; 4,01; $-\frac{2}{3}$.

a) $b-5$ c) $3b+\frac{1}{4}$ e) $(\frac{2}{5}b+3)\,b$
b) $5b+2$ d) $7b+3b$ f) $b(2\frac{1}{2}-2b)$

11 Fasse zusammen.

a) $4a+6a$ c) $23{,}8$ m $- 32{,}7$ m e) $1{,}6x + 4\frac{3}{10}x$
b) $5c + 12{,}9c$ d) $5{,}6x + 7{,}9x$ f) $2\frac{3}{4}b - 3\frac{1}{3}b$

12 Fasse so weit wie möglich zusammen.

a) $3mn - 2m^2 + 4mp - m^2 + 8mn$
b) $15x^2 + 3xyz - 2xz^2 - 4xy + xz^2$
c) $xyz + 3x^2 - y^2z - 4xyz + 3y^2z + 2x^2y$
d) $2^3 - 0{,}5a^2b + 1{,}4 - 7{,}6ab^2 - 5{,}2 + 2a^2b$

13 Berechne den Wert des Terms für $x = 4$

a) x^3 b) $x^2 + x^3$ c) $x + x^2 + x^3$

14 Gib jeweils einen Term zur Berechnung des Umfangs und des Flächeninhalts der Figur an.

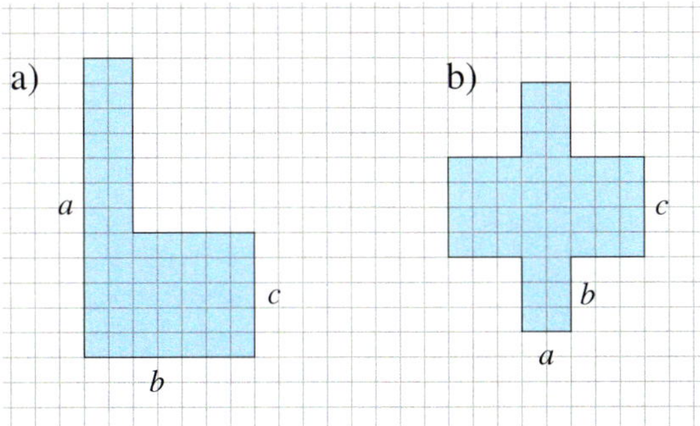

15 In ein Flugzeug kann Handgepäck mitgenommen werden. Das Gepäckstück darf jedoch nicht beliebig groß sein. Hier gibt es ganz bestimmte Festlegungen. Eine Fluggesellschaft hat die in der Abbildung dargestellte Festlegung für die in ihren Flugzeugen erlaubten Abmessungen der Handgepäckstücke vorgenommen. Von anderen Fluggesellschaften wurden die folgenden Festlegungen für das Handgepäck getroffen.

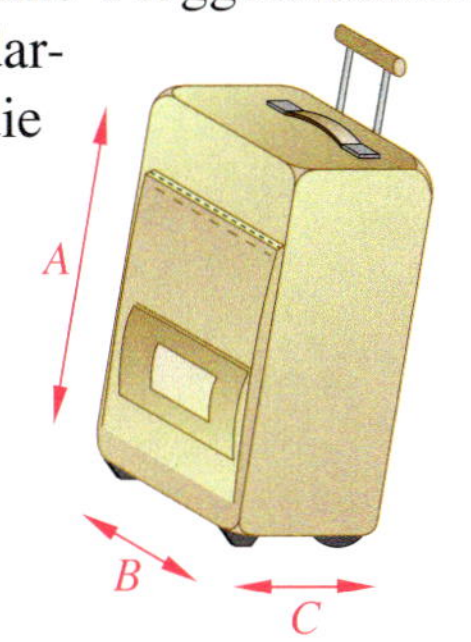

$A+B+C = 115$ cm (max.)

a) Überprüfe, ob die anderen Fluggesellschaften auch der Formel entsprechen, die in der Grafik angegeben wurde.
b) Welche Fluggesellschaft erlaubt das größte Volumen für ein Handgepäckstück?

16 Stelle einen entsprechenden Term auf.
a) Addiere zum Fünffachen des Produkts aus a und b das Zweifache dieses Produkts.
b) Addiere zur Hälfte einer Zahl das Dreifache einer anderen Zahl.
c) Subtrahiere vom Sechsfachen einer Zahl das Vierfache dieser Zahl und die Hälfte einer anderen Zahl.

17 Formuliere aus dem Term eine Aufgabe in Worten.
a) $2x$ c) $4x+2y$ e) $2x-3x$
b) $2x+4$ d) $3x-\frac{x}{2}$ f) $3x-3y$

18 Fasse zusammen.
a) $x+2y+x-3y$
b) $ab+bc-cd+ab$
c) $0{,}5x+\frac{1}{4}r-1{,}4x-1{,}1r+s$
d) $2mx+2mx+2mx$

Rückblick

Gib drei weitere Brüche mit dem gleichen Wert an.
a) $\frac{4}{9}$ b) $\frac{8}{42}$

19 Fasse zusammen.
a) $8{,}1r+3{,}9t-2{,}4s+1{,}2t+3{,}3s-5{,}7r$
b) $0{,}05v+0{,}1u-2w+3{,}05v-0{,}04u+4{,}1w$
c) $\frac{1}{2}x+\frac{2}{3}y-\frac{1}{4}x+\frac{3}{5}z-\frac{1}{6}y-\frac{1}{2}z$
d) $\frac{3}{4}f-\frac{1}{8}a-\frac{1}{3}f+\frac{5}{6}c+\frac{1}{2}a+\frac{1}{3}c$

20 Welche Zahl von 0 bis 10 muss eingesetzt werden, damit der Wert des Terms am größten wird?
a) $10-x^2$ d) $100-x^2$
b) $10+x-2x$ e) $100+x-2x$
c) $10-x^2+2x$ f) $100-x^2+2x$

21 Die Kosten für einen Telefonanschluss setzen sich aus den folgenden Einzelkosten zusammen.

monatliche Grundgebühr	18,60 €
Cityverbindung	0,0259 € pro Einheit
Deutschlandverbindung	0,0390 € pro Einheit
Mobilfunkverbindung	0,1953 € pro Einheit

An drei aufeinander folgenden Monaten sind die in der Tabelle zusammengestellten Einheiten der verschiedenen Verbindungen in Rechnung gestellt worden.

	Mai	Juni	Juli
Cityverbindung	70	46	15
Deutschlandverbindung	16	21	28
Mobilfunkverbindung	19	38	34

a) Stelle einen Term auf, mit dem allgemein die monatlichen Telefonkosten berechnet werden können.
b) Berechne jeweils die zu zahlenden monatlichen Beträge. Der Rechnungsbetrag muss die Mehrwertsteuer (16%) enthalten.

Rund ums Handy

Im Berufsleben und im Privatleben ist der mobile Austausch von Daten und Sprache selbstverständlich geworden.
Mobile Kommunikation schafft Kontakt im Privatleben zur Familie, Freunden und Bekannten, ermöglicht Sicherheit im Rettungswesen und erleichtert im Beruf den Daten- und Informationsaustausch. Die Übertragung von Informationen zwischen den Teilnehmern erfolgt mithilfe hochfrequenter elektromagnetischer Wellen. Verschiedene Netze stehen augenblicklich zur Übertragung zur Verfügung. D-Netz mit 890 bis 960 MHz, E-Netz mit 1710 bis 1880 MHz und UMTS (Universal Mobile Telekommunikation System) mit 1900 bis 2170 MHz.

Tarif A (Preise in € pro Minute)

Tarif	Wochentag 7 – 20 Uhr	Wochentag 20 – 7 Uhr	Wochenende 0 – 24 Uhr
Festnetz national	0,08	0,08	0,08
D1	0,23	0,20	0,17
D2	0,23	0,20	0,17
E-Plus	0,28	0,23	0,20
E2	0,28	0,23	0,20

Grundgebühr 29,90 €/Monat; 24 Monate Mindestlaufzeit

Tarif B (Preise in € pro Minute)

Tarif	Wochentag 7 – 20 Uhr	Wochentag 20 – 7 Uhr	Wochenende 0 – 24 Uhr
Festnetz national	0,5062	0,2505	0,2505
D1	0,5062	0,5062	0,2505
D2	0,5062	0,5062	0,2505
E-Plus	0,5062	0,5062	0,2505
E2	0,5062	0,5062	0,2505

keine Mindestlaufzeit

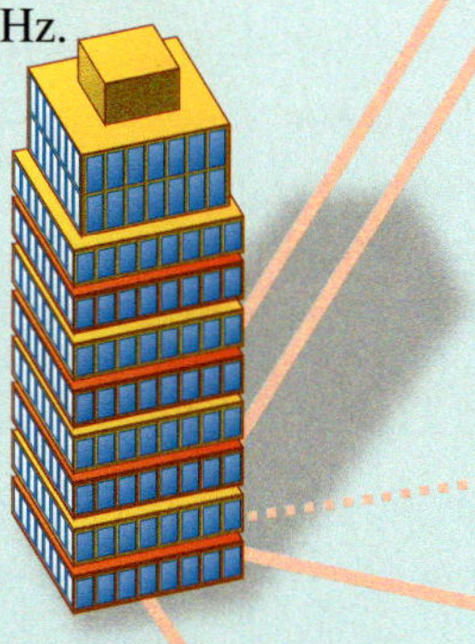

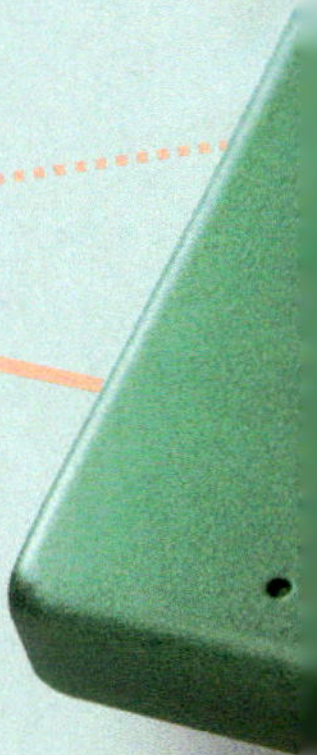

1 Ein Geschäftsmann aus Hamburg telefoniert als Vieltelefonierer häufig an Wochentagen in der Zeit von 7 –20 Uhr, da er während dieser Zeit seine Geschäftspartner erreichen kann. Im Juli führte er folgende Gespräche.

Telefonate (Juli)

Anzahl	Zeitdauer	Uhrzeit	Netz
221	je 3 min	7 – 20 Uhr	Festnetz national
82	je 4 min	7 – 20 Uhr	D1
15	je 4 min	20 – 7 Uhr	E2

Berechne nacheinander nach Tarif A und nach Tarif B:
- Wie viel Euro betrug die Monatsrechnung für Juli?
- Wie viel Euro kostete durchschnittlich eine Gesprächsminute?

Welcher Tarif ist in diesem Fall günstiger?

Richtiger Handygebrauch

Um eventuell mögliche gesundheitliche Schäden zu vermeiden, sollten Handybenutzer folgende Hinweise beachten:

Handy, wann immer möglich, ausgeschaltet lassen

Je kürzer das Telefonat, desto geringer die Belastung

Handy nicht direkt am Körper aufbewahren, sondern in Außentaschen

Möglichst im Freien und nicht in geschlossenen Räumen telefonieren

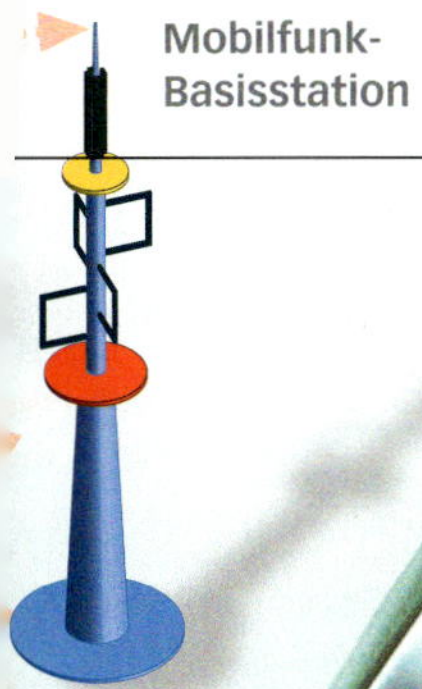

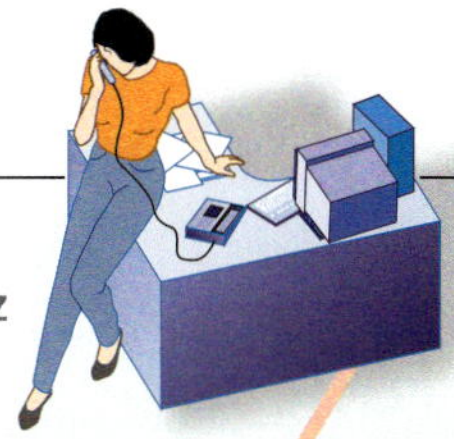

Die Anzahl der Handy-Besitzer wächst. In der Europäischen Union verfügen 75 % der Bürger über ein mobiles Telefongerät.
Für die Netze bieten verschiedene Firmen ihre Dienste an. Die Anbieter versuchen mit vielen verschiedenen Tarifen, wie Freizeittarif, Ganztarif, Prepaidtarif für Wenigtelefonierer, Normaltelefonierer oder Vieltelefonierer, den Interessen gerecht zu werden und Kunden zu gewinnen.
Beim Kauf eines Handys sollte darauf geachtet werden, dass der SAR-Wert (spezifische Absorptionsrate) möglichst gering ist. Dieser Wert gibt an, wie viel Energie der Körper durch das Handy aufnimmt. Je niedriger der SAR-Wert ist, desto belastungsärmer ist das Handy.

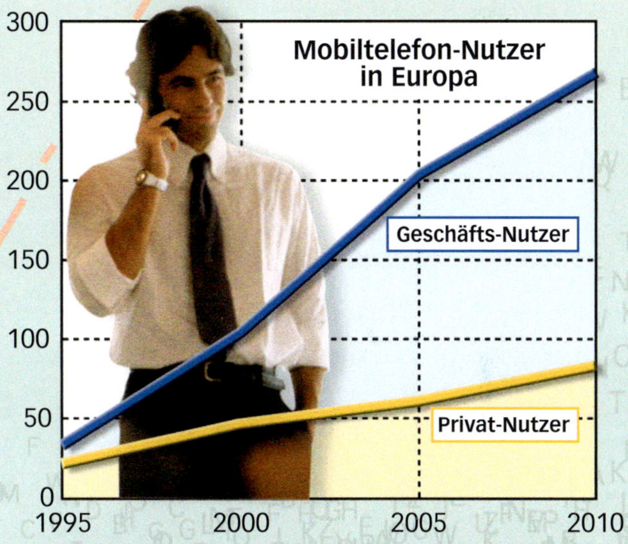

Gefahren durch das Benutzen des Handys

Ob der Gebrauch von Funktelefonen die Gesundheit gefährdet, kann im Jahr 2002 nicht endgültig beantwortet werden. Die Zusammenhänge zwischen hochfrequenten Feldern, die beim Benutzen eines Handys entstehen und dem lebenden Organismus sind noch nicht hinreichend erforscht. Das Telefonieren mit einem Handy weist jedoch noch andere Gefahren auf. Wegen dieser Gefahren ist das Benutzen eines Handys in Krankenhäusern, im Flugzeug und an Tankstellen verboten. Im Auto darf ein Handy nur mit einer Freisprechanlage gebraucht werden.

2 Michaela führte im Monat Juli folgende Gespräche.

Telefonate Michaela (Juli)

Anzahl	Zeitdauer	Uhrzeit	Netz
11	je 5 min	20 – 7 Uhr	Festnetz national
14	je 6 min	Wochenende	D1

Berechne nacheinander nach Tarif A und nach Tarif B:
- Wie viel Euro betrug die Monatsrechnung für den Monat Juli?
- Wie viel Euro kostete durchschnittlich eine Gesprächsminute?

Welcher Tarif ist in diesem Fall günstiger?

Zusammenfassung

- Variablen sind Platzhalter.
- Terme sind mathematische Ausdrücke, in denen Variablen, oder Zahlen vorkommen, die auch mit Rechenzeichen und anderen Zeichen wie zum Beispiel Klammern sinnvoll verbunden sein können.
- Der Wert eines Terms mit Variablen wird berechnet, indem die Variablen durch Zahlen ersetzt werden. Gleiche Variablen werden durch gleiche Zahlen ersetzt.
- Die Addition gleicher Variablen kann durch eine Multiplikation ersetzt werden.
- Es dürfen nur jeweils gleiche Variablen und gleiche Produkte addiert werden.
- Die Multiplikation gleicher Variablen kann als eine Potenz geschrieben werden.

Training

1 Bilde sechs verschiedene Terme, in denen wenigstens eine Zahl, eine Variable und ein Rechenzeichen vorkommen.

2 Übertrage die Tabelle in dein Heft und berechne jeweils den Wert des Terms.

a)

a	2	0,2	$4\frac{1}{4}$	3,5
$a-3$				
$a+2{,}5$				
$a+\frac{1}{5}$				

b)

m	0,3	3,05	$1\frac{1}{2}$	0,02
$2m$				
$1{,}3\,m$				
$5\frac{1}{3}m$				

c)

x	10	–1	0,1	–0,01
x^2				
$2x^3$				
$3x^2$				

3 Schreibe den Term als Summe gleicher Terme.

a) $4m$ c) $5ax$ e) $2m^3$ g) $5v^5$
b) $3p$ d) $2abc$ f) $3b^6$ h) $4y^{10}$

4 Fasse zusammen.

a) $4a+5b-6c+3a-4b-2c$
b) $7m+4n-3r-0{,}1\,m+6{,}2\,r+0{,}1$
c) $25{,}5\,a+8{,}7\,v-4{,}9\,v+21{,}3\,a-6{,}5\,a$
d) $9{,}5\,x+4{,}74\,y-3{,}76\,y-4{,}27\,x-2{,}25\,x$

5 Fasse zusammen.

a) $13a+12b-7a+5c-8b+3c$
b) $24z+26a-21x-20a+32x-24z$
c) $17y+13x-14y+5b-12x+12b$
d) $0{,}5\,e+3{,}6\,f-0{,}25\,e+2{,}7\,g-1{,}9\,f$
e) $1{,}7\,x-3{,}4\,y+7{,}2\,z-0{,}9\,x-2{,}7\,z+5y$

6 Vereinfache.

a) $1\frac{1}{2}a+2\frac{1}{5}b+1\frac{2}{3}b+1\frac{3}{7}a$
b) $2\frac{3}{7}r+1\frac{7}{10}v+1\frac{2}{15}v+1\frac{3}{14}r$
c) $p+\frac{1}{2}p-4\frac{1}{2}m+5{,}2\,m$
d) $6{,}5\,a+3\frac{1}{4}b-4\frac{1}{5}a+2\frac{4}{9}b$

7 Berechne den Wert des Terms für die Zahlen 4, 0,1, –0,5 und $\frac{3}{10}$.

a) $6a-0{,}25\,a+5-0{,}7\,a$
b) $16{,}4\,a-3a-6\frac{1}{5}a+2$
c) $7{,}4\,a+1\frac{3}{10}a-2a-0{,}1\,a$
d) $0{,}46\,a+1\frac{1}{5}a-1{,}15\,a-0{,}37$

8 Berechne den Wert des Terms für die Zahlen 3, $-\frac{1}{2}$, –4, –0,7 und 1,06.

a) $2x+3x$ b) $4x-x^2$ c) $\frac{1}{2}x-2$ d) x^2-x

Vertiefen und Anwenden

9 In der Tabelle wurden von einem Ort die Abendtemperaturen in °C über einen Zeitraum von zwei Wochen zusammengestellt.

	So.	Mo.	Di.	Mi.	Do.	Fr.	Sa.
1. Woche	4	5	−2	2	3	0	1
2. Woche	−2	−4	0	2	3	1	4

a) Schreibe zu jeder Woche einen Term, mit dem der Durchschnitt der Temperaturen pro Woche berechnet wird und rechne aus.
b) Wie heißt der Zentralwert der Temperaturen in jeder einzelnen Woche (in beiden Wochen zusammen)?

10 Die Zuordnung zwischen dem Gewicht einer zu verkaufenden Ware und dem Preis ist proportional.

Gewicht x in kg	2	3	5	9	12	17
Preis in €	4					

a) Vervollständige die Tabelle in deinem Heft
b) Gib einen Term an, nach dem der Preis aus dem Gewicht berechnet wird.

11 Die Zuordnung zwischen der Arbeitszeit und dem gezahlten Lohn ist proportional.

Arbeitszeit x in h	12	3	2	4	8	37,5
Lohn in €	108					

a) Vervollständige die Tabelle in deinem Heft.
b) Gib einen Term an, nach dem der Lohn aus der Arbeitszeit berechnet wird.
c) Welcher Lohn wird pro Stunde bezahlt?

12 Berechne.
a) $75 \cdot (-5) + 16 \cdot (-4)$
b) $546 \cdot (-4) + 54 \cdot (-16)$
c) $17 \cdot (-6) - 7 \cdot (-9)$
d) $-17 \cdot (-18) - 166 \cdot (-5)$

13 Berechne.
a) $18 \cdot (-\frac{1}{3}) \cdot 6 + 4 \cdot 15$
b) $-\frac{1}{4} \cdot 6 + (-\frac{1}{5}) \cdot (-\frac{3}{10})$
c) $-\frac{1}{72} \cdot 8 - (-\frac{1}{72}) \cdot (-12)$
d) $12 \cdot (-\frac{1}{6}) - 3 \cdot (-\frac{2}{3})$

14 Die letzte Englischarbeit der Klasse 7 c hatte den folgenden Notenspiegel.

Note	1	2	3	4	5	6
Anzahl	4	5	7	6	3	0

Wie viel Prozent der Schülerinnen und Schüler erhielten jeweils die Note 1, 2, 3 usw.?

15 Die folgende Zuordnung ist umgekehrt proportional.

Anzahl der Arbeiter	4	2	5	8	6
Arbeitszeit in h	8				

a) Beschreibe die Zuordnung.
b) Vervollständige die Tabelle in deinem Heft.
c) Gib einen Term an, nach dem die Arbeitszeit aus der Anzahl x der Arbeiter berechnet wird.

16 In den verschiedenen Stockwerken eines neu gebauten Hauses wurden die Bodenplatte bzw. Decken aus Beton gegossen. Dabei wurden Aussparungen für den Einbau der Treppe offen gelassen (siehe Grafik).

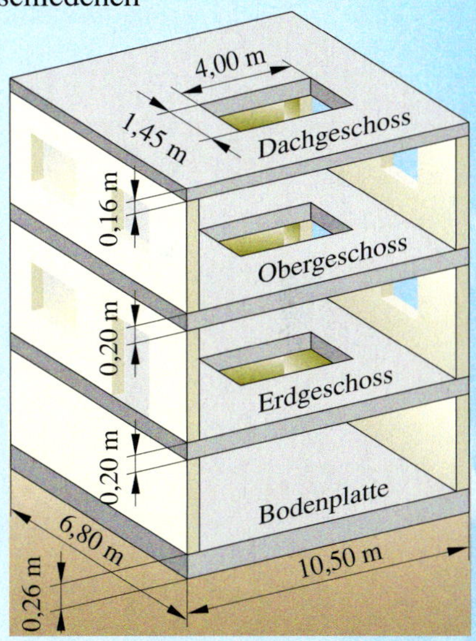

- Berechne das Volumen der einzelnen Platten.
- Wie viel Kubikmeter Beton wurden insgesamt höchstens verarbeitet?
- Wie viele Betonmischwagen waren ungefähr dazu nötig, wenn ein Wagen 8 m^3 Beton laden kann?
- Für 1 m^3 Beton mussten einschließlich Mehrwertsteuer 64 € bezahlt werden. Welcher Materialpreis ist dadurch entstanden?

Testrunde

1 Berechne den Wert des Terms für $x = 5$ und $y = 3$.

a) $x + 3x$

b) $\frac{1}{2}x + x$

c) $\frac{1}{5}x - 2y$

d) $0{,}75x + 1\frac{1}{6}$

2 Berechne den Wert des Terms.
$x^2 - 4x + x - 0{,}5x + 2$

a) $x = 1\frac{1}{4}$

b) $x = -1{,}8$

3 Stelle einen entsprechenden Term auf.

a) Tobias benötigt für 100 m Strecke x Sekunden, Michael 1,25 Sekunden mehr.

b) Martina ist x Jahre alt, ihre Oma dagegen 3,5-mal so alt.

4 Fasse zusammen.

a) $4m - 0{,}3n + 2{,}7m - 4n + 3m - n$

b) $2x + 3x^2 - 2x^3 + 4x^2 - 4x + 5x^3$

c) $\frac{4}{7}a^2 - \frac{3}{9}b^2 + \frac{1}{6}a^2 - \frac{1}{3}b^2$

d) $24m^2 - 15n^2 + 5m^2n - 6n^2 + 16m^2 - 7m^2n$

5 Ein Aquarium mit 9 dm Länge, 4,5 dm Breite und 8 dm Höhe ist bis 5 cm unter den oberen Rand mit Wasser gefüllt. Wie viel Liter Wasser müssen nach einer Reinigung des Aquariums eingefüllt werden, wenn der gleiche Wasserstand erreicht werden soll, der vor der Reinigung vorhanden war?

6 Schreibe einen Term auf zur Berechnung des Umfangs und des Flächeninhalts der Figur und rechne aus. (Maßangaben der Zeichnung)

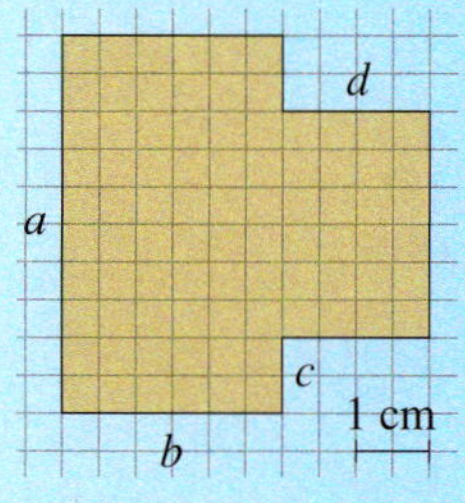

Die Mathematik-Olympiaden werden in vier Stufen ausgetragen. Sie beginnen mit der Schulrunde. Danach findet die Kreisolympiade statt. Die besten Schülerinnen und Schüler der Kreisolympiade nehmen an der Landesolympiade teil. Die Gewinner dieser dritten Stufe fahren zur Bundesolympiade.

Hier sind einige Aufgaben ausgewählt, wie sie in den Schulrunden und in den Kreisolympiaden deinem Alter entsprechend gestellt wurden.

1 Michael hat neun Karten mit den Ziffern 1 bis 9 beschriftet.

a) Er will die neun Karten so legen, dass die folgenden „Aufgaben“ alle das gleiche Ergebnis haben. Wie muss er die neun Karten legen?

b) Nun will er drei richtige Aufgaben mit den neun Karten legen. Die Rechenzeichen kann er dabei frei wählen.

dreimal die Form:

c) Schließlich versucht er, alle neun Zahlenkarten in zwei richtigen Aufgaben unterzubringen. Er erlaubt sich dabei alle Rechenzeichen und Klammern. Es gelingt ihm. Finde auch eine solche Lösung.

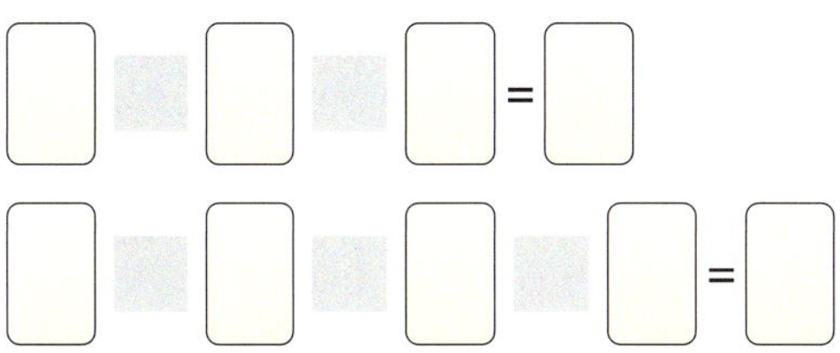

2 Eine Aufgabe aus dem Rechenbuch von Adam Ries:

Item / Ein Hoffmeister verdingt einem Wirte 12 Pferde ein Jahr / mit solchem geding / er soll jedem die Wochen geben 2 scheffel Habern / 40 gebund Hew / und 10 gebund Stro / deß Habern gibt man ein Scheffel für 2 groschen / 20 bund Hew für 3 groschen / und 30 bund Stro für 6 groschen. Wie viel sind die Pferde schuldig?

In heutiger Sprache lautet die Aufgabe etwa so: Ein Hofmeister verleiht einem Wirt 12 Pferde für ein Jahr mit der folgenden Bedingung.
Er soll jedem Pferd pro Woche 2 Scheffel Hafer, 40 Bund Heu und 10 Bund Stroh geben. Für einen Scheffel Hafer muss man 2 Groschen geben, für 20 Bund Heu 3 Groschen und für 30 Bund Stroh 6 Groschen.
Wie viel muss der Wirt für die Verpflegung der 12 Pferde in der Leihzeit aufwenden?

3 a) Die Abbildung zeigt ein rechtwinkliges Dreieck, dessen Katheten (die dem rechten Winkel anliegenden Seiten) 1 Einheit bzw. 2 Einheiten lang sind, und ein rechtwinkliges Trapez, dessen parallele Seiten 1 Einheit bzw. 2 Einheiten lang sind, und dessen Höhe 2 Einheiten lang ist.

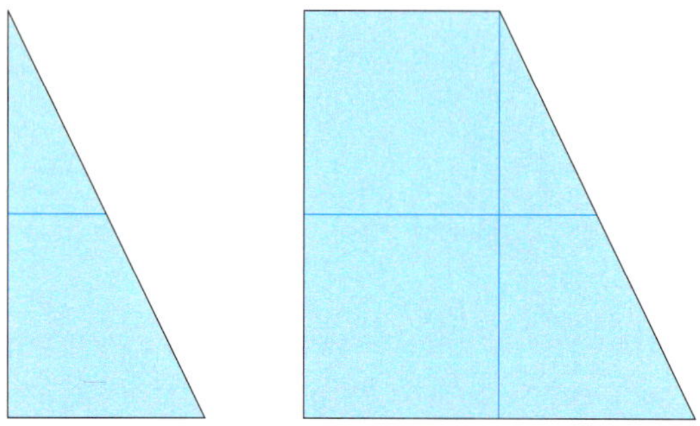

Zeige, dass man diese beiden Figuren so zusammenlegen kann, dass die folgenden Figuren entstehen.

① Quadrat
② Dreieck
③ Parallelogramm, das kein Rechteck ist
④ Viereck mit genau zwei rechten Winkeln
⑤ gleichschenkliges Trapez, das kein Parallelogramm ist.

b) Gegeben seien neun Quadrate $Q_1, Q_2, \ldots, Q_9$ mit den in der Tabelle angegebenen Seitenlängen. (Angaben in mm)

Bezeichnung	Seitenlänge
Q_1	18
Q_2	15
Q_3	14
Q_4	10
Q_5	9
Q_6	8
Q_7	7
Q_8	4
Q_9	1

Füge diese Quadrate so zusammen, dass sie ein Rechteck bilden, dessen Fläche lückenlos und ohne Überdeckungen von den neun gegebenen Quadraten ausgefüllt ist. Gib die Seitenlängen dieses Rechtecks an.

Hinweis: Als Lösung genügt jeweils eine Zeichnung. Begründungen werden in dieser Aufgabe nicht verlangt.

4 Zwei Eichhörnchen sammeln seit Wochen Walnüsse aus unserem Walnussbaum.

Drei Viertel der Walnüsse werden sie im Winter wiederfinden und fressen. Vom Rest werden zwei Drittel von anderen Eichhörnchen gefressen. Neun Zehntel der jetzt noch verbleibenden Nüsse verfaulen. Aus dem Rest wachsen neue Walnussbäume.
Wie viele Walnüsse haben die beiden Eichhörnchen gesammelt, wenn im nächsten Jahr zwei Walnussbäume wachsen?
Weise durch eine Probe nach, dass das von dir ermittelte Resultat stimmt.

5 Tom, Jenny, Lisa und Philipp spielen gerne mit Würfeln.
a) Tom hat mit einem Wurf die Augenzahl 13 erreicht. Wie viele Spielwürfel hat er bei diesem Wurf mindestens und wie viele höchstens benutzt? Welche Augenzahlen können dabei die einzelnen Würfel zeigen?
b) Jenny erzielte in einem Wurf mit nur einem Würfel mehr Augen als Paul in einem Wurf mit vier Würfeln. Gib alle Möglichkeiten an.
c) Lisa erreicht in genau einem Wurf mit genau drei Würfeln weniger Augen als Sophie in genau einem Wurf mit genau zwei Würfeln.
Gib an, welche Möglichkeiten dabei auftreten können.
d) Tobias berichtet: „Gestern erzielte ich beim Würfeln mit genau drei Würfeln einen besonderen Wurf. Die Augenzahl jedes der drei Würfel war eine Primzahl. Die Summe dieser Augenzahlen war ebenfalls eine Primzahl."
Nach kurzem Nachdenken meinte Philipp: „Bei diesem Wurf zeigten genau zwei Würfel die gleiche Augenzahl."
Begründe Philipps Antwort und gib die Augenzahlen für alle möglichen derartigen Würfe an.

6 Gabi zerschneidet ein Quadrat mit dem Flächeninhalt von 49 cm^2 in 49 kleine Quadrate mit dem Flächeninhalt von 1 cm^2. Sie will unter Verwendung aller kleinen Quadrate genau drei Quadrate zusammenlegen.

Hinweis: Beim Zusammenlegen muss jedes dieser drei Quadrate vollständig ausgefüllt werden und keines der 49 kleinen Quadrate darf ein anderes der kleinen Quadrate oder eine Teilfläche hiervon überdecken.

Welche Seitenlängen haben die drei so entstandenen Quadrate
Finde alle Möglichkeiten.

7 Katrin betrachtet Brüche mit positivem Zähler und positivem Nenner. Sie überlegt:
Wenn ich den Nenner vergrößere und den Zähler beibehalte, verkleinert sich der Wert des Bruchs. Wie ist es aber, wenn ich den Nenner um 2, den Zähler jedoch nur um 1 vergrößere? Sie probiert und stellt fest, dass es sowohl Brüche gibt, deren Wert durch diese Veränderung größer wird, aber auch solche, deren Wert dadurch kleiner wird.
a) Nenne drei Brüche, deren Wert sich verkleinert, wenn man zum Zähler 1 und zum Nenner 2 addiert. Überprüfe, ob die genannten Brüche diese Eigenschaft haben.
b) Nenne drei Brüche, deren Wert sich vergrößert, wenn man zum Zähler 1 und zum Nenner 2 addiert. Überprüfe auch hier.
c) Gibt es Brüche, deren Wert sich nicht ändert, wenn man zum Zähler 1 und zum Nenner 2 addiert. Ist dies der Fall, dann nenne einen derartigen Bruch und überprüfe ihn.
d) Katrin überlegt:
Es müsste *eine Bedingung für den Zähler und den Nenner* eines Bruchs geben. Diese Bedingung müsste bei *allen* denjenigen Brüchen erfüllt sein, deren Wert sich verkleinert, wenn man zum Zähler 1 und zum Nenner 2 addiert. Sie müsste aber zugleich auch so beschaffen sein, dass sie bei *allen anderen* Brüchen *nicht* erfüllt ist.
Finde eine solche Bedingung und zeige, dass sie Katrins Beschreibung entspricht.

8 Marion und Nicole sammeln farbige Tierfotos. Sie vergleichen die Anzahl der gesammelten Bilder und stellen fest:
Zwei Drittel von Marions Fotos sind genauso viel wie drei Viertel von dem, was Nicole gesammelt hat.

Wie viele Fotos hat jedes Mädchen gesammelt, wenn beide zusammen mehr als 51 aber weniger als 85 Bilder besitzen?

9 Die Abbildung zeigt ein Quadrat $ABCD$.

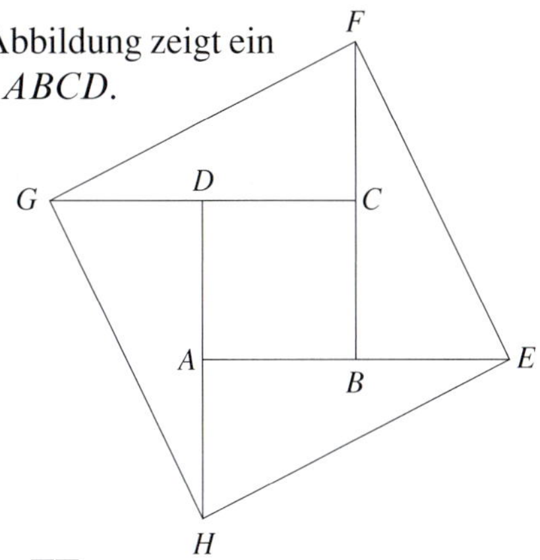

Die Seite $\overline{AB}$ wurde über B hinaus bis E, die Seite $\overline{BC}$ über C hinaus bis F, die Seite $\overline{CD}$ über D hinaus bis G und die Seite $\overline{DA}$ über A hinaus bis H jeweils um ihre eigene Länge verlängert. Bestimme, wievielmal der Flächeninhalt des Vierecks $ABCD$ im Flächeninhalt des Vierecks $EFGH$ enthalten ist.

10 Die Seiten eines Buchs sind mit den Zahlen von 1 bis 635 durchnummeriert.
a) Bestimme, wie viele Ziffern insgesamt bei dieser Nummerierung zu drucken sind.
b) Bestimme, wie oft bei der Nummerierung insgesamt die Ziffer 4 verwendet wird.
c) Bestimme, wie oft bei der Nummerierung insgesamt die Ziffer 0 verwendet wird.

Training

Seite 28

1 a) 3,4 b) 3 c) Zeichenübung

2 a) 63,5 c) Durchschnitt; die Werte streuen wenig
b) 61,5

3 • 189; • 20-mal; • 0,1058 ≈ 10,6%; • ja

4 a) nein; zwei Tüten haben weniger als 150 g Einwaage.
b) 153,7 g
c) 153 g

5 a) 34 € b) 34,44 €; • 8,44 €; • 7,56 € c) 16 €

Seite 29

6 niedrigster Preis: Wuppertal mit 123,3 Cent
höchster Preis: Hannover mit 127,5 Cent

7 niedrigster Preis: Wuppertal mit 106,3 Cent
höchster Preis: Erlangen mit 110,6 Cent

8 a)

123,3 Cent	Wuppertal
124,4 Cent	Karlsruhe
124,4 Cent	Kassel
124,6 Cent	Dortmund
124,8 Cent	Nünberg
125,2 Cent	Bremen
125,2 Cent	Dresden
125,2 Cent	Osnabrück
125,7 Cent	Hamburg
125,8 Cent	Magdeburg
126,0 Cent	München
126,4 Cent	Berlin
126,4 Cent	Frankfurt/M.
126,5 Cent	Kiel
126,8 Cent	Köln
126,9 Cent	Bielefeld
126,9 Cent	Erfurt
126,9 Cent	Erlangen
127,2 Cent	Stuttgart
127,5 Cent	Hannover

b)

106,3 Cent	Wuppertal
107,4 Cent	Dortmund
107,7 Cent	Hamburg
107,9 Cent	Erfurt
107,9 Cent	Kassel
108,0 Cent	Nünberg
108,1 Cent	Bremen
108,3 Cent	München
108,7 Cent	Dresden
108,7 Cent	Karlsruhe
108,8 Cent	Frankfurt/M.
108,9 Cent	Bielefeld
109,0 Cent	Hannover
109,3 Cent	Osnabrück
109,4 Cent	Berlin
109,5 Cent	Kiel
109,7 Cent	Köln
109,8 Cent	Magdeburg
110,2 Cent	Stuttgart
110,6 Cent	Erlangen

9 Super: Zentralwert 125,9 Cent; Durchschnitt 125,8 Cent
Diesel: Zentralwert 108,75 Cent; Durchschnitt 108,71 Cent
• bei Zentralwerten keine Stadt;
bei Durchschnitt Super: ca. Magdeburg
bei Durchschnitt Diesel: ca. Dresden, Karlsruhe
• Super 0,1 Cent; Diesel 0,04 Cent

10 a) ① 88,78 € ② 91,30 € ③ 89,71 €
b) ① 393,84 € ② 392,40 € ③ 396,72 €

11 a) $\frac{1}{2}$ = 50 % der Städte b) $\frac{1}{2}$ = 50 % der Städte

12 ② Literpreis für Super-Benzin über 1,263 €

13 a)

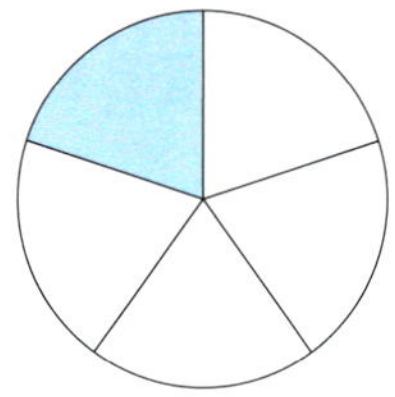

b)

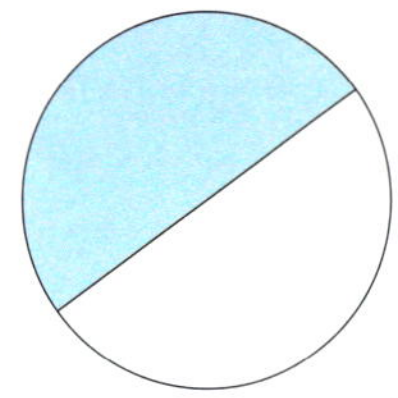

Seite 61

1

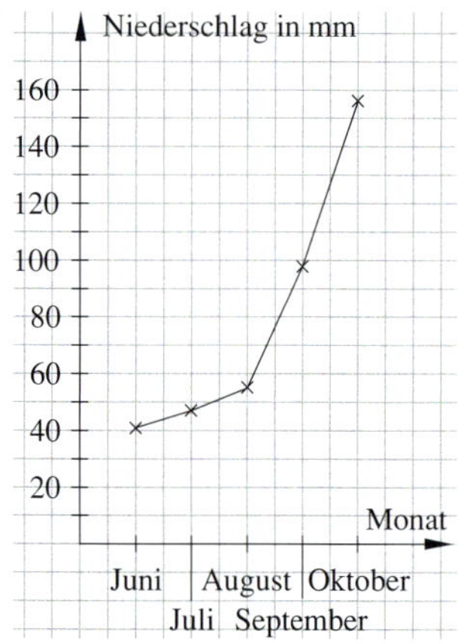

Die Zuordnung ist steigend.

2 Die Zuordnung ist vom 14.11. bis 22.11. fallend, vom 22.11. bis 26.11. ist sie steigend.
Es gibt in dem Zeitraum keine Abschnitte mit besonderen Zuordnungen.

3 a)

Wasserstand in cm	1	2	3	4	5	6
Zeit in h	**0,6**	**1,7**	3,1	**4,8**	**6,7**	**8,9**

b)

Zeit in h	1	2	3	4	5	6
Wasserstand in cm	1,5	**2,2**	**2,9**	**3,6**	**4,1**	**4,6**

4 a)

2 kg	4 kg	6 kg	8 kg	10 kg	12 kg
3 €	**6 €**	**9 €**	**12 €**	**15 €**	**18 €**

b)

6 km	2 km	1 km	9 km	13 km	18 km
1,5 h	**0,5 h**	**0,25 h**	**2,25 h**	**3,25 h**	**4,5 h**

Seite 62

5

Füllhöhe in cm	10	20	30	40	50
Volumen in cm^3	200	**400**	**600**	**800**	**1000**

6

Zeit in h	1	2	3	4	5	6
Wasserstand in cm	4	**8**	**12**	**16**	**20**	**24**

7 a) $\frac{1}{18}$ b) $\frac{1}{15}$ c) $\frac{1}{30}$ d) $\frac{1}{30}$ e) $\frac{1}{19}$ f) $\frac{1}{31}$

8 a) 13,2 m b) ≈ 0,74 m

9 a) ≈ 0,86 € b) 41,45 € (302,25 €; 645,94 €)

10 a) 0,844 € b) 2962,09 US $ c) 422 € (590,80 €)

11 rechnerisch 22,50 €

12 5,50 € pro m², also 440 €

13 a) 96 km b) 112 km

14 dreimal so viel, also 1,5 l

15 a) 12 kg b) 4 Eimer (3,4)

16 a)

$20\,\frac{km}{h}$	$40\,\frac{km}{h}$	$60\,\frac{km}{h}$	$80\,\frac{km}{h}$	$100\,\frac{km}{h}$	$120\,\frac{km}{h}$
6 h	**3 h**	**2 h**	**1,5 h**	**1,2 h**	**1 h**

b)

30	15	10	20	5	25
20 d	**40 d**	**60 d**	**30 d**	**120 d**	**24 d**

Seite 63

17 130 €

18 14,70 €

19 ≈ 3,8 h (≈ 3,9 h; ≈ 3,7 h)

20 10 (10,8)

21 4 Tage

22 43 € pro Tag, also 516 €

23 Tankinhalt 54,94 l, also ca. 916 km

24 9,95 € pro m, also zusätzlich 79,60 €
insgesamt 199 €

25 ca. 12,19 €

26 Wandbreite 4,94 m
a) 38
b) 3 Pakete mit 19 cm Breite
4 Pakete mit 13 cm Breite
c) bei 2,5 m Länge – Holzfläche:
Paket mit 19 cm Breite 4,75 m², also 32,78 €
Paket mit 13 cm Breite 3,25 m², also 22,43 €
d) für 19 cm Breite: 98,34 €
für 13 cm Breite: 89,72 €
Die schmaleren Bretter ergeben einen günstigeren Materialpreis.

27 Volumen des Erdaushubs 486 m³
a) 31 Fahrten (30,375) b) 25 Fahrten (24,3)

28 a) 192 m³ b) 8 h c) ≈ 4,58 m

29 a) 800 000 b) 10 126 000 c) 6750 h

Seite 88

1 a)

34 %	25 %	23,5 %	3,5 %	0,4 %	0,05 %
$\frac{34}{100}$	$\frac{25}{100}$	$\frac{23,5}{100}$	$\frac{3,5}{100}$	$\frac{0,4}{100}$	$\frac{0,05}{100}$
0,34	**0,25**	**0,235**	**0,035**	**0,004**	**0,0005**

b)

0,02	0,03	0,13	0,005	0,9	1,0
$\frac{2}{100}$	$\frac{3}{100}$	$\frac{13}{100}$	$\frac{0,5}{100}$	$\frac{90}{100}$	$\frac{100}{100}$
2 %	**3 %**	**13 %**	**0,5 %**	**90 %**	**100 %**

1 c)

$\frac{1}{4}$	$\frac{1}{2}$	$\frac{1}{5}$	$\frac{1}{3}$	$\frac{3}{4}$	$\frac{3}{5}$
0,25	**0,5**	**0,2**	**0,$\overline{3}$**	**0,75**	**0,6**
25 %	**50 %**	**20 %**	**$33\frac{1}{3}$ %**	**75 %**	**60 %**

2 a) 12,5 % c) 25 % e) 50 % g) 0,5 % i) 10 % k) 1 %
b) 70 % d) 25 % f) 1 % h) 2,5 % j) 7,5 % l) 2,5 %

3 a) 40 c) 100 e) 200 g) 22,5 i) 0,9
b) 90 d) 100 f) 300 h) 0,6 j) 0,8

4 a) 200 c) 400 e) 4000 g) 125 i) 10 000
b) 300 d) 2000 f) 200 h) 3000 j) 600

5 a) $W = 32$ c) $p\,\% = 80\,\%$ e) $G = 1333,\overline{3}$
b) $G = 5000$ d) $W = 6$ f) $p\,\% = 11,\overline{1}\,\%$

6 a) $W = 1,44$ c) $p\,\% = 50\,\%$ e) $p\,\% = 10\,\%$
b) $G = 200$ d) $G = 33,\overline{3}$ f) $W = 0,02375$

7 Angaben insgesamt 697,7 l

Kaffee	≈ 22,4 %	Fruchtsäfte	≈ 5,8 %
Bier	≈ 17,4 %	Tee	≈ 3,8 %
Mineralwässer	≈ 16,9 %	Wein	≈ 2,9 %
Erfrischungsgetränke	≈ 16,2 %	Spirituosen	≈ 0,8 %
Milch	≈ 12,8 %	Sekt	≈ 0,6 %
		Kaffeemittel	≈ 0,4 %

Seite 89

8 a) ≈ 40,6 % b) nach 14 Jahren (≈ 13,8)

9 a) 20 000 m² b) 14 000 m²

10 a) 2 912 000 ha
b) schwach 42 640 km²; stark 32 240 km²
c) Zeichenübung
Streifendiagramm: ohne (42 mm)
schwach (≈ 62 mm)
stark (≈ 46 mm)
Kreisdiagramm: ohne (≈ 101°)
schwach (≈ 147,5°)
stark (≈ 111,5°)

11 a) erstes Jahr: Arnolt 600,00 €
Berten 750,00 €
Caspers 875,00 €
zweites Jahr: Arnolt 660,00 €
Berten 825,00 €
Caspers 962,50 €
drittes Jahr: Arnolt 720,00 €
Berten 900,00 €
Caspers 1050,00 €
b) Zeichenübung: Arnolt ≈ 27,0 %
Berten ≈ 33,7 %
Caspers ≈ 39,3 %
Die Anteile bleiben stets gleich, weil die Wohnungsgröße unverändert bleibt, also würde sich für das zweite Jahr dasselbe Diagramm ergeben.

12 a) 1500 cm³
b) 1400 cm³
c) ① $V = 4200$ cm³; Hohlraum ≈ 27,4 % < 30 %
② $V = 729$ cm³; Hohlraum ≈ 30,9 % > 30 %; also nicht
③ $V = 600$ cm³; Hohlraum 20 % < 30 %

13 a) Durchschnitt ≈ 25,5; Zentralwert 25
b) 15 Punkte ≈ 18,2 % 25 Punkte ≈ 31,8 %
23 Punkte ≈ 13,6 % 32 Punkte ≈ 36,4 %

Seite 108

1 $\delta_1 = 25°$; $\gamma_1 = 31°$; $\alpha_1 = \delta = 65°$; $\beta_1 = \gamma = 59°$

2 $\delta_2 = \alpha_2 = \alpha_4 = 125°$ $\quad \alpha_1 = \alpha_3 = \delta_1 = \delta_3 = 55°$
$\beta_2 = \gamma_2 = \gamma_4 = 50°$ $\quad \beta_1 = \beta_3 = \gamma_1 = \gamma_3 = 130°$

3 $\beta = \delta = 77°$; $\gamma = 103°$

4 a) $\gamma = 73°$ c) $\gamma = 78°$ e $\alpha = 43°$ g) $\beta = 36°$
b) $\gamma = 42°$ d) $\alpha = 19°$ f) $\gamma = 27°$ h) $\beta = 32°$

5 a) $\delta = 105°$ b) $\beta = 170°$ c) $\alpha = 140°$ d) $\gamma = 86°$

6 a) $\beta = 85°$; $\gamma = 10°$ c) $\alpha = \gamma = 69°$
b) $\beta = \gamma = 72{,}5°$ d) $\alpha = \beta = \gamma = 60°$

7 ① $180° + 360° + 180° + 360° + 180° = 1260°$
② $360° + 5 \cdot 180° = 1260°$
Die Winkelsumme im Neuneck beträgt 1260°.

8 Zeichenübung; Zerlegung individuell verschieden.
Die Winkelsumme im Siebeneck beträt 900°.

Seite 109

9 a) Zeichenübung; die Symmetrieachse des Dreiecks *ABM* schneidet die Kreislinie in *C*, sodass das Dreieck *ABC* entsteht.
$\gamma = 70°$ (halb so groß wie α)
b) Zeichenübung; individuell verschieden
Die Winkel γ_1, γ_2 und γ_3 sind gleich groß (70°) und sind halb so groß wie α.

10 $\alpha_1 = \beta_1 = 15°$; $\beta_2 = 54°$; $\delta_2 = 72°$; $\beta = 69°$; $\delta_3 = 138°$;
$\alpha_2 = \gamma_1 = 21°$; $\alpha = 36°$; $\gamma = 75°$
$\delta_1 = 2 \cdot \gamma$; $\delta_2 = 2 \cdot \alpha$; $\delta_3 = 2 \cdot \beta$

11 a) Fünfeck $\alpha = 72°$; $\beta = \gamma = 54°$; $\delta = 108°$
Sechseck $\alpha = \beta = \gamma = 60°$; $\delta = 120°$
b) Fünfeck: $\frac{1}{5}$; 0,2; 20 %; Sechseck $\frac{1}{6}$; $0{,}1\overline{6}$; $16\frac{2}{3}$ %

12 a) $360° : 5 = 72°$; $180° - 72° = 108°$; $5 \cdot 108° = 540°$
b) $360° : 6 = 60°$; $180° - 60° = 120°$; $6 \cdot 120° = 720°$
c) $360° : 9 = 40°$; $180° - 40° = 140°$; $9 \cdot 140° = 1260°$

13 Zeichenübung:
Fünfeck: von 4,6 cm langer Strecke jeweils im Winkel von 108° weitere 4,6 cm lange Strecken antragen.
Sechseck: mit 4,6 cm Radius einen Kreis zeichnen und den Radius 6-mal auf der Kreislinie abtragen.
Fünfeck: 5 Symmetrieachsen
Sechseck: 6 Symmetrieachsen

14 Ein gleichseitiges Dreieck ist achsensymmetrisch, drehsymmetrisch, aber nicht punktsymmetrisch.

15 $\beta = 108°$; $\alpha_1 = \delta_2 = \varepsilon_2 = \gamma_2 = 36°$; $\varepsilon_1 = 72°$; $\eta_1 = \eta_3 = 72°$;
$\eta_2 = \eta_4 = 108°$
Raute *ABCS*; gleichschenklige Trapeze *ABCD*, *ABCE*; gleichschenklige Dreiecke *ASE*, *SCD*, *SDE*, *ADE*, *ECD*

Seite 132

1 a) nach *WSW* und $\alpha + \beta < 180°$
b) nach *SSS* und zwei Seiten sind zusammen stets länger als die dritte
c) nach *SWS* und $\gamma < 180°$
d) nach SSW_ℓ und der Winkel liegt der längeren Seite gegenüber

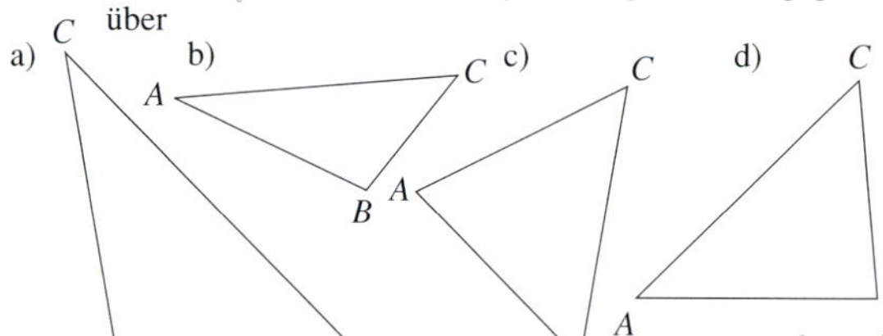

(auf 50 % verkleinert)

2 a) SSW_ℓ b) *SSS* c) *WSW* d) *SWS*

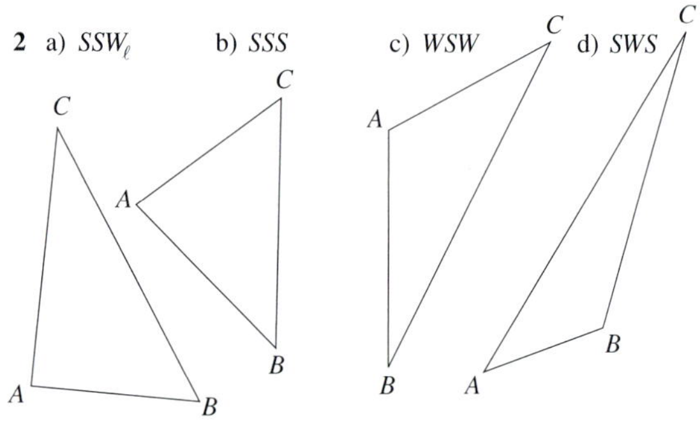

3

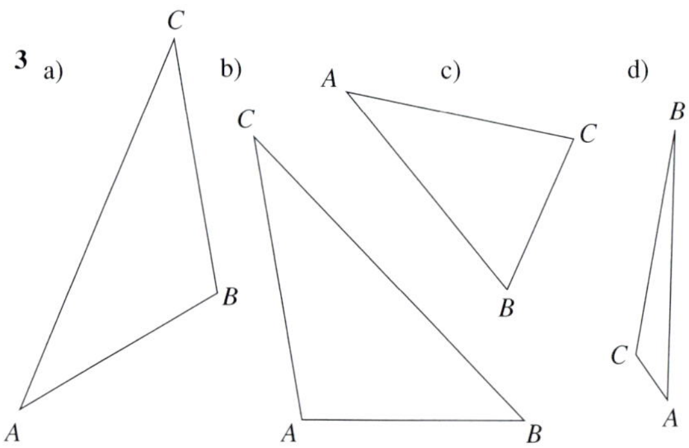

4 (auf 50 % verkleinert)

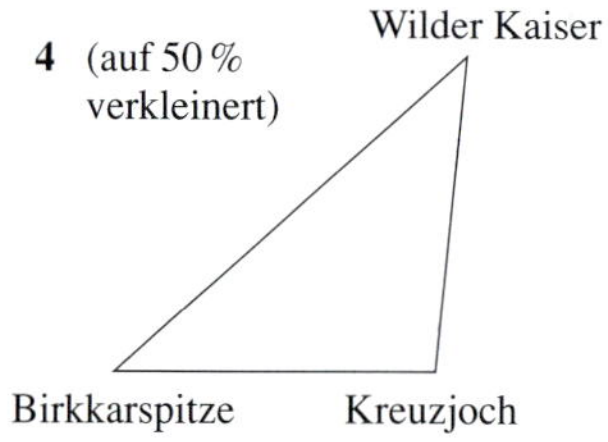

Von der Birkkarspitze aus wird ein Winkel von ca. 41° gebildet.
Vom Kreuzjoch aus wird ein Winkel von ca. 96° gebildet.
Vom Wilden Kaiser aus wird ein Winkel von ca. 43° gebildet.

5 (hier Maßstab 1 : 200 000 auf 50 % verkleinert)

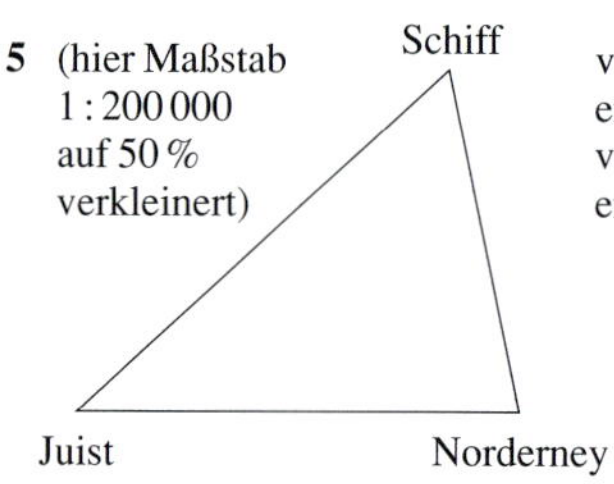

von Juist ca. 13,6 km entfernt
von Norderney ca. 9,3 km entfernt

6 Zeichenübung rechtwinkliger Dreiecke
4 m lange Leiter: ca. 3,8 m 6 m lange Leiter: ca. 5,6 m
5 m lange Leiter: ca. 4,7 m

7 Zeichenübung eines rechtwinkligen Dreiecks;
Leiterlänge mindestens 4,8 m

Seite 133

8 Zeichnung nach Skizze
Das Schiff ist ca. 6,4 km weit gefahren, fährt also mit ca. 12,8 $\frac{\text{km}}{\text{h}}$.

9 Zeichnung: $\alpha \approx 37°$; $h \approx 3{,}6$ m
Breite am Giebel ca. 3,9 m; Fläche der Decke ca. 27,3 m²

10 Zeichnung eines rechtwinkligen Dreiecks; andere Rechteckseite 12 cm lang
erfüllter Kongruenzsatz SSW_ℓ; $A = 60\text{ cm}^2$

11 a)
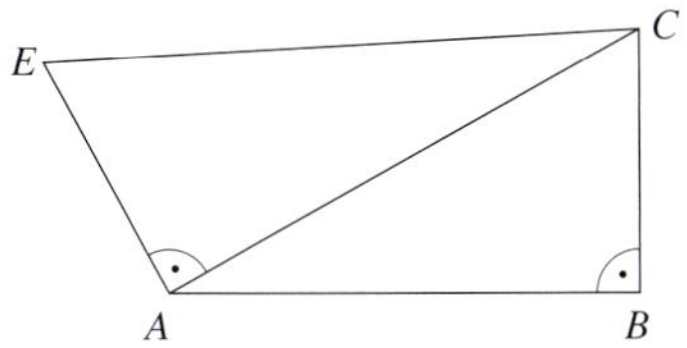

$\overline{CE} \approx 14{,}4$ cm

b) Zeichnung nach Skizze
c) $O = 370\text{ cm}^2$; $V = 462\text{ cm}^3$

12 a)
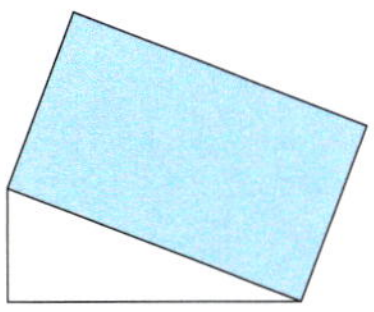
b)
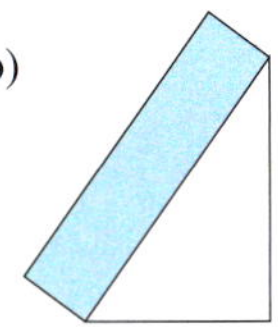

(auf 50 % verkleinert)
($d \approx 8{,}5$ cm) $A \approx 42{,}5\text{ cm}^2$ ($d \approx 8{,}6$ cm) $A \approx 17{,}2\text{ cm}^2$

13 a) 43 cm lang, 20 cm breit, 26 cm hoch
Zeichnungen im Maßstab;
Diagonale am Boden ≈ 47 cm
Diagonale an Vorderseite ≈ 50 cm
Stefan kann an der Vorder- bzw. Rückseite seinen Zauberstab schräg unterbringen.
b) Bodenfläche 1128 cm²
Vorderfläche 1316 cm² gesamte Deckelfläche 2092 cm²
Seitenfläche 672 cm²
Gesamtfläche 7196 cm² ≈ 0,72 m²
Bei zweimaligem Streichen ergeben sich 1,44 m²
Mit der angegebenen Dose kommt Stefan sehr gut aus.

Seite 166

1 –130 °C

2 a) –93,52 € b) 1455,60 €

3 Er darf noch 3158 € abheben.

4 im Jahr 1896

5 a) 8 b) –11 c) 2,5 d) –2,7 e) $\frac{13}{24}$ f) $-\frac{1}{36}$

6 a) –12 b) –48 c) –5,9 d) –11,7 e) $\frac{1}{6}$ f) $-\frac{11}{24}$

7 a) 36 c) 51 e) 67 g) 16 i) –97
b) –48 d) –49 f) –65 h) 26

8 a) –11 c) –22 e) –15 g) –24
b) –6 d) 1 f) –13 h) –39

9 a) –0,3 c) –2,2 e) 1,2 g) –2,5
b) –3,6 d) –2,6 f) –2,1 h) –1,5

10 a) $-\frac{1}{12}$ b) $-\frac{15}{28}$ c) $-\frac{1}{24}$ d) $-\frac{1}{3}$ e) $\frac{11}{70}$ f) $-\frac{1}{15}$

11 a) –2165 c) –304 e) –9472
b) –2349 d) –5724 f) –15 440

12 a) –24 c) 80 e) –234 g) –120 i) 228
b) –56 d) –68 f) 165 h) –288

Seite 167

13 a) –2,8 c) 9,6 e) –0,64 g) –1,26 i) 0,84
b) –6,5 d) –8 f) 1,65 h) –4,86

14 a) $-\frac{1}{28}$ c) $-\frac{1}{16}$ e) $-\frac{1}{8}$ g) $-\frac{6}{35}$ i) $\frac{3}{7}$
b) $-\frac{1}{15}$ d) $-\frac{1}{30}$ f) $\frac{1}{45}$ h) $-\frac{5}{28}$

15 a) –12 d) –18 g) 6 j) 7
b) 14 e) –6 h) –7 k) –7
c) –16 f) –6 i) –5 l) –8

16 a) –1,4 c) –0,6 e) 60
b) 14 d) $\frac{2}{3}$ f) $-\frac{1}{2}$

17 a) –80 c) –5 e) 700 g) –9000
b) –190 d) $-1\frac{4}{7}$ f) 1300 h) –3000

18 a) 63 b) –24 c) –100 d) 100

19 a) Aachen 11 °C Münster 10 °C
Köln/Bonn 13 °C Lüdenscheid 9 °C
Düsseldorf 11 °C Kahler Asten 5 °C
Essen 8 °C Bad Lippspringe 7 °C
Bocholt 13 °C
b) Höchstwerte: Minimum 0 °C; Maximum 10 °C
Spannweite 10 °C
Tiefstwerte: Minimum –5 °C; Maximum –1 °C
Spannweite 4 °C

20 positiver Saldo von 1509,81 €

21

Puerto-Rico-Graben	9219 m
Süd-Sandwich-Graben	8264 m
Romanchegraben	7758 m
Caymangraben	7680 m

22 a) München 8,1 °C; Moskau 5,4 °C
b) München 25 %; Moskau $41\frac{2}{3}$ %

Seite 190

1 z. B.: $0{,}3 + b$; $a - \frac{1}{3}$; $x^2 : 5$

2 a)

a	2	0,2	$4\frac{1}{4}$	3,5
$a - 3$	**–1**	**–2,8**	**1,25**	**0,5**
$a + 2{,}5$	**4,5**	**2,7**	**6,75**	**6**
$a + \frac{1}{5}$	**2,2**	**0,4**	**4,45**	**3,7**

b)

m	0,3	3,05	$1\frac{1}{2}$	0,02
$2m$	**0,6**	**6,1**	**3**	**0,04**
$1{,}3m$	**0,39**	**3,965**	**1,95**	**0,026**
$5\frac{1}{3}m$	$\mathbf{1\frac{3}{5}}$	$\mathbf{16\frac{4}{15}}$	**8**	$\mathbf{\frac{8}{75}}$

2 c)

x	10	−1	0,1	−0,01
x^2	**100**	**1**	**0,01**	**0,0001**
$2x^3$	**2000**	**−2**	**0,002**	**−0,000 002**
$3x^2$	**300**	**3**	**0,03**	**0,0003**

3 a) $m+m+m+m$ e) m^3+m^3
b) $p+p+p$ f) $b^6+b^6+b^6$
c) $ax+ax+ax+ax+ax$ g) $v^5+v^5+v^5+v^5+v^5$
d) $abc+abc$ h) $y^{10}+y^{10}+y^{10}+y^{10}$

4 a) $7a+b-8c$
b) $6{,}9m+4n+3{,}2r+0{,}1$
c) $40{,}3a+3{,}8v$
d) $2{,}98x+0{,}98y$

5 a) $6a+4b+8c$ d) $0{,}25e+1{,}7f+2{,}7g$
b) $6a+11x$ e) $0{,}8x+1{,}6y+4{,}5z$
c) $17b+x+3y$

6 a) $2\frac{13}{14}a+3\frac{13}{15}b$ c) $1\frac{1}{2}p+\frac{7}{10}m$
b) $3\frac{9}{14}r+2\frac{5}{6}v$ d) $2\frac{3}{10}a+5\frac{25}{36}b$

7

	Term	$a=4$	$a=0{,}1$	$a=-0{,}5$	$a=0{,}3$
a)	$5{,}05a+5$	25,2	5,505	2,475	6,515
b)	$7{,}2a+2$	30,8	2,72	−1,6	4,16
c)	$6{,}6a$	26,4	0,66	−3,3	1,98
d)	$0{,}51a-0{,}37$	1,67	−0,319	−0,625	−0,217

8

	$x=3$	$x=-0{,}5$	$x=-4$	$x=-0{,}7$	$x=1{,}06$
a)	15	−2,5	−20	− 3,5	5,3
b)	3	−2,25	−32	−3,29	3,1164
c)	−0,5	−2,25	−4	−2,35	−1,47
d)	6	0,75	20	1,19	0,0636

Seite 191

9 a) 1 Woche: (4 + 5 − 2 + 2 + 3 + 1) : 7; ≈ 1,9 °C
2. Woche: (−2 − 4 + 2 + 3 + 1 + 4) : 7; ≈ 0,6 °C
b) 1 Woche: 2 °C; 2. Woche: 1 °C; beide: 1,5 °C

10 a)

Gewicht x in kg	2	3	5	9	12	17
Preis in €	4	**6**	**10**	**18**	**24**	**34**

b) $2x$

11 a)

Arbeitszeit x in h	12	3	2	4	8	37,5
Lohn in €	108	**27**	**18**	**36**	**72**	**337,50**

b) $9x$
c) pro Stunde werden 9 € Lohn gezahlt.

12 a) −439 b) −3048 c) −39 d) 1136

13 a) 24 b) $-1\frac{11}{25}$ c) $-\frac{5}{18}$ d) 0

14 Note 1: 16 % Note 3: 28 % Note 5: 12 %
Note 2: 20 % Note 4: 24 % Note 6: 0 %

15 a) Je mehr Arbeiter eingesetzt werden, umso weniger Zeit wird benötigt.

15 b)

Anzahl x der Arbeiter	4	2	5	8	6
Arbeitszeit in h	8	**16**	**6,4**	**4**	**$5\frac{1}{3}$**

c) $\frac{32}{x}$ bzw. $32 : x$

16 Bodenplatte ≈ 18,56 m³
Erdgeschoss ≈ 13,12 m³
Obergeschoss ≈ 13,12 m³
Dachgeschoss ≈ 10,50 m³ insgesamt: ≈ 55,3 m³
Es waren ca. 7 Betonmischwagenladungen nötig.
Der Materialpreis betrug ca. 3571 €.

Testrunde

Seite 30

1 a) ≈ 20,9 °C
b) 1. Woche 24 °C; 2. Woche 18 °C; beide 19 °C

2 a) Werte nacheinander: 117, 24, 129, 67, 63, 64, 53, 70, 108, 80, 74, 106
Durchschnitt ≈ 79,6 mm; Zentralwert 72 mm
Unterschied ≈ 7,6 mm
b) $33\frac{1}{3}$%

3 a)

37	7
38	
39	
40	7 7
41	4 5
42	0 5
43	3 6
44	6

b) Maximum: Rotkehlchen
Minimum: Königspinguin
c) Spannweite: 6,9 °C

4 a) SPD $\frac{5}{12}$; CDU $\frac{37}{90}$; B 90/Grüne $\frac{11}{120}$; FDP $\frac{7}{90}$; PDS $\frac{1}{360}$
SPD ≈ 41,7 % B 90/Grüne ≈ 9,2 % PDS ≈ 0,3 %
CDU ≈ 41,1 % FDP ≈ 7,8 %
b) z. B.: SPD–CDU; SPD–B 90/Grüne; SPD–FDP; SPD–B 90/Grüne–FDP; SPD–B 90/Grüne–PDS

Seite 64

1

Gewicht in kg	4	1	6	8	11	15
Preis in €	8	**2**	**12**	**16**	**22**	**30**

2

Geschwindigkeit in $\frac{km}{h}$	60	100	120	150	200	300
Zeit in h	10	**6**	**5**	**4**	**3**	**2**

3 10,20 €

4 352 €

5 a) ≈ 126 b) ≈ 42,4 cm c) weniger Maschen

6 a) 360 km b) $8\frac{1}{3}$ l

7 99 €, also in beiden Monaten zusammen 209 €

8 a) 40 h b) 250 $\frac{km}{h}$

Seite 90

1 a) $W = 30$ € b) $p\,\% = 15\,\%$ c) $W = 420$ kg d) $G = 380$ t e) $W = 155$ km

2 19 950 €

3 25 km

4 a) 12 % b) 88 %

5 pro Jahr 64,80 €;
Versicherungssumme 162 000 €

6 Zeichnung Kreisdiagramm
Winkelanteile: Mischbrot ≈ 187°
Roggenbrot ≈ 65°
Mehrkornbrot ≈ 43°
Weizenbrot ≈ 25°
Toastbrot ≈ 33°
sonstiges Brot ≈ 7°

Seite 110

1 $\beta = \delta = 49°$; $\gamma = 41°$

2 $\alpha_3 = 53°$; $\alpha_2 = \alpha_4 = 127°$; $\beta_1 = 95°$; $\beta_2 = \beta_4 = 85°$

3 $\beta = 76°$; $\gamma = \delta = 104°$

4 a) $\beta = \delta = \varepsilon_4 = 58°$; $\varepsilon_1 = \alpha = \gamma = \varepsilon_3 = 122°$ b) 360°

5 Zeichnung, Zerlegung individuell verschieden;
Winkelsumme 1260°

6 a) Zeichenübung
b) $\beta = \gamma = 30°$
c) Bei der Spiegelung entsteht ein gleichseitiges Dreieck, und das ist drehsymmetrisch (Drehwinkel 120°).

Seite 134

1 (auf 50 % verkleinert)

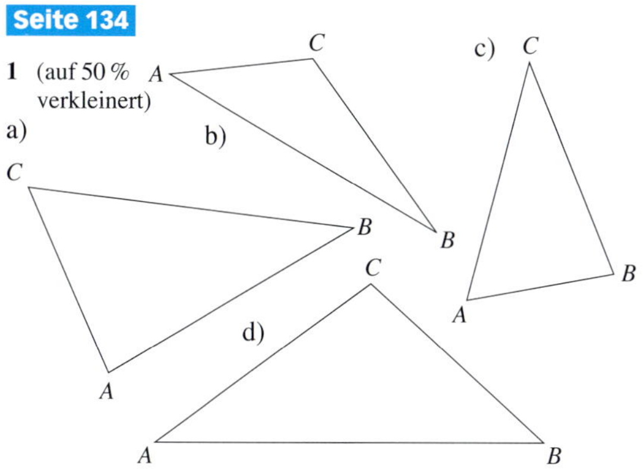

2 a) (auf 50 % verkleinert)

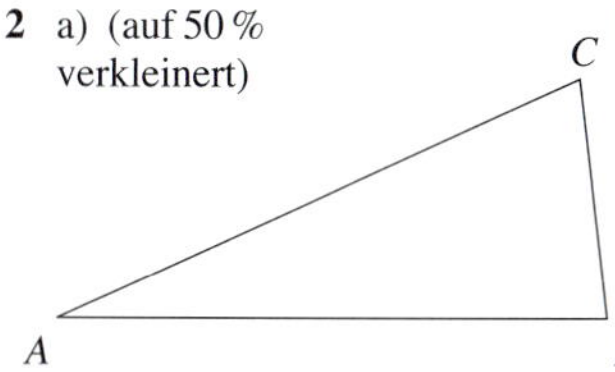

b) $\overline{BC} \approx 32$ m

3 (auf 50 % verkleinert)

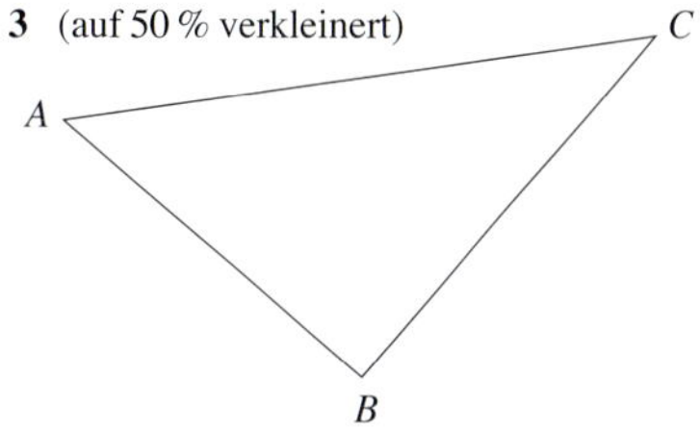

in Zeichnung: $\overline{AC} \approx 8{,}5$ cm
in Wirklichkeit: $\overline{AC} \approx 85$ m

4 Zeichnung eines rechtwinkligen Dreiecks
(10 cm waagerecht; 1,5 cm senkrecht)
Winkel ≈ 9°

5 a) Zeichnung nach Planskizze ($\overline{AB} = 6$ cm)
b) in Zeichnung: $h \approx 3{,}5$ cm
in Wirklichkeit: $h \approx 700$ m

Seite 168

1 a) 28 b) −103 c) −120 d) $-\frac{1}{4}$ e) $-\frac{3}{5}$ f) −1 g) 3 h) −5 i) $-1\frac{7}{8}$

2 a) −140 b) 2

3 a) 0 b) $\frac{13}{24}$

4 4 °C

5 a) 252 m b) 13 m u. NN c) 21 m ü. NN d) 72 m e) 4 m ü. NN f) 11 m u. NN

6 a) $-6 - \frac{2}{5} \cdot 4 : (-\frac{1}{4}) + 0{,}8 = 103{,}2$
$-6 : \frac{2}{5} \cdot 4 + (-\frac{1}{4}) - 0{,}8 = -61{,}05$
b) $-6 : \frac{2}{5} \cdot 4 + (-\frac{1}{4}) : 0{,}8 = -75{,}3125$
$-6 : \frac{2}{5} \cdot 4 : (-\frac{1}{4}) : 0{,}8 = 300$

Seite 192

1 a) 20 b) 7,5 c) −5 d) $4\frac{11}{12}$

2 a) −0,8125 b) 11,54

3 a) Michael: $x + 1{,}25$ b) Oma: $3{,}5\,x$

4 a) $9{,}7\,m - 5{,}3\,n$ b) $3x^3 + 7x^2 - 2x$ c) $\frac{31}{42}a^2 - \frac{2}{3}b^2$ d) $-2m^2n + 40m^2 - 21n^2$

5 303,75 l

6 $u = a + 3b + 2c + 2d$ oder $u = 2(a + b + d)$ $u = 20$ cm
$A = ab + bd$ oder $A = a(b + d) - 2cd$ $A = 21$ cm²

Zeitmaße:

1 Jahr = 365 Tage
1 Tag = 24 h = 1440 min
1 h = 60 min = 3600 s
1 min = 60 s

Längenmaße:

1 km = 1000 m = 10 000 dm = 100 000 cm = 1 000 000 mm
1 m = 10 dm = 100 cm = 1000 mm
1 dm = 10 cm = 100 mm
1 cm = 10 mm

Die **Umrechnungszahl** ist **10** (Ausnahme: 1 km = 1000 m).

Gewichtsmaße:

1 Mt = 1000 kt = 1 000 000 t
1 kt = 1000 t = 1 000 000 kg
1 t = 1000 kg = 1 000 000 g
1 kg = 1000 g = 1 000 000 mg
1 g = 1000 mg

Die **Umrechnungszahl** ist **1000**.

Flächenmaße:

1 km^2 = 100 ha = 10 000 a
1 ha = 100 a = 10 000 m^2
1 a = 100 m^2
1 m^2 = 100 dm^2 = 10 000 cm^2
1 dm^2 = 100 cm^2 = 10 000 mm^2
1 cm^2 = 100 mm^2

Die **Umrechnungszahl** ist **100**.

Raummaße:

1 m^3 = 1000 dm^3 = 1 000 000 cm^3
1 dm^3 = 1000 cm^3 = 1 000 000 mm^3
1 cm^3 = 1000 mm^3

Die **Umrechnungszahl** ist **1000**.

Hohlmaße:

1 dm^3 = 1 l   1 cm^3 = 1 ml
1 hl = 100 l = 100 000 ml
1 l = 1000 ml

Prozent

$1\,\% = \frac{1}{100}$ $\quad 1\,\% = 0{,}01$ $\quad 1\,\%$ von x ist $\frac{x}{100}$ oder $0{,}01\,x$

$\frac{1}{2} = 50\,\%$ $\quad \frac{1}{4} = 25\,\%$

$\frac{1}{10} = 10\,\%$ $\quad \frac{1}{5} = 20\,\%$

Durchschnitt
arithmetisches Mittel

der Zahlen a und b

$$d = \frac{a+b}{2}$$

von n Zahlen $a_1, \ldots a_n$

$$d = \frac{a_1 + \ldots + a_n}{n}$$

Winkel

Nebenwinkel ergänzen sich zu 180°.
$\alpha + \beta = 180°$

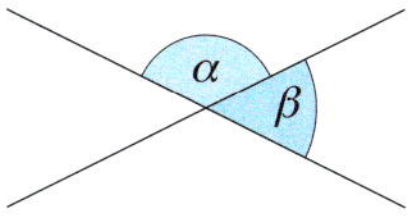

Scheitelwinkel sind gleich groß.
$\alpha = \beta;\ \gamma = \delta$

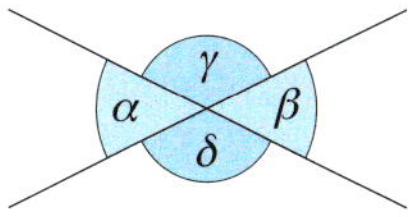

Stufenwinkel sind gleich groß.
$\alpha = \beta;\ \gamma = \delta$

Wechselwinkel sind gleich groß.
$\alpha = \gamma;\ \beta = \delta$

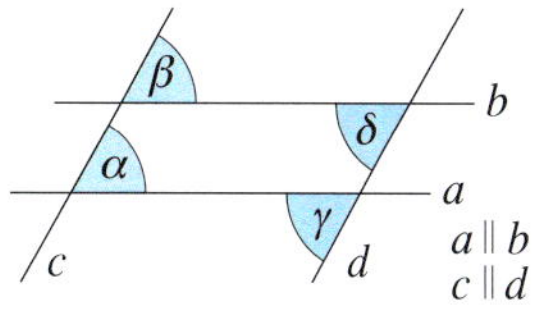

Winkelsumme

im Dreieck
$\alpha + \beta + \gamma = 180°$

im Viereck
$\alpha + \beta + \gamma + \delta = 360°$

Quadrat

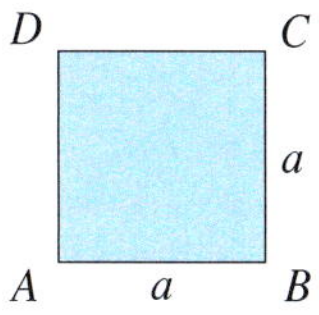

$u = 4\,a$

$A = a \cdot a$
$A = a^2$

Länge a
Umfang u
Flächeninhalt A

Rechteck

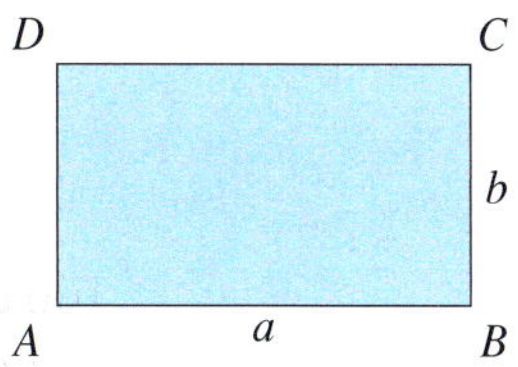

$u = 2\,a + 2\,b$
$u = 2\,(a + b)$

$A = a \cdot b$

Länge a
Breite b

Würfel

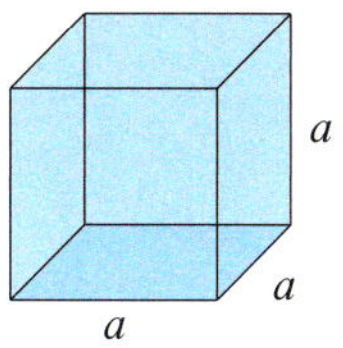

$O = 6\,a^2$ Oberfläche O

$V = a \cdot a \cdot a$
$V = a^3$

Rauminhalt V
(Volumen)

Quader

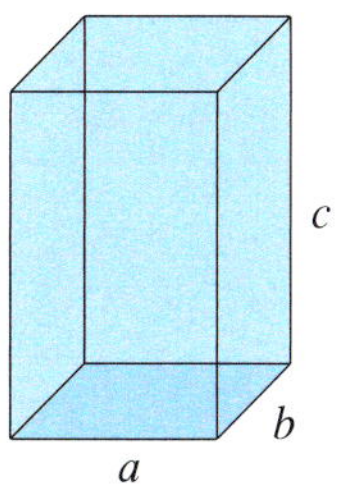

$O = 2\,a\,b + 2\,a\,c + 2\,b\,c$
$O = 2\,(a\,b + a\,c + b\,c)$

$V = a \cdot b \cdot c$

Mit Zeichengeräten exakt arbeiten

Du benötigst zum Zeichnen von Geraden, Strecken und Linien ein Lineal oder ein Geodreieck. Benutze immer einen spitzen Bleistift, der nicht zu hart ist (Kennzeichnung HB).

- Lege das Lineal oder das Geodreieck plan auf.
- Zeichne mit dem Bleistift an der Messkante entlang.
- Halte das Lineal oder das Geodreieck so fest, dass es beim Zeichnen nicht verrutschen kann. (Halte es mindestens mit zwei gespreizten Fingern fest.)
- Willst du Zeichnungen mit Tinte (Tusche oder Farbe) nachzeichnen, nutze die Tuschekante des Lineals oder lege das Geodreieck so auf, dass die Messkante hoch liegt. Dadurch vermeidest du, dass beim Wegziehen des Lineals oder des Geodreiecks die Linie verschmiert.

Mit dem Zirkel exakt arbeiten

- Markiere zuerst den Mittelpunkt des Kreises, bevor du die Zirkelspitze einstichst.
- Sorge immer dafür, dass die Zirkelmine spitz ist.
- Drehe beim Zeichnen des Kreisbogens den Zirkel mit zwei Fingern am Zirkelgriff. Halte den Zirkel dabei nicht schräg.

Rechenvorteile

Mithilfe von Rechengesetzen und -regeln können Rechnungen vorteilhaft vereinfacht oder verkürzt werden.

Kommutativgesetz (Vertauschungsgesetz)	$a + b = b + a$; $a \cdot b = b \cdot a$
Assoziativgesetz (Verbindungsgesetz)	$a + b + c = a + (b + c) = (a + b) + c$
	$a \cdot b \cdot c = a \cdot (b \cdot c) = (a \cdot b) \cdot c$
Distributivgesetz (Verteilungsgesetz)	$(a + b) \cdot c = a \cdot c + b \cdot c$; $a \cdot (b + c) = a \cdot b + a \cdot c$
Punktrechnung geht vor Strichrechnung.	Klammern werden zuerst berechnet.

Runden

Ist die Ziffer rechts von der Stelle, auf die gerundet werden soll, kleiner als 5, wird abgerundet, das heißt, die Ziffer an der Rundungsstelle bleibt unverändert. Im anderen Fall wird aufgerundet, das heißt, die Ziffer an der Rundungsstelle wird um 1 erhöht.

Überschlagsrechnung

Ein Abschätzen der Ergebnisse durch vereinfachte Rechnung mit gerundeten Zahlen hilft Fehler zu vermeiden und sollte stets im Kopf durchgeführt werden. Um später vergleichen zu können, ist es zweckmäßig, den Überschlag vor der Rechnung aufzuschreiben.

Mit dem Dreisatz rechnen Seiten 42, 52, 76

Winkelgrößen schätzen

Beim Schätzen von Größen solltest du nicht unüberlegt raten. Nutze deine Erfahrungen, um das tatsächliche Maß abzuschätzen.

- Das Schätzen einer Winkelgröße gelingt besonders gut, wenn du dir einen in Viertel unterteilten Kreis vorstellst. Jedem Viertel entspricht dann ein Winkel von 90°.
- Du kannst bekannte Winkel benutzen, um unbekannte Winkelgrößen zu schätzen. Zum Beispiel bilden zwei aneinander stoßende Kanten eines Buches einen Winkel von 90°, ein aufgeklapptes Buch entspricht einem Winkel von 180°.
- Überlege beim Schätzen eines Winkels, ob es sich um einen spitzen, stumpfen oder überstumpfen Winkel handelt und kontrolliere dabei, ob das geschätzte Winkelmaß dem Winkeltyp entspricht.

Texte verstehen Seite 39

Skizzen zum Lösen von Aufgaben nutzen

Mithilfe von Skizzen kann das Lösen von Aufgaben vereinfacht werden.

- Lies die Aufgabe sorgfältig und zeichne den beschriebenen Sachverhalt vereinfacht in dein Heft.
- Entnimm dem Text gegebene Größen und trage sie in deine Skizze ein. Zeichne gegebenenfalls gesuchte Größen ein.
- Überprüfe, ob in deiner Zeichnung alle Angaben enthalten sind, die im Text beschrieben werden.
- Betrachte die Skizze und überlege, wie du schrittweise die Aufgabe lösen kannst.

Planfiguren bei Konstruktionen nutzen Seite 114

Lernkärtchen zur Wiederholung und Vertiefung fertigen

Lernkarteien helfen dir, den Unterrichtsinhalt zu vertiefen. Sie fördern das selbstständige Wiederholen und trainieren deine Merkfähigkeit.

- Schreibe wichtige Regeln, Rechengesetze und Darstellungen (Bilder, Symbole) auf eine Karteikarte. Die Lösung, den Fachausdruck, das Rechenbeispiel oder die Abbildung schreibst oder zeichnest du auf die Rückseite.
- Alle Kärtchen werden gut gemischt und dann der Reihe nach „abgearbeitet". Karten, deren Begriffe, Gesetze und Symbole du richtig benannt hast, legst du zur Seite (zum Beispiel in einen Briefumschlag).
- Karten, die du nicht sofort „abarbeiten" kannst, liest du erneut aufmerksam und merkst dir den Inhalt. Mit diesen Karten werden weitere Durchgänge gemacht.
- Wenn alle Kärtchen „auf den ersten Blick abgearbeitet" werden können, hast du das Ziel erreicht.

Dieses Training kannst du auch als Partnerübung durchführen.

Klassenarbeiten vorbereiten

Vor Klassenarbeiten solltest du dir deinen eigenen Zeitplan für die Übungen erstellen. Fange nicht zu spät damit an.

- Verschaffe dir einen Überblick über die möglichen Inhalte der Klassenarbeit. Wiederhole dazu auch Begriffe, Beispielaufgaben, Zeichenübungen und Symbole.
- Übe regelmäßig jeden Tag eine bestimmte Zeit lang und lies dir die Aufgaben und Lösungswege vor dem Schlafengehen nochmals durch.
- Beginne das Üben mit den Aufgaben, die zeitlich am weitesten zurückliegen.
- Wähle aus den bisher gelösten Aufgaben Übungen verschiedenster Art aus. Löse sie und vergleiche die Lösungen danach mit den bereits vorliegenden Lösungen.
- Stelle selbst eine Klassenarbeit zusammen und löse die Aufgaben in einer festgelegten Zeit.
- Lies am Tag vor der Klassenarbeit Regeln und Übungen nochmals sorgfältig durch.

Argumentieren

Beim Argumentieren musst du begründen oder widerlegen. Du musst mathematische Argumente finden, mit denen du deine Meinung begründest. Dazu verwendest du häufig Sätze wie „das ist so, weil …“, „das kann nicht sein, weil …“.

Wenn du eine Behauptung begründen willst, die immer gelten soll, wie zum Beispiel „für alle Zahlen gilt“, „in jedem Dreieck sind“, dann darfst du kein einziges Gegenbeispiel finden, sonst ist deine Behauptung widerlegt.

Probleme lösen

Beim Lösen von Problemen können dir die folgenden Überlegungen helfen.

- Zum Verständnis der Aufgabe solltest du solche Fragen beantworten wie: Welche Aussagen sind wichtig für das Lösen, welche sind unwichtig? Was ist bekannt, was ist unbekannt? Hilft eine Skizze? Sind Notizen zur Situation nötig?
- Plane dein Vorgehen mithilfe solcher Fragen: Wurde eine ähnliche Aufgaben bereits gelöst, sodass das Vorgehen auf diese Situation übertragen werden kann? Wurden alle wichtigen Daten und Aussagen berücksichtigt? Kann eine Lehrsatz zur Lösung des Problems beitragen? In welchen Schritten willst du das Problem lösen?
- Führe deinen Lösungsplan Schritt für Schritt durch. Kannst du jeden Schritt begründen bzw. erklären?
- Prüfe dein Ergebnis. Macht es im Zusammenhang mit der Problemstellung Sinn?

Diagramme erstellen Seite 33

Daten erheben und auswerten Seite 23

Recherchieren

- Lege schriftlich genau fest, über welchen Begriff oder über welchen Sachverhalt du Informationen benötigst.
- Stelle Materialien zusammen, in denen etwas zum Thema ausgeführt ist, zum Beispiel das Mathematikbuch, Formelsammlung, Fachbücher und Lexika.
- Suche den Begriff oder Sachverhalt im Stichwortverzeichnis oder Register des gewählten Hilfsmittels. Du findest dort die Angabe der Seitenzahl und kannst die gewünschte Information entnehmen.
- Lies alle Ausführungen zum Thema durch und notiere Stichworte zu wichtigen Gedanken, Fakten und Fachbegriffen.
- Schreibe die gefundenen Ergebnisse deiner Recherche zum Beispiel auf eine Karteikarte. Du kannst diese dann zum Beispiel in einen Karteikasten einsortieren.

Im Internet recherchieren Seite 60

Mit Folie oder Plakat präsentieren

Eine Möglichkeit zum Präsentieren von Ergebnissen bietet der Overheadprojektor. Du benötigst dazu geeignete Folien und Stifte.

- Achte stets darauf, die Tinte nicht zu verwischen, denn sie trocknet auf der Folie langsam.
- Schreibe Texte möglichst in Druckschrift und nicht zu klein.
- Fertige Zeichnungen zuerst auf Papier an und übertrage sie dann auf die Folie. Nutze die Fläche der Folie gut aus, achte aber darauf, dass der Randbereich möglichst frei bleibt.
- Verdecke beim Präsentieren nicht die Sicht für deine Klassenkameraden.

Eine andere Möglichkeit zum Präsentieren von Ergebnissen bietet das Plakat.

- Lesbarkeit, Schriftgröße und sorgfältige Anordnung der einzelnen Abschnitte sind auch hier besonders wichtig. Hilfreich ist es auch hier, die Inhalte zunächst auf anderes Papier zu bringen, diese dann auszuschneiden und auf dem Plakat anzuordnen.

Mit Vorträgen präsentieren

Eine Möglichkeit zum Präsentieren von Ergebnissen oder Zusammenhängen ist der Vortrag.

- Ordne nach einer gründlichen Recherche deine Stichworte so an, dass sie für dich den Zusammenhang des Themas deutlich werden lassen.
- Formuliere zu jedem Stichwort Sätze, Aussagen oder Textbausteine, die dir helfen, über das Thema zusammenhängend sprechen zu können. Übernimm bei besonders schwierigen Sachverhalten auch wörtliche Formulierungen.
- Oft helfen auch kleine Skizzen oder Zeichnungen, einen Sachverhalt anschaulich zu beschreiben. Fertige die Skizzen selbstständig an und beschreibe dann den Zusammenhang oder den Ablauf mit eigenen Worten.
- Überarbeite deinen Text gründlich, stelle einen zusammenhängenden Text her, unterstreiche wichtige Stellen und präge dir Formulierungen, die du beim Vortrag benutzen möchtest, gut ein.
- Lies bei der Vorbereitung den Vortrag mehrmals laut, merke dir Textstellen, die du nicht flüssig vortragen kannst. Übe diese Stellen wiederholt, bis du sie sicher vortragen kannst. Trage deinen Vortrag möglichst einem Anderen vor.
- Löse beim Vortrag möglichst oft den Blick von deinem Vortragsmanuskript und sprich möglichst frei.

Bildnachweis

Auf Seiten mit mehreren Bildern wird von oben nach unten sowie von links nach rechts nummeriert, in Übungsabschnitten in der Abfolge der Aufgaben, ohne zwischen Foto, Zeichnung, Grafik oder Illustration zu unterscheiden.

5.1 Mauritius, Berlin; Mallaun/**5**.2 Matthias Hamel, Berlin/**5**.3 Redaktion Mountain BIKE, München; Daniel Geiger/**5**.4 Volkmar E. Janicke, München/**5**.5 Mauritius, Berlin; Kord/**5**.6 Arthur Nuber, Bad Buchau/**13** Deutsche Post AG, Bonn/**16**.1 Image Bank, Berlin/**18** Jens Schacht, Düsseldorf/**21**.1 Keystone, Hamburg/**21**.2 picturealliance/dpa/**21**.3 Picture Press; Bettmann/**21**.4, 5 Bongarts, Hamburg; A. Hassenstein/**21**.6 Sportimage, Hamburg; W. Hart/**21**.7, 8 Picture Press; Bettmann/**21**.9 Deutscher Wetterdienst, Offenbach/**24**.1 Fotoagentur camera 4, Berlin/**26**, **27**.1 Associated Press GmbH, Frankfurt/M./**31** Airbus S.A.S. Hamburg/**32**.1-4 Jens Schacht, Düsseldorf/**34**.1 Peter Wirtz, Dormagen/**35**.2 Gerald Zörner, Berlin/**36**.1 Landeszentralbank, Hamburg; Euro/**36**.2 Amerikanische Botschaft, Deutschland; Dollar-Münzen/**36**.3 Gerald Zörner, Berlin; Dollar-Scheine/**38**.1 Gerald Zörner, Berlin/**38**.2 picture-alliance/dpa/**38**.3 Aachener Stadtbetrieb; Gielsdorf/**39**.1 Mathias Wosczyna, Rheinbreitbach/**39**.2 Herbert Strohmayer, Aachen/**40**.1 Deutsches Museum, München/**41**.1, 3 Deutsches Uhrenmuseum, Furtwangen/**41**.4 Mathias Wosczyna, Rheinbreitbach/**43** Bruderschaft Riesenomelett, Malmedy (B); Rome/**45**.1 Jens Schacht, Düsseldorf/**46** KUKA Roboter GmbH, Abt. Werbung und PR, Augsburg/**47**.1 Deutsche Bahn AG, Köln/**47**.2 Deutsche Bahn AG, Köln; Klee/**49** Berliner Flughafen GmbH, Flughafen Berlin-Tegel/**52**.1 Schierz, Berlin/**52**.2 Mathias Wosczyna, Rheinbreitbach/**54**.2 Picture Press; Breitling/**55**.1 Nusser Verlag, München/**55**.2 Mathias Wosczyna, Rheinbreitbach/**55**.3 Silvestris, Kastl; The Telegraph Colour Library/**57**.1 Joker; Hartwig Lohmeyer/**57**.2 Vario-Press; Hans-Günther Oed/**57**.3 Picture Press; Freimuth Wössner/**57**.4, **58**.1 Jens Schacht, Düsseldorf/**58**.2 Landeszentralbank, Hamburg; Euro/**59**.1 HUGER Eelctronics GmbH, Villingen/**60**.1 picture-alliance/dpa/**60**.2 Silvestris, Kastl/**60**.3, 5 Deutsche Lufthansa AG, Köln/**60**.4 British Airways, Frankfurt/M./**65**.1 Mauritius, Berlin; Geisser/**66**.7 Steinhauer & Lück, Lüdenscheid/**69**.1, 2; **70**; **71** Gerald Zörner, Berlin/**73**.1 Jens Schacht, Düsseldorf/**73**.2 Matthias Hamel, Berlin/**76**.1 Gerald Zörner, Berlin/**77**.2 Mauritius, Berlin/**79**; **81**.1 Gerald Zörner, Berlin/**82**.1 Silvestris, Kastl; Franco Pace/**83**.2 Mauritius, Berlin; Geisser/**84** Ekkehard Nitschke, Berlin/**85**.2, **86**, **88** Globus Info-Grafik/**91** Flughafen Köln/Bonn GmbH, Bildstelle, Bonn/**95**.4 Lichtmarkt, Senftenberg/**105**.3 Europäische Stiftung für den Aachener Dom, Domkapitel Aachen/**111**; **114**.1 Stefan Meiser, Bexbach/**116**.1 Bayerische Zugspitzbahn, Garmisch-Partenkirchen/**120**.1 Gerald Zörner, Berlin/**121**.3 Mauritius, Berlin; Vidler/**124**.4 Stefan Meiser, Bexbach/**129**.1 Schweiz Tourismus, Frankfurt/M.; Giegel/**129**.3 Corbis Images, London; Robert Dowling/**129**.4 Cornelsen Kartografie, Bielefeld/**129**.5 Stadtverwaltung Schönau/**130**.1 Taschen Verlag, Köln/**130**.2, 4, **131**.1 Taschen Verlag, Köln; Matthias Hamel/**131**.2 Matthias Hamel, Berlin/**135** picture-alliance/dpa/**136**.2 Bongarts, Hamburg; Fessel/**136**.5 ASA Fotoagentur, München; Furtner/**137**.1 Mathias Wosczyna, Rheinbreitbach/**137**.2 Vilbor GmbH, Villingen-Schwenningen/**137**.3, 4 Jens Schacht, Düsseldorf/**138**.1 Focus, Hamburg; Sarah Leen Matrix/**138**.2 Focus, Hamburg; SPL/**139**.1 akg-images, Berlin/**151**.3 Mathias Wosczyna, Rheinbreitbach/**159**.1, 3 Landeszentralbank, Hamburg; Euro/**169** picture-alliance/dpa; Uwe Zucchi/**176**.6, **177**.3 Gerald Zörner, Berlin/**184**.1, 2 Jens Schacht, Düsseldorf/**189**.2 akg-images, Berlin/**193**.1 Mathematik-Olympiaden e. V., Rostock

Jörn Hennig, Berlin: *(Illustration)* 15.3/20/24.2/35.1/42/48/53/66.2-5, 8/74.1/75.3, 5/77.3/105.2/127.1/136.1/158.1, 3/158.2/164.4/165.1-5/193.2, 6/194.2/195.1

chart-service, Magdeburg: *(Grafik)* 37/86 (Globus Info-Grafik)

Infochart Diehl, München: *(Grafik)* 26-27/27.2/34.2/40-41/40.2/41.2, 5/50-51/74-75/74.2-4/75.1, 2, 4, 6/80-81/80.1-3/81.2-4/106-107/112-113/130-131/130.3, 5, 6/131.3, 4/140-141/147/158-159/158.2, 4/159.3, 4/176-177/176.1-5/177.1, 2, 4/188-189/189.1, 3

Falko Mieth, Berlin: *(Grafik)* 39.3/54.1/142.1, 2/143.1, 2

Katrin Tengler, Berlin: *(Grafik)* 77.1/172.2

Werner Wildermuth, Dachau: *(Grafik)* 23.1/87.1

Ulrich Sengebusch, Geseke: *(Zeichnung, Grafik)* 7.1-7/14.1-3/15.1, 2/16.2/17/19.1, 2/22.1, 2/23.2/25.1, 2/29.1, 2/30.1, 2/32.5/33.1-4/34.3/38.4/44.1, 2/45.2/47.3/57.3/61.1, 2/62/66.1/72/76.2/78.1, 2/83.1/85.1/92.1-3/94.3-7/95.1-3, 5, 6/96.1-6/97.1-6/98.1, 3, 5/99.1-7/100.1, 3-5/101.1-6/102.1, 3, 4/103.1-7/104.1-4/109.1-3/110.1-5/114.2/117.2, 3/118.1, 3/120.2-4/121.1, 2/123.3/126.1-3/128.4, 5/132.1, 2/133.1-5/132.1-4/136.3, 4/138.3/139.2-4/144.1, 2/146.2-4/149.1/151. 1, 2/154.1-4/156.1-3/157.1/162/163.1/164.1/168/170.1-3/172.1, 3/173/174.3, 4/179.1, 2/181.1, 2/182.1-3/185.1-5/186.1, 2/187.1, 2/190/191/192/193.3-5/194.1/195.2/196.1, 2/198.1-5/199.1, 2/201.1-3/203.1-5

Stürtz AG, Würzburg: *(Zeichnung)* 8.1, 2/9/12.1, 2/55.4/59.2/67/68.1-4/82.2/87.2, 3/92.4-6/93.1-4/94.1, 2/98.2, 4, 6, 7/100.2/102.2/105.1/108.1-6/109.4, 5/114.3/115.1-3/116.2-5/117.1/118.2/119.1-4/122.1-4/123.1, 2/124.1-3/125.1-7/127.2, 3/128.1-3/129.2/145.1-3/146.1/148.1-4/149.2, 3/150/153.1-3/157.2/163.2, 3/164.2, 3/171/172.4, 5/174.1, 2/175/178/180/181.3

Verlagsarchiv: 59.3/66.6/80.4/189.2

Begleitmaterialien zum Lehrwerk

für Schülerinnen und Schüler

Arbeitsheft real 7
978-3-06-001702-7

für Lehrerinnen und Lehrer

Lösungsheft real 7
978-3-06-001664-8

Handreichungen für den Unterricht real 7
978-3-06-001670-9

Redaktion: Ludwig Heyder
Bildrecherche: Peter Hartmann
Herstellung: Regine Schmidt
Satz: Stürtz GmbH, Würzburg
Umschlaggestaltung: Wolfgang Lorenz
Titelmotiv: Zefa
Rio-Antirio-Brücke, Griechenland

www.cornelsen.de

Unter der folgenden Adresse befinden sich multimediale Zusatzangebote für die Arbeit mit dem Schülerbuch:
www.cornelsen.de/mathematik-real
Die Buchkennung ist **MRA001658**.

1. Auflage, 5. Druck 2010

Alle Drucke dieser Auflage sind inhaltlich unverändert und können im Unterricht nebeneinander verwendet werden.

Druck: CS-Druck CornelsenStürtz, Berlin

ISBN 978-3-06-001658-7

Inhalt gedruckt auf säurefreiem Papier aus nachhaltiger Forstwirtschaft.